国家自然科学基金资助项目

图像融合技术

——基于多分辨率非下采样理论与方法

孔韦韦 王炳和 李斌兵 雷阳 聂廷晋 赵睿 鲁珊 著

西安电子科技大学出版社

内容简介

本书系统介绍了多分辨率非下采样理论及其方法在模式识别、图像信息融合等领域的应用。全书分为四篇，共15章。**第一篇为基础知识**(第1章)，介绍了图像融合的背景、目的、意义、发展现状及融合效果评价指标。**第二篇为基于特征的图像匹配**(第2～6章)，其中介绍了图像配准的相关基础理论、图像的成像几何基础以及图像变换模型，基于特征相似性度量的图像配准方法，基于概率抽样一致性的鲁棒性基础矩阵估计算法以及基于核模糊均值聚类的基础矩阵估计算法，基于直线几何约束点特征的图像配准方法，基于尺度特征的动态连续目标识别跟踪算法以及STK软件等相关内容。**第三篇为基于多分辨率非下采样理论NSCT的图像融合**(第7～11章)，其中介绍了基于直觉模糊熵的图像预处理方法，基于改进型NSCT的图像融合方法，基于NSCT与AUFLPCNN的图像融合方法以及基于NSCT与I^2CM的图像融合方法，基于NSCT域改进型非负矩阵分解的图像融合方法，基于NSCT与IHS变换域的图像彩色化融合方法。**第四篇为基于多分辨率非下采样理论NSST的图像融合**(第12～15章)，其中介绍了基于NSST域人眼视觉特性的图像融合方法，基于NSST域IPCNN的图像融合方法以及基于NSST域I^2CM的图像融合方法，基于NSST域改进型非负矩阵分解的图像融合方法，基于NSST域改进型感受野模型的图像融合方法等。

本书内容新颖，逻辑严谨，语言通俗，注重基础，面向应用，可作为高等院校计算机、信息等专业的高年级本科生或研究生计算智能课程的教材或教学参考书，也可作为从事图像智能信息处理、智能信息融合等研究的教师、研究生以及相关领域技术人员的参考书。

作 者 简 介

孔韦韦，武警工程大学副教授，博士后，硕士生导师，美国 IEEE 会员，日本 IEICE 学会会员。主持或参加国家自然科学基金、国家级信息保障技术重点实验室开放基金、全国博士后基金、全军学位与研究生教育研讨会专项研究课题及陕西省自然科学基金近 20 项，出版专著 2 部，发表论文近 30 篇，其中 SCI/EI 收录论文 20 篇，国家发明专利 2 项。曾获 2012 年度 IET 学术协会优秀学术论文成果奖。目前主要研究方向为图像信息融合、智能信息处理等。

王炳和，博士，武警工程大学教授，博士生导师，中国青年科技工作者协会科技组成员，武警工程大学信息工程系主任。主持或参加国家自然科学基金、教育部博士点基金、国防重点预研项目、国防科技“十一五”计划重点预研项目、陕西省自然科学基金、武警部队重点课题等 20 余项，出版教材、专著 6 部，多次荣获国防科工委科技进步奖、军队教学成果奖、陕西省科技进步奖，获国家发明专利 1 项，发表论文 70 余篇，其中被 SCI/EI 收录 20 篇。主要研究方向为智能信息处理、模式识别等。

作者简介

前　言

图像传感器技术的飞速发展为人们提供了日益丰富的多传感器图像数据。然而，大量多角度、多层次的图像数据既存在互补性，又充斥着极大的冗余性和复杂性。因此，如何从这些兼有互补性和冗余性的多源海量数据中高效率地提取更可靠、更精炼、更准确的信息，已经成为图像融合领域迫切需要解决的热点问题。

图像配准是进行图像融合工作的基础和前提，它是指为不同视点、不同时间或不同传感器获得的同一场景的两幅或多幅图像建立对应关系的过程。图像配准最早在20世纪70年代的美国飞行器辅助导航系统、武器投射系统的末端制导以及寻的等应用研究中就被提出，并得到军方的大力支持与赞助。如今，除军事领域外，图像配准技术在诸如遥感领域、模式识别、自动导航、医学诊断和计算机视觉等方面也均获得了广泛的应用。

图像融合作为信息融合领域的一个重要分支，是指对多个不同类型图像传感器或同一传感器以不同工作模式获取的关于同一场景的两幅或多幅源图像加以综合，以获取对该场景更精确、更可靠的描述。

近些年面世的多分辨率非下采样理论是对先前变换域方法的扩充和发展。经典的变换域方法由于下采样机制的存在，通常无法保证平移不变性的成立，导致出现Gibbs效应，从而影响图像的最终视觉效果。而新近出现的以非下采样轮廓波变换(Non-Subsampled Contourlet Transform，NSCT)理论和非下采样剪切波变换(Non-Subsampled Shearlet Transform，NSST)理论为代表的多分辨率非下采样理论，不仅继承了轮廓波变换等经典变换域方法的多尺度、多方向等优良特性，还具备了平移不变性，拥有优良的细节“捕捉”能力。然而，眼下针对这两种理论的研究仍局限于纯数学的角度，仅存的少数应用研究也大都停留在理论研究层面。因此，多分辨率非下采样理论无论在理论层面还是应用层面均有许多研究工作。

此外，大量成果表明，在描述和求解图像处理领域问题时，各种数学理论各有特点，可以相互补充。由于图像问题的复杂性，单一的图像信息融合方法对于多传感器信息的综合分析、提取和应用问题已难以奏效，一套优良有效的图像信息融合体系，往往需要综合运用多种不同的信息融合处理技术，取长补短。在此背景下，本书旨在以多分辨率非下采样理论为基础，综合利用直觉模糊集、新型神经网络、非负矩阵分解、感受野等多个信息处理领域内的模型，探索和发展基于多分辨率非下采样理论的图像融合方法，建立相关的计算模型，并将这一新的智能信息处理理论引入信息融合领域，为求解信息化战争环境下的信息融合问题提供新的途径。

本书是系统介绍基于多分辨率非下采样理论的图像融合技术的著作，是作者在“国家自然科学基金项目”(No. 61309008，No. 61309022)、“国家级信息保障技术重点实验室开放基金课题”(No. KJ-13-108)、“全国博士后基金面上项目特别资助”(No. 2014T71016)、“全国博士后基金面上项目一等资助”(No. 2013M532133)、“全国博士后基金面上项目二等资助”(No. 2014M552718)、“陕西省自然科学基金项目”(No. 2013JQ8031，2014JQ8049)、“武警工程大学自然研究基础基金”(No. WJY-201214、WJY-201312、WJY-201414)资助下系列研究成果的汇集。此外，本书的出版还得到了“军队2110工程”建设项目以及武警工程大学学术著作出版计划(WZZ201407)的资助。书中主要内容取自作者研究团队近年来发表的二十余篇学术论文和数篇博士、硕士学位论文，还参考了大量国内外的文献资料，在此对这些学者一并致以诚挚的感谢。

全书分四篇共15章，第一篇为基础知识，包含第1章，主要介绍图像融合技术的衍生和发展；第二篇为基于特征的图像配准，包含第2～6章，分别介绍了图像配准理论的基础理论、基于特征相似性度量的图像配准方法、鲁棒性基础矩阵估计方法、基于直线几何约束点特征的图像配准方法及基于尺度不变特征的图像目标识别与跟踪方法；第三篇为基于多分辨率非下采样理论NSCT的图像融合，包含第7～11章，分别介绍了基于直觉模糊熵的图像预处理方法、基于改进型NSCT的图像融合方法、基于NSCT域新型神经网络模型的图像融合方法、基于NSCT域改进型非负矩阵分解的图像融合方法及基于NSCT与IHS变换域的图像彩色化融合方法；第四篇为基于多分辨率非下采样理论NSST的图像融合，包含第12～15章，分别介绍了基于NSST域人眼视觉特性的图像融合方法、基于NSST域改进型神经网络模型的图像融合方法、基于NSST域改进型非负矩阵分解的图像融合方法及基于NSST域改进型感受野模型的图像融合方法等。

本书由孔韦韦主编，参加编撰工作的有：王炳和教授(第7～9章)、李斌兵教授(第1、5、6章)、雷阳讲师(第10、11章)、聂廷晋讲师(第12、13章)、赵睿讲师(第14、15章)、鲁珊讲师(第2～4章)等课题组成员。

图像融合技术是近年来信息处理领域内的热点研究问题，其理论及应用研究受到了国内外众多学者的关注，成为了当前研究的一个热点领域。本书汇集的研究成果只是冰山一角，只能起抛砖之效，加之作者水平有限，书中难免有不足之处，敬请广大读者批评指正。

编　者
2015年4月

目　录

第一篇　基础知识

第二篇　基于特征的图像匹配

第三篇 基于多分辨率非下采样理论 NSCT 的图像融合

第四篇　基于多分辨率非下采样理论NSST的图像融合

第一篇　基础知识

第1章　概　　述

多传感器图像融合是信息融合领域研究的热点问题，多分辨率非下采样理论作为一种崭新的图像多尺度分析工具已经引起国内外许多专家学者的密切关注，并产生了大量研究成果。本书尝试以多分辨率非下采样理论为工具，系统研究和构建新的多传感器图像融合框架，发展和提出新的多传感器图像融合方法。

本章的主要内容包括：本书的研究背景、研究目的及意义；国内外信息融合、图像融合等相关领域的发展研究现状；图像融合的层次；常用的图像融合效果的性能评价方法。

1.1　图像融合的研究背景、目的及意义

1.1.1　研究背景

随着图像传感器技术的不断飞速发展，获取多传感器图像融合数据的手段和工具也不断丰富。然而，传感器所提供的数据量日益呈现出多样性和复杂性，如何充分、有效地综合利用多传感器的海量遥感图像数据，成为现今迫切需要解决的一个热点问题。

图像融合是将多源信道采集的同一目标图像经过一定的处理，提取各信道的数据，综合互补信息而形成新图像的过程。近几十年里，图像融合研究取得了长足发展，许多有效的融合策略和融合方法相继出现，而基于多分辨率分析的图像融合方法由于可以在不同尺度、不同分辨率上有针对性地突出图像的重要特征和细节信息，更是被广泛地应用于实际，并取得了巨大成功，尤其是非下采样轮廓波变换(Non-Subsampled Contourlet Transform，NSCT)和非下采样剪切波变换(Non-Subsampled Shearlet Transform，NSST)两种理论，它们不仅继承了Contourlet变换的多尺度、多方向等优良特性，而且还具备平移不变性，具有优良的细节“捕捉”能力。因此，基于NSCT和基于NSST的多传感器图像融合理论越来越受到广大学者的关注，已成为图像融合领域内的研究热点，同时，如何进一步发展和改进NSCT及NSST融合理论也成为了图像信息融合领域的热点研究方向。

本书所涉及的研究内容正是在此背景下展开的，即结合各类图像信息传感器的优势，对基于NSCT和基于NSST的多传感器图像融合理论进行深入研究，一方面，需要对NSCT理论及NSST理论本身加以分析和改进，建立新的NSCT、NSST融合理论模型；另一方面，将其他一些优良的信息处理、分析和融合领域的方法与NSCT、NSST理论相结合，以期获得更好的多传感器图像融合效果。

1.1.2　研究目的及意义

多种图像传感器的出现为我们提供了大量多角度多层次的图像数据，然而这些信息数据中既存在互补性，又充斥着极大的冗余性。如何从这些兼有互补性和冗余性的多源海量

数据中有效提取更可靠、更精炼、更精确的信息，为人为决策和人工智能决策系统提供决策依据，已经成为一个迫切需要解决的问题，图像融合技术也随之成为现今信息融合领域内的一个热点。

尽管NSCT、NSST两种多分辨率非下采样理论同较早提出的多分辨率分析变换理论相比，具有很明显的优势，但由于是近年才面世的新兴理论，眼下仍处于起步发展阶段，因而其理论本身势必存在一定的不足，如何通过研究发现其不足并进行必要、有效的改进，成为图像融合领域赋予我们的一项新任务。

不仅如此，大量成果表明，单一的图像信息融合方法对于多传感器信息的综合分析、提取和应用问题已难以奏效，一套优良有效的图像信息融合体系，应综合运用多种不同的信息处理融合技术，取长补短。因此，如何将NSCT、NSST两种多分辨率非下采样理论分别同其他理论进行有效融合，将成为图像融合领域对我们提出的另一项新任务。

本书将对经典NSCT、NSST理论加以分析改进，发展改进型NSCT及改进型NSST融合理论；探索神经网络、线性代数和生物视觉等领域中的其他方法与NSCT融合理论加以综合的可能性；建立新的图像融合理论框架和体系结构，从新的视角发展图像融合理论，以期扩展解决本领域问题的方法和途径，为解决医学图像处理、目标检测和我国新一代红外与可见光制导武器的相关研究提供理论支持。本书所融入的新思路、新方法，是求解图像融合问题的一次有益的尝试。

1.2 信息融合

融合的概念出现于20世纪70年代，当时被称为多源相关、多传感器混合和数据融合。70年代初，美国研究机构在国防部的资助下，利用计算机技术对声呐信号进行了融合处理，以实现对敌方潜艇位置的自动检测，这一举措被认为是融合技术在实际应用领域里的最早体现[1]。之后，美国相继开发了几十个军用信息融合系统，其中最典型的是战场管理和目标检测系统(Battlefield Exploitation and Target Acquisition system，BETA)，该系统在研发时遇到过巨大困难，一方面表明了数据融合系统开发的复杂性和艰巨性，同时又从反面证实了信息融合的可行性。进入80年代，美国三军总部相继开始了采用信息数据融合技术和战略监视系统的开发，美国国防部从海湾战争中体会到该技术的巨大应用潜力，以后逐年加大投资力度。此后，美国国防部开始研究在军事领域的指挥、控制、通信与情报(Command，Control，Communication and Intelligence，C^3I)系统中，使用多个传感器收集战场信息，到80年代末期，已有一些数据融合系统研制成功，这类系统着重于对现有的军用传感器的数据进行有效的融合处理。1996年，美国又在原C^3I系统的基础上加入了计算机，研发了C^4I系统，并于1997年提出到2010年建成C^4ISR系统，其中S和R分别代表侦测(Surveillance)和侦察(Reconnaissance)。一体化的C^4ISR系统是一个集战场感知、信息融合、智能识别、信息处理、武器控制等核心技术为一体，旨在实现军事指挥自动化的综合电子信息系统，受到了世界各军事大国的高度重视。

在学术研究上，1984年美国国防部和美国海军成立了数据融合专家组(Data Fusion Subpanel，DFS)，专门负责信息融合领域的研究和开发。1986年起，机器人领域颇有影响的一些国际学术会议、期刊都推出了传感器数据融合的专辑，譬如《Int. Jour. Of Robotics

Research》在1988年率先推出 Sensor Data Fusion 专辑；IEEE 主办的学术会议“Robotics & Automation”从1986年起开始研究有关于信息融合的专题。1989年，SPIE(国际光学工程学会)开始连续主持召开有关数据融合的学术会议，Ren C. Luo 在《IEEE Trans. On SMC》上发表了一篇题为《Multisensor Integration and Fusion in Intelligence System》[2]的综述性文章，对此前这方面的工作进行了概括总结，自此，该领域的研究变得十分活跃。荷兰 Elsevier Science 出版集团2000年创刊的期刊《Information Fusion》是数据融合方面的专门刊物，刊载多传感器和多信息源领域的新成果与研究报告。许多国际刊物，如《IEEE Trans. AES》、《IEEE Trans. SMC》、《IEEE Trans. AC》等都有信息融合专栏。1994年在美国内华达州拉斯维加斯召开了“IEEE International Conference on Multisensor Fusion and Integration for Intelligent System”，这是多传感器信息融合技术学术界的一次盛会，标志着作为一个新兴学科，多传感器信息融合技术已得到国际权威学术界的承认。1997年，在美国成立了国际信息融合学会(International Society of Information Fusion，ISIF)。如今，美、英、德、法、俄、日等国都有大量专家、学者参与数据融合技术的研究，并产生了大量的研究成果。

不仅如此，自1985年至今，国外已先后出版了10余部有关信息融合方面的专著，这是对该领域研究成果的总结。White[3]给出了研究数据融合的一般功能模型，这一模型成为人们研究信息融合的基本出发点。Hall 和 Llinas 的专著《多传感器数据融合手册》[4]详尽论述了数据融合的模型、术语、算法等，是研究数据融合的基础。Blackman 的《多目标跟踪及在雷达中的应用》[5]给出了数据融合在目标跟踪领域的应用。国外一些大学也早在20世纪80年代就成立了数据融合研究机构，华盛顿的 George Mason 大学在1989年成立了 C^3I 研究中心，现更名为 C^4I 研究中心[6]，致力于为美国军方和相关政府部门提供学术支持。美国加州大学伯克利分校和麻省理工学院等一批高校分别开展了传感器网络的基础理论和关键技术的研究。

我国对信息融合理论和技术的研究起步相对较晚，直到20世纪80年代末期才开始出现相关多源信息融合技术研究的报告，到90年代初，这一领域的研究在国内才开始逐渐升温。为跟踪国际前沿，我国政府不失时机地将信息融合技术列为“863”计划和“九五”规划中的国家重点研究项目，并将其确定为发展计算机技术及空间技术等高新产业领域的关键技术之一。自20世纪90年代初以来，随着各类传感器的研制成功，在政府、军方和各种基金部门的资助下，国内一批高校和研究所开始从事这一技术的研究工作，取得了大批理论研究成果，与此同时，也有数据融合的译著和专著出版，其中有代表性的有：康耀红的《数据融合理论及应用》[7]，刘同明、夏祖勋和解洪成的《数据融合技术及其应用》[8]，杨万海的《多传感器数据融合及其应用》[9]，戴亚平、刘征和郁光辉的译著《多传感器数据融合理论及应用》[10]，徐科军的《传感器与检测技术》[11]，杨国胜、窦丽华的《数据融合及其应用》[12]。2007年面世的由敬忠良等人编著的《图像融合——理论与应用》[13]被认为是国内关于图像融合理论最新最全面的总结。从20世纪90年代至今，信息融合技术在国内已经发展成为多方关注的共性关键技术，随着该技术研究理论的深入并逐步向实用化方面发展，实际需求与基础理论研究互相促进，必将提高我国的数据融合技术实力。

越来越多的研究结果证明，信息融合技术已经引起全球许多国家的高度重视，各国纷纷投入大量的人力和资金用于该领域的科学研究，并已取得较大的进展，产生了大量的学术理论成果，有的甚至已经被广泛应用于民用和军事领域。然而，仔细分析我们不难发现，信息融合问题至今仍未形成一套完整的理论体系和算法模型，绝大多数研究成果几乎都仅适用于某一特定场合或某一假设状态下的某种领域，往往是一种模型适用于此，而不适用于彼，暴露出普遍适用性的严重缺乏。另一方面，由于建立一套完整的理论体系和算法模型难度较大，而针对某一特定领域设计信息融合方案的效果往往立竿见影，这一事实也大幅阻碍了研究者们对信息融合的本质的认识，相应地也减缓了该理论的进一步发展。

我国的信息融合研究起步较晚，尽管经过二十余年的发展也取得了一些成绩，但同发达国家相比仍有着不小的差距。总体上来说，有两方面的问题需要解决：一是完整理论体系和算法模型的确立，探索和研究信息融合的理论体系和算法模型有助于我们弄清该理论的本质，从根本上把握信息融合的规律，可以为日后的研究和理论发展提供思路；二是理论应用的实现，即将已成熟的信息融合理论作为一种新的数学方法引入到具体应用中，通过实践指导理论的发展。

1.3 图像融合

信息融合技术在医学、军事等实际应用领域中的优势已为世人所共识，与此同时，它在民用领域中的应用特别是多传感器图像融合方面的巨大优势也引起了人们的广泛关注。多传感器图像融合的主要研究内容是如何加工处理以及协同利用多源图像信息，使得不同形式的信息相互补充，从而最终获得对同一事物或目标的更客观、更本质的认识。作为多传感器信息融合中一个重要分支，图像融合技术是一门综合了传感器图像处理、信号处理、计算机和人工智能等多种学科的现代高新技术[14-17]，在医学图像处理[18]、目标检测[19]等领域中得到了广泛应用。它不是源图像数据之间的简单复合，而是一个信息优化的过程。与源图像信息相比，融合结果更为简洁，更少冗余，更有用途。不仅如此，多传感器图像融合还可以富集多种途径的信息，为多源图像数据处理的分析与应用提供全新的思路，可以减少或抑制单一信息在被感知对象或环境解释中可能存在的多义性、不完整性、不确定性和误差，最大限度地利用多种信息源提供的信息，从而大大提高在特征提取、分类、目标识别等方面的有效性。

在各应用领域对图像融合的需求的牵引下，各国对图像融合技术的研究也越来越重视。图像融合技术最早被应用于遥感图像的分析和处理中。1979年，Daily等人[20]首先把雷达图像和Landsat-MSS图像的复合图像应用于地质解释，其处理过程可以看做是最简单的图像融合。1981年，Laner和Todd[21]进行了Landsat-RBV和MSS图像数据的融合试验。80年代以后，图像融合技术开始引起人们的关注，陆续有人将图像融合技术应用于遥感多光谱图像以及一般图像（可见光图像、红外图像、多聚焦图像等）的分析和处理中。80年代中期，一些学者专家尝试将源图像进行多尺度分解融合。1983年，Burt和Adelson[22]首先将拉普拉斯金字塔算法应用于图像融合，其思想是在得到一系列Gauss滤波图像的基础上，与预测图像之差形成一系列误差图像。1984年，Burt[23]最先提出了基于拉普拉斯金字塔分解的图像融合方法，他使用了拉普拉斯金字塔和基于像素最大值的融合规则进行人眼立体视觉的双目融合。Adelson[24]利用拉普拉斯技术将由同一相机获取的不同焦距的图像合成一幅具有扩展景深的融合图像。1985 年，Chiche 和 Bonn[25] 提出了将 Landsat-TM 的多光谱遥感图像与 SPOT 卫星得到的高分辨率图像进行融合。1988 年，Ajjimarangsee 和 Huntsberger[26] 利用神经网络对红外和可见光图像进行了融合；Nandhakumar 和 Aggarwal 综合分析了红外和可见光图像的场景释义。1989 年，Toet[27-31] 在考虑人类视觉系统对局部对比度敏感的基础上，提出了比率低通金字塔算法、对比度金字塔算法和形态学金字塔算法，较好地保留了图像中重要的细节信息。其中，比率低通金字塔算法与拉普拉斯金字塔算法非常类似，差异在于前者是求各级高斯金字塔之间的比率，而不是求各级高斯金字塔之间的差值，比率低通金字塔算法和基于像素最大值的融合原则被用于可见光和红外图像的融合。同年，Rogers 等人[32] 通过融合 LADAR 和红外图像实现了目标分割。90 年代后，机器人导航[33] 对融合可见光图像和距离数据的需要，遥感对融合各种卫星影像数据的要求，军事防御中的目标定位和跟踪[34] 对融合不同位置处、不同类型传感器获得的图像的要求，以及医疗诊断对融合不同类型医学图像的要求都促进了图像融合技术的研究。1993 年，Burt[35] 提出了梯度金字塔算法，该算法由于考虑了图像的方向信息，能较好地提取图像的边缘信息。1994 年前后，Matsopoulos 等人[36, 37] 成功地将形态学金字塔算法应用于医学图像的融合。文献[38]中，Sims 等人对拉普拉斯金字塔算法、比率低通金字塔算法、梯度金字塔算法三种塔式分解在图像融合中的性能分别进行了定性和定量分析。

上述有关塔式分解的文献对不同传感器图像进行了较好的融合运算，这些方法开创了图像融合领域的新纪元，具有重要的进步意义。然而，塔式分解自身也存在着一定的问题，由于其各层数据之间存在相关性，因而，当源图像差别较大时，容易引起算法的不稳定，造成融合效果不佳。此时，一种新的融合理论——小波变换开始进入多源图像融合领域。Li 等人[39] 和 Chipman 等人[40] 几乎同时提出了将离散小波应用于图像融合，并以仿真实验证明了通过小波变换得到的融合图像的视觉效果优于金字塔算法的融合效果。Koren 等人[41] 将可控二值小波变换用于图像融合，取得了良好的效果。Zhang 等人[42] 对基于多分辨率分析的图像融合技术进行了总结，提出了基于区域的融合规则，为我们解决图像融合问题提供了一种崭新的融合思路。此外，还有许多专家学者对小波在融合领域中的应用做出了有益的尝试[43-48]，其中值得一提的是 Mallat 在 1989 年将计算机视觉中的多分辨分析引入到小波领域，建立了多分辨率分析与小波分析之间的联系，推导出了快速的离散小波变换算法——Mallat 算法[49, 50]。Nunez[51]、Chibani 等人[52] 对冗余小波变换进行了深入研究。Kovacevic 等人[53] 提出了任意维小波簇，构造了 Neville 滤波器作为内插滤波器，形成了任意采样格式的滤波器组和小波。上述几位专家学者为学术界日后研究满足平移不变性性质的融合方法奠定了理论基础。

虽然小波变换作为一种图像多尺度几何分析工具，对一维分段光滑信号具有良好的时频局部分析特性，但这种特性并不能推广到二维甚至更高维空间中。理论分析表明，小波主要适用于表示具有各向同性的对象，而对各向异性的奇异性对象，小波无法捕获轮廓上的光滑性，针对这一严重缺陷，Do 和 Vetterli 提出了一种适合分析一维或更高维奇异性的有限脊波变换(Finite Ridgelet Transform，FRIT)[54]。脊波本质上是通过对小波基函数添加一个表征方向的参数得到的，所以它不但和小波一样具有局部时频分析能力，而且还具有很强的方向选择和辨识能力，可以非常有效地表示信号中具有方向性的奇异性特征，如图像的线性轮廓、图像中的直线信息等，因此该理论的出现有助于处理源图像中边缘多为类似直线信息的图像融合问题。然而，图像的边缘轮廓多是不规则的，即为曲线。在此背景下，Candes 和 Donoho 提出了曲波(Curvelet)[55]理论，该理论用多方向投影对应的频域切片的脊波变换来重建图像，故体现出很高的方向敏感性。但是，由于 Curvelet 是在频域上定义的，因而其在空域上的抽样特性不明显。为解决这一问题，2002 年，FRIT 的提出者 Do 和 Vetterli 提出了一种“真正的”二维图像表示方法——轮廓波(Contourlet)[56, 57]变换，也称金字塔型方向滤波器组。该变换将小波变换的优点延伸到了高维空间，相比前文提出的几种理论，Contourlet 变换能更好地对源图像进行融合，并取得良好的视觉效果。然而，Contourlet 变换自身却存在着一个致命的缺陷。由于在分解过程中采用了下采样处理，因而在频域存在较严重的频率混叠，从而导致其不具备平移不变性，在图像融合中则表现为较明显的 Gibbs 现象。针对这一问题，Cunha 等人又对 Contourlet 变换进行了改进，提出了 NSCT 理论[58-60]。NSCT 不仅继承了 Contourlet 变换的多尺度、多方向等优良特性，而且具备平移不变性，具有优良的细节“捕捉”能力。

我国的专家、学者在图像融合领域也做出了许多成绩。蒋晓瑜[61]在其论文中系统研究了基于小波和伪彩色方法的多源图像融合方法，并与王加等人[62]对图像融合的伪彩色编码进行了研究。倪国强[63]、张文峦等人[64]也对彩色图像的融合技术展开了研究。杨万海等人[65]采用梯度金字塔分解解决了多传感器的图像融合问题。王洪华等人[66]采用多进制小波对多源遥感影像进行了融合。李树涛等人[67]提出了一种考虑人眼视觉系统特性的多聚焦图像融合方法。张新曼等人[68]采用基于对比度视觉模型的图像融合最优分块搜索算法，对多聚焦融合图像实现了精确重构。王加[69]也提出了一种符合人眼视觉特性的融合方法。徐冠雷等人[70]采用基于视觉对比度的快速间隔块扫描的思想，提出了一种基于视觉特性的快速、高精度多源图像融合方法。李振华等人[71]提出了基于方向金字塔变换的遥感图像融合方法。苗启广等人[72]提出了基于改进的拉普拉斯金字塔变换的图像融合方法。张登荣等人[73]提出了基于小波包移频算法的遥感图像融合技术。夏明革等人[74]提出了一种基于小波多尺度边缘检测的图像融合方法。梁栋等人[75]提出了一种基于小波—Contourlet 变换的多聚焦图像融合方法。叶传奇等人[76]提出一种基于区域分割和 Contourlet 变换的图像融合方法。刘坤等人[77]提出了一种基于 Contourlet 变换的区域特征自适应图像融合方法。宋亚军等人[78]为了消除 Contourlet 变换中拉普拉斯金字塔分解存在的信息冗余，提出了一种基于小波—Contourlet 变换的图像融合方法。张强等人[79]针对同一场景多聚焦图像的融合问题，提出了一种基于 NSCT 的图像融合方法。叶传奇等人[80-84]对基于 NSCT 域图像融合方法进行了深入研究。此外，国内不少研究机构和院校，如北京大学、北京理工大学、上海交通大学、武汉大学、西安电子科技大学、中科院遥感所等，都对这一领域进行了研究和探讨。

进入 21 世纪以后，多传感器图像融合技术取得了更大的发展，应用领域更扩展到计算机视觉、隐蔽武器检测、智能机器人、军事监控、目标检测与识别、遥感图像处理、夜视图像处理、决策支持系统和医学病理成像等。在反恐刑侦领域，隐蔽武器检测是近年来该领域中的重要任务，它是处理恐怖主义事件中的核心技术。由于没有单一传感器技术能够满足隐蔽武器检测任务的需求，图像融合成为了改进隐蔽武器检测程序的关键性技术。视觉图像可以提供人的轮廓和相貌，毫米波成像仪可以显示枪支的存在，融合图像可以揭露身上携带隐蔽枪支的人。在遥感领域，基于地质解释与影像分类、国土资源抽样、灾害监测、矿产资源与地貌测绘的多传感器遥感影像融合技术已日渐成熟。在空中交通管制领域，地面指挥人员根据多传感器图像融合结果监视空中飞机的飞行状况，协调飞行次序与突发情况。在医学领域，将CT和核磁共振MRI图像进行融合，并综合不同模态医学图像的优点，可为后续诊断及治疗提供更充分的信息[85]。

纵观图像融合技术的发展历程，我们不难发现在国内外众多专家、学者卓有成效的努力探索下，经典的图像融合策略和方法正不断得到革新，相应的融合理论也不断得到改进。相比较而言，国外学者将更多精力投入于融合理论数学模型的构建，而国内学者尽管在新兴融合理论与实际应用领域相结合方面做出了较大贡献，但在相关基础理论的研究和改进上仍存在一定的发展空间，亟须深入、系统的研究。

不仅如此，图像融合技术发展中还遇到几个关键问题[85]。一是图像的配准问题，图像的精确配准是图像融合的前提条件，在所有的图像融合研究中，都假设源图像已经得到了精确配准，事实上，待融合的图像可能存在变换、旋转、尺度或其他几何变换，图像配准技术水平的高低将直接决定最终的图像融合效果。二是图像融合技术需要客观地对融合效果进行评价，评价方案需要对融合效果较好的算法与融合效果较差的算法进行比较，对图像的特征进行评价。目前缺乏对不同的融合方法进行有效的、可信赖的统一评价和验证标准，现存的评价方法均根据融合数据的不同和融合方法的差异在选择上也不尽相同，这种评价虽然有效但依然比较主观。第三个问题是不同的融合方法适用的融合规则也不相同，在不同的需求下，对多传感器图像融合没有标准的融合规则。上述几个问题是当前图像融合研究中的几个难点，同时也是技术发展研究中的重点。

总之，随着信息技术的飞速发展以及多传感器图像融合技术的不断深入，在未来各国信息技术的竞争中，图像融合技术必将发挥更为重要的作用并得到更为广泛的应用和发展。因此，深入开展多传感器图像融合技术的研究，对于提高国防安全和加快经济建设都有着十分重要的战略意义。

作为图像融合技术的一条重要分支，可见光和红外图像融合技术的发展很大程度上是为了满足军用夜视技术和安全监控领域的需要，美国在该领域拥有强大的优势。早在20世纪末，美军就提出了“拥有黑夜”的主张。随着世界各军事强国相继发展了现代化的夜视技术，近年来，美军尝试通过微光和多波段红外图像融合方法来保证其夜视技术的领先。美军新一代增强型夜视镜(Enhanced Night Vision Goggle，ENVG)就可将来自可见光和红外传感器的图像数据进行融合，从而改善感知能力[86]。2004年7月美军授予ITT公司一份合同，生产光学融合性的ENVG[87]。2007年8月，BAE公司从美军获得了设计开发数字ENVG的合同，该夜视镜可将从可见光和红外传感器获得的视频图像进行数字融合，并呈现在彩色显示屏上，而且能够通过通信手段在多个士兵间实现图像资源共享[88]。美军开展的另一个夜视融合研究项目就是研发多光谱自适应网络战术图像系统(Multi-spectral Adaptive Networked Tactical Imaging System，MANTIS)，该系统同BAE公司的数字ENVG融合系统类似，也能通过网络在士兵间传递图像数据[89,90]。美国的其他一些军工企业，如Litton公司[91,92]和Insight公司[93,94]也在着力发展基于可见光和红外传感器的夜视图像融合技术。此外，英国Octec公司和Waterfall Solution公司联合开发了用于警用直升机上的图像融合系统，该系统可将彩色可见光和红外视频图像融合，其输出图像具有近似于可见光图像的自然彩色效果[95-98]。

在学术研究方面，通过对近几年国内外专家学者在该领域内发表的论文进行深入研究和认真总结，不难发现目前可见光和红外图像融合按最终融合图像的色彩可以划分为两大类：一类是灰度级的可见光和红外图像融合；另一类是彩色的可见光和红外图像融合。

针对前一类融合，可以采取的融合方法有很多，综合国外若干年来的理论成果，主要有针对源图像的像素点进行融合操作、采用金字塔变换思想融合、小波融合以及 Ridgelet、Curvelet、Contourlet、NSCT 等几种理论研究较为成熟的方法，国内也出现了许多以上述几种方法作为融合思想的文献。刘贵喜等人[99]提出了一种像素级多算子红外与可见光图像融合方法。张新曼等人[100]引入了多尺度对比度金字塔的思想，完成了对可见光和红外图像的融合。刘盛鹏[101]和方勇提出了一种基于 Contourlet 和 IPCNN 的融合方法。张强等人[102]采取不同的融合策略也完成了对可见光和红外图像的融合。叶传奇等人[103, 104]则分别从像素和区域两个角度完成了对可见光和红外图像的融合，取得了优良的融合效果。

针对后一类彩色融合，在国际上，许多专家学者[105]对红外和彩色可见光图像融合方法进行了研究，得到的彩色融合效果比较自然，符合人的视觉感受，比较著名的有 IHS 法等。对于基于 RGB 色空间的伪彩色融合图像的研究，目前已有的几种主要方法有：NRL 法、MIT 法和 TNO 法。其中，NRL 法[106]算法简单，利于实时处理，但融合图像的色彩不自然；MIT 法[107]可获得较为良好的视觉效果，但其核心技术尚未公开，且实现复杂；TNO 法[108]的运算速度快，但融合色彩不佳，可看做 MIT 法的简单形式。在基于颜色传递的融合领域方面，Toet[109, 110]将 lab 变换引入到了图像融合领域，用于调整融合图像的色彩，该思想迅速获得众多学者的重视。国内学者对该领域也进行了深入研究，马大伟等人[111]从彩色传递的角度，提出了一种基于小波分解的红外与可见光图像融合方法。李光鑫等人[112]以红外和彩色可见光图像为研究对象，提出了一种基于 Contourlet 变换的彩色图像融合方法。王加等人[113, 114]分别采用了伪彩色编码、感知颜色空间和 IHS 空间思想对红外与可见光图像融合问题进行了探索和研究。

可见光与红外图像融合技术的研究有助于进一步发展和完善图像融合理论体系，此外，该领域的融合方法还可以移植到与其他类型图像的融合工作中，包括多聚焦图像融合、医学图像融合以及多光谱与全色图像融合等。目前，该领域已成为国内外专家关注、研究的热点问题，其研究成果具有极大的应用价值和实际意义。

分析国内外相关领域的研究进展，研究者们在一些方面已经达成了共识。譬如，从融合图像颜色的角度，图像融合可分为灰度图像融合和彩色图像融合两类。前者对应待融合多源图像均为灰度图像的情形，融合后的图像亦为灰度图像。后者又可进一步细分为两种类型：一种是融合后的图像为灰度图像，但通过彩色空间的变换可以实现颜色传递，将外界参考图像的颜色传递给灰度融合图像；另一种是待融合图像中有若干幅或所有图像均为有色图像的情况，譬如多光谱图像、全色图像等遥感图像。在灰度图像融合领域，我国虽然起步较晚，但发展却极为迅速，在较短时期内出现了大量的研究成果，与国外的发展水平基本相当；但在彩色图像融合领域的研究情况与国外尚有较大的差距，主要体现为彩色图像融合理论的不成熟、不完善。因此，要想实现彩色图像融合领域的突破，就必须深层次研究彩色图像的本质特性，对应彩色图像的特点建立起一套成熟、完善的融合理论体系，在相关融合方法的设计上，应力求创新，要不断改进现有的融合方法。

1.4 图像融合的层次

多传感器图像融合与经典信号处理方法之间存在着本质的区别，其关键在于多传感器图像信息具有更复杂的形式，而且可以在不同的信息层上出现，而多传感器图像融合正是在不同的图像信息抽象层次上对图像信息进行分析与提取的过程，这些信息抽象层次分为像素层、特征层和决策层。

按照数据信息抽象层次的不同，图像融合可以分为像素级图像融合、特征级图像融合和决策级图像融合[85]。

1. 像素级图像融合

在像素级图像融合中，图像的每一个像素是由不同源图像中的一系列像素决定的。其优势表现为：尽可能多地保留原始场景信息及图像的特征信息，通过增加图像像素级信息，使得该层次的融合准确性更高。多传感器图像融合的源图像一般是来自具有冗余和互补特性的成像传感器产生的单一图像信息或者是单一传感器在不同工作模式下获取的不同时间、空间和光谱特性的图像。融合过程可以去除图像的冗余性，相对单一传感器更容易对目标进行区分，改善人眼视觉系统的观察，利于计算机进行分析，从而节省人眼视觉系统观察或计算机分析的时间。该层次融合能够提供更加精确与可靠的图像信息，更有利于对图像进一步地分析和处理（如图像识别、图像分割、图像复原等）。像素级图像融合的结构如图 1.1 所示。

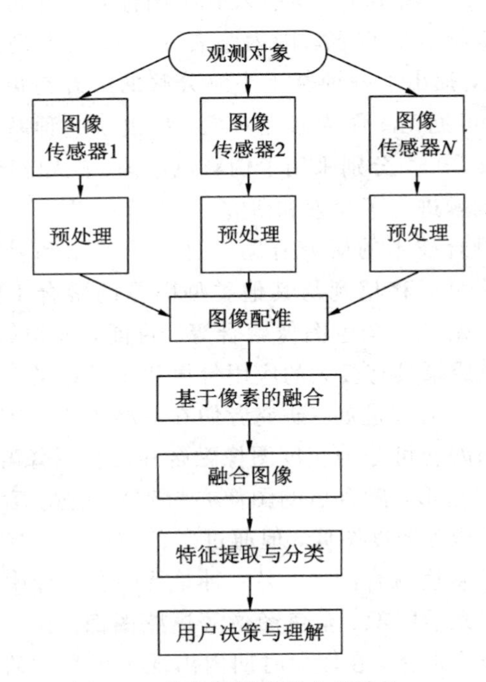

图 1.1 像素级图像融合的结构

像素级图像融合存在着计算量大、运行处理时间较长、不适合实时输出图像的缺点，对存储、计算设备的要求较高，源图像需进行像素级精确配准后才能进行图像融合。因此，该层次过程复杂、实施难度较大。

在三个层次的图像融合中，像素级图像融合是应用最广泛的融合方式，同时这种建立在原始图像数据层的图像融合也是另外两个融合层次的基础。

2. 特征级图像融合

特征级图像融合是对传感器获取图像的特征信息(边缘、纹理、轮廓、亮度等)进行处理的过程，包括信息提取、特征分析和融合处理，通过对源图像特征信息的有效提取(时间、空间上分割处理)，建立图像复合特征，进而实现特征级图像融合。可以将各个传感器分离设置。特征级图像融合后得到一个特征空间，使得图像数据计算量大为降低，数据处理速度与传输效率显著提高。特征级图像融合对获取源图像的预处理要求不高，便于实现信息压缩，有利于数据的实时处理。与像素级图像融合相比，计算量的减小换来融合后信息丢失较多。特征级图像融合是基于统计分析与模式相关等方法来实现特征提取与目标识别的，因而融合结果能最优地给出决策分析所需要的特征信息，实现系统判决。特征级图像融合的结构如图 1.2 所示。

3. 决策级图像融合

决策级图像融合是对多传感器图像信息进行统计推理的过程，进行决策级图像融合时，首先对多传感器获取同一图像的不同成像特征进行分类提取，然后按照多传感器图像各自的独立决策以及每一决策的可信度进行图像融合处理。决策级图像融合实时性好、容错能力强。决策级图像融合方法主要是基于认知模型的方法，通常是将传感器图像特征信息与模型匹配进行推理，需要大型数据库和专家决策系统进行分析、推理、识别和判决，决策级图像融合后的符号具有更大的概率值或更高的真实度。

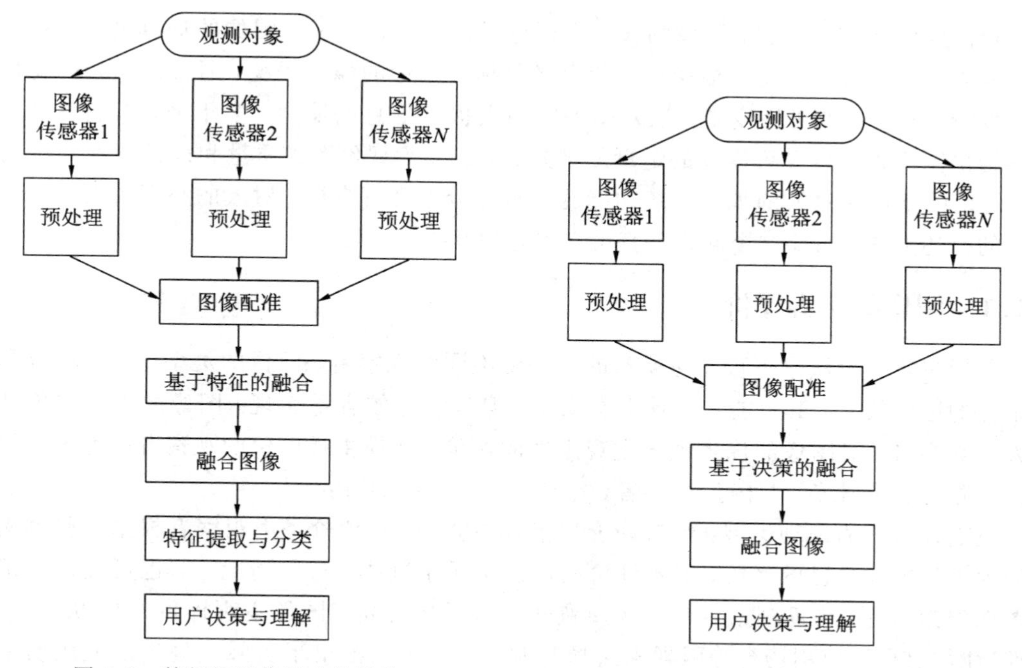

图 1.2 特征级图像融合的结构

图 1.3 决策级图像融合的结构

多种逻辑推理方法、统计方法、信息论方法等都可用于决策级融合，如贝叶斯(Bayesian)推理、D-S(Dempster-Shafer)证据推理、表决法、聚类分析、模糊推理、神经网络等。决策级融合具有良好的实时性和容错性，但其预处理代价高，且信息损失最多。决策级图像融合的结构如图 1.3 所示。表 1.1[115] 给出了多传感器图像信息抽象层次及各自性能特点的比较。从表中及前面所介绍的内容可以看出，像素级图像融合是最重要、最根本的多传感器图像融合方法，其获取的信息量最多，检测性能最好。

表 1.1 图像融合层次及其性能比较

特性 \ 融合层次	像素级图像融合	特征级图像融合	决策级图像融合
信息量	最大	中等	最小
信息损失	最小	中等	最大
容错性	最差	中等	最好
抗干扰性	最差	中等	最好
对传感器的依赖	最大	中等	最小
融合方法难易	最难	中等	最易
预处理	最小	中等	最大
分类性能	最好	中等	最差
系统开放性	最差	中等	最好

1.5 图像融合的性能评价

对图像的观察者而言，图像的含义主要包括两个方面：一是图像的逼真度，二是图像的可懂度。图像的逼真度是描述被评价图像与标准图像的偏离程度，通常使用归一化均方差来度量；而图像的可懂度则是表示图像能向人提供信息的能力。多年来，人们总是希望能够给出图像逼真度和可懂度的定量测量方法，以作为评价图像质量和设计图像系统的依据。但是由于目前对人的视觉系统功能还没有充分地理解掌握，对人的心理因素还找不出定量的描述方法，因此这个问题一直没有很好地解决。

1.5.1 图像的主观评价

采用主观评价法来评价图像质量的方法受不同的观察者、图像的类型、应用场合和环境条件的影响较大，其只能在统计上有意义，但是它比较容易实现。图像的主观评价就是以人为观察者，对图像的优劣做出主观定性的评价。选择主观评价的观察者可考虑这两类人：一类是未受训练的“外行”观察者，一类是训练有素的“内行”。

主观评价分为两种类型：绝对评价和相对评价。绝对评价是由观察者根据一些事先规定的评价尺度或自己的经验，对被评价图像提出质量判决。有些情况下，也可提供一组标准图像作为参考，帮助观察者对图像质量作出合适的评价。图像主观评价的尺度(即评分标准)往往要根据应用场合等因素来选择和制定。表 1.2 给出了国际上规定的五级质量尺度和妨碍尺度[115](亦称主观评价的 5 分制)。对一般人员来讲多采用质量尺度，对专业人员来讲，则多采用妨碍尺度。为了保证图像主观评价在统计上有意义，参加评价的观察者应足够多。应该注意的是，如果图像是观察者很熟悉的内容，则观察者就容易挑出毛病，而给出较低分数。然而，那些不熟悉图像内容的观察者给出的较高分数并不能准确反映图像的质量。

表 1.2 主观评价尺度评分表

分数	质量尺度	妨碍尺度
5分	非常好	丝毫看不出图像质量变坏
4分	好	能看出图像质量变坏，但并不妨碍观看
3分	一般	清楚地看出图像质量变坏，对观看稍有妨碍
2分	差	对观看有妨碍
1分	非常差	非常严重地妨碍观看

图像的MOS(Mean Opinion Score)值即图像的主管评价方法，一般情况下是选择一定数量的专业图像处理人员与非专业人员来为图像打分，再取平均值。用$A(i, k)$表示第i个人对第k幅图像的打分值，分值取在5分以内。因为人眼的分辨能力很有限，在五个级别的分值中有时很难作出取舍，所以可以打半分，这样对一幅图像的主观评分计算如下：

$$\text{MOS}(k) = \frac{1}{n}\sum_{i=1}^{n} A(i, k) \tag{1.1}$$

1.5.2 图像的客观评价

以往，对一般图像的质量评价往往采用主观评价的办法。然而，对图像融合效果的评价问题却要复杂得多，即使不考虑人的视觉特性、心理状态因素的影响，采用主观评价方法对图像融合效果进行评价也十分困难。人们在对融合图像的质量进行主观评价时，评价的标准(尺度)很难掌握。其主要原因是：一方面，多数情况下，不知道标准的融合图像应该是什么样子的，也就是说，此时评价人员没有评价的参照物；另一方面，由于图像融合应用场合、应用目的可能各有不同，因此在进行评价时的评价尺度应考虑到具体的应用场合和应用目的。图像融合应用场合和目的可能千差万别，例如：

(1) 为了获得视觉效果更清晰、更细致的图像。

(2) 为了得到对场景更全面(更广阔)的描述。

(3) 为了实现远距离小目标的探测和跟踪。

(4) 为了实现对目标的精确识别。

(5) 只是为了判断目标的状态(运动、静止、是否熄火等)。

(6) 为了判断目标的敌我所属。

(7) 为了判别目标的真假。

(8) 为了了解目标的数量、群集情况等。

正是由于图像融合的应用场合、目标千差万别，所以对融合图像效果进行主观评价的人员应该具有相当的专业知识水平。而且，某些情况下图像的融合服务对象是机器或计算机。严格地说，此时人的主观评价并不能完全代表计算机或机器的评价。

由此看来，在对图像融合技术及其方法进行研究的同时，开展对图像融合效果/质量的客观、定量的评价问题的研究是十分重要、十分有意义的事。对融合图像效果/质量的定量评价是客观的，它能克服人的视觉特性、心理状态、知识背景等因素的影响。只有建立了对图像融合效果的定量评价方法和准则，才可能对各种图像融合方法的融合性能做出科学、客观的评价，才可能对图像融合方法展开更深入的研究。另外，若建立了图像融合效果的定量评价方法和准则，就有可能使机器或计算机能够选取更适合当前任务的、性能更佳的融合方法、融合规则及融合方法。

1.5.3　单幅图像的性能评价指标

为了定量评价融合图像的效果和质量，在许多时候，由于没有标准图像，需要对单个图像的效果进行估计。以下三个评价指标可以定量评价融合图像的效果和质量。

1. 熵(Entropy)

熵的大小表示图像所包含的平均信息量的多少[116-119]，图像的熵定义为

$$H = -\sum_{i=0}^{L-1} P_i \log P_i \tag{1.2}$$

式中：H 表示图像的熵；L 表示图像的总灰度级数；P_i表示灰度值为 i 的像素数 N_i与图像像素数 N 之比。

$P=\{P_0, P_1, \cdots, P_{L-1}\}$反映了图像中具有不同灰度值像素的概率分布。$i$ 与 N_i间的关系图即为图像的灰度直方图。由于

$$N = \sum_{i=0}^{L-1} N_i \tag{1.3}$$

所以，i 与 P_i间的关系图可以看做是图像的归一化灰度直方图。

2. 均值(Average Value)

均值的大小表示了图像像素值的平均大小，图像的均值定义为

$$\text{Ave} = \frac{1}{n \times m} \sum_{i=0}^{n-1} \sum_{j=0}^{m-1} P(i, j) \tag{1.4}$$

式中：$P(i, j)$表示图像在(i, j)处的像素值；n、m 分别表示图像的高度和宽度(后面用到的 n 和 m 意义相同)；Ave 表示图像像素点的均值。

3. 方差(Square Difference)

方差是由均值间接求得的。图像的方差反映了图像的像素值的分布情况，其计算式为

$$\text{SD} = \sqrt{\frac{1}{m \times n} \sum_{i=0}^{m-1} \sum_{j=0}^{n-1} (P(i, j) - \text{Ave})^2} \tag{1.5}$$

1.5.4　融合图像的几个评价指标

上面给出了三个单幅图像的评价指标，但是在融合时，存在有参与融合的源图像，而且有时可以通过某种方法获得标准参考图像，这时就可以通过和标准图像的对比来判断融合图像的效果，或者通过融合图像与参与融合的源图像之间的一些关系来评价融合图像的效果。

1. 交叉熵(Cross Entropy, CE)

交叉熵亦称相对熵(Relative entropy)，可用来度量两幅图像之间的差异，交叉熵越小，表示图像间的差异越小。

若设标准图像为 R，融合后的图像为 F，则 R 与 F 的交叉熵为

$$\mathrm{CE}_{R,F}=\sum_{i=0}^{L-1}P_{R_i}\log\frac{P_{R_i}}{P_{F_i}} \tag{1.6}$$

若参与融合的源图像分别为 A 和 B，融合后的图像为 F，则两幅源图像与融合后的图像的交叉熵分别为

$$\mathrm{CE}_{A,F}=\sum_{i=0}^{L-1}P_{A_i}\log\frac{P_{A_i}}{P_{F_i}} \tag{1.7}$$

$$\mathrm{CE}_{B,F}=\sum_{i=0}^{L-1}P_{B_i}\log\frac{P_{B_i}}{P_{F_i}} \tag{1.8}$$

综合考虑 $\mathrm{CE}_{A,F}$ 和 $\mathrm{CE}_{B,F}$，将两幅源图像和融合后的图像间的综合差异用平均交叉熵 MCE 和均方根交叉熵 RCE 表示：

$$\mathrm{MCE}=\frac{\mathrm{CE}_{A,F}+\mathrm{CE}_{B,F}}{2} \tag{1.9}$$

$$\mathrm{RCE}=\sqrt{\frac{\mathrm{CE}_{A,F}^2+\mathrm{CE}_{B,F}^2}{2}} \tag{1.10}$$

2. 互信息量(Mutual Information，MI)

图像 A、B、F 间的互信息量 $\mathrm{MI}((A,B):F)$ 定义如下：

$$\mathrm{MI}((A,B):F)=\sum_{i=0}^{L-1}\sum_{j=0}^{L-1}\sum_{k=0}^{L-1}P_{abf}(i,j,k)\log\frac{P_{abf}(i,j,k)}{P_{ab}(i,j)P_f(k)} \tag{1.11}$$

类似地，i 与 $P_{ab}(i,j)$ 间的关系图可以看做是图像 A、B 的归一化联合灰度直方图，i 与 $P_{abf}(i,j,k)$ 间的关系图为图像 A、B、F 的归一化联合灰度直方图。

3. 均方误差(Mean Square Error，MSE)

融合后的图像 F 与标准参考图像 R 间的均方误差定义为

$$\mathrm{MSE}=\sum_{i=1}^{n}\sum_{j=1}^{m}\frac{(R(i,j)-F(i,j))^2}{n\times m} \tag{1.12}$$

4. 均方根误差(Root Mean Square Error，RMSE)

融合后的图像 F 和标准参考图像 R 间的均方根误差定义为

$$\mathrm{RMSE}=\sqrt{\frac{1}{n\times m}\sum_{i=1}^{n}\sum_{j=1}^{m}(R(i,j)-F(i,j))^2} \tag{1.13}$$

5. 峰值信噪比(Peak-to-peak Signal-to-Noise Ratio，PSNR)

PSNR 定义为

$$\mathrm{PSNR}=10\log\frac{\max^2}{\mathrm{RMSE}^2}=10\log\frac{\max^2}{\mathrm{MSE}} \tag{1.14}$$

式中：max 表示图像的灰度级大小。

上述准则和融合图像的评价指标如下：

(1) 互信息量 $\mathrm{MI}((A,B):F)$ 越大，说明融合后的图像从原始图像提取的信息越多，融合的效果也越好。

(2) 交叉熵 $\mathrm{CE}_{R,F}$ 越小，说明融合后的图像与标准参考图像间的差异越小，即融合效

果越好。

（3）平均交叉熵 MCE 和均方根交叉熵 RCE 越小，说明融合后的图像从源图像提取的信息越多，融合效果越好。

（4）均方误差 MSE、均方根误差 RMSE 越小，说明融合效果和质量越好。

（5）峰值信噪比 PSNR 越高，说明融合效果和质量越好。

需要说明的是，若已知标准参考图像，则以上 5 个指标均可用来对融合效果及融合后的图像的质量进行评价。然而，多数实际应用场合是无法得知标准参考图像的，此时 $CE_{R,F}$、RMSE(MSE)和 PSNR 三个参量无法使用，只能采用其他若干参量对融合效果和融合图像的质量进行评价。因融合效果和融合图像质量的定量评价问题是一个十分复杂的问题，所以，在实际评价过程中应综合考虑多个参量的评价结果。

6. 平均差异(Average Difference, AD)

平均差异表示了两幅图像间的像素差距大小的平均值，设 R 为标准图像，F 为融合后的图像，平均差异的计算公式如下：

$$\mathrm{AD}_{R,F} = \frac{1}{n \times m}\sum_{i=1}^{n}\sum_{j=1}^{m}|R(i,j) - F(i,j)| \tag{1.15}$$

7. 平均梯度(Average Grads, AG)

图像的梯度值可以反映出图像的清晰程度。图像的平均梯度计算公式如下：

$$\mathrm{Ave_V} = \frac{\sum_{i=0}^{n-1}\sum_{j=0}^{m-2}|F(i+1,j) - F(i,j)|}{(n-1)\times m} \tag{1.16}$$

$$\mathrm{Ave_H} = \frac{\sum_{i=0}^{n-2}\sum_{j=0}^{m-2}|F(i,j+1) - F(i,j)|}{(n-1)\times m} \tag{1.17}$$

$$\mathrm{AG} = \sqrt{\mathrm{Ave_V^2} + \mathrm{Ave_H^2}} \tag{1.18}$$

$\mathrm{Ave_V}$、$\mathrm{Ave_H}$分别为图像在垂直方向和水平方向的平均梯度值，AG 是融合后的图像 F 的平均梯度值。

8. 相关系数(Relative Coefficient, RC)

相关系数是表示融合后的图像 F 和标准图像 R 的相关程度，其值越接近于 1，相关性越好，图像的质量也越高。相关系数的计算公式如下：

$$C(F,R) = \frac{\sum_{i,j}[(F_{i,j} - \mathrm{Ave}_F)\times(R_{i,j} - \mathrm{Ave}_R)]}{\sqrt{\sum_{i,j}[(F_{i,j} - \mathrm{Ave}_F)^2]\sum_{i,j}[(F_{i,j} - \mathrm{Ave}_R)^2]}} \tag{1.19}$$

上述三个评价指标的说明如下：

（1）两幅图像的平均差异越小，表示两个图像越接近。

（2）图像的平均梯度越大，表示图像的清晰度越好。

（3）两幅图像的相关系数越接近于 1，表示图像的接近度越高。

上述几种方法被认为是图像性能评估的客观评价方法，可以用来评价融合后图像的质量。

本章参考文献

[1] Varshney P K. Multi-sensor data fusion[J]. Electronics and Communication Engineering Journal, 1997, 9(12): 245-253

[2] Luo R C, Kay M G. Multi-sensor Integration and Fusion in Intelligent Systems[J]. IEEE Trans. Syst, Man Cybern, 1989, 19(5): 901-931

[3] White F. A model for data fusion[A]. Proc. of the first National Symposium on Sensor Fusion [C], 1988

[4] Hall D L, Llinas J. Handbook of multi-sensor data fusion[M]. New York: CRC Press, 2001

[5] Blackman S. Multi-target tracking with RADAR application[M]. Norwood: Artech House, 1986

[6] Center of Excellence in Command, Control, Communications, Computing and Intelligence, C^4I Center [EB/OL]. http://c4i.gmu.edu/index.php

[7] 康耀红. 数据融合理论与应用. 西安: 西安电子科技大学出版社, 1997

[8] 刘同明, 夏祖勋, 谢洪成. 数据融合技术及其应用. 北京: 国防工业出版社, 1998

[9] 杨万海. 多传感器数据融合及其应用. 西安: 西安电子科技大学出版社, 2004

[10] 戴亚平, 刘征, 郁光辉. 多传感器数据融合理论及应用. 北京: 北京理工大学出版社, 2004

[11] 徐科军. 传感器与检测技术. 北京: 电子工业出版社, 2004

[12] 杨国胜, 窦丽华. 数据融合及其应用. 北京: 兵器工业出版社, 2004

[13] 敬忠良, 肖刚, 李振华. 图像融合:理论与应用. 北京: 高等教育出版社, 2007

[14] Abidi M A, Gonzalez R C. Data Fusion in Robotics and Machine Intelligence[M]. San Diego: Academic Press, Inc, 1992

[15] Luo R C, Kay M G. Multi-sensor Integration and Fusion for Intelligence Machines and Systems[M]. New Jersey: Ablex Publishing Corporation, 1995

[16] Varshney P K. Multi-sensor data fusion[J]. Electronics & Communication Engineering Journal, 1997, 9(6): 245-253

[17] David L H. An Introduction to Multi-sensor Data Fusion[A]. Proc. of the IEEE[C], 1997, 85 (1): 6-23

[18] 张彬, 许廷发, 倪国强. 小波变换在医学图像融合中的应用研究[J]. 计算机仿真, 2007, 24(3): 202-206

[19] 王加, 蒋晓瑜, 纪伯公. 一种用于目标识别的图像融合方法[J]. 激光与红外, 2008, 38(1): 92-95

[20] Daily M I, Farr T, Elachi C. Geologic Interpretation from Composited Radar and Landsat Imagery [J]. Photogrammetric Engineering and Remote Sensing, 1979, 45(8): 1109-1116

[21] Laner D T, Todd W J. Land Cover Mapping with Mergerd Landsat RBV and MSS Stereoscopic Images[A]. Proc. of the ASP Fall Technical Conference[C], San Francisco, 1981: 680-689

[22] Burt P J, Adelson E H. The laplacian pyramid as a compact image code[J]. IEEE Trans. Communications, 1983, 31(4): 532-540

[23] Burt P J. The pyramid as structure for efficient computation[A]. Proc. in: Multiresolution image processing and analysis, Springer-Verlag[C], 1984: 6-37

[24] Adelson E H. Depth-of-Focus Imaging Process Method[P]. United States Patent, 4661986, 1987

[25] Cliche G, Bonn F, Teillet P. Intergration of the SPOT Pan. Channel into its multispectral mode for image sharpness enhancement [J]. Photogrammetric Engineering and Remote Sensing, 1985,

51：311-316

[26] Ajjimarangsee P，Huntsberger T L. Neural network model for fusion of visible and infrared sensor outputs[A]. Proc. of the SPIE，Sensor Fusion[C]，1988，1003：153-160

[27] Toet A. A morphological pyramid image decomposition[J]. Pattern Recognition Letters，1989，9(4)：255-261

[28] Toet A. Image fusion by a ratio of low-pass pyramid[J]. Pattern Recognition Letters，1989，9(4)：245-253

[29] Toet A.，Van Ruyven L J，Valeton J M. Merging thermal and visual images by a contrast pyramid [J]. Optical Engineering，1989，28(7)：789-792

[30] Toet A. Hierarchical image fusion[J]. Machine Vision and Applications，1990，3(1)：1-11

[31] Toet A. Multi-scale contrast enhancement with application to image fusion[J]. Optical Engineering，1992，31(5)：1026-1031

[32] Rogers S K，Tong C W，Kabrisky M，et al. Multi-sensor fusion of radar and passive infrared imagery for target segmentation[J]. Optical Engineering，1989，28(8)：881-886

[33] Abidi A，Gonzalez R C. Data Fusion in Robotics and Machine Intelligence[M]. New York：Academic Press，1992

[34] Dasarathy B V. Fusion strategies for enhancing decision reliability in multi-sensor environments[J]. Optical Engineering，1996，35(3)：603-616

[35] Burt P J. A gradient pyramid basis for pattern-selective image fusion[A]. Proc. of the Society for Information Display Digest of Technical Papers[C]，1992：467-470

[36] Matsopoulos G K，Marshall S，Brunt J. Multiresolution morphological fusion of mr and ct images of the human brain[A]. Proc. of IEEE Vision，Image and Signal Processing[C]，1994，141(3)：137-142

[37] Matsopoulos G K，Marshall S. Application of morphological pyramids：fusion of mr and ct phantoms [J]. Journal of Visual Communication and Image Representation，1995，6(2)：196-207

[38] Richard S，Sims F，Phillips M A. Target signature consistency of image data fusion alternatives[J]. Optical Engineering，1997，36(3)：743-754

[39] Li H，Manjunath B S，Mitra S K. Multi-sensor image fusion using the wavelet transform[J]. Graphical Models and Image Processing，1995，57(3)：235-245

[40] Chipman L J，Orr Y M，Graham L N. Wavelets and image fusion[A]. Proc. of Int. Conference on Image Processing[C]. Washington，USA，1995，3：248-251

[41] Koren I，Laine A，Taylor F. Image fusion using steerable dyadic wavelet transform[A]. Proc. of Int. Conference on Image Processing[C]. Washington，USA，1995，3：232-235

[42] Zhang Z，Blum R S. A Categorization of Multi-Scale-Decomposition-Based Image Fusion Schemes with a Performance Study for a Digital Camera Application[A]. Proc. of IEEE[C]，1999，87(8)：1315-1326

[43] Jiang X Y，Gao Z Y，Zhou L W. Multispectral image fusion using wavelet transform[J]. Acta Electronica Sinica，1997，8(25)：105-108

[44] Tseng D C，Chen Y L，Liu M S C. Wavelet-based multi-spectral image fusion[J]. Geoscience and Remote Sensing Symposium，2001，4：1956-1958

[45] Li S T，Wang Y N. Multi-sensor image fusion based on tree-structure wavelet decomposition[J]. Journal of Infrared and Millimeter Waves，2001，20(3)：219-222

[46] Quan H Y，Yang Y，Song N H，et al. An image fusion approach based on second generation wavelet

transform[J]. System Engineering and Electronics，2001，23(5)：74-79

[47] Yang X，Yang W H，Pei J H. Different focus images fusion based on wavelet decomposition[J]. Acta Electronica Sinica，2001，29(6)：846-848

[48] Hill P，Canagarajah N，Bull D. Image fusion using complex wavelets[A]. Proc. of the thirteenth British Machine Vision Conference[C]，2002：487-496

[49] Mallat S G. A theory for multi-resolution signal decomposition：the wavelet representation[J]. IEEE Trans. Pattern Analysis and Machine Intelligence，1989，11(7)：674-693

[50] Mallat S G. 信号处理的小波导引. 杨力华，戴道清，黄文良，等译. 北京：机械工业出版社，2002

[51] Nunez J，Otazu X，Fors O，et al. Multi-resolution-based image fusion with additive wavelet decomposition[J]. IEEE Trans. Geoscience and Remote Sensing，1999，37(3)：1204-1211

[52] Chibani Y. Multi-source image fusion by using the redundant wavelet decomposition[A]. Proc. on IEEE International Geoscience and Remote Sensing Symposium[C]，2003，2：1383-1385

[53] Kovacevic J，Sweldens W. Wavelet families of increasing order in arbitrary dimensions[J]. IEEE Trans. Image Processing，2000，9(3)：480-496

[54] Do M N，Vetterli M. The Finite Ridgelet Transform for Image Representation[J]. IEEE Trans. Image Processing，2003，12(1)：16-28

[55] Candes E J，Donoho D L. Curvelets：a surprisingly effective non-adaptive representation for objects with edges[A]. USA：Department of Statistics，Stanford University[C]，1999

[56] Do M N，Vetterli M. The Contourlet Transform：An Efficient Directional Multi-resolution Image Representation[J]. IEEE Trans. Image Processing，2005，14(12)：2091-2106

[57] Do M N，Vetterli M. Contourlets[A]. In：Stoeckler J.，Wellland G. V. eds. Beyond Wavelets[C]，2002：1-27

[58] Cunha A L，Zhou J P，Do M N. Nonsubsampled contourlet transform：filter design and applications in denoising[A]. Proc. of IEEE Int. Conference on Image Processing[C]，Genova，Italy，2005，(1)：749-752

[59] Zhou J P，Cunha A L，Do M N. Nonsubsampled contourlet transform：construction and application in enhancement[A]. Proc. of IEEE Int. Conference on Image Processing[C]，Genova，Italy，2005，(1)：469-472

[60] Cunha A L，Zhou J P，Do M N. The nonsubsampled contourlet transform：Theory，design，and applications[J]. IEEE Trans. Image Processing，2006，15(10)：3089-3101

[61] 蒋晓瑜. 基于小波变换和伪彩色方法的多重图像融合方法研究[D]. 北京：北京理工大学博士论文，1997

[62] 王加，蒋晓瑜，杜登崇，等. 基于伪彩色编码和图像融合技术的伪装目标识别方法[J]. 探测与控制学报，2008，30(2)：43-46

[63] 倪国强，戴文，李勇量，等. 基于响尾蛇双模式细胞机理的可见光、红外图像彩色融合技术的优势和前景展望[J]. 北京理工大学学报，2004，24(2)：95-100

[64] 张文峦. 基于伪彩色的图像融合方法研究[D]. 西安：西北工业大学硕士学位论文，2007

[65] 杨万海，赵曙光，刘贵喜. 基于梯度塔形分解的多传感器图像融合[J]. 光电子激光，2001，12(3)：293-296

[66] 王洪华，杜春萍. 基于多进制小波的多源遥感影像融合[J]. 中国图像图形学报，2002，7(4)：341-345

[67] 李树涛，王耀南，张昌凡. 基于视觉特性的多聚焦图像融合[J]. 电子学报，2001，29(12)：1699-1701

[68] 张新曼，韩九强．基于对比度视觉模型的多聚焦融合图像的精确重构[J]．小型微型计算机系统，2004，25(11)：1995-1997
[69] 王加，蒋晓瑜，纪伯公．符合人眼视觉特性的图像融合方法[J]．光学精密工程，2005，13(4)：18-21
[70] 徐冠雷，王孝通，徐晓刚，等．基于视觉特性的多聚焦图像融合新算法[J]．中国图像图形学报，2007，12(2)：330-335
[71] 李振华，敬忠良，孙韶媛，等．基于方向金字塔变换的遥感图像融合方法[J]．光学学报，2005，25(5)：598-602
[72] 苗启广，王宝树．基于改进的拉普拉斯金字塔变换的图像融合方法[J]．光学学报，2007，27(9)：1605-1610
[73] 张登荣，张宵宇，俞乐，等．基于小波包移频算法的遥感图像融合技术[J]．浙江大学学报(工学版)，2007，41(7)：1098-1100
[74] 夏明革，何友，苏峰，等．一种基于小波多尺度边缘检测的图像融合方法[J]．电子与信息学报，2005，27(1)：56-59
[75] 梁栋，李瑶，沈敏，等．一种基于小波—Contourlet 变换的多聚焦图像融合方法[J]．电子学报，2007，35(2)：320-322
[76] 叶传奇，苗启广，王宝树．基于区域分割和 Contourlet 变换的图像融合方法[J]．光学学报，2008，28(3)：56-59
[77] 刘坤，郭雷，常威威．基于 Contourlet 变换的区域特征自适应图像融合方法[J]．光学学报，2008，28(4)：681-686
[78] 宋亚军，倪国强，高昆．基于小波—Contourlet 变换的区域能量加权图像融合方法[J]．北京理工大学学报，2008，28(2)：168-172
[79] 张强，郭宝龙．基于非采样 Contourlet 变换多传感器图像融合方法[J]．自动化学报，2008，34(2)：135-141
[80] 叶传奇，王宝树，苗启广．基于非子采样 Contourlet 变换的图像融合方法[J]．计算机辅助设计与图形学学报，2007，19(10)：1274-1278
[81] 叶传奇，王宝树，苗启广．一种基于区域的 NSCT 域多光谱与高分辨率图像融合方法[J]．光学学报，2008，28(3)：447-453
[82] 贾建，焦李成，孙强．基于非下采样 Contourlet 变换的多传感器图像融合[J]．电子学报，2007，35(10)：1934-1938
[83] 汤磊，赵丰，赵宗贵．基于非下采样 Contourlet 变换的多分辨率图像融合方法[J]．信息与控制，2008，37(3)：291-297
[84] 郭雷，刘坤．基于非下采样 Contourlet 变换的自适应图像融合方法[J]．西北工业大学学报，2009，27(2)：255-259
[85] 孙岩．基于多分辨率分析的多传感器图像融合方法研究[D]．哈尔滨：哈尔滨工程大学博士学位论文，2012
[86] http://www.globalsecurity.org/military/systems/ground/envg.html[EB/OL]
[87] http://nightvision.com/news/news_detail.asp? news_ID=24[EB/OL]
[88] http://www.baesystems.com/Newsroom/NewsReleases/2007/autoGen_10772913162.html[EB/OL]
[89] http://www.nationaldefensemagazine.org/issues/2007/October/Researchers.html[EB/OL]
[90] http://www.afcea.org/signal/articles/anmviewer.asp? a=1135[EB/OL]
[91] Beystrum T R, Waterman M D, Boryshuk W R, et al. Enhanced night vision goggle assembly[P]. United States Patent 6762884, 2004
[92] Ostromek T E, Estrera J P, Bacarella A V, et al. Centerline mounted sensor fusion device[P]. United

States Patent 7091930, 2006

[93] Ottney J C, Hohenberger R T, Russell A D. Fusion night vision system[P]. United States Patent 7307793, 2007

[94] Ottney J C, Hohenberger R T, Russell A D, et al. Fusion night vision system[P]. United States Patent 20070235634, 2007

[95] Smith M I, Rood G. Image fusion of II and IR data for helicopter pilotage[A]. Proc. of the SPIE[C], 2000, 4126: 186-197

[96] Smith M I, Ball A N, Hooper D. Real-time image fusion: A vision aid for helicopter pilotage[A]. Proc. of the SPIE[C], 2002, 4713: 30-41

[97] Dwyer D, Smith M, Dale J, et al. Real time implementation of image alignment and fusion[A]. Proc. of the SPIE[C], 2005, 5813: 16-24

[98] Dwyer D, Hickman D, Riley T, et al. Real time implementation of image alignment and fusion on a police helicopter[A]. Proc. of the SPIE[C], 2006, 6226: 622607-1-622607-11

[99] 刘贵喜，杨万海. 一种像素级多算子红外与可见光图像融合方法[J]. 红外与毫米波学报，2001，20(3)：207-210

[100] 张新曼，韩九强. 基于视觉特性的多尺度对比度塔图像融合及性能评价[J]. 西安交通大学学报，2004，38(4)：380-383

[101] 刘盛鹏，方勇. 基于Contourlet变换和IPCNN的融合方法及其在可见光与红外线图像融合中的应用[J]. 红外与毫米波学报，2007，26(3)：217-221

[102] 张强，郭宝龙. 一种基于非采样Contourlet变换红外图像与可见光图像融合方法[J]. 红外与毫米波学报，2007，26(6)：476-480

[103] 叶传奇，王宝树，苗启广. 基于NSCT变换的红外与可见光图像融合方法[J]. 系统工程与电子技术，2008，30(4)：593-596

[104] 叶传奇，王宝树，苗启广. 一种基于区域特性的红外与可见光图像融合方法[J]. 光子学报，2009，38(6)：1498-1503

[105] Chavez P S, Sides C S, Anderson J A. Comparison of three different methods to merge multi-resolution and multi-spectral data: Landsat TM and SPOT panchromatic[J]. Photogrammetric Engineering & Remote Sensing, 1991, 57(3): 259-303

[106] McDaniel R V, Scribner D A, Krebs W K, et al. Image fusion for tactical applications[A]. Proc. of the SPIE[C], 1998, 3436: 685-695

[107] Waxman A M, Fay D A, Gove A N, et al. Color night vision: Fusion of intensified visible and thermal IR imagery[A]. Proc. of the SPIE[C], 1995, 2463: 58-68

[108] Toet A, Walraven J. New false color mapping for image fusion[J]. Optical Engineering, 1996, 35(3): 650-658

[109] Toet A. Paint the night: Applying daylight colors to nighttime imagery[A]. Research Report TM-02-B006, TNO Human Factors[R], Soesterberg, The Netherlands, 2002

[110] Toet A. Natural color mapping for multi-band nightvision imagery[J]. Information Fusion, 2003, 4(3): 155-166

[111] 马大伟，敬忠良，孙韶媛，等. 基于彩色传递的红外与可见光图像融合方法[J]. 计算机工程，2006，32(14)：172-173

[112] 李光鑫，王珂. 基于Contourlet变换的彩色图像融合方法[J]. 电子学报，2007，35(1)：112-117

[113] 王加，蒋晓瑜，杜登崇，等. 基于伪彩色编码和图像融合技术的伪装目标识别方法[J]. 探测与控制学报，2008，30(2)：43-46

[114] 王加，蒋晓瑜，杜登崇，等. 基于感知颜色空间的灰度可见光与红外图像融合方法[J]. 光电子 & 激光，2008，19(9)：1261-1264

[115] 刘贵喜. 多传感器图像融合方法研究[D]. 西安：西安电子科技大学博士学位论文，2001.

[116] Hankerson D，Harris G A，Johnson P D. Introduction to Information Theory and Data Compression [M]. New York：CRC Press，1997，1-36

[117] Neelakanta P S. Information-Theoretic Aspects of Neural Networks[M]. New York：CRC Press，1999，45-68

[118] Kakihara Y. Abstract Methods in Information Theory[J]. Singapore：World Scientific，1999，1-10

[119] Pal N R，Pal S K. Entropy：A New Definition and Its Applications[J]. IEEE Trans. on Systems，Man，and Cybernetics，1991，21(5)：1260-1270

第二篇　基于特征的图像匹配

第 2 章　图像配准的基础理论

图像配准技术的优劣直接决定多传感器源图像的最终融合效果，本章将介绍图像配准技术的相关基础理论，内容主要包括：图像配准技术产生的背景；图像配准技术的发展；图像配准的数学基础——成像几何基础知识以及图像变换模型等。

2.1　图像配准技术的产生背景

图像配准(Image Registration)是指对从不同视点、不同时间或不同传感器获得的同一场景的两幅或多幅图像建立对应关系的过程。

图像配准技术最早是在 20 世纪 70 年代美国的飞行器辅助导航系统、武器投射系统的末端制导以及寻的等应用研究中被提出的，并得到军方的大力支持与赞助。随着军事高科技的发展，现代局部战争已经进入了以信息化为基础的高科技战争时代，战争的模式已经由过去的以地面作战为主逐渐发展为以远程武器投射和空中精确打击为主，因此对精确打击武器的需求越来越迫切。经过长达二十多年的研究，美国已成功地将图像配准技术应用于中程导弹及战斧式巡航导弹上，使其弹着点平均圆误差半径不超过十几米，从而大大提高了导弹的命中率。精确打击武器凭借其命中率高、杀伤力强、作战效能好、作战范围广、可以实施无接触打击并有效摧毁点状目标的特点，已经成为高技术战争中的主要兵器，它们对现代战争的战略战术乃至战争结局都产生了至关重要的影响。

基于图像配准的辅助导航系统是在机载计算机中预先存储二维目标模板图像，利用光电成像传感器实时获得地面景物图像，并与模板进行比较，用以确定飞行器的航向。该技术应用于无人机或导弹系统中，可以提高自主侦察能力，修正惯导误差，提高定位的精度和自主性，对外界依赖少，导航精度高，实现对敌方的桥梁、坦克、舰船等目标实施“点穴”式打击。另外，基于图像配准的目标识别技术只要确定目标，不必人工瞄准，导弹发出后就能自动探测、识别、跟踪目标，直到最后击中，使得武器系统具有很高的自主性，能够在复杂的战场环境中实时自动捕获、识别目标，可以满足第三代精确打击武器的要求。该技术在精确制导武器中处于越来越重要的地位，同时，它还在飞机辅助导航、光学或雷达图像的目标搜索与定位等军事领域具有重要的应用价值，正成为近年来许多国家的热点研究方向。

近年来随着高分辨率光学、雷达侦察卫星、高空侦察飞机和无人侦察机等遥感平台的出现和发展，可以轻易获取大量的高清地形图片等战场信息。这些信息，可以提供重要的决策依据，为制订军事打击计划、评估毁伤效果提供了重要的情报保障，有力地支持了目标识别与精确打击。我国对战场图像信息处理能力发展相对缓慢，尤其是军事目标的自动检测与识别能力。目前我国对图像情报的处理仍主要依赖于操作人员人工来完成，判读人员也主要根据人眼所能辨识的目标形状信息和灰度信息来进行决策，这样就导致了对目标的辨识能力不足和识别效率低下，无法满足高时效性、高精确度的图像情报处理的需求。

因此，目标的自动识别技术是当前和今后一段时期内需要迫切解决的问题。另外，由于景象匹配辅助导航系统如何实现是美国军方国家军事机密，其核心技术尚未公开，因此开展基于景象匹配辅助的自主精确导航技术的研究，具有相当重要的理论意义和国防应用价值。

除军事领域外，20 世纪 80 年代后，在很多领域都有大量配准技术的应用，如遥感领域、模式识别、自动导航、医学诊断和计算机视觉等。各个领域的配准技术都是对各自具体的应用背景结合实际情况量身订制的技术。但是不同领域的配准技术之间在理论方法上又具有很大的相似性，从而使得某领域的配准技术很容易移植到其他相关领域。

2.2　图像配准技术的发展

图像配准方法[1,2]大致可以分为两大类：基于图像灰度的配准方法和基于图像特征的配准方法。

基于图像灰度的配准方法直接利用图像灰度值来确定配准的空间变换，这类方法充分利用了图像所包含的信息，从而也称为基于图像整体内容的配准方法。基于图像灰度的配准方法的基本思想是：首先对待配准图像做几何变换，然后依据灰度信息的统计特性定义一个目标函数，作为参考图像与变换图像之间的相似性度量，使得配准参数在目标函数的极值处取得，并以此作为配准的判决准则和配准参数最优化的目标函数，从而将配准问题转化为多元函数的极值问题；最后通过一定的最优化方法求得正确的几何变换参数。

基于特征的配准方法的基本步骤与基于图像灰度的配准方法相似，主要区别在于所选的特征、特征提取方法、匹配准则和搜索策略的不同。在图像变换模型确定的情况下，图像配准的精度取决于图像特征的选择，或者说是图像控制基础的选择。应用于图像配准的图像特征一般为点特征、线特征和面特征。下面介绍基于图像特征的图像配准过程。

2.2.1　特征提取

特征提取指的是从图像中提取出用来匹配的信息，分为控制点、结构和图像本身的灰度。依据利用图像中信息的方式不同，三种方法的计算量呈递增趋势。基于像素灰度的配准方法直接由像素灰度构成特征空间，不必进行特征提取，而基于结构和控制点的方法则必须进行特征提取。

1. 点特征提取

基于控制点的配准方法，即控制结构为图像中的特征点(称为控制点)，特征点可以是用户提供的，也可以由算法估计，然后对控制点进行匹配，估计几何变换参数并进行配准。良好的控制点应具有以下四个特点：

(1) 在配准图像和参考图像中处在同一位置；

(2) 在图像中均匀分布；

(3) 位于高对比度区域；

(4) 在其周围区域是独特的。

点特征是最常采用的一种图像特征，包括物体边缘点、角点、线交叉点、线的端点和区域中心等。

常用的点特征提取方法有：

（1）基于小波变换的边缘点提取法。Leila M. G. Fonseca[3] 和 Jun-wei Hsieh[4] 都是采用基于小波变换的多尺度分析理论，先对图像作小波变换，计算小波变换的模值，模的局部极大值点即对应图像中的边缘点。

（2）角点检测法。角点也是一种常用的图像特征点。基于灰度的角点检测方法考虑像素点邻域的灰度变化，通过计算点的曲率及梯度检测角点。

常用的角点算法有：

① Moravec 角点检测算法[5]，其基本思想是：以像素的四个主要方向上最小灰度方差表示该像素与邻近像素的灰度变化情况，即像素的兴趣值，然后在图像的局部选择具有最大兴趣值的点（灰度变化明显的点）作为特征点。Moravec 角点检测算法是一个相对简单的算法，计算量很小，但是对噪声的影响十分敏感。

② SUSAN（Smallest Univalue Segment Assimilating Nucleus）角点检测算法[6]，SUSAN 算子是由英国牛津大学的 Smith 和 Brady 于 1995 年首先提出的，在中文文献中被翻译为“最小同值吸收核”，它具有以下特性：对角点的检测比对边缘检测的效果更好，适用于基于特征点匹配的图像配准；无需梯度运算，保证了算法的效率；具有积分特性（在一个模板内计算 SUSAN 面积），这样就使得 SUSAN 算法在抗噪和计算速度方面有了较大的改进。

③ Harris 角点检测算法[7]，Harris 算子是 Harris 和 Stephens 在 1988 年提出的一种特征点提取算子，是在 Moravec 算子基础上的一种改进。它与 Moravec 算子主要不同在于用一阶偏导来描述亮度变化，这种算子受信号处理中自相关函数的启发，给出与自相关函数相联系的矩阵 $\boldsymbol{M}$。$\boldsymbol{M}$ 矩阵的特征值是自相关函数的一阶曲率，如果两个曲率值都高，那么就认为该点是特征点。

2. 结构特征提取

基于结构的配准方法是指根据待配准图像相同结构之间的几何关系确定配准参数，因此这类方法首先需要提取共有结构。常见的结构包括边缘、区域、轮廓和表面等，形态学和主动轮廓模型是很好的边缘提取工具。

线特征是指图像中明显的线段特征[8−10]，如道路[11]、海岸线和目标的轮廓线等[12−16]。线特征的提取一般分两步进行：首先采用某种算法提取出图像中明显的线段信息，然后利用限制条件筛选出满足条件的线段作为线特征。经典的边缘检测算法有 Canny 检测算法[17]、基于高斯拉普拉斯函数的检测算法[18]。文献[19]先采用 LOG 算子与图像作卷积，在过零处检测出边缘，然后以边缘强度的大小作为限制条件，保留满足条件的轮廓特征。

面特征是指利用图像中明显的区域信息作为特征。在实际的应用中最后可能也是利用区域的重心或圆的圆心点等作为特征，但其前提是提取明显的区域特征。

3. 灰度特征提取

基于图像灰度的配准方法主要包括直接用灰度参与特征匹配、变换域和图像表示三种方法，其中变换域是指对图像施加某种变换（如傅里叶变换）后再提取特征，而图像表示则将图像直接用矩统计量来表示。

2.2.2 特征描述

1. 基于像素差平方和（Sum of Squared Differences，SSD）的描述符

该算法类似于基于模版匹配的图像配准算法。基于模版匹配的图像配准算法是在参考图像中取得一个能包含图像主要信息的模版作为基准特征块，然后在待配准图像中查找与该基准特征块最为相似的匹配块，匹配的原则是以两幅图像重叠部分(这里是指重叠块)的像素的平方和[20]为标准来衡量此区域是否与基准特征块最相似；而基于像素差平方和的描述符算法只是将模版的概念应用到了特征点局部的临域窗口，以特征点临域窗口的灰度信息值作为该特征点的描述符，直接进行比较来实现特征点的匹配。

这样对于图像 I_1 中的每一个特征点，都可以在图像 I_2 中找到"匹配点"。当然，这里的匹配并非真正意义上的匹配，因为这样得到的匹配点对中心必然有误匹配点对，它们称为"外点"(比如，根本就不在两幅图像的重叠区域，或者在重叠区域却因为某种原因在一幅图像中被检测到而在另一幅图像中根本就没有被检测到)。相对而言，"内点"是真正对应于场景中同一点的正确的特征点匹配对。外点的存在对图像变换矩阵参数求取有很大的负面影响，需要剔除外点。这一步骤是所有基于特征点的图像配准和图像拼接方法所不可缺少的一步，所以放在后面具体的算法中讨论。

该算法是进行特征点匹配的一种简单可行的算法，但是因为它直接利用图像的灰度信息值，所以最大的缺点就是对光照的变化十分敏感，一旦需要配准的两幅图像在重叠区域的曝光不一致，那么该算法将不再准确。此外，进行特征点匹配时采用的邻域窗口为矩形，当需要配准的两幅图像存在较大角度的旋转和较大尺度的缩放时，特征点邻域窗口的特征将产生较大的改变，因此对于图像的旋转和缩放就会比较敏感。

2. 基于互相关(Cross Correlation，CC)的描述符

该算法不直接利用特征点临域的灰度值，而是依据特征点临域像素值的互相关系数[21]为匹配原则进行匹配。该算法仍然对光照变化比较敏感，矩形窗口所带来的缺点仍然不可避免。

在此基础上，人们又提出了归一化互相关(Normalised Cross-Correlation，NCC)法[22]，在计算互相关系数时进行了归一化处理。归一化的目的就是消除上述方法对于光照变化敏感的问题。该方法较好地解决了对于光照变化敏感的问题，但矩形窗口的选用仍然是该类方法的缺憾，所以这种方法只适合于具有平移和小角度旋转关系的图像配准。文献[23]提出了通过计算圆形窗口的互相关系数甚至计算窗口每一种几何变换的互相关系数来处理旋转、仿射等更加复杂的几何变形，但是效果仍然不够理想。

3. 基于不变矩的特征描述符

不管是基于灰度值还是基于互相关的描述符，我们都希望它能够满足一个基本的要求：对图像的平移、旋转以及缩放具有不变性，即无论图像作何种平移、旋转、放大或缩小，描述符都能够保持不变。遗憾的是，这一基本要求目前很难满足。为了解决这个问题，一个最直观的办法是要求图像特征本身具有"不变性"，即尽可能寻求图像本身的"不变性"特征作为描述符。因此，图像不变性特征的研究一直是感知科学和计算机视觉的研究重点，在这方面的研究已取得了一些重要的成果，例如由 Hu[24]、Dudani[25] 和 Pasaltis[26] 采用的不变矩的方法，由 Zahn[27]、Reece[28] 和 Fu[29] 采用的傅氏描绘子等。

假如给定一组边界点，可以用傅里叶描述符来加以描述。但有时图像区域内只有内部像素而又需要用一种不随平移、旋转、尺度变化的"描述符"来描述时，那么"矩"就是具有这种特性的一种描述符。图像的矩特征是一种以图像分布的各阶矩来描述灰度的统计特性的方法。在二值图像和灰度图像中，矩函数得到了广泛的应用。矩函数是一种全局不变量，而且它对噪声不太敏感；矩的另一个特性是不管目标是否封闭，都能较好地识别目标。所有这些特征恰好就是我们需要的，因为我们的目标就是希望能够找到特征点邻域像素的一些不随平移、旋转、尺度变化的特征来作为该特征点的描述符。

不变矩已经成为近30年来目标识别和图像处理的经典方法[30-35]。通过采用代数不变量理论[36-38]，Hu最早将不变矩理论引入模式识别，推导出了7个不变矩[24]，并演示了将它们作为特征区别印刷字符的能力。Yang等人分析了高斯—厄米不变矩的旋转和平移不变性[39]，并将高斯—厄米矩应用到图像分析与重建中[40]。Guo用傅里叶—梅林矩进行了彩色图像配准[41]。Grewenig用不变矩进行了旋转角度度量[42]。Suk基于图论提出了一种构建仿射不变矩的方法[43]。Zhu利用不变矩原理设计出一种具有尺度、旋转和变换不变性的数字图像水印算法[44]。文献[45]将不变矩应用在模式识别中；文献[46]利用Zernike矩，通过正交化、组合矩和奇异值分解方法实现了对二维彩色纹理图像的识别；文献[47]则利用不变矩进行了字符图像识别。Flusser等人提出了线性滤波不变矩[48]，这种不变矩具有中心对称PSF卷积不变特性，使得不变矩的抗模糊和抗噪声能力增强，在一些情况下能用于对未经图像恢复[49]处理的模糊图像进行识别。这种不变矩还可以用于医学图像的配准[50]，当然这种理论主要以中心矩为基础，有关模糊卷积对其他类型的影响规律及相应不变量构造方法还有待进一步研究。另外还有文献研究不变矩的识别与重构特性、离散稳定性、噪声容忍性和其他数字特征以及在大量实验中的性能比较[51-53]，不少有关矩的快速算法[54,55]也被提出。

除上述几种矩外，还有角度矩[56]、边界矩[57]、正交矩[58]、复数矩[59]等。

2.2.3 特征匹配

特征匹配是指建立两幅图像中特征点之间对应关系的过程。用数学语言可以描述为：两幅图像A和B中分别有m和n个特征点(m和n常常是不相等的)，其中有k对点是两幅图像中共同拥有的，则如何确定两幅图像中k对相对应的点即为特征匹配要解决的问题。常用特征匹配方法有：互相关系数法、互信息法、聚类法、点间距离法、松弛法[60]、相对距离直方图聚集束检测法[61]、凸壳匹配法[62]、Hausdorff距离[63]及相关方法、遗传算法、特征邻域向量描述匹配法等。

1. 基于兴趣点的匹配

兴趣点相对于边缘特征具有信息含量高、数量较少的优势，所以近年来基于兴趣点的匹配研究越来越多。兴趣点是图像灰度在x和y方向都有很大变化的一类局部特征点。它包含角点、拐点以及交叉点等。定位精度、重复率和信息含量是衡量兴趣点检测算子的标准。Harris[7]等人提出了利用图像灰度自相关函数的兴趣点检测算子的改进方法，实验表明，该算子对于图像存在旋转、光照变化和透视变形时是稳定的。文献[64]使用检测器提取兴趣点，通过计算归一化相关系数，沿极线寻找一幅图像中兴趣点的对应点，接着使用第三幅图像来得到更精确的对应；Jane[65]提出了基于小波的分层图像匹配算法，即在分解后的每一层图像中提取兴趣点进行匹配，用并行策略进一步提高速度。

2. 基于矩特征的匹配

矩作为图像的一种形状特征，已经广泛应用于计算机视觉和模式识别等领域。文献[66]使用矩不变量作为匹配特征，模糊不相似性作为匹配度量，提出了最优匹配对理论并加以证明。Huang 和 Cohen[67] 提出了一个曲线匹配的算法，使用加权 B-样条曲线矩，解决了仿射变换和遮挡问题。使用矩的匹配方法无需建立点的对应信息，但缺点是不能检测图像的局部特征，需要对图像进行分割，而且只适用于发生了刚体变换的图像。

基于特征的匹配对于图像畸变、噪声、遮挡等具有一定的鲁棒性，但是它的匹配性能在很大程度上取决于特征提取的质量，而且匹配精度不高。去除误匹配特征对的常用方法主要有 RANSAC(随即抽样一致性算法)[68] 和投票过滤法等。

2.2.4　选取变换模型求取参数

变换模型是指根据待配准图像与参考图像之间的几何畸变，选择能拟合两幅图像之间变化的最佳几何变换模型。由于传感器扭曲、视场角差异以及传感器安装位置不重合，会引起两个传感器图像之间的平移、缩放、旋转、拉伸和剪切等畸变。这些畸变可抽象为刚体变换、仿射变换、投影变换和非线性变换等数学模型，也可粗略分为刚体和非刚体变换、或全局和局部变换。变换的复杂程度从刚体变换、仿射变换、投影变换到非线性变换依次增加，并具有包含关系，比如：仿射变换包含刚体变换。通常，刚体变换和仿射变换是全局的，非线性变换是局部的。其中，非几何畸变源的存在导致了配准图像间不可能完全匹配。对图像间畸变的了解越充分，配准模型的设计就越逼真。

求取参数是指搜索计算两幅图像之间最佳变换参数的过程，常用的算法有最小均方误差法[69]、聚类分析法、模拟退火法、遗传算法[70]等。

2.2.5　优化策略

优化策略是指求取两幅图像之间最佳变换参数时的搜索过程。总体上分两种方式：直接计算参数和搜索参数。当图像已经粗略配准时，搜索区域很小，直接搜索很快就能找到最优变换。此时，若采用优化方法，反而由于额外的开销降低配准的速度。文献[71]对遥感图像配准时的高性能实现问题进行了深入探讨，认为应从三个角度考虑：① 降低数据量，如多分辨率分解，首先在低分辨率图像上实现配准，然后逐步优化，最终实现原始图像配准；② 减少搜索空间，如采用迭代优化或遗传算法；③ 并行处理，包括算法和数据的分解、平衡处理能力和任务最优分配。这三个角度是优化策略的发展方向。常用的优化算法有 Powell 方法、Downhill simplex 方法、Levenberg-Marquardt 算法、New ton-Raphson 迭代法、梯度下降法、模拟退火算法、遗传算法等。因为许多应用都包含多个优化算法，所以经常先用快速、粗搜索技术，再用慢速、精搜索技术。

2.2.6　坐标变换与插值

得到两幅图像间的变换参数后，需要将输入图像作相应变换使之与参考图像处于同一坐标系下。注意：输入图像变换后所得像素点坐标不一定为整数，应进行插值处理。常用的插值算法有最近邻域法、双线性插值法和双三次卷积法。双线性插值法折中了精度和计算量，是最常用的方法之一；但当图像放大许多时，宜用双三次卷积法；而当图像含有少量灰度级时，推荐用最近邻域法。关于插值方法的详细分析可参见文献[72]。

图像的像素坐标均采用整数表示，但是在经过几何变换后，图像可能出现新的像素点或者图像的象素位置已不再是整数。为了重新得到可以在计算机中存储的数字图像，需将空间变换后的离散数字图像重建为连续的图像，再在整数位置上对重建的图像进行采样，从而得到最终的数字图像[72]。图像的重建和采样过程需要通过图像插值来完成。因此，为了得到精确、高质量的变换图像，也为了几何变换后的图像能保留原图像的细节信息，选择一个好的插值方法是非常重要的。图像插值过程也是刚性配准方法中一个必不可少的步骤。

插值法是广泛应用于理论研究和工程实际中的重要数值方法。现阶段研究插值的方法主要有最邻近插值、双线性插值、四点插值、B 样条插值、理想 sinc 插值、窗口 sinc 插值、二次插值、立方插值、Lagrange 插值、Gaussian 插值、弹性匹配插值等[72, 73]。M. Unser 等人详细推导了可以利用 B 样条实现插值的快速算法，并且论证了 B 样条函数适合作插值函数的原因[74]。

2.2.7　性能评估

文献[75]对配准算法的主观和客观评估方法进行了分析比较，并指出了各自的优缺点。本小节概括了五种评价指标：精度、鲁棒性、自动化、实时性和可靠性。评估配准算法时，不同的使用环境有不同的评价指标，总的评价准则只有两条：实际应用中是否达到了要求；性能是否优于以前的方法。

通常对评价指标的评价顺序是：重叠显示；鲁棒性（不同的起点、噪声干扰、随机扰动）；一致性检查（序列图像配准）；视觉评估（医生、专家）；精度（前瞻性技术（标记、框架）或回溯性技术（界标、分割）；计算目标配准误差（TRE）、准标配准误差（FRE）和准标定位误差（FLE）。视觉评估是各项指标中最基本、也是最重要的一项。TRE 指匹配点（非基准点）变换后的位置偏差，FRE 指所有的相应基准点变换后的位置偏差和的开方，FLE 起因于基准点放置不精确。由于 FLE 的影响，TRE 比 FRE 更重要。

1. 精度

配准过程中很容易引入各种各样的误差，而且很难区分是由配准算法引起的，还是由图像间的固有差异引起的。在评估配准精度时，主要将误差分为三类：位置误差、匹配误差和对齐误差。位置误差是指由不精确检测引起的控制点坐标偏移，匹配误差则是指在候选控制点之间建立匹配关系时误匹配的控制点对数目。对齐误差是指配准过程中采用的变换模型和图像真实畸变（包括比例缩放、旋转、平移以及传感器影响等）之间的差异，因此对齐误差总是存在的。在算法研究中，缺乏图像真实畸变的先验知识可能会导致选择错误的变换模型，而少量的控制点对的位置误差则会导致参数计算不够精确。

通常配准精度达到一个像素就够了，但有些领域（遥感成像、被动导航、图像序列分析）要求配准精度小于一个像素，称之为亚像素配准。例如，Landsat 遥感图像的 1 个像素对应于地面上 80 m 距离，也就是说像素级的配准精度提供的分辨率是±40 m。如果能达到 0.1 个像素的配准精度，那么就可以获得±4 m 的分辨率。常用的亚像素配准算法有灰度插值、相关插值、差分方法和相位相关，其中灰度插值可以达到最精确的配准结果[15]。

文献[76]采用了两种配准精度分析方法，一是控制点统计分析（Root Mean Square Error, RMSE），须假定匹配的控制点代表相似的特征，且能确定配准图像间的变换关系；二是直接比较图像间的灰度，要求配准图像的直方图匹配。

2. 鲁棒性

鲁棒性是指如果让输入图像有一点小的变动，配准算法还能收敛到相同的结果。文献[77]研究了初始条件对自动配准算法性能的影响。

3. 自动化

自动化指配准算法的自动化执行程度，包括人工、半自动和自动三种形式。人工指用户在软件可视化和数值分析的帮助下实现配准；半自动则需用户初始化算法，比如分割数据，或人在回路中控制算法的执行过程；自动化只需用户提供待配准的图像数据，若拥有图像采集过程的先验信息则更好。

2.2.8　系统实现

1. 软件包

VTK(Visualization Toolkit)是一个开放源码、自由获取的医学图像处理软件包，全世界数以千计的研究人员和开发人员用它来进行 3D 计算机图形生成、图像处理(配准)和可视化。

AIR(Automated Image Registration)由 Roger P. Woods 开发和维护，是一个开放源码的软件包，致力于解决层面 X 线照相术领域的图像配准问题。

WAIR(Wavelet Analysis of Image Registration)是一个定量分析各种各样 n 维图像配准技术的免费工具。

2. 软件平台

大多数商业软件中的图像配准都是手动的。其思路是用户首先选择控制点、变换模型和重采样方法，然后通过软件最小化所有控制点的均方根误差，从而求出变换模型的系数。

文献[78]描述了美国 Michigan 大学持续开发的两个图像配准软件 MIAMI Fuse 和 SURE。MIAM Fuse 使用了数十个控制点来迭代计算全局薄板样条，避开了计算逼近薄板样条时可能产生的误差，但缺点是不能恢复局部高频变形。为解决这个问题，SURE 使用了数百个控制点，但由于依赖局部信息进行控制点位置的更新，容易受到出界点(Outlier)的干扰。

文献[79]描述了澳大利亚国防科学技术组织开发的 ARACHNID 软件，包括自动配准任务、性能评估和可扩展性。

文献[80]使用 IDL 语言开发了功能图像配准软件(FIRE)。该软件具有平台无关性，可实现多模图像配准。

AUG Signals 公司从 1992 年开始就一直从事多传感器自动图像配准的研究[81]。为适应当前遥感领域使用分布式处理的在线服务模式，该公司实施了通过因特网实现多传感器卫星图像自动配准的项目工程，即 CEONet，数据源由 CGDI(Canadian Geospatial Data Infrastructure)提供。

经过多年的研究，图像配准技术无论在医学还是在遥感图像处理领域都已经取得了很多研究成果，但是由于以下各种原因：科技的不断发展促使新的应用不断涌现，图像采集设备的复杂多样性及不断更新换代，影响图像配准因素的复杂性和多样性等，所以图像配准的技术还有待于进一步完善发展，例如：提高图像配准的自动化程度，提高图像配准的精度，克服图像离散化对图像配准精度带来的负面影响，提出有效衡量图像配准结果优劣的评价标准等。

2.3　成像几何基础

图像成像几何基础和图像变换模型是图像配准的数学基础。为清楚图像的变换过程，需要了解图像成像的几何坐标系统和将三维现实世界投影到二维图像的方法，而用于配准的图像的变化大多是由于摄像机的运动造成的。

2.3.1　成像几何坐标系统

摄像机成像过程可以看做是一个将三维客观场景投影到二维图像平面的过程，这种成像可用投影变换来描述。成像变换涉及到不同坐标系统之间的变换，这个转换过程通常采用世界坐标系、摄像机坐标系、像平面坐标系和计算机图像坐标系四个层次的坐标系来表示。图 2.1 显示了三维空间景物成像时涉及的坐标系统。

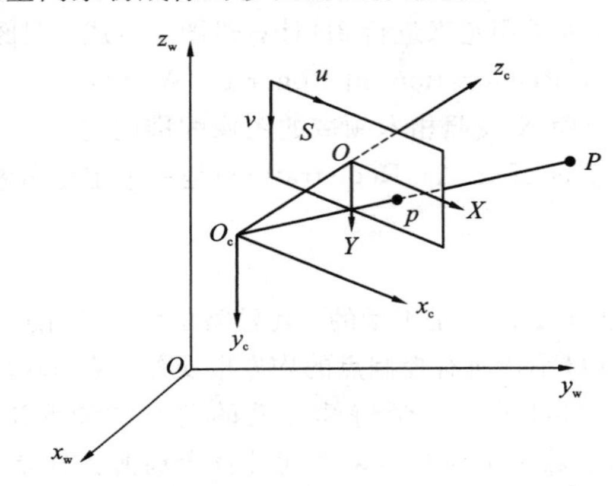

图 2.1　世界坐标系与摄像机坐标系的成像示意图

1. 世界坐标系

世界坐标系也称全局坐标系或现实世界坐标系 $x_w y_w z_w$，它是客观世界的绝对坐标系，一般的三维场景都是用这个坐标系来表示的。它通常是被测物体和摄像机作为一个整体来考虑的坐标系。

2. 摄像机坐标系

摄像机坐标系也称光心坐标系 $x_c y_c z_c$，原点为光轴与像平面的交点，z_c轴与摄像机光轴重合，且取摄影方向为正向。

3. 像平面坐标系

像平面坐标系是指在摄像机内形成的像平面坐标系 XY，又称为图像像素坐标系。一般取像平面与摄像机坐标系的 $x_c y_c$平面平行。

4. 计算机图像坐标系

计算机图像坐标系是指在计算机内部数字图像采用的坐标系统 uv。图像像素以左上角为原点，以像素为坐标单位。

2.3.2　成像几何模型

在一个成像系统中，二维图像每一点的灰度值反映了空间物体表面某点反射光的强度，而该点在图像上的位置则与空间物体表面相应点的几何位置有关。这些位置的相互关系由摄像机成像几何模型所决定[82]。在三维计算机图形学的研究中，为了在简化问题的同时又满足应用的需要，常用针孔相机模型来代替实际的摄像机。针孔相机的成像几何关系称为透视投影(Perspective Projection)，其投影成像关系为所有成像光线都通过光心，物点、像点和光心三点共线，如图 2.1 所示。$O_c z_c$为摄像机光轴，P 为空间物点，p 为物点在摄像机成像面上的像点，O_c为摄像机光心。设图像平面位于光轴正向并与光轴垂直，其与光心之间的距离为摄像机焦距 f。

将物点投影到图像像素坐标系中可以通过三个坐标转换来实现。

1. 从世界坐标系到摄像机坐标系的转换

世界坐标系中的点到摄像机坐标系的变换可由一个正交旋转矩阵 $\boldsymbol{R}$ 和一个平移变换量 t 来表示：

$$\begin{bmatrix} x_c \\ y_c \\ z_c \end{bmatrix} = \boldsymbol{R} \begin{bmatrix} x_w \\ y_w \\ z_w \end{bmatrix} + t = \begin{bmatrix} r_{11} & r_{12} & r_{13} \\ r_{21} & r_{22} & r_{23} \\ r_{31} & r_{32} & r_{33} \end{bmatrix} \begin{bmatrix} x_w \\ y_w \\ z_w \end{bmatrix} + t \tag{2.1}$$

式中，$t=[t_x, t_y, t_z]^T$是世界坐标系原点在摄像机坐标系中的坐标；正交旋转矩阵 $\boldsymbol{R}$ 是光轴相对世界坐标系坐标轴的方向余弦组合，实际只含三个独立变量，再加上 t_x、t_y和 t_z，总共六个参数，用于决定摄像机光轴在世界坐标系中空间位置，因此这六个参数称为摄像机外部参数。以上变换的齐次表示式为

$$\begin{bmatrix} x_c \\ y_c \\ z_c \\ 1 \end{bmatrix} = \begin{bmatrix} \boldsymbol{R} & t \\ 0^T & 1 \end{bmatrix} \begin{bmatrix} x_w \\ y_w \\ z_w \\ 1 \end{bmatrix} \tag{2.2}$$

2. 从摄像机坐标系到像平面坐标系的转换

图 2.1 中，摄像机坐标系中的物点 P 在平面坐标系中的像点 p 坐标为(X, Y)。以摄像机坐标系 $x_c y_c z_c$的原点为光心，x_c、y_c轴分别平行于成像感光片阵列的横向和纵向。根据针孔模型成像关系，从摄像机坐标系到图像坐标系的坐标转换为

$$X = \frac{f x_c}{z_c}, \quad Y = \frac{f y_c}{z_c} \tag{2.3}$$

式(2.3)用齐次坐标可表示为

$$z_c \begin{bmatrix} X \\ Y \\ 1 \end{bmatrix} = \begin{bmatrix} f & 0 & 0 & 0 \\ 0 & f & 0 & 0 \\ 0 & 0 & 1 & 0 \end{bmatrix} \begin{bmatrix} x_c \\ y_c \\ z_c \\ 1 \end{bmatrix} \tag{2.4}$$

3. 从平面坐标系到计算机图像坐标系的转换

计算机图像坐标系以像素为单位，如果像点 p 在平面坐标系下的坐标为(X, Y)，在计算机坐标系下的坐标为(u, v)，则由平面坐标系到计算机图像坐标系的转换关系为

$$u - u_0 = \frac{X}{d_x} = s_x X, \quad v - v_0 = \frac{Y}{d_y} = s_y Y \tag{2.5}$$

式(2.5)的齐次坐标可表示为

$$\begin{bmatrix} u \\ v \\ 1 \end{bmatrix} = \begin{bmatrix} 1/d_x & 0 & u_0 \\ 0 & 1/d_x & v_0 \\ 0 & 0 & 1 \end{bmatrix} \begin{bmatrix} X \\ Y \\ 1 \end{bmatrix} \tag{2.6}$$

式中，(u_0, v_0)是光轴与图像平面的交点坐标，d_x和d_y分别为一个像素在X和Y方向上的物理尺度，$s_x = 1/d_x$，$s_y = 1/d_y$分别为X和Y方向的采样频率，即单位长度的像素个数。

综合以上三个坐标系变换过程，可以得出透视投影成像模型的数学表达式：

$$\lambda \begin{bmatrix} u \\ v \\ 1 \end{bmatrix} = \begin{bmatrix} f_u & 0 & u_0 & 0 \\ 0 & f_v & v_0 & 0 \\ 0 & 0 & 1 & 0 \end{bmatrix} \begin{bmatrix} \boldsymbol{R} & \boldsymbol{t} \\ \boldsymbol{0}^T & \boldsymbol{1} \end{bmatrix} \begin{bmatrix} x_w \\ y_w \\ z_w \\ 1 \end{bmatrix} \tag{2.7}$$

式中，λ为投影深度，其几何意义是目标点P在摄像机坐标系$x_c y_c z_c$中坐标的Z分量。f_u和f_v分别为摄像机横纵向焦距，$f_u = f/d_x$，$f_v = f/d_y$，d_x和d_y分别为像素的横纵尺寸，(u_0, v_0)称为主点坐标。焦距和主点坐标合称为内部参数，内部参数只与摄像机内部结构有关，内参数经常写成矩阵形式，称为内参矩阵：

$$\boldsymbol{K} = \begin{bmatrix} f_u & 0 & u_0 \\ 0 & f_v & v_0 \\ 0 & 0 & 1 \end{bmatrix} \tag{2.8}$$

式(2.8)中是摄像机的四参数模型，如果离散化后像素不是矩形方块或者成像平面不与光轴垂直，则使用下述五参数模型，这也是摄像机内参数的一般模型。

$$\boldsymbol{K} = \begin{bmatrix} f_u & s & u_0 \\ 0 & f_v & v_0 \\ 0 & 0 & 1 \end{bmatrix} \tag{2.9}$$

式中，s称为倾斜畸变因子。

摄像机坐标系与世界坐标系之间的关系可以用1个旋转矩阵$\boldsymbol{R}$与1个平移向量$\boldsymbol{t}$描述，$\boldsymbol{R}$、$\boldsymbol{t}$合称为外部参数。外部参数也可以写成矩阵形式，称为外部参数矩阵：

$$\boldsymbol{L} = [\boldsymbol{R} \quad \boldsymbol{t}] = \begin{bmatrix} r_1 & r_2 & r_3 & r_x \\ r_4 & r_5 & r_6 & r_y \\ r_7 & r_8 & r_9 & r_z \end{bmatrix} \tag{2.10}$$

式中，$\boldsymbol{t}$的分量为(t_x, t_y, t_z)，$\boldsymbol{R}$的元素为$(r_1, \cdots, r_9)$。

投影成像关系式可以表示为投影矩阵的形式，其中定义投影矩阵为4×3的$\boldsymbol{M}$矩阵：

$$\boldsymbol{M} = \begin{bmatrix} f_0 & 0 & u_0 & 0 \\ 0 & f_v & v_0 & 0 \\ 0 & 0 & 1 & 0 \end{bmatrix} \begin{bmatrix} \boldsymbol{R} & \boldsymbol{t} \\ \boldsymbol{0}^T & \boldsymbol{1} \end{bmatrix} = \boldsymbol{K}[\boldsymbol{R} \quad \boldsymbol{t}] \tag{2.11}$$

则透视投影成像关系可以用投影矩阵描述为

$$\lambda \begin{bmatrix} u \\ v \\ 1 \end{bmatrix} = \boldsymbol{M} \begin{bmatrix} x_w \\ y_w \\ z_w \\ 1 \end{bmatrix} \tag{2.12}$$

图像坐标系是定义在图像平面内的平面坐标系，以像素为单位。图像坐标系的原点取为图像的左上角点，u 轴沿水平方向向右，v 轴沿竖直方向向下。P 经过透视投影变换到像点 p 的图像坐标为(u, v)。由于非线性镜头畸变的存在，实际成像会存在像差，所以实际像点的位置会较透视投影的像点位置有偏差，因此，透视投影像点(u, v)也称为理想点。

2.4 图像变换模型

2.4.1 摄像机运动

在图像采集过程中，摄像机的不同运动方式[83, 84]对场景成像会产生不同的效果。将摄像机安放在三维空间坐标系原点，世界坐标系与摄像机坐标系重合，镜头光轴沿 z_c 轴，如图 2.2 所示。

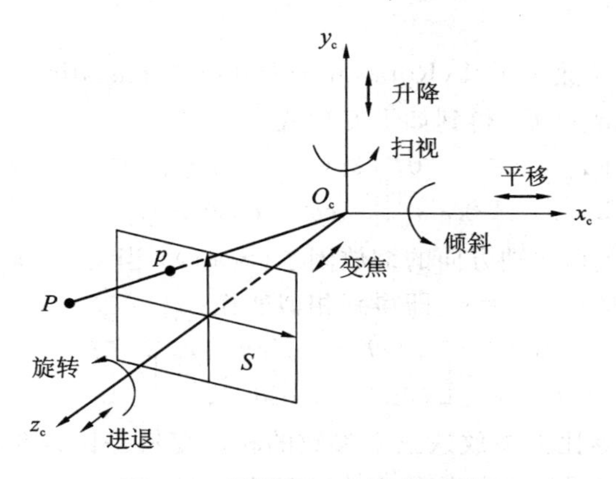

图 2.2　摄像机运动模型示意图

摄像机运动方式有多种，主要沿以下三个坐标轴方向移动：

(1) 若沿 x_c 轴运动，则称为水平平移或跟踪运动，摄像机的运动平行于成像平面。

(2) 若沿 y_c 轴运动，则称为垂直平移或升降运动，摄像机的运动平行于成像平面。

(3) 若沿 z_c 轴运动，则称为进退或推拉运动，也叫缩放运动或变焦运动，焦距发生变化，即场景平面到成像平面的距离发生了变化。

摄像机也可以分别围绕三个坐标轴进行旋转运动，摄像机运动与成像面不平行：

(1) 若绕 x_c 轴旋转运动，则称为倾斜运动，也叫垂直扫动。

(2) 若绕 y_c 轴旋转运动，则称为扫视运动，也叫水平扫动。

(3) 若绕 z_c 轴旋转运动，则称为摄像机绕光轴的旋转运动。

综上所述，摄像机的运动方式有平移运动、旋转运动、缩放运动、水平扫动和垂直扫动。实际的摄像机运动一般是上述五种基本运动的组合，图像配准的问题就是研究在某种摄像机运动下拍摄的不同图像的图像模型参数求解问题，或者说是摄像机参数估计问题。

2.4.2 图像变换

图像变换模型是指两幅二维图像所具备的坐标变换关系。最基本的图像变换有平移(Translation)、旋转(Rotation)、缩放(Acale，包括各向同性和各向异性)、反射(也称反转、镜像或对称)和错切(Shear，剪切)[85]。常用的变换是由这些基本的变换组成的复合变换，主要有欧氏变换(Euclidean)、相似变换(Similarity)、仿射变换(Affine)、投影变换(Projective)和非线性变换。

1. 欧氏变换

如果一个图像中的任意两点的距离(欧几里德距离)在变换后保持不变，即物体的形状和大小不发生改变，则称为欧氏变换或者刚体变换(Rigid)。刚体变换仅局限于平移、旋转和反转(镜像)。在二维空间中，点(x_2, y_2)到点(x_1, y_1)的刚体变换分解成旋转和平移的形式，变换公式为

$$\begin{bmatrix} x_1 \\ y_1 \end{bmatrix} = \begin{bmatrix} \cos\theta & -\sin\theta \\ \sin\theta & \cos\theta \end{bmatrix} \begin{bmatrix} x_2 \\ y_2 \end{bmatrix} + \begin{bmatrix} t_x \\ t_y \end{bmatrix} \tag{2.13}$$

式中，θ为旋转角；$(t_x, t_y)^T$为平移向量，代表图像围绕原点顺时针旋转θ角，然后进行平移变换。欧氏变换共有3个参数：θ、t_x和t_y。

2. 相似变换

相似变换即旋转＋缩放＋平移(Rotation＋Scale＋Translation，即RST模型)，是在欧氏变换基础上，加上缩放变换，得到如下变换式

$$\begin{bmatrix} x_1 \\ y_1 \end{bmatrix} = \begin{bmatrix} s_x & 0 \\ 0 & s_y \end{bmatrix} \begin{bmatrix} \cos\theta & -\sin\theta \\ \sin\theta & \cos\theta \end{bmatrix} \begin{bmatrix} x_2 \\ y_2 \end{bmatrix} + \begin{bmatrix} t_x \\ t_y \end{bmatrix} \tag{2.14}$$

式中，s_x和s_y代表图像x和y轴方向的缩放因子(Scale)，当$s_x = s_y$时为各向同性缩放，$s_x \neq s_y$时为各向异性缩放，取$s_x = s_y = s$，即得到相似变换：

$$\begin{bmatrix} x_1 \\ y_1 \end{bmatrix} = \begin{bmatrix} s\cos\theta & -s\sin\theta \\ s\sin\theta & s\cos\theta \end{bmatrix} \begin{bmatrix} x_2 \\ y_2 \end{bmatrix} + \begin{bmatrix} t_x \\ t_y \end{bmatrix} \tag{2.15}$$

具有平移、旋转和等比例缩放这三个参数的相似变换是比较典型的变换模型，它保持了图像角度和物体形状不变，但物体的大小会发生改变。

3. 仿射变换

仿射变换是更为通用的几何变换，适用于图像发生平移、旋转、缩放、反转(镜像)和错切的情况。经过仿射变换后图像上的直线仍为直线，并且平行直线之间仍保持平行关系。仿射变换可以写成线性矩阵变换和平移变换，在二维空间中，表示如下：

$$\begin{bmatrix} x_1 \\ y_1 \end{bmatrix} = \begin{bmatrix} h_{11} & h_{12} \\ h_{21} & h_{22} \end{bmatrix} \begin{bmatrix} x_2 \\ y_2 \end{bmatrix} + \begin{bmatrix} t_x \\ t_y \end{bmatrix} = \boldsymbol{H} \begin{bmatrix} x_2 \\ y_2 \end{bmatrix} + \boldsymbol{T} \tag{2.16}$$

可见仿射变换有6个自由度，$\boldsymbol{T}$为平移向量，矩阵$\boldsymbol{H}$是比例、旋转和错切等几何变换的乘积。

4. 投影变换

若一幅图像上的直线变换到另一幅图像上仍为直线，则该变换称为投影变换(也称为透视变换)。投影变换具有更一般的形式，它保持了图像的直线特征，但平行关系基本不保持，它具有8个参数。二维平面投影变换是关于齐次三维矢量的线性变换，它的齐次坐标表示如下：

$$\begin{bmatrix} u \\ v \\ w \end{bmatrix} = \begin{bmatrix} h_0 & h_1 & h_2 \\ h_3 & h_4 & h_5 \\ h_6 & h_7 & 1 \end{bmatrix} \begin{bmatrix} x_2 \\ y_2 \\ 1 \end{bmatrix} = \boldsymbol{H} \begin{bmatrix} x_2 \\ y_2 \\ 1 \end{bmatrix} \tag{2.17}$$

式(2.17)中 $\boldsymbol{H}$ 为投影变换矩阵，还可表示为

$$x_1 = \frac{u}{w} = \frac{h_0 x_2 + h_1 y_2 + h_2}{h_6 x_2 + h_7 y_2 + 1}, \quad y_1 = \frac{v}{w} = \frac{h_3 x_2 + h_4 y_2 + h_5}{h_6 x_2 + h_7 y_2 + 1} \tag{2.18}$$

5. 非线性变换

非线性变换也称为弯曲变换。通过非线性变换，一幅图像上的直线映射到另一幅图像上不一定是直线，可能是曲线。在二维空间中，可以用以下公式表示：

$$(x_1, y_1) = F(x_2, y_2) \tag{2.19}$$

式中，F 是把一幅图像映射到另一幅图像上的任意一种函数形式。多项式变换是典型的非线性变换，如 2～5 阶的多项式函数、指数函数和样条函数等。多项式可以用以下公式表示：

$$\begin{cases} x_1 = a_{00} + a_{10} x_2 + a_{01} y_2 + a_{20} x_2^2 + a_{11} x_2 y_2 + a_{02} y_2^2 + \cdots \\ y_1 = b_{00} + b_{10} x_2 + b_{01} y_2 + b_{20} x_2^2 + b_{11} x_2 y_2 + b_{02} y_2^2 + \cdots \end{cases} \tag{2.20}$$

由不同变换模型的公式可知，欧氏变换、相似变换、仿射变换和投影变换是全局变换，在齐次坐标下则是线性变换，而部分局部变换属于非线性变换。本文处理的图像配准采用的都是全局变换的方式。

在不同的变换模型中，相似变换包含了欧氏变换，仿射变换包括了欧氏变换和相似变换，而投影变换则包括了欧氏变换、相似变换和仿射变换，它们都是投影变换的子变换。不同的变换形式都可以用齐次坐标按照投影变换矩阵的方法写成 3×3 矩阵的形式。表 2.1 以 8 参数的形式给出投影变换和其他变换模型各参数的对应关系。

表 2.1　不同变换模型各个参数对应模型

投影变换	h_0	h_1	h_2	h_3	h_4	h_5	h_6	h_7
平移变换	1	0	t_x	0	1	t_y	0	0
旋转变换	$\cos\theta$	$-\sin\theta$	0	$\sin\theta$	$\cos\theta$	0	0	0
刚体变换	$\cos\theta$	$-\sin\theta$	t_x	$\sin\theta$	$\cos\theta$	t_y	0	0
相似变换	$s\cos\theta$	$-s\sin\theta$	t_x	$s\sin\theta$	$s\cos\theta$	t_y	0	0
仿射变换	h_0	h_1	h_2	h_3	h_4	h_5	0	0

2.4.3　透视变换矩阵的求解

透视变换矩阵 $\boldsymbol{H}$ 各参数的求解是各种图像配准算法研究的关键内容。透视变换通过下面的公式把一幅图像变换成了另一幅图像：

$$X' \sim \boldsymbol{MX} = \begin{bmatrix} m_0 & m_1 & m_2 \\ m_3 & m_4 & m_5 \\ m_6 & m_7 & m_8 \end{bmatrix} \begin{bmatrix} x \\ y \\ 1 \end{bmatrix} \tag{2.21}$$

其中，$X=(x, y, 1)$ 和 $X'=(x', y', 1)$ 是齐次坐标，而～表明等式在有比例的意义下相等，这个方程也可写为

$$x' = \frac{m_0 x + m_1 y + m_2}{m_6 x + m_7 y + m_8} \tag{2.22}$$

$$y' = \frac{m_3 x + m_4 y + m_5}{m_6 x + m_7 y + m_8} \tag{2.23}$$

为恢复各个参数，使用下面的公式迭代更新变换矩阵：

$$\boldsymbol{M} \leftarrow (\boldsymbol{I} + \boldsymbol{D})\boldsymbol{M} \tag{2.24}$$

式中，

$$\boldsymbol{D} = \begin{bmatrix} d_0 & d_1 & d_2 \\ d_3 & d_4 & d_5 \\ d_6 & d_7 & d_8 \end{bmatrix}$$

通过新的变换 $X' \sim (\boldsymbol{I}+\boldsymbol{D})\boldsymbol{M}X$，重新得到图像 I_1 的采样图像，相当于对重采样图像 $\tilde{I}_1$ 再做变换 $X'' \sim (\boldsymbol{I}+\boldsymbol{D})X$，即

$$x'' = \frac{(1+d_0)x + d_1 y + d_2}{d_6 x + d_7 y + (1+d_8)} \tag{2.25}$$

$$y'' = \frac{d_3 x + (1+d_4)y + d_5}{d_6 x + d_7 y + (1+d_8)} \tag{2.26}$$

对误差的平方进行最小化：

$$\begin{aligned} \boldsymbol{E}(\boldsymbol{d}) &= \sum_i [\tilde{\boldsymbol{I}}_1(\boldsymbol{X}_i'') - \boldsymbol{I}_0(\boldsymbol{X}_i)]^2 \\ &= \sum_i \left[\tilde{\boldsymbol{I}}_1(\boldsymbol{X}_i) + \nabla \tilde{\boldsymbol{I}}_1(\boldsymbol{X}_i)\frac{\partial \boldsymbol{X}_i''}{\partial \boldsymbol{d}}\boldsymbol{d} - \boldsymbol{I}_0(\boldsymbol{X}_i)\right]^2 \\ &= \sum_i [\boldsymbol{g}_i^{\mathrm{T}} \boldsymbol{J}_i^{\mathrm{T}} \boldsymbol{d} + \boldsymbol{e}_i]^2 \end{aligned} \tag{2.27}$$

式中，$\boldsymbol{e}_i = \tilde{\boldsymbol{I}}_1(\boldsymbol{X}_i) - \boldsymbol{I}_0(\boldsymbol{X}_i)$ 是灰度或者颜色误差，$\boldsymbol{g}_i^{\mathrm{T}} = \nabla \tilde{\boldsymbol{I}}_1(\boldsymbol{X}_i)$ 是图像 $\tilde{\boldsymbol{I}}_1$ 在 $\boldsymbol{X}_i$ 处的梯度，$\boldsymbol{d} = (d_0, \cdots, d_8)$ 是增加的运动参数矢量，$\boldsymbol{J}_i = \boldsymbol{J}_d(\boldsymbol{X}_i)$，其中：

$$\boldsymbol{J}_d(\boldsymbol{X}) = \frac{\partial \boldsymbol{X}''}{\partial \boldsymbol{d}} = \begin{bmatrix} x & y & 1 & 0 & 0 & 0 & -x^2 & -xy & -x \\ 0 & 0 & 0 & x & y & 1 & -xy & -y^2 & -y \end{bmatrix}^{\mathrm{T}} \tag{2.28}$$

式(2.28)是重新采样点 $\boldsymbol{X}_i''$ 的坐标关于 $\boldsymbol{d}$ 的雅可比行列式。此种最小二乘问题可以通过下面的标准方程得到其简单解：

$$\boldsymbol{A}\boldsymbol{d} = -\boldsymbol{b} \tag{2.29}$$

式中：$\boldsymbol{A}$ 叫做 Hessian 矩阵，b 叫累积梯度或残数。

$$\boldsymbol{A} = \sum_i \boldsymbol{J}_i \boldsymbol{g}_i \boldsymbol{g}_i^{\mathrm{T}} \boldsymbol{J}_i^{\mathrm{T}} \tag{2.30}$$

$$\boldsymbol{b} = \sum_i \boldsymbol{e}_i \boldsymbol{J}_i \boldsymbol{g}_i \tag{2.31}$$

这些方程可以使用对称正定求解器(SPD)求解，详细讨论参见文献[86]。

本章小结

图像配准是图像融合工作的前提，而图像的成像原理是一切图像工程的基础，也是进行图像配准研究前需要学习和掌握的知识。本章首先介绍了图像配准技术产生的背景，并详细论述了国内外图像配准技术的发展历程；然后介绍了图像的成像几何基础，包括不同的成像坐标系系统和不同的成像几何模型；最后介绍了图像变换模型，并给出了图像的变换模型和透视变换矩阵的求解方法。

本章参考文献

[1] Brown L G. A survey of image registration techniques[J]. ACM computing surveys (CSUR), 1992, 24(4): 325-376

[2] Zitova B, Flusser J. Image registration methods: a survey[J]. Image and vision computing, 2003, 21(11): 977-1000

[3] Fnseca L M G, Costa M H M. Automatic registration of satellite images[A]. IEEE Brazilian Symposium on omputer Graphics and Image Processing[C]. Campos do Jordo, BRAZIL: IEEE, 1997: 219-226

[4] Hsieh J W, Liao H Y M, Fan K C, et al. Image registration using a new edge-based approach[J]. Computer Vision and mage Understanding, 1997, 67(2): 112-130

[5] Moravec H P. Visual mapping by a robot rover[J]. Intemational Jpint Conference on artificial Intelligence, 1979: 598-600

[6] Smith S M, Brady M. SUSAN-a new approach to low level image processing[J]. Intemational Joumal of Computer Vision, 1997, 23(1): 45-78

[7] Harris C, Stephens M. A combined corner and edge detector[J]. Fourth Alvey Vision Conference, 1988: 17-151

[8] Wang Z H, Wu F H, Hu Z Y. MSLD: A robust descriptor for line matching[J]. Pattern Recognition, 2009, 42(5): 941-953

[9] Müller M, Krüger W, Saur G. Robust image registration for fusion[J]. Information Fusion, 2007, 8(4): 347-353

[10] Orchard J. Multimodal image registration using floating regressors in the joint intensity scatter plot [J]. Pattern Medical Image Analysis, 2008, 12(4): 385-396

[11] Oh Y S, Sim D G, Park R H, et al. Absolute position estimation using IRS satellite images [J]. ISPRS Journal of Photogrammetry and Remote Sensing, 2006, 60(4): 256-268

[12] Oliveira F, Tavares J M, Pataky T C. Rapid pedobarographic image registration based on contour curvature and optimization[J]. Journal of Biomechanics, 2009, 42(15): 2620-2623

[13] Yang Y, Gao X. Remote sensing image registration via active contour model[J]. AEU-International Journal of Electronics and Communications, 2009, 63(4): 227-234

[14] Daul C, Juan L H, Wolf D, Karcher G. 3-D multimodal cardiac data superimposition using 2-D image registration and 3-D reconstruction from multiple views[J]. Image and Vision Computing, 2009, 27(6): 790-802

[15] Jiang C F, Lu T C, Sun S P. Interactive image registration tool for positioning verification in head and neck radiotherapy[J]. Computers in Biology and Medicine, 2008, 38(1): 90-100

[16] Huang T C, Zhang G, Guerrero T, Starkschall G. Semi-automated CT segmentation using optic flow and Fourier interpolation techniques[J]. Computer Methods and Programs in Biomedicine, 2006, 84(2): 124-134

[17] Canny J. A computational approach to edge detection[J]. IEEE Transactions on Pattern Analysis and Machine Intelligence, 1986, 8: 679-698

[18] Marr D, Hildreth E. Theory of edge detection[J]. Proceedings of the Royal Society of London, B207, 1980: 187-217

[19] So R, Tang T, Chung A. Non-rigid image registration of brain magnetic resonance images using

graph-cuts[J]. Pattern Recognition, 2011, 44(10): 2450-2467

[20] Barnea D I, Silverman H F. A class of algorithms for fast digital image registration[J]. IEEE Transactions on Computing, 1972, 21: 179-186

[21] Anandan P. Measuring visual motion from image sequences. Doctoral issertation[D]. Massachusetts: University of Massachusetts, 1987

[22] Zhang Z, Deriche R, Faugeras O. A robust technique for matching two uncalibrated images through the recovery of the unknown epipolar geometry[J]. Artificial Intelligence Journal, 1995, 78(1): 87-119

[23] Xue Z, Li H, Guo L, et al. A local fast marching-based diffusion tensor image registration algorithm by simultaneously considering spatial deformation and tensor orientation[J]. NeuroImage, 2010, 52(1): 119-130

[24] Hu M K. Visual pattern recognition by moment invariant[J]. IRE Trans Information Theory, 1962, 1(8): 179-187

[25] Dudani S A. Aircraft identification by moment invariants[J]. IEEE Trans. Computers, 1977, 26(1): 39-45

[26] Abu-Mostafa Yaser S, Pasaltis D. Image normalization by complex moments[J]. IEEE Trans. PAMI, 1985, 7(1): 46-55

[27] Zach C T, Poskies R T. Fourier descriptors for plane closed curves. IEEE Trans Computers[J], 1972, 21: 269-281

[28] Reeves A P, Prokop R J, Andrews S E, et al. Three dimensional shape analysis using moments and Fourier descriptors[J]. IEEE Trans. PAMI, 1988, 10(6): 937-943

[29] Persoon E, Fu K S. Shape Discrimination using Fourier descriptors[J]. IEEE Trans. Syst Man Cybern, SMC-7, 1977, 3: 388-397

[30] Rodtook A, Makhanov S S. Selection of multiresolution rotationally invariant moments for image recognition[J]. Mathematics and Computers in Simulation, 2009, 79(8): 2458-2475

[31] Xiao B, Ma J F, Wang X. Image analysis by Bessel-Fourier moments[J]. Pattern Recognition, 2010, 43(8): 2620-2629

[32] Xue Z J, Ming D, Song W, et al. Infrared gait recognition based on wavelet transform and support vector machine[J]. Pattern Recognition, 2010, 43(8): 2904-2910

[33] 容观澳. 计算机图像处理. 北京：清华大学出版社，2000，281-282

[34] Rodtook A, Makhanov S S. A filter bank method to construct rotationally invariant moments for pattern recognition[J]. Pattern Recognition Letters, 2007, 28(12): 1492-1500

[35] Dogantekin E, Yilmaz M, Dogantekin A, et al. A robust technique based on invariant moments-ANFIS for recognition of human parasite eggs in microscopic images[J]. Expert Systems with Applications, 2008, 35(3): 728-738

[36] Gonzalez-Diaz R, Ion A, Iglesias-Ham M, et al. Invariant representative cocycles of cohomology generators using irregular graph pyramids[J]. Computer Vision and Image Understanding, 2011, 115(7): 1011-1022

[37] Horwood J. On the theory of algebraic invariants of vector spaces of killing tensors[J]. Journal of Geometry and Physics, 2008, 58(4): 487-501

[38] Bernd S. Algorithms in Invariant Theory[M]. NewYork: Springer-Verlag Wien, 2008

[39] Yang B, Li G, Zhang H, et al. Rotation and translation invariants of Gaussian-Hermite moments[J]. Pattern Recognition Letters, 2011, 32(9): 1283-1298

[40] Yang B, Dai M. Image analysis by Gaussian-Hermite moments[J]. Signal Processing, 2011, 91(10): 2290-2303

[41] Guo L Q, Zhu M. Quaternion Fourier-Mellin moments for color images[J]. Pattern Recognition, 2011, 44(2): 187-195

[42] Grewenig S, Zimmer S, Weickert J. Rotationally invariant similarity measures for nonlocal image denoising[J]. Journal of Visual Communication and Image Representation, 2011, 22(2): 117-130

[43] Suk T, Flusser J. Affine moment invariants generated by graph method[J]. Pattern Recognition, 2011, 44(9): 2047-2056

[44] Zhu H Q, Liu M, Li Y. The RST invariant digital image watermarking using Radon transforms and complex moments[J]. Digital Signal Processing, 2010, 20(6): 1612-1628

[45] Tomáŝ S, Jan F. Combined blur and affine moment invariants and their use in pattern recognition[J]. Pattern Recognition, 2003, 36(12): 2895-2907

[46] 杨杰，叶晨洲. 一种彩色图像的二维纹理识别方法[J]. 上海交通大学学报，2003，37(11): 1747-1750

[47] 王有伟，刘捷. 用Zernike矩来确定字符的旋转不变性特征[J]. 计算机工程与应用，2004，12: 81-83

[48] Suk T, Flusser J. Combined blurred and affine moment invarants and their use in pattern recognition [J]. Pattern Recognition, 2003, 36: 2895-2907

[49] Kundur D, Hatzinakos D. Blind image deconvolution[J]. IEEE Signal Processing Magazine, 1996, 13 (3): 43-64

[50] Bentoutoua Y, Taleba N, Mezouara M C, et al. An invariant approach for image registration in digital subtraction angiography[J]. Pattern Recognition, 2002, 35: 2853-2865

[51] Flusser J. On the inverse problem of rotation moment invariants[J]. Pattern Recognition, 2002, 35: 3015-3017

[52] 柏正尧，周级勤. 离散情况下不变矩的不变性分析[J]. 云南大学学报，2000，22(3): 185-188

[53] 张天序，刘进. 目标不变矩的稳定性研究[J]. 红外与毫米波学报，2004，23(3): 197-200

[54] 夏婷，周卫平，李松毅，等. 一种新的Pseudo-Zernike矩的快速算法[J]. 电子学报，2005，33(7): 1295-1298

[55] 刘进，张天序. 图像不变矩的轮廓链快速算法[J]. 华中科技大学学报(自然科学版)，2003，31(1): 67-69

[56] Reddi S S. Radial and angular moment invariants for image identification[J]. IEEE Trans. PAMI, 1981, 3(2): 240-242

[57] Dudani S A. Aircraft identification by moment invariants[J]. IEEE Trans. Computers, 1977, 26(1): 39-45

[58] Khotanzad A. Zernike moment based rotation invariant features for pattern recognition[J]. SPIE, 1988, 1002: 212-219

[59] Abu-Mostafa Yaser S, Pasaltis D. Image normalization by complex moments[J]. IEEE Trans. PAMI, 1985, 7(1): 46-55

[60] Ranade S, Rosenfeld A. Point pattern matching by relaxation[J]. Pattern Recognition, 1980, 12(4): 269-275

[61] Stockman G, Kopstein S, Benett S. Matching images to models for registration and object detection via clustering[J]. IEEE Trans. PAMI, 1982, 4(3): 229-241

[62] Goshtasby A, Stockman G. Point pattern matching using convex hull edges[J]. IEEE Trans. Systems, Man, and Cybernetics, 1985, 15(5): 631-637

[63] Huttenlocher D P, Klanderman G A, Rucklidge W A. Comparing images using the hausdorff distance [J]. IEEE Trans. PAMI, 1993, 15(9): 850-863
[64] Vincent T, Laganiere R. Matching feature points for telerobotics[A]. In: International Workshop on HAVE and their Applications[C], 2002, 13-18
[65] You J, Bhattacharya P A. Wavelet-based coarse-to-fine image matching scheme in a parallel virtual machine environment[J]. IEEE Trans. Image Processing, 2000, 9(9): 1547-1559
[66] Zeng Z G, Yan H. Region matching and optimal matching pair theorem[A]. In: Proceedings of Computer Graphics International 2001[C]. NSW, Australia, Sch. of Electr. & Inf. Eng, Sydney Univ, 2001, 232-239
[67] Huang Z H, Chen F S. Affine-invarian B-spline moments for curve matching[J]. IEEE Trans. Image Processing, 1996, 5(10): 1473-1480
[68] Fischler M, Bones R. Random sample consensus: a paradigm for model fitting with applications to image analysis and automated cartography[J], Comm. Of the ACM, 1981, 24: 381-395
[69] Umeyama S. Least-Squares estimation of transformation parameters between two point patterns[J]. IEEE Trans. PAMI, 1991, 13(4): 376-380
[70] Inglada J, Adragna F. Automatic multi-sensor image registration by edge matching using genetic algorithms[A]. IEEE International Conference on Geoscience and Remote Sensing Symposium[C]. Sydney, Australia: IEEE, 2001, 5: 2313-2315
[71] Prachya C. High performance automatic image registration for remote sensing[D]. Fairfax: Geogre Mason University, 1999
[72] Lehmann T M, Gönner C, Spitzer K. Survey: Interpolation Methods in Medical Image Processing[J]. IEEE Trans. Medical Imaging, 1999, 18(11): 1049-1075
[73] Joe W, Scott S. A factored approach to subdivision surfaces[J]. IEEE Computer Graphics and Applications, 2004, 24(3): 74-81
[74] Unser M, Aldroubi A, Eden M. Fast B-spline transform for continuous image representation and interpolation[J]. IEEE Trans. PAMI, 1991, 13: 277-285
[75] Chen C S C, Evensm W, Armato S G. Performance evaluation of image registration[A]. Proceedings of the 22 th Annual EMBS International Conference[C], Chicago I L, 2000, 3140-3143
[76] Wall I K C. Automated multisensor image registration[A]. Proceedings of App lied Imagery Pattern Recognition Workshop[C], 2003, 103-107
[77] Le M J, Cole-rhodes A, Eastman R. A study of the sensitivity of automatic image registration algorithms to initial conditions[A]. Proceedings of IEEE[C], 2004, 1390-1393
[78] Krucker J F, Lecarpentier G L, Fowlkes J B, et al. Rapid elastic image registration for 3-D ultrasound [J]. IEEE Trans. Medical Imaging, 2002, 1384-1394
[79] Privett G J, Kent P J. Automated image registration with ARACHN ID[A]. Proc. of SPIE[C], 2005, 5089: 186-196
[80] Sung L J, Park K S, Lee D S, et al. Developmentand app lications of a software for functional image registration(FIRE)[J]. Computer Methods and Programs in Biomedicine, 2005, 78: 157-164
[81] Lampropoulos G A, Yeung B, Li Y F, et al. Web-based automaticmultisensor image registration using the CEO Net[A]. Proceedings of SPIE[C], 2002, 4483: 310-319
[82] 马颂德，张正友. 计算机视觉：计算理论与算法基础. 北京：科学出版社，2004
[83] López-Nicolás G, Guerrero J J, Sagüés C. Visual control of vehicles using two-view geometry[J]. Mechatronics, 2010, 20(2): 315-325

[84] Chen S E. QuickTime VR-An Image-Based Approach to Virtual Environment[A]. In Proc. SIGGRAPH 95[C], 1995. 29-38

[85] Liu J, Li D R, Tao W B, et al. An automatic method for generating affine moment invariants[J]. Pattern Recognition Letters, 2007, 28(16): 2295-2304

[86] Szeliski R, Shum H Y. Creating full view panoramic image and environment maps[A]. Proceedings of ACM SIGGRAPH'97[C], Los Angeles: Addison Wesley, 1997. 251-258

第3章　基于特征相似性度量的图像配准方法

图像特征检测与相似性度量是基于特征的图像配准过程中的重要步骤，决定着配准工作的成功与否。本章涉及到的图像特征是指在图像配准过程中，能够描述图像结构性和区域性等信息的一种定义，允许以点坐标、直线、区域和曲线等形式存在。特征相似性度量是指定义用于配准的两幅图像中的特征间的距离，不同的距离定义会产生不同的匹配效果，其性能直接关系着图像配准的后续工作。点特征是一种重要的图像特征。本章着重论述图像的点特征以及点特征间的距离度量技术，主要内容包括：模糊集与直觉模糊集的基本知识；基于直觉模糊集的图像点特征距离度量方法；基于改进型 Hausdorff 距离的图像配准方法。

3.1　模　糊　集

德国数学家 Cantor 于 19 世纪末创立了集合论。在 Cantor 的集合论中，对于在论域中的任何一个对象(元素)，它与集合之间的关系只能是属于或者不属于的关系，即一个对象(元素)是否属于某个集合的特征函数的取值范围被限制为 0 和 1 两个数。这种二值逻辑已成为现代数学的基础。

人们在从事社会生产实践、科学实验的活动中，大脑形成的许多概念往往都是模糊概念。这些概念的外延是不清晰的，具有亦此亦彼性。例如，“肯定不可能”、“极小可能”、“极大可能”，等等。然而，只用经典集合已经很难刻画如此多的模糊概念了。随着社会和科学技术的发展，人们在对某个事情或事件进行判断、推理、预测、决策时，所遇到的大部分信息常常是不精确的、不完全的、模糊的。为此，在 Cantor 的集合论基础上，美国加利福尼亚大学控制论专家 Zadeh 教授于 1965 年发表了关于模糊集合的第一篇开创性论文，由此建立了模糊集(Fuzzy Sets，FS)理论。在模糊集中，一个对象(元素)是否属于某个模糊集的隶属函数(特征函数)可以在[0，1]中取值，这就突破了传统的二值逻辑的束缚。模糊集理论使得数学的理论与应用研究范围从精确问题拓展到了模糊现象的领域。模糊集理论在近代科学发展中有着积极的作用：它为软科学(如经济管理、人工智能、心理教育、医学等)提供了数学语言与工具；它的发展使计算机模仿人脑对复杂系统进行识别判决得以实现，提高了自动化水平。1975 年，Mamdani 和 Assilianl 创立了模糊控制器的基本框架，并将模糊控制器用于控制蒸汽机。这是关于模糊集理论的另一项开创性研究，它标志着模糊集理论有其实际的应用价值。

近年来兴起的模糊推理方法是针对带有模糊性的推理而提出的，模糊控制的理论基础核心就是模糊推理理论，即使用模糊集表示模糊概念。Zadeh 于 1973 年提出了著名的推理合成规则(Compositional Rule of Inference，CRI)算法。随后，Mamdanit 和 Zimmermann

以及 Wuf 分别对 CRI 算法做了进一步的讨论。模糊推理理论一经提出，立即引起了工程技术界的关注。20 世纪 70 年代以后各种模糊推理方法纷纷被提出，并被应用于工业控制与家电的制造中，取得了很大的成功。

模糊集理论的核心思想是把取值仅为 1 或 0 的特征函数扩展到可在闭区间[0，1]中任意取值的隶属函数，而把取定的值称为元素 x 对集合的隶属度。下面简要介绍模糊集的基本概念。

定义 3.1(模糊集)　设 U 为非空有限论域，所谓 U 上的一个模糊集 A，即一个从 U 到[0，1]的一个函数 $\mu_A(x)$：$U\rightarrow[0, 1]$，对于每个 $x\in U$，$\mu_A(x)$是[0，1]中的某个数，称为 x 对 A 的隶属度，即 x 属于 A 的程度，称 $\mu_A(x)$为 A 的隶属函数，称 U 为 A 的论域。

如给 5 个同学的性格稳重程度打分，按百分制给分，再除以 100，这样给定了一个从域 $X=\{x_1, x_2, x_3, x_4, x_5\}$到[0，1]闭区间的映射。

x_1：85 分，即 $A(x_1)=0.85$

x_2：75 分，即 $A(x_2)=0.75$

x_3：98 分，即 $A(x_3)=0.98$

x_4：30 分，即 $A(x_4)=0.30$

x_5：60 分，即 $A(x_5)=0.60$

这样就能确定出一个模糊子集 $A=(0.85, 0.75, 0.98, 0.30, 0.60)$。

模糊集完全由隶属函数所表达，$\mu_A(x)$的值越接近于 1，表示 x 隶属于模糊集 A 的程度越高；$\mu_A(x)$越接近于 0，表示 x 隶属于模糊集 A 的程度越低；当 $\mu_A(x)$的值域为$\{0, 1\}$时，A 便退化成为经典集合，因此可以认为模糊集是普通集合的一般化。

模糊集可以表示为以下两种形式：

(1) 当 U 为连续论域时，U 上的模糊集 A 可以表示为

$$A=\int_U \frac{\mu_A(x)}{x},\ x\in U \tag{3.1}$$

(2) 当 $U=\{x_1, x_2, \cdots, x_n\}$为离散论域时，$U$ 上的模糊集 A 可以表示为

$$A=\sum_{i=1}^{n}\frac{\mu_A(x_i)}{x_i},\ x_i\in U \tag{3.2}$$

定义 3.2(模糊集的运算)　若 A、B 为 X 上两个模糊集，它们的和集、交集和余集都是模糊集，其隶属函数分别定义为

$$(A\vee B)(x)=\max(A(x), B(x)) \tag{3.3}$$

$$(A\wedge B)(x)=\min(A(x), B(x)) \tag{3.4}$$

$$A^c(x)=1-A(x) \tag{3.5}$$

关于模糊集的交、并运算，可以推广到任意多个模糊集中去。

定义 3.3(λ 截集)　若 A 为 X 上的任一模糊集，则对任意 $0\leqslant\lambda\leqslant 1$，记 $A_\lambda=\{x\mid x\in U, A(x)\geqslant\lambda\}$，称 A_λ为 A 的 λ 截集。

A_λ是普通集合而不是模糊集。由于模糊集的边界是模糊的，如果要把模糊概念转化为数学语言，就需要选取不同的置信水平 $\lambda(0\leqslant\lambda\leqslant 1)$来确定其隶属关系。$\lambda$ 截集就是将模糊集转化为普通集的方法。模糊集 A 是一个具有游移边界的集合，它随 λ 值的变小而增大，即当 $\lambda_1<\lambda_2$时，$A_{\lambda 1}\subset A_{\lambda 2}$。

对任意$A\in F(U)$，称A_1(即$\lambda=1$时A的λ截集)为A的核，称$\mathrm{supp}(A)=\{x|A(x)>0\}$为$A$的支集。

模糊关系是模糊数学的重要概念。普通关系强调元素之间是否存在关系，模糊关系则可以给出元素之间相关的程度。模糊关系也是一个模糊集合。

定义 3.4(模糊关系)　设U和V为论域，则$U\times V$的一个模糊子集R称为从U到V的一个二元模糊关系。

对于有限论域$U=\{u_1, u_2, \cdots, u_m\}$，$V=\{v_1, v_2, \cdots, v_n\}$，则$U$对$V$的模糊关系$R$可以用一个矩阵来表示：

$$R=(r_{ij})_{m\times n},\ r_{ij}=\mu_R(u_i, v_j) \tag{3.6}$$

隶属度$r_{ij}=\mu_R(u_i, v_j)$表示u_i与v_j具有关系R的程度。特别地，当$U=V$时，R称为U上的模糊关系。如果论域为n个集合(论域)的直积，则模糊关系R不再是二元的，而是n元的，其隶属函数也不再是两个变量的函数，而是n个变量的函数。

定义 3.5(模糊关系的合成)　设R、Q分别是$U\times V$、$V\times W$上的两个模糊关系，R与Q的合成指从U到W上的模糊关系，记为$R\circ Q$，其隶属函数为

$$\mu_{R\circ Q}(u, w)=\bigvee_{u\in V}(\mu_R(u, v)\wedge\mu_Q(v, w)) \tag{3.7}$$

特别地，当R是$U\times U$的关系，有

$$R^2=R\circ R,\ R^n=R^{n-1}\circ R \tag{3.8}$$

利用模糊关系的合成，可以推论事物之间的模糊相关性。

模糊集理论最基本的特征是：承认差异的中介过渡，也就是说承认渐变的隶属关系，即一个模糊集F是满足某个(或几个)性质的一类对象，每个对象都有一个互不相同的隶属于F的程度，隶属函数给每个对象分派了一个0或1之间的数，作为它的隶属度。但是要注意的是，隶属函数给每个对象分派的是0或1之间的一个单值，这个单值既包括了支持$x\in X$的证据，也包括了反对$x\in X$的证据，它不可能表示其中的一个，更不可能同时表示支持和反对的证据。

3.2 直觉模糊集

3.2.1 直觉模糊集的形成与发展

直觉模糊集(Intuitionistic Fuzzy Sets, IFS)[1]最初由保加利亚学者Atanassov于1986年提出，是对Zadeh模糊集理论最有影响的一种扩充和发展。

在语义描述上，经典的康托尔(Cantor)集合只能描述“非此即彼”的“分明概念”。Zadeh模糊集(Zadeh Fuzzy Sets, ZFS)理论可以扩展描述外延不分明的“亦此亦彼”的“模糊概念”。直觉模糊集增加了一个新的属性参数——非隶属度函数，进而还可以描述“非此非彼”的“模糊概念”，亦即“中立状态”的概念或中立的程度，更加细腻地刻画客观世界的模糊性本质，因而引起众多学者的关注。

Atanassov在《Fuzzy Sets and Systems》杂志等发表的一组论文[1-15]，系统提出并定义了直觉模糊集及其一系列运算和定理，研究了直觉模糊集与L-模糊集、区间值模糊集相结合，从而形成L-直觉模糊集、区间值直觉模糊集等；提出了直觉模糊逻辑命题及“与”、

“或”算子等，发展了直觉模糊逻辑的若干基本概念。Gun 和 Buehrer 于 1993 年提出了 Vague 集[16]。Bustince 等人证明了 Vague 集是一种直觉模糊集[17]，并研究了直觉模糊关系的一些运算性质[18, 19]、直觉模糊集的构造和熵等[20-25]。

对于直觉模糊集的研究，最初十多年基本处于纯数学的角度，进入 21 世纪后除继续从数学角度进行深入研究外，逐渐出现了相关应用研究，并形成了多个研究热点。譬如直觉模糊集间的距离、直觉模糊熵、相似度等直觉模糊集之间的度量及应用，直觉模糊聚类分析，直觉模糊推理与应用，直觉模糊集在决策领域的应用等。

Eulalia Szmidt 等人提出了直觉模糊集间的距离[26]及以距离为基础的相似度[27]；Przemyslaw Grzegorzewski 等人研究了基于 Hausdorff 度量的直觉模糊集之间的距离问题[28, 29]；Wang 等人给出了更一般的直觉模糊距离定义和几种新的距离量度[30]，并将其应用于模式识别；Tamalika Chaira 等人提出了用直觉模糊散度表示距离[31]，并应用于图像的边缘检测；Hung 等人用 J-散度导出直觉模糊距离和相似度，并用于模式识别和聚类分析[32]；赵法信研究了区间值直觉模糊集的距离测度[33]；Burillo 等人给出直觉模糊集和区间值模糊集熵的公理化定义[23]；Eulalia Szmidt 等人提出了非概率型的直觉模糊集熵[34]；Zeng 等人提出了不同于 Burillo 的区间值模糊集的熵和相似度概念[35]；Vlachos 等人研究了各种直觉模糊熵的特点并应用于图像处理[36]；Xie 等人给出了新的直觉模糊熵[37, 38]；Chen 等许多学者研究了 Vague 集的相似度[39-42]；Li 等人研究了直觉模糊集的相似度及在模式识别中的应用[43-46]；Li 研究了直觉模糊集的相异度[47]；Hung 等人研究了基于 Hausdorff 距离的直觉模糊相似度[48]；Hung 等人研究了基于 Lp 度量的直觉模糊相似度[49]；Zhang 和 Fu 研究了直觉模糊集、模糊粗糙集、粗糙模糊集的相似度[50]；Li 等人对已有的直觉模糊相似度进行了分析、比较和总结[51]；Zeshui Xu 研究了直觉模糊相似度及在多属性决策中应用[52]。Zhao 等人研究了基于 Vague 关系的模糊聚类[53]；Iakovidis 等人研究了基于 FCM 的直觉模糊聚类及相关应用[54-58]；张洪美等人研究了基于相关矩阵和等价矩阵的直觉模糊聚类问题[59-63]。

直觉模糊集除了在多属性决策和群决策等决策领域得到了最广泛的应用[64-76]外，还在医疗诊断、模式识别、自动机、产品设计等众多领域得到了应用[77-82]。从数学角度对直觉模糊集的研究一直在持续，Hung 和 Wu 研究了直觉模糊集相关系数的计算方法[83]，Mondald 等多位学者研究了直觉模糊集的拓扑结构与度量空间问题[84-87]，Dudek 等人研究了直觉模糊超拟群问题[88]，Akram 等人研究了直觉模糊环[89, 90]，Wu 等人研究了直觉模糊近似空间和 σ-代数[91]。

我国学者何颖瑜最早研究了 IFS 与 L-模糊集之间的关系问题。徐泽水等人对 IFS 一些基础理论问题进行了研究，并将 IFS 理论引入决策领域，系统研究了直觉模糊多属性决策问题、直觉模糊偏好关系及其在群决策中的应用，以及直觉模糊 P 偏好关系、相容直觉模糊偏好关系、不完全直觉模糊偏好关系等的性质，并给出了基于直觉模糊偏好关系及不完全直觉模糊 P 关系的群决策方法。李登峰等人研究了运用 IFS 理论来解决多目标多属性决策问题[92-95]，针对 IFS 理论的多属性决策问题，提出了几种线性规划方法；针对直觉模糊结构中的不相似性，提出了线性和非线性两种测度方法，并通过相似度来解决模式识别问题[43]。林琳等人基于 IFS 提出了一种处理多准则模糊决策问题的新方法，这种方法使用 IFS 表示满意度和不满意度，允许决策者给模糊概念“重要性”分配标准的隶属度和非隶属度。李晓萍等人研究了直觉模糊群与它的同态像等问题[96-101]。袁学海等人研究了直觉相似关系和直觉模糊子群等问题[102-104]。徐泽水等人研究了直觉模糊多属性决策、群决策、聚类等问题[52, 61, 66, 71, 103-105]。王坚强等人研究了信息不完全的多准则直觉模糊决策问题[106-108]。谭春桥等人研究了直觉模糊的多属性决策问题[109-112]。雷英杰及其研究团队[113-127]研究了直觉模糊逻辑语义算子、直觉模糊关系及其合成运算、直觉模糊推理及其在威胁估计和态势评估中的应用，直觉模糊聚类及其在数据关联和目标识别中的应用[128]等问题。

综上所述，为了更好地表示和处理各种不精确或模糊的信息，不同的学者提出了不同的模型和方法。目前已经出现了众多分支，如直觉模糊拓扑、直觉模糊逻辑等，其应用也渗入到了人工智能、决策分析、模式识别及智能信息处理等多个领域。

3.2.2　直觉模糊集的基本概念

Atanassov 对直觉模糊集给出如下定义。

定义 3.6(直觉模糊集)　设 X 是一给定论域，则 X 上的一个直觉模糊集 A 为

$$A=\{<x, \mu_A(x), \gamma_A(x)>|\ x\in X\} \tag{3.9}$$

式中，$\mu_A(x)$: $X\rightarrow[0, 1]$和 $\gamma_A(x)$: $X\rightarrow[0, 1]$分别代表 A 的隶属函数$\mu_A(x)$和非隶属函数$\gamma_A(x)$，且对于 A 上的所有 $x\in X$，$0\leqslant\mu_A(x)+\gamma_A(x)\leqslant 1$ 成立，由隶属度 $\mu_A(x)$和非隶属度 $\gamma_A(x)$所组成的有序区间对$<\mu_A(x), \gamma_A(x)>$为直觉模糊数。

直觉模糊集 A 有时可以简记作$A=<x, \mu_A, \gamma_A>$或 $A=<\mu_A, \gamma_A>/x$。显然，每个一般模糊子集对应于直觉模糊子集 $A=\{<x, \mu_A(x), 1-\mu_A(x)>|x\in X\}$。

对于 X 中的每个直觉模糊子集，称 $\pi_A(x)=1-\mu_A(x)-\gamma_A(x)$为 A 中 x 的直觉指数(Intuitionistic Index)，它是 x 对 A 的犹豫程度(Hesitancy degree)的一种测度。显然，对于每一个 $x\in X$，$0\leqslant\pi_A(x)\leqslant 1$，$X$ 中的每个一般模糊子集 A，$\pi_A(x)=1-\mu_A(x)-(1-\mu_A(x))=0$。

若定义在 U 上的 Zadeh 模糊集的全体用 $F(U)$表示，则对于一个模糊集 $A\in F(U)$，其单一隶属度 $\mu_A(x)\in[0, 1]$既包含了支持 x 的证据 $\mu_A(x)$，也包含了反对 x 的证据 $1-\mu_A(x)$，但它不可能表示既不支持也不反对的“非此非彼”的中立状态的证据。若定义在 X 上的直觉模糊集的全体用 $IFS(X)$表示，那么一个直觉模糊集 $A\in IFS(X)$，其隶属度 $\mu_A(x)$、非隶属度 $\gamma_A(x)$以及直觉指数 $\pi_A(x)$分别表示对象 x 属于直觉模糊集 A 的支持、反对、中立这三种证据的程度。可见，直觉模糊集有效地扩展了 Zadeh 模糊集的表示能力。

论域 X 上的直觉模糊集 A 可表示成图 3.1 的形式，对 F 内的每一个点都存在一个确定的直觉模糊子集与之一一对应；也可表示成图 3.2 的形式，三角形 ABD 内的每一个点都存在一个确定的直觉模糊子集与之一一对应。

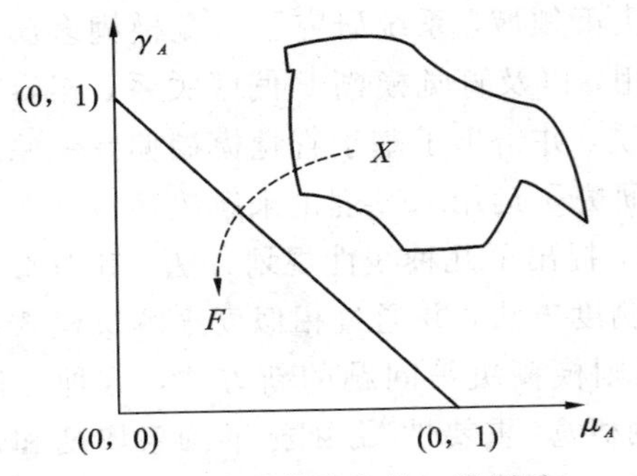

图 3.1　直觉模糊集的二维图示

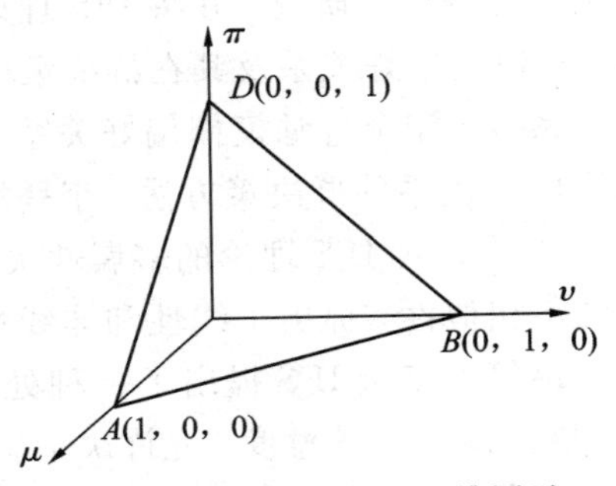

图 3.2　直觉模糊集的三维图示

3.2.3　直觉模糊集的基本运算

定义 3.7(直觉模糊集基本运算)　设 A 和 B 是给定论域 X 上的直觉模糊集，则有

(1) $A \cap B = \{< x, \mu_A(x) \wedge \mu_B(x), \gamma_A(x) \vee \gamma_B(x) > \mid \forall x \in X\}$

(2) $A \cup B = \{< x, \mu_A(x) \vee \mu_B(x), \gamma_A(x) \wedge \gamma_B(x) > \mid \forall x \in X\}$

(3) $\overline{A} = A^c = \{< x, \gamma_A(x), \mu_A(x) > \mid x \in X\}$

(4) $A \subseteq B \Leftrightarrow \forall x \in X, \mu_A(x) \leqslant \mu_B(x) \wedge \gamma_A(x) \geqslant \gamma_B(x)$

(5) $A \subset B \Leftrightarrow \forall x \in X, \mu_A(x) < \mu_B(x) \wedge \gamma_A(x) > \gamma_B(x)$

(6) $A = B \Leftrightarrow \forall x \in X, \mu_A(x) = \mu_B(x) \wedge \gamma_A(x) = \gamma_B(x)$

在建立直觉模糊集和普通集合间的关系方面，截集和核等概念起到重要作用，下面将对它们进行介绍。

3.2.4　直觉模糊集的截集

截集是联系模糊集合与经典集合的桥梁。在直觉模糊系统理论的研究中，截集是一个非常重要的概念，截集在直觉模糊逻辑、直觉模糊测度与分析、直觉模糊优化、决策及推理等领域都发挥着重要的作用。前面在模糊集概述一节介绍了模糊集的截集概念，下面给出直觉模糊集的截集。

关于直觉模糊集的截集，不同的研究者给出了不同的定义。文献[129，130]用[0，1]上的两个数 λ_1 和 λ_2($\lambda_1+\lambda_2 \leqslant 1$)与直觉模糊集的隶属度 μ 和非隶属度 γ(也是[0，1]上的两个数)来比较，由此给出直觉模糊集的截集定义。

定义 3.8　设 A 是给定论域 X 上的直觉模糊集，[0，1]上的两个数 λ_1 和 λ_2 满足 $\lambda_1+\lambda_2 \leqslant 1$，则

$$
\begin{aligned}
A_{[\lambda_1, \lambda_2]} &= \{x \mid x \in X, \mu_A(x) \geqslant \lambda_1, \gamma_A(x) \leqslant \lambda_2\} \\
A_{[\lambda_1, \lambda_2)} &= \{x \mid x \in X, \mu_A(x) \geqslant \lambda_1, \gamma_A(x) < \lambda_2\} \\
A_{(\lambda_1, \lambda_2]} &= \{x \mid x \in X, \mu_A(x) > \lambda_1, \gamma_A(x) \leqslant \lambda_2\} \\
A_{(\lambda_1, \lambda_2)} &= \{x \mid x \in X, \mu_A(x) > \lambda_1, \gamma_A(x) < \lambda_2\}
\end{aligned}
\tag{3.10}
$$

分别称为 A 的$[\lambda_1, \lambda_2]$截集、$[\lambda_1, \lambda_2)$截集，$(\lambda_1, \lambda_2]$截集，(λ_1, λ_2)截集。

由于区间数之间的序关系不是全序，因此，定义 3.8 的截集 λ_1 和 λ_2 并不完全满足文献[131]中所总结的模糊集截集的性质。

文献[132]突破了“截集必须是经典集合”的限制，仍用[0，1]中的数 λ 去截直觉模糊集，将直觉模糊集的截集定义为三值模糊集。

定义 3.9　设 X 为一个集合，称映射 $A: X \to \{0, 1/2, 1\}$ 为一个三值模糊集。X 上的所有三值模糊集的类记作 3^X。

利用三值模糊集定义的直觉模糊集的截集如下。

定义 3.10[132]　设 A 是给定论域 X 上的直觉模糊集，若 A_λ，$A_{\underline{\lambda}}$，A^λ，$A^{\underline{\lambda}}$，$A_{[\lambda]}$，$A_{[\underline{\lambda}]}$，$A^{[\lambda]}$，$A^{[\underline{\lambda}]} \in 3^X$ 且

$$
A_\lambda(x) = \begin{cases} 1, & \mu_A(x) \geqslant \lambda \\ \dfrac{1}{2}, & \mu_A(x) < \lambda < 1-\gamma_A(x) \\ 0, & \lambda > 1-\gamma_A(x) \end{cases}
\tag{3.11}
$$

$$A_{\underline{\lambda}}(x)=\begin{cases}1, & \mu_A(x)>\lambda \\ \dfrac{1}{2}, & \mu_A(x)\leqslant\lambda<1-\gamma_A(x) \\ 0, & \lambda\geqslant 1-\gamma_A(x)\end{cases} \tag{3.12}$$

则称 $A_{[\lambda]}$ 为 A 的 λ-上截集，$A_{[\underline{\lambda}]}$ 为 A 的 λ-强上截集。

$$A^{\lambda}(x)=\begin{cases}1, & \gamma_A(x)\geqslant\lambda \\ \dfrac{1}{2}, & \gamma_A(x)<\lambda<1-\mu_A(x) \\ 0, & \lambda>1-\mu_A(x)\end{cases} \tag{3.13}$$

$$A^{\underline{\lambda}}(x)=\begin{cases}1, & \gamma_A(x)>\lambda \\ \dfrac{1}{2}, & \gamma_A(x)\leqslant\lambda<1-\mu_A(x) \\ 0, & \lambda\geqslant 1-\mu_A(x)\end{cases} \tag{3.14}$$

则称 A^{λ} 为 A 的 λ-下截集，$A^{\underline{\lambda}}$ 为 A 的 λ-强下截集。

$$A_{[\lambda]}(x)=\begin{cases}1, & \mu_A(x)+\lambda\geqslant 1 \\ \dfrac{1}{2}, & \gamma_A(x)\leqslant\lambda<1-\mu_A(x) \\ 0, & \lambda<\gamma_A(x)\end{cases} \tag{3.15}$$

$$A_{[\underline{\lambda}]}(x)=\begin{cases}1, & \mu_A(x)+\lambda>1 \\ \dfrac{1}{2}, & \gamma_A(x)<\lambda\leqslant 1-\mu_A(x) \\ 0, & \lambda\leqslant\gamma_A(x)\end{cases} \tag{3.16}$$

则称 $A_{[\lambda]}$ 为 A 的 λ-上重截集，$A_{[\underline{\lambda}]}$ 为 A 的 λ-强上重截集。

$$A^{[\lambda]}(x)=\begin{cases}1, & \gamma_A(x)+\lambda\geqslant 1 \\ \dfrac{1}{2}, & \mu_A(x)\leqslant\lambda<1-\gamma_A(x) \\ 0, & \lambda<\mu_A(x)\end{cases} \tag{3.17}$$

$$A^{[\underline{\lambda}]}(x)=\begin{cases}1, & \gamma_A(x)+\lambda>1 \\ \dfrac{1}{2}, & \mu_A(x)<\lambda\leqslant 1-\gamma_A(x) \\ 0, & \lambda\leqslant\mu_A(x)\end{cases} \tag{3.18}$$

则称 $A^{[\lambda]}$ 为 A 的 λ-下重截集，$A^{[\underline{\lambda}]}$ 为 A 的 λ-强下重截集。

定义 3.10 给出的截集是三值模糊集。众所周知，经典集合是以二值逻辑为基础的。Zadeh 模糊集的截集是二值模糊集。因此，从逻辑的观点看，基于 Zadeh 模糊集的模糊系统是以二值逻辑为基础的。在多值逻辑中，三值逻辑是一类非常重要的多值逻辑，在 Lukasiewcz、Kleene 和 Godel 三值逻辑系统中，都可以将真值的赋值格视为{0，1/2，1}。既然基于二值逻辑的集合为经典二值集合，那么基于三值逻辑的“集合”应为三值集合。因此，以三值逻辑为基础的三值模糊集合应该受到重视。

3.2.5 直觉模糊集截集的性质与核

1. 直觉模糊集截集的性质

设 A、B、A_t 均为给定论域 X 上的直觉模糊集，$\lambda\in[0, 1]$，则有[132]

$$A_{\underline{\lambda}} \subset A_{\lambda} \tag{3.19}$$

$$\lambda_1 < \lambda_2 \Rightarrow A_{\lambda_1} \supset A_{\lambda_2},\ A_{\underline{\lambda_1}} \supset A_{\underline{\lambda_2}},\ A_{\lambda_1} \supset A_{\lambda_2} \tag{3.20}$$

$$A \subset B \Rightarrow A_{\lambda} \subset B_{\lambda},\ A_{\underline{\lambda}} \subset B_{\underline{\lambda}} \tag{3.21}$$

$$\begin{cases}(A \cup B)_{\lambda} = A_{\lambda} \cup B_{\lambda},\ (A \cup B)_{\underline{\lambda}} = A_{\underline{\lambda}} \cup B_{\underline{\lambda}} \\ (A \cap B)_{\lambda} = A_{\lambda} \cap B_{\lambda},\ (A \cap B)_{\underline{\lambda}} \Rightarrow A_{\underline{\lambda}} \cap B_{\underline{\lambda}}\end{cases} \tag{3.22}$$

$$(A^c)_{\lambda} = (A_{\underline{1-\lambda}})^c,\ (A^c)_{\underline{\lambda}} = (A_{1-\lambda})^c \tag{3.23}$$

$$\begin{cases}\bigcup_{t\in T}(A_t)_{\lambda} \subset (\bigcup_{t\in T}A_t)_{\lambda},\ \bigcup_{t\in T}(A_t)_{\underline{\lambda}} = (\bigcup_{t\in T}A_t)_{\underline{\lambda}} \\ (\bigcap_{t\in T}A_t)_{\lambda} = \bigcap_{t\in T}(A_t)_{\lambda},\ (\bigcap_{t\in T}A_t)_{\underline{\lambda}} \subset \bigcap_{t\in T}(A_t)_{\underline{\lambda}}\end{cases} \tag{3.24}$$

令 $\lambda_t\in[0, 1]$，$a=\wedge_{t\in T}\lambda_t$，$b=\vee_{t\in T}\lambda_t$，则

$$\bigcup_{t\in T}A_{\lambda_t} \subset A_a,\ \bigcap_{t\in T}A_{\lambda_t} = A_b,\ \bigcup_{t\in T}A_{\underline{\lambda_t}} \subset A_{\underline{a}},\ A_{\underline{b}} \subset \bigcap_{t\in T}A_{\underline{\lambda_t}} \tag{3.25}$$

$$A_0 = X,\ A_{\underline{1}} = \varnothing \tag{3.26}$$

$$A^{\underline{\lambda}} \subset A^{\lambda} \tag{3.27}$$

$$\lambda_1 < \lambda_2 \Rightarrow A^{\lambda_1} \supset A^{\lambda_2},\ A^{\underline{\lambda_1}} \supset A^{\underline{\lambda_2}},\ A^{\underline{\lambda_1}} \supset A^{\lambda_2} \tag{3.28}$$

$$A \subset B \Rightarrow B^{\lambda} \subset A^{\lambda},\ B^{\underline{\lambda}} \subset A^{\underline{\lambda}} \tag{3.29}$$

$$\begin{cases}(A \cup B)^{\lambda} = A^{\lambda} \cap B^{\lambda},\ (A \cup B)^{\underline{\lambda}} = A^{\underline{\lambda}} \cap B^{\underline{\lambda}} \\ (A \cap B)^{\lambda} = A^{\lambda} \cap B^{\lambda},\ (A \cap B)^{\underline{\lambda}} \Rightarrow A^{\underline{\lambda}} \cup B^{\underline{\lambda}}\end{cases} \tag{3.30}$$

$$(A^c)^{\lambda} = (A^{\underline{1-\lambda}})^c,\ (A^c)^{\underline{\lambda}} = (A^{1-\lambda})^c \tag{3.31}$$

$$\begin{cases}\bigcap_{t\in T}(A_t)^{\lambda} \subset (\bigcup_{t\in T}A_t)^{\lambda},\ \bigcap_{t\in T}(A_t)^{\underline{\lambda}} \supset (\bigcup_{t\in T}A_t)^{\underline{\lambda}} \\ (\bigcap_{t\in T}A_t)^{\lambda} \supset \bigcup_{t\in T}(A_t)^{\lambda},\ (\bigcap_{t\in T}A_t)^{\underline{\lambda}} = \bigcup_{t\in T}(A_t)^{\underline{\lambda}}\end{cases} \tag{3.32}$$

令 $\lambda_t\in[0, 1]$，$a=\wedge_{t\in T}\lambda_t$，$b=\vee_{t\in T}\lambda_t$，则

$$\bigcup_{t\in T}A^{\lambda_t} \subset A^a,\ \bigcap_{t\in T}A^{\lambda_t} = A^b,\ \bigcup_{t\in T}A^{\underline{\lambda_t}} \subset A^{\underline{a}},\ A^{\underline{b}} \subset \bigcap_{t\in T}A^{\underline{\lambda_t}} \tag{3.33}$$

$$A^0 = X,\ A^{\underline{1}} = \varnothing \tag{3.34}$$

$$A_{[\underline{\lambda}]} \subset A_{[\lambda]} \tag{3.35}$$

$$\lambda_1 < \lambda_2 \Rightarrow A_{[\lambda_1]} \subset A_{[\lambda_2]},\ A_{\underline{[\lambda_1]}} \subset A_{[\underline{\lambda_2}]},\ A_{[\lambda_1]} \subset A_{[\underline{\lambda_2}]} \tag{3.36}$$

$$A \subset B \Rightarrow A_{[\lambda]} \subset B_{[\lambda]},\ A_{[\underline{\lambda}]} \subset B_{[\underline{\lambda}]} \tag{3.37}$$

$$\begin{aligned}(A \cup B)_{[\lambda]} &= A_{[\lambda]} \cup B_{[\lambda]},\ (A \cup B)_{[\underline{\lambda}]} = A_{[\underline{\lambda}]} \cup B_{[\underline{\lambda}]},\ (A \cap B)_{[\lambda]} \\ &= A_{[\lambda]} \cap B_{[\lambda]},\ (A \cap B)_{[\underline{\lambda}]} \Rightarrow A_{[\underline{\lambda}]} \cap B_{[\underline{\lambda}]}\end{aligned} \tag{3.38}$$

$$(A^c)_{[\lambda]} = (A_{[\underline{1-\lambda}]})^c,\ (A^c)_{[\underline{\lambda}]} = (A_{[1-\lambda]})^c \tag{3.39}$$

$$\begin{cases}\bigcup_{t\in T}(A_t)_{[\lambda]} \subset (\bigcup_{t\in T}A_t)_{[\lambda]},\ \bigcup_{t\in T}(A_t)_{[\underline{\lambda}]} = \left(\bigcup_{t\in T}A_t\right)_{[\underline{\lambda}]}, \\ \left(\bigcap_{t\in T}A_t\right)_{[\lambda]} = \bigcap_{t\in T}(A_t)_{[\lambda]},\ \left(\bigcap_{t\in T}A_t\right)_{[\underline{\lambda}]} \subset \bigcap_{t\in T}(A_t)_{[\bar{\lambda}]}\end{cases} \tag{3.40}$$

令 $\lambda_t\in[0, 1]$，$a=\wedge_{t\in T}\lambda_t$，$b=\vee_{t\in T}\lambda_t$，则

$$\bigcup_{t\in T}A_{[\lambda_t]} \subset A_{[b]},\ \bigcap_{t\in T}A_{[\lambda_t]} = A_{[a]},\ \bigcup_{t\in T}A_{[\underline{\lambda_t}]} \subset A_{[\underline{b}]},\ A_{[a]} \subset \bigcap_{t\in T}A_{[\underline{\lambda_t}]} \tag{3.41}$$

$$A_{[1]}=X,\ A_{[\underline{0}]}=\varnothing \tag{3.42}$$

$$A^{[\underline{\lambda}]}\subset A^{[\lambda]} \tag{3.43}$$

$$\lambda_1<\lambda_2\Rightarrow A^{[\lambda_1]}\subset A^{[\lambda_2]},\ A^{[\underline{\lambda_1}]}\subset A^{[\underline{\lambda_2}]},\ A^{[\lambda_1]}\subset A^{[\underline{\lambda_2}]} \tag{3.44}$$

$$A\subset B\Rightarrow B^{[\lambda]}\subset A^{[\lambda]},\ B^{[\underline{\lambda}]}\subset A^{[\underline{\lambda}]} \tag{3.45}$$

$$\begin{cases}(A\cup B)^{[\lambda]}=A^{[\lambda]}\cap B^{[\lambda]},\ (A\cup B)^{[\underline{\lambda}]}=A^{[\underline{\lambda}]}\cap B^{[\underline{\lambda}]}\\(A\cap B)^{[\lambda]}=A^{[\lambda]}\cup B^{[\lambda]},\ (A\cap B)^{[\underline{\lambda}]}\Rightarrow A^{[\underline{\lambda}]}\cup B^{[\underline{\lambda}]}\end{cases} \tag{3.46}$$

$$(A^{C})^{[\lambda]}=(A^{[\underline{1-\lambda}]})^{c},\ (A^{c})^{[\underline{\lambda}]}=(A^{[1-\lambda]})^{c} \tag{3.47}$$

$$\begin{cases}\bigcap\limits_{t\in T}(A_t)^{[\lambda]}\subset(\bigcup\limits_{t\in T}A_t)^{[\lambda]},\ \bigcap\limits_{t\in T}(A_t)^{[\underline{\lambda}]}\supset\left(\bigcup\limits_{t\in T}A_t\right)^{[\underline{\lambda}]}\\\left(\bigcap\limits_{t\in T}A_t\right)^{[\lambda]}\supset\bigcup\limits_{t\in T}(A_t)^{[\lambda]},\left(\bigcap\limits_{t\in T}A_t\right)^{[\underline{\lambda}]}=\bigcup\limits_{t\in T}(A_t)^{[\underline{\lambda}]}\end{cases} \tag{3.48}$$

令 $\lambda_t\in[0,1]$，$a=\wedge_{t\in T}\lambda_t$，$b=\vee_{t\in T}\lambda_t$，则

$$\bigcup_{t\in T}A^{[\lambda_t]}\subset A^{[b]},\ \bigcap_{t\in T}A^{[\lambda_t]}=A^{[a]},\ \bigcup_{t\in T}A^{[\underline{\lambda_t}]}\subset A^{[\underline{b}]},\ A^{[\underline{a}]}\subset\bigcap_{t\in T}A^{[\underline{\lambda_t}]} \tag{3.49}$$

$$A^{[1]}=X,\ A^{[\underline{0}]}=\varnothing \tag{3.50}$$

2. 直觉模糊集的核

根据以上直觉模糊截集的性质，可以给出直觉模糊集的核的定义。

定义 3.11　设 A 为给定论域 X 上的直觉模糊集，$A_{\lambda=1}$ 称为直觉模糊集 A 的核，其中，$A_{\lambda=1}=A_1=\{x\mid\mu_A(x)=1,\ \gamma_A(x)=0\}$。

可以看出，当 $\mu_A(x)+\gamma_A(x)=1$ 时，直觉模糊集 A 退化为 Zadeh 模糊集，此时的截集也退化为模糊集的截集；同时，直觉模糊集核的概念与 Zadeh 模糊集核的概念相一致，都是隶属度为 1 的元素的集合。因此，以上给出的直觉模糊集的截集定义与核的定义是模糊集截集与核定义的自然推广。

3.2.6　直觉模糊集的特点

在分析处理不精确、不完备等粗糙信息时，直觉模糊集理论是一种很有效的数学工具。直觉模糊集是对 Zadeh 模糊集理论最有影响的一种扩充和发展，较模糊集有更强的表达不确定性的能力。从一定意义上讲，直觉模糊集在对事物属性的描述上提供了更多的选择，较模糊集有更强的表达不确定性的能力，因而在学术界及工程技术领域引起了广泛的关注。

直觉模糊集合是模糊集合的扩充，而模糊集合是经典集合的扩充，因此直觉模糊集合与经典集合也有着密切的关系，表现直觉模糊集合与经典集合关系的是直觉模糊集合的分解定理与表现定理。直觉模糊集与一般模糊集相比，即使直觉指数为 0，所得结果的精度仍然显著提高，因而直觉模糊集理论也可以应用于控制系统。直觉模糊集具有的先天的负反馈性，比一般模糊集推理性能更好，更平稳，因而可有效改善控制或辨识结果。这里的直觉指数为 0 仅是表述其中立程度为 0，仍然有隶属度函数和非隶属度函数来分别表示其支持程度和反对程度同时起作用，推理合成计算时，它们在同时起作用，这是与一般模糊集不同的，因为后者在推理合成计算时仅考虑支持证据的作用，而反对证据对推理结果不产生反制影响。这一特点，正是直觉模糊集有效克服一般模糊集单一隶属度函数缺陷而呈现出来的优势所在。

理论分析与实践表明，与 Zadeh 模糊集相比，直觉模糊集至少具有两大优势：① 在语

义表述上，直觉模糊集的隶属度、非隶属度及直觉指数可以分别表示支持、反对、中立这三种状态，而 Zadeh 模糊集的单一隶属度函数只能表示支持和反对两种状态，所以直觉模糊集可以更加细腻地描述客观对象的自然属性；② 直觉模糊集合成计算的精度显著改善，推理规则的符合度显著提高，明显优于 Zadeh 模糊集。

3.3　基于直觉模糊距离的图像匹配方法

3.3.1　直觉模糊特征匹配方法

特征提取是指将从图像中提取出用来匹配的信息，分为控制点、结构[133]、图像本身的灰度[134]等。特征提取是进行图像配准的基础，提取的特征应当具有高精度且能有效反映图像特征。本章对两幅图像分别提取 Harris 特征点，在 Harris 特征点邻域内计算其不变矩，矩特征具有尺度、平移和旋转不变性。对于图像 $f(x, y)$，定义二维离散数字图像的 (p, q)阶矩 m_{pq}以及中心矩 μ_{pq}分别为

$$m_{pq} = \sum_{x=1}^{M}\sum_{y=1}^{N} x^p y^q f(x, y) \tag{3.51}$$

$$\mu_{pq} = \sum_{x=1}^{M}\sum_{y=1}^{N} (x-\mu_x)^p (y-\mu_y)^q f(x, y) \tag{3.52}$$

式中：

$$\mu_x = \frac{m_{10}}{m_{01}},\ \mu_y = \frac{m_{01}}{m_{00}},\ p, q = 0, 1, 2, \cdots \tag{3.53}$$

中心矩 μ_{pq}具有平移不变性，对其进行归一化处理后的中心矩为

$$\eta_{pq} = \frac{\mu_{pq}}{\mu_{00}^{\gamma}},\ \gamma = \frac{p+q}{2},\ p+q = 2, 3, \cdots \tag{3.54}$$

由归一化的二阶和三阶中心矩可得到如下 7 个对平移、旋转和尺度不变的矩定义：

$$\phi_1 = \eta_{20} + \eta_{02} \tag{3.55}$$

$$\phi_2 = (\eta_{20} + \eta_{02})^2 + 4\eta_{11}^2 \tag{3.56}$$

$$\phi_3 = (\eta_{30} + \eta_{12})^2 + (3\eta_{21} + \eta_{03})^2 \tag{3.57}$$

$$\phi_4 = (\eta_{30} + \eta_{12})^2 + (\eta_{21} + \eta_{03})^2 \tag{3.58}$$

$$\begin{aligned}\phi_5 = {} & (\eta_{30} + 3\eta_{12})(\eta_{30} + \eta_{12})[(\eta_{30} + \eta_{12})^2 + 3(\eta_{21} + \eta_{03})^2] \\ & + (3\eta_{21} + \eta_{03})(\eta_{21} + \eta_{03})[3(\eta_{30} + \eta_{12})^2 + (\eta_{21} + \eta_{03})^2]\end{aligned} \tag{3.59}$$

$$\phi_6 = (\eta_{20} + \eta_{02})[(\eta_{30} + \eta_{12})^2 - (\eta_{21} + \eta_{03})^2] + 4\eta_{11}(\eta_{30} + \eta_{12})(\eta_{21} + \eta_{03}) \tag{3.60}$$

$$\begin{aligned}\phi_7 = {} & (3\eta_{21} + \eta_{03})(\eta_{30} + \eta_{12})[(\eta_{30} + \eta_{12})^2 - 3(\eta_{21} + \eta_{03})^2] \\ & + (\eta_{30} + 3\eta_{12})(\eta_{21} + \eta_{03})[3(\eta_{30} + \eta_{12})^2 - (\eta_{21} + \eta_{03})^2]\end{aligned} \tag{3.61}$$

这样，每个特征点的特征就由其邻域的 7 个不变矩来表示：

$$\boldsymbol{X} = (\phi_1, \phi_2, \phi_3, \phi_4, \phi_5, \phi_6, \phi_7)$$

基准图像 R 第 i 特征的特征向量为 $\boldsymbol{R}_i = (\phi_1^i, \phi_2^i, \phi_3^i, \phi_4^i, \phi_5^i, \phi_6^i, \phi_7^i)$，待配准图像 S 的第 j 个特征向量为 $\boldsymbol{S}_j = (\phi_1^j, \phi_2^j, \phi_3^j, \phi_4^j, \phi_5^j, \phi_6^j, \phi_7^j)$。对于第 k 个矩 $\phi_k(1 \leqslant k \leqslant 7)$两个子集 ϕ_k^i和 ϕ_k^j，算法思想是 ϕ_k^i与 ϕ_k^j越相似，ϕ_k^i的隶属度越大，非隶属度越小；对于 ϕ_k^j也亦然。

所以定义 R_i 中的 ϕ_k^i 隶属度 $\mu_{R_i}(\phi_k^i)$ 和非隶属度 $\nu_{R_i}(\phi_k^i)$ 为

$$\mu_{R_i}(\phi_k^i)=\frac{\phi_k^i}{\phi_k^i+\phi_k^j},\ \nu_{R_i}(\phi_k^i)=\frac{|\phi_k^i-\phi_k^j|}{\phi_k^i} \tag{3.62}$$

定义 S_j 中的 ϕ_k^j 的隶属度 $\mu_{S_j}(\phi_k^j)$ 和非隶属度 $\nu_{S_j}(\phi_k^j)$ 为

$$\mu_{S_j}(\phi_k^j)=\frac{\phi_k^j}{\phi_k^j+\phi_k^i},\ \nu_{S_j}(\phi_k^j)=\frac{|\phi_k^j-\phi_k^i|}{\phi_k^j} \tag{3.63}$$

特征 $\phi_k(1\leqslant k\leqslant 7)$ 的直觉模糊集合定义为

$$A_{R_i}=\{\langle\phi_k^i,\ \mu_{R_i}(\phi_k^i),\ \nu_{R_i}(\phi_k^i)\rangle \mid \phi_k^i\in \boldsymbol{X}\} \tag{3.64}$$

$$A_{s_j}=\{\langle\phi_k^j,\ \mu_{S_j}(\phi_k^j),\ \nu_{S_j}(\phi_k^j)\rangle \mid \phi_k^j\in \boldsymbol{X}\} \tag{3.65}$$

基准图像和待配准图像特征的相似性度量是通过计算特征间距离来实现的，目前对距离计算的研究主要是对特征相似性的计算。由于直觉模糊集合具有描述不相似的性能，所以在计算特征间距离时不仅应考虑其相似程度，同时还应考虑特征间的不相似程度。

定义 3.12(直觉模糊距离) 设直觉模糊集为 $A=\{\langle x,\ \mu_A(x),\ \gamma_A(x)\rangle \mid x\in X\}$，则称由 X 中元素 x 属于 X 的隶属度 $\mu_A(x)$ 和非隶属度 $\gamma_A(x)$ 所组成的有序区间对 $(\mu_A(x),\ \gamma_A(x))$ 为直觉模糊距离。其中 $\mu_A(x)\in[0,\ 1]$ 和 $\gamma_A(x)\in[0,\ 1]$，并且满足 $0\leqslant\mu_A(x_j)+\gamma_A(x_j)\leqslant 1$。

用直觉模糊距离度量特征间的距离，定义如下：

$$I_{ij}(\delta(R_i,\ S_j),\ \bar{\delta}(R_i,\ S_j)) \tag{3.66}$$

式中，$R_i\in R$，$S_j\in S$。

式(3.66)中，$\delta(R_i,\ S_j)$ 为特征 R_i 与特征 S_j 的匹配度距离，定义如下：

$$\delta(R_i,\ S_j)=1-d_\delta^p(R_i,\ S_j) \tag{3.67}$$

式中：

$$d_\delta^p(R_i,\ S_j)=\left(\frac{1}{N}\sum_{k=1}^{7}\omega_k \mid \mu_{R_i}(\phi_k^i)-\mu_{S_j}(\phi_k^j)\mid\right) \tag{3.68}$$

式(3.68)中，$N=7$，ω 为归一化权重系数，满足 $\sum_{k=1}^{7}\omega_k=1$。不变矩对于待配准图像的变换的稳定性并不一致，对于幅值变化比较大的矩，可以利用权重系数进行调整。

式(3.18)中，$\bar{\delta}(R_i,\ S_j)$ 为特征 R_i 与特征 S_j 的不匹配度距离，定义如下：

$$\bar{\delta}(R_i,\ S_j)=\max_{1\leqslant k\leqslant 7}\{\min\{\nu_{R_i}(\phi_k^i),\ \nu_{S_i}(\phi_k^j)\}\} \tag{3.69}$$

3.3.2 特征点匹配算法

特征匹配是指建立两幅图像特征点之间对应关系的过程。用数学语言可以描述为：两幅图像 R 和 S 中分别有 m 和 n 个特征点(m 和 n 常常是不相等的)，其中有 l 对点是两幅图像中相对应的，则如何确定两幅图像中 l 对相对应的点对即为特征匹配要解决的问题，也就是在 R 和 S 的特征集 $\{R_i \mid i\in[1,\ m]\}$ 和 $\{S_j \mid j\in[1,\ n]\}$ 中寻找它们的两个子集 $\{R'_i \mid i\in[1,\ l]\}$ 和 $\{S'_j \mid j\in[1,\ l]\}$，使得两个子集间有一一对应的关系。为了寻找这种对应关系，目前常用的方法是计算两个特征集合中点的距离，取距离最小者作为一对匹配特征点。由于考虑了特征间的不相似性，所以目前单纯依靠求最小距离来寻找匹配对的方法已不能很好地应用于此，所以将特征点的匹配问题转换为直觉模糊的排序问题。

在不确定性排序问题中，必须确定直觉模糊数的序关系。首先定义直觉模糊关系矩阵和矩阵元素大小定义，然后基于排序提出不匹配或不确定的点，最终得到匹配矩阵。

定义 3.13(直觉模糊关系矩阵)　基准图像 R 中 m 个特征点和待配准图像 S 中 n 个特征点的直觉模糊关系矩阵定义如下：

$$I=\begin{bmatrix} I_{11} & I_{12} & \cdots & I_{1n} \\ I_{21} & I_{22} & \cdots & I_{2n} \\ \vdots & \vdots & \ddots & \vdots \\ I_{m1} & I_{m2} & \cdots & I_{mn} \end{bmatrix} \tag{3.70}$$

式中，I_{ij} 为特征集关系的直觉模糊数，其定义见式(3.66)。

定义 3.14　对于 I 中的两个元素 I_{ij} 和 I_{lk}，若同时满足以下两个条件：

$$\begin{cases} \delta(R_i,\ S_j)>\delta(R_l,\ S_k) \\ \delta(R_i,\ S_j)+\bar{\delta}(R_i,\ S_j)>\delta(R_l,\ S_k)+\bar{\delta}(R_l,\ S_k) \end{cases} \tag{3.71}$$

则认为 $I_{ij}>I_{lk}$。

算法 3.1　特征匹配算法。

输入：待匹配矩阵 I。

输出：匹配矩阵 T'。

(1) 为了减少计算量，根据矩阵 I 首先利用两个阈值 τ_1 和 τ_2 初步剔除明显不匹配的特征点，也就是属于集合 $\{R_i-R'_i \mid i\in[1,\ m-l]\}$ 的子集和集合 $\{S_j-S'_j \mid j\in[1,\ n-l]\}$ 的子集中的点。方法是如果 I 中第 i 行的每一个元素 $I_{i\cdot}$ $(1\leqslant i\leqslant m)$ 满足以下两个条件中的任何一个：

$$\begin{cases} \delta(R_i,\ S_\cdot)\leqslant \tau_1 \\ \bar{\delta}(R_i,\ S_\cdot)\geqslant \tau_2 \end{cases} \tag{3.72}$$

则可以认为基准图像 R 中的第 i 个特征点与待配准图像 S 中的特征点没有匹配关系，因此在矩阵 I 中删除第 i 行中所有元素；对于 I 中每一列也进行以上操作。为了使真正匹配的点不被删掉，τ_1 的值不宜过大，τ_2 不宜过小。将剔除符合条件的行与列的矩阵记为 $\boldsymbol{I}'$。

(2) 由于基准图像特征集中的一个特征点匹配待配准图像的特征点只有两种情况：① 没有与之相匹配的特征点；② 有且只有一个特征点与之相匹配。所以寻求匹配点的问题可以看做是在矩阵 $\boldsymbol{I}'$ 的行列中寻找极大值的问题。首先建立一个与 $\boldsymbol{I}'$ 有着相同行列标号的矩阵 $\boldsymbol{T}$，对 $\boldsymbol{T}$ 中每一个值赋为 0。

(3) 以式(3.71)所定义的比较方法在 $\boldsymbol{I}'$ 第一行中寻找一个极大值点，记下其对应的行列标号并在 $\boldsymbol{T}$ 中相同的行列标号位置赋值 1，对 $\boldsymbol{I}'$ 的每一行重复第一行的操作。

(4) 在 $\boldsymbol{I}'$ 第一列中寻找一个极大值点，记下其对应的行列标号并在 $\boldsymbol{T}$ 中相同的行列标号位置赋值 1，对 $\boldsymbol{I}'$ 的每一列重复第一列的操作。

(5) 在执行步骤(4)的过程中，如 $\boldsymbol{T}$ 中一元素 T_{ij} 既是第 i 行的极大值，也是第 j 列的极大值，则 T_{ij} 依然为 1。

(6) 经过以上操作可得到一个只有 0 和 1 的矩阵 $\boldsymbol{T}$。对于矩阵 $\boldsymbol{T}$，如果存在 $T_{ij}=1$，并且 T_{ij} 所在行与列的其他元素均为 0，则认为 R 中第 i 个特征与 S 中第 j 个特征匹配，即同时满足以下两个条件：

$$\begin{cases} \sum_{i=1}^{N_T} T_{ij} = 1, & 1 \leqslant j \leqslant M_T \\ \sum_{j=1}^{M_T} T_{ij} = 1, & 1 \leqslant j \leqslant N_T \end{cases} \tag{3.73}$$

如果 T_{ij} 不满足式(3.73)，则删除矩阵 $\boldsymbol{T}$ 的第 i 行和第 j 列，遍历矩阵中的每一个元素，按式(3.73)删除不符合要求的行和列。

(7) 按步骤(6)将不符合条件的行和列删除后，最终剩余的行和列组成的矩阵命名为 $\boldsymbol{T}'$，$\boldsymbol{T}'$ 为匹配矩阵，算法终止。

命题：经过以上步骤得到的匹配矩阵 $\boldsymbol{T}'$ 为一满秩方阵。

证明：先证明 $\boldsymbol{T}'$ 为方阵，如果 $\boldsymbol{T}'$ 不为方阵则要么行数大于列数，要么列数大于行数。假设行数大于列数，经步骤(6)得到的最简矩阵 $\boldsymbol{T}'$ 中必有一行全为 0，与式(3.73)中第一个条件不符，当列数大于行数时也亦然；假设 $\boldsymbol{T}'$ 不满秩，则最简矩阵 $\boldsymbol{T}'$ 中必然存在一行或一列全为 0，则与式(3.73)中的第一个条件或第二个条件不符。故 $\boldsymbol{T}'$ 为满秩方阵，证毕。

$T_{ij}=1$ 表示基准图像 R 的第 i 个特征与待配准图像 S 的第 j 个特征是匹配的。$\boldsymbol{T}'$ 为方阵表明最终得到的两个特征匹配集合为一一对应关系，图像中相似区域的特征表现在矩阵 $\boldsymbol{T}$ 中则是一行或一列有多个 1 存在，本算法可以很好地剔除掉相似区域特征的误匹配。

3.3.3　实验结果与分析

为评估方法的性能，可采用 Lena 图像进行配准实验。图 3.3(a)为 Lena 原图(256×256)，先将原图尺度变换为原图的 1.1 倍，然后逆时针旋转 10°，最后在 x 和 y 方向上移动 5 个像素点，变换后的图像如图 3.3(b)所示。分别对 Lena 原图进行 Harris 角点检测，设参数 $k=0.0006$，图 3.3(c)为原图检测结果，共检测到 163 个角点，图 3.3(d)为图 3.3(b)检测结果，共检测到 108 个角点。

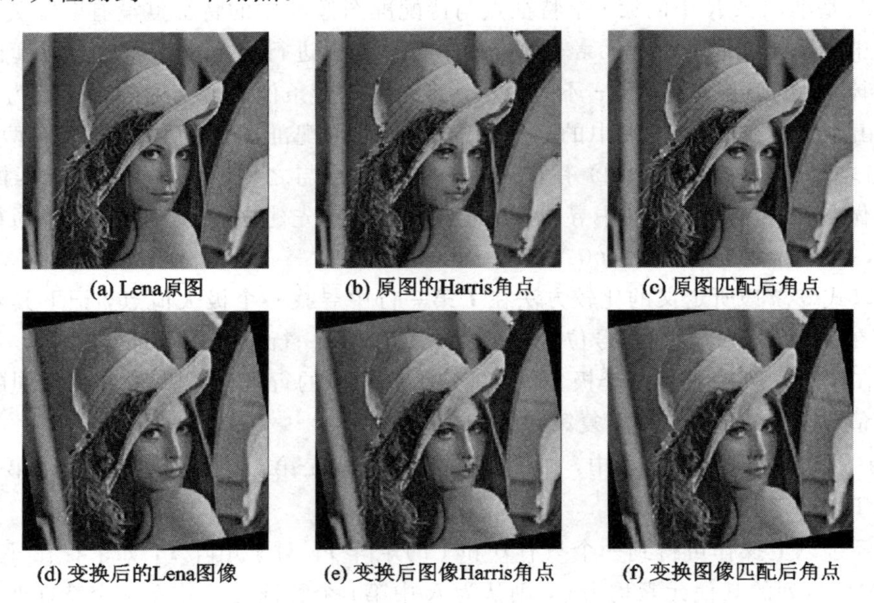

图 3.3　基准图像和待配准图像特征检测

首先，以每个角点为中心取其 15×15 邻域作为特征区域，计算每个特征区域的 7 个不变矩并将其直觉模糊化，计算两幅图像特征间的直觉模糊距离并将结果存于矩阵 $\boldsymbol{I}$。

然后设置 $\tau_1=\tau_2=0.5$，初步剔除两幅图像中不匹配的特征点，将其结果存于矩阵 $\boldsymbol{I}'$ 中。

最后，将矩阵 $\boldsymbol{I}'$ 按 3.3.2 节中步骤(2)～(7)执行最终得到匹配矩阵 $\boldsymbol{T}'$，$\boldsymbol{T}'$ 为 15×15 矩阵表明共有 15 对特征点得到匹配，将这 15 对特征点位置分别标于基准图像和待配准图像分别见图 3.3(e)和图 3.3(f)。

1. 不同特征描述符间的比较实验

在图像配准方法中，一般采用均方根误差(Root of Mean Square Error，RMSE)来衡量图像配准质量，其定义如下：

$$\mathrm{RMSE}=\sqrt{\frac{1}{N}\sum_{i=1}^{N}[(x_i-T(x'_i))^2+(y_i-T(y'_i))^2]} \tag{3.74}$$

式中，(x_i, y_i)是基准图像上的控制点，$(T(x_i'), T(y_i'))$是待配准图像上的控制点(x_i', y_i')按求解后的变换 T 映射到基准图像上的点，N 为两幅图像中匹配的特征对数，RMSE 值越小说明控制点的匹配越准确。

基准图像和待配准图像间的变换公式为

$$\begin{bmatrix}x'\\y'\end{bmatrix}=s\begin{bmatrix}\cos\theta & \sin\theta\\-\sin\theta & \cos\theta\end{bmatrix}\begin{bmatrix}x\\y\end{bmatrix}+\begin{bmatrix}\Delta x\\\Delta y\end{bmatrix} \tag{3.75}$$

式中，(x, y)为基准图像上的点，(x', y')为变换后的点，s 为尺度变换参数，θ 为待配准图像的旋转角度，Δx 和 Δy 为待配准图像的位移变换参数。

本节的特征描述符结合了不变矩和直觉模糊集合。表 3.1 显示了同单独使用像素的平方和(Sum of Squared Differences，SSD)特征描述符和归一化互相关(Normalised Cross Correlation，NCC)特征描述符间的比较。表 3.1 中首先给出了实验图像的实际变换参数，然后通过式(3.75)计算出三种不同特征描述符的变换参数和实际误差，最后通过式(3.74)计算出三种特征描述符间的均方根误差(RMSE)。从表 3.1 中可以看出 NCC 和 SSD 描述符对于旋转变换和尺度变换比较敏感，以致于其 RMSE 值较大；而算法 3.1 的误差小于 NCC 和 SSD，其 RMSE 值也较小，所以特征描述符优于 SSD 和 NCC。出现这种结果的原因是因为 NCC 描述符和 SSD 描述符对旋转和尺度变换敏感，而不变矩描述符具有尺度和旋转变换的不变性，再加上直觉模糊距离的优点，所以本节所用特征描述符效果要远好于 SSD 和 NCC。

表 3.1　算法 3.1 和 SSD、NCC 的比较

实际变换参数	算法 3.1		SSD 算法		NCC 算法	
	实测	误差	实测	误差	实测	误差
$\Delta x=5$	5.110	0.110	5.217	0.217	4.857	0.143
$\Delta y=5$	4.912	0.078	5.136	0.136	4.901	0.099
$\Delta\theta=10°$	10.201	0.201	9.010	0.990	10.703	0.703
$\Delta S=1.1$	1.088	0.012	1.201	0.101	1.007	0.093
RMSE	0.437		0.875		0.643	

2. 不同匹配算法间比较实验

本节的特征点匹配采用的是直觉模糊集合排序的思想，其本质也是剔除不匹配的点。算法 3.1 同目前比较流行的一种外点剔除法 RANSAC(Random Sample Consensus)的比较如表 3.2 所示。其中基准图像特征点数和待配准图像特征点数是通过对基准图像和待配准图像的 Harris 角点检测得来的，从基准图像中共检测到 163 个特征点，其结果如图 3.3(b)所示，从待配准图像中共检测到 108 个特征点，其结果如图 3.3(e)所示。匹配算法 3.1 最终得到 16 个匹配的特征点对，而通过 RANSAC 算法最终得到 23 个匹配的特征点对，分别利用两组匹配的特征点和式(3.75)来计算两幅图像间的变换参数和变换模型。将本节所得的变换模型和 16 个特征匹配对带入式(3.74)，计算出其均方根误差 RMSE 值为 0.871；将 RANSAC 算法得到的变换模型和 23 个特征匹配对带入式(3.74)，计算出其均方根误差(RMSE)为 2.145。均方根误差值越小，匹配精确度越高。由于在坐标变换和插值计算中不可避免地存在误差，所以一般认为均方根误差值小于 1 时便达到了较高的匹配精度。通过实验发现，匹配算法 3.1 的均方根误差(RMSE)要远小于 RANSAC 算法的均方根误差(RMSE)，这说明 RANSAC 匹配算法得到的误匹配特征点率要远多于匹配算法 3.1，匹配算法 3.1 的正确率和准确率要优于 RANSAC 算法。由于 RANSAC 算法中需要认为设定阈值判断是否为内点，所以在特征点匹配时存在误差，以至其均方根误差值要大于算法 3.1的均方根误差。

表 3.2　匹配算法 3.1 同 RANSAC 比较

	基准图像特征点数	待配准图像特征点数	匹配特征点数	RMSE
匹配算法 3.1	163	108	16	0.871
RANSAC			23	2.145

3. 同人工配准方法比较实验

本实验对匹配算法 3.1 实现的自动配准和用人工实现的配准进行了比较，其中人工图像配准是通过 Matlab 工具人工选择控制点对来实现的。此次实验中人工选择 11 对控制点来进行配准，控制点的选择如图 3.4 所示，其中左边为变换后的待配准 Lena 图像，右边为基准 Lena 图像。人工配准的原理是在两幅图像中相对应的位置选择多个控制点对(一般选择角点处或特征明显的极大/极小点处)，然后通过已选择的控制点对计算待配准图像的变换参数和变换模型，再通过变换模型将待配准图像中的所有像素点进行变换得到变换后图像，最后将变换后图像与基准图像进行融合后的图像作为人工配准结果，人工配准结果如图 3.5(a)所示。

图 3.4　人工配准控制点选择

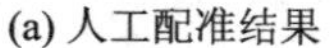
(a) 人工配准结果

(b) 算法3.1配准结果

图 3.5　配准结果

本节配准过程为自动配准，特征点(相当于人工配准中的控制点)选取与匹配皆用本节所提方法实现，其配准结果如图 3.5(b)所示，为详细比较两者差别，采用以下评价指标：

(1) 最小均方误差(MSE)：Umbaugh 等人通过测量两幅图像配准后的最小均方误差 MSE 来评价配准的效果，其定义为

$$\mathrm{MSE} = \sqrt{\sum_{i=0}^{N-1}\sum_{j=0}^{N-1}[R(i,\ j) - S(i,\ j)]^2} \tag{3.76}$$

式中，$R(i,\ j)$和 $S(i,\ j)$分别为基准图像和待配准图像。

(2) 归一化互信息(NMI)：Camara 提出了使用归一化互信息 NMI 作为评价配准效果的指标，其定义如下：

$$\mathrm{NMI}(A,B) = \frac{H(A) + H(B)}{H(A,\ B)} \tag{3.77}$$

式中，$H(A)$和 $H(B)$分别为两幅图像的边缘熵，$H(A,\ B)$为联合熵。

(3) 归一化互相关系数(Normalized Correlation Coefficient，NCC)：Press 等人通过测量两幅图像的相关系数来评价配准的效果，其定义为：

$$r_{\mathrm{NCC}} = \frac{\dfrac{1}{M-1}\sum_{i=0}^{M-1}(r_i - \bar{r})(c_i - \bar{c})}{\sqrt{\dfrac{1}{M-1}\sum_{i=0}^{M-1}(r_i - \bar{r})}\sqrt{\dfrac{1}{M-1}\sum_{i=0}^{M-1}(c_i - \bar{c})}} \tag{3.78}$$

式中，$\bar{r}$ 和 $\bar{c}$ 分别为两幅图像的像素平均值，M 是像素点个数。

表 3.3 为本节自动配准和人工配准的比较，通过 MSE、NMI 和 NCC 三个指标来比较两种方法的配准结果。最小均方误差(MSE)为配准后两幅图像的最小均方误差，其值越小说明配准越准确精度越高，从表中可以看出本节自动配准的最小均方误差(25.07)要远小于人工配准结果(63.14)。归一化互信息(NMI)是从信息熵的角度来评价配准结果的，其值越大说明配准效果越好，从表中可知本节配准结果(0.89)远好于人工配准结果。归一化互相关系数(NCC)既能作为特征的描述符也可以用于配准后图像的评价指标，是通过计算各像素值分别与两幅图像均值像素值误差并归一化的过程，当 r_{ncc} 为 1 时配准效果最好，为 0 时则最差。本节配准后图像按归一化互相关系数(NCC)公式计算后的值为 0.89，而人工配准后归一化互相关系数(NCC)为 0.46；本节配准方法接近于 1，效果理想，而人工配准方法与 1 误差较大，效果较差。综上所述，本节的自动配准算法在各项评判指标中均远

好于人工配准。

表 3.3　算法 3.1 与人工配准比较

	MSE	NMI	NCC
算法 3.1 配准	25.07	0.89	0.91
人工配准	63.14	0.23	0.46

3.4　基于改进 Hausdorff 距离的图像配准方法

目前图像配准主要分为基于区域的方法和基于特征的方法。其中基于特征的方法的关键步骤是特征间的距离计算。Hausdorff 距离(Hausdorff Distance，HD)因计算方便、不需要点对点的距离计算而受到广泛研究[135−139]。

Hausdorff 距离是一种极大极小距离，主要计算两个点集之间的匹配程度。由于 Hausdorff 距离是度量两个点集之间最不匹配点的距离，因此它对远离中心的噪声点和漏检点都非常敏感，而这一点是在提取图像特征点时不可避免的。为克服这个缺点，Huttenlocher 在 1993 年提出了部分 Hausdorff 距离(Partial Hausdorff Distance，PHD)的概念[140]，用来比较有严重遮掩或退化的图像中的部分图像，产生了较好匹配效果。Dubuisson 和 Jain 在匹配被 4 种噪声污染的综合图像时，提出了基于平均距离值的部分 Hausdorff 距离(Modified Hausdorff Distance，MHD)[141]。这种匹配方法在有零均值高斯噪声的图像中可以估计出最佳匹配位置，而且不需要参数，但是在处理目标被部分遮掩和外部点存在的图像时，匹配性能并不好。为了获得更加准确的匹配结果，Sim 等人结合以上两种 HD 的定义提出了改进的部分 Hausdorff 距离(Least Trimmed Squares Hausdorff Distance，LTS-HD)[142]，该方法不仅能消除远离中心的错误匹配点的影响，而且对零均值高斯噪声的消除能力明显。但是当点集 B 中的绝大多数点仅贴近于点集 A 中的少数点时，LTS-HD 距离会较小，而两个点集的空间结构特征却明显不符，因此本节提出了改进 LTS-HD 算法来解决此问题。目前许多学者已将 Hausdorff 距离应用到多个方面[143−148]。

Hausdorff 距离的特点是不需要建立点集中点的对应关系，而是从总体上度量两个点集间的距离，但是当两个点集中匹配的点的数目比较大时，Hausdorff 距离的计算效率会迅速降低；目前基于 Hausdorff 距离图像配准的特征提取方法多数采用提取图像边缘点的方法[149]，而边缘点的数目多，降低了 Hausdorff 距离的计算效率。为解决此问题，提出利用可以描述图像空间结构的少数特征点来作为图像的点特征直接参与距离计算。图像中的特征点可以很好地描述图像的空间结构，并且点数目要小于边缘点。

3.4.1　空间点特征提取

图像边缘可以很好地表示图像的空间结构特征，但是图像边缘中含有点的数目过多，会严重影响 Hausdorff 距离的计算效率。因为图像中的特征点数目远少于图像的边缘点，所以用能够表示图像结构特征的奇异点来计算 Hausdorff 距离并进行配准。满足以下条件的点称为空间特征点：两幅图像相同局部图像的点特征的数量和位置是不变的；图像在经位移、旋转和尺度变换后其点特征的数量的相对位置是不变的。能够表示图像空间结构的特征点包括角点、线交叉点、线的端点、区域中心和局部极值点等。

3.4.2 Hausdorff 距离

为了度量两个论域之间的距离，通常定义两个空间距离的测度。但是类似于欧几里德距离和海明距离等一般定义，是在线性空间中由论域中成员几何特性生成的；而 Hausdorff 距离是由非线性关系定义的，这使得它具有非线性特性和有向性。Hausdorff 距离是一种极大极小距离，用于测量两个点集的匹配程度，它是点集间距离的一种定义形式。Hausdorff 距离的特点是不需要建立两个点集间点的对应关系和距离度量，而是计算两点集之间的最大距离；同时，它还可以有效处理图像中含有多特征点、伪特征点、噪声污染、缺失特征点以及匹配点存在位置误差等情况，具有很强的鲁棒性。

1. 经典 Hausdorff 距离

Hausdorff 距离是一种定义于两个点集上的最大最小距离，是描述两组点集之间相似程度的一种度量。若给定有限的两个点集 $A=\{a_1, a_2, \cdots, a_p\}$，$B=\{b_1, b_2, \cdots, b_q\}$，则 A 和 B 的 Hausdorff 距离定义为

$$H(A, B) = \max(h(A, B), h(B, A)) \tag{3.79}$$

式中，$h(A, B)=\max_{a\in A}\min_{b\in B}\|a-b\|$ 为 A 到 B 的有向 Hausdorff 距离；$h(B, A)=\max_{b\in B}\min_{a\in A}\|b-a\|$ 为 B 到 A 的有向 Hausdorff 距离；$\|\cdot\|$ 为某种定义在点集 A 和 B 上的距离范数，这里使用的是欧几里德范数。

由于 Hausdorff 距离是度量两个点集之间最不匹配点的距离，因此它对远离中心的噪声点和漏检点都非常敏感。

2. 部分 Hausdorff 距离

Huttenlocher 在 1993 年提出了部分 Hausdorff 距离的概念，用来比较有严重遮掩或退化的图像中的部分图像，产生了较好匹配效果。点集 A 和 B 的部分 Hausdorff 距离定义如下：

$$H_{k,l}(A, B) = \max(h_k(A, B), h_l(B, A)) \tag{3.80}$$

式中，$1\leqslant k\leqslant p$，$1\leqslant l\leqslant q$，p 和 q 为点集 A 和 B 中点的数量；$h_k(A, B)=k^{\text{th}}_{a\in A}\min_{b\in B}\|a-b\|$（th 表示按由小到大的顺序排序）称为 A 到 B 的有向 Hausdorff 距离，即将点集 A 中所有点到点集 B 中的距离按由小到大的顺序排序。如果取其中序号为 k 的距离为 $h_k(A, B)$，则可以通过调整 k 的大小将点集 A 中的一个部分与点集 B 进行匹配，以排除由噪声点和漏检点引起的匹配影响。同理，也可以计算出 $h_l(B, A)=k^{\text{th}}_{b\in B}\min_{a\in A}\|b-a\|$。

部分 Hausdorff 距离 $H_{k,l}(A, B)$ 综合了 $h_k(A, B)$ 和 $h_l(B, A)$ 的信息，可以作为图像特征点集匹配的一个合理匹配准则来使用。在进行图像特征点集匹配的过程中，由于匹配的点集是变化的，因此不能采用固定的 k 和 l 值，而是采用两个百分数来确定：

$$k=\lfloor f_1\times p\rfloor,\ l=\lfloor f_2\times q\rfloor,\ 0\leqslant f_1\leqslant 1,\ 0\leqslant f_2\leqslant 1 \tag{3.81}$$

式中，$\lfloor\ \ \rfloor$ 表示向下取整运算。k 和 l 的合理取值与具体的匹配实例有关，目前仍是一个难点。

3. 基于平均距离值的部分 Hausdorff 距离

Dubuisson 和 Jain 在匹配被 4 种噪声污染的综合图像时，提出了基于平均距离值的部分 Hausdorff 距离(MHD)。这种匹配方法在有零均值高斯噪声的图像中可以估计出最佳匹配位置，而且不需要参数，其定义为

$$h(A, B)=\frac{1}{p}\sum_{i=1}^{p}\min\|a-b\| \tag{3.82}$$

由于该匹配方法对所有距离求平均值，而其中的一些距离可能是由外部点计算得到的，因而在处理目标被部分遮掩和存在外部点的图像时，匹配性能并不好。

4. 改进的部分 Hausdorff 距离

为了获得更加准确的匹配结果，Sim 等人结合以上两种 HD 的定义提出了改进的部分 Hausdorff 距离(LTS-HD)。它是利用距离序列的线性组合来定义的：

$$h_{\mathrm{LTS}}(A, B)=\frac{1}{k}\sum_{i-1}^{k}\min\|a-b\| \tag{3.83}$$

式中，$k=\lfloor f_1\times p\rfloor$。类似于 PHD 的定义，该匹配方法把点集 A 中所有点到点集 B 的距离按由小到大的顺序排序，对序号为 $1\sim k$ 的 k 个距离求和，再求平均，这样不仅能消除远离中心的错误匹配点的影响，而且能显著消除零均值高斯噪声。因此，将 LTS-HD 用于图像特征点集匹配，力求在所有可能的变换空间中寻找图像特征点集之间的最优相似变换，从而通过 LTS-HD 的最小化来获得最优匹配结果。

5. 改进 Hausdorff 距离

由于图像的空间特征点在数量上要远少于边缘特征点，所以从矩阵角度来看图像特征点图像应该为稀疏矩阵。在计算 Hausdorff 距离时稀疏点集对噪声和外点比非稀疏点集要敏感得多。图 3.6 描述了两个稀疏点集之间的空间关系。两个点集分别用四角星和圆形表示，四角星点集分布较离散化，而圆形点集分布较为集中，并且圆形点集集中贴近于部分四角星点集。两个点集从形状分布来看有较大差距，因此如果计算两个点集间的距离其值应较大才符合事实。LTS-HD 距离虽对噪声的消除能力较为明显，但对图 3.6 中点集间的距离进行计算会存在较大误差，原因是 LTS-HD 中的排序只考虑了点集 A 中所有的点到点集 B 的距离，并没有考虑点集 A 中每一个点到点集 B 距离的排序情况。因此如果用 LTS-HD 来计算图 3.6 中的稀疏点集间距离，其值应较小，但是从两个点集的形状来看它们的相似性并不高。

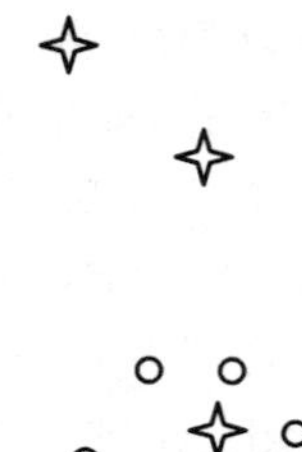

图 3.6　两个稀疏点集之间的空间关系

为了更加合理地计算类似图 3.6 所示的两个点集间的距离，需对 LTS-HD 距离进行改进。改进的思想是需要考虑一个点集中每个点到另外一个点集距离的情况。一个点集中的点到另外一个点集的最佳距离只有一个，但是现实中由于噪点和特征点检测不准确，往往很难确定最优距离。我们的目的并不是找到这个最优距离，而是找到一种合理描述两个点集间距离测量的方法。为此，可采用部分均值的方法来计算点到点集的距离，并通过一个阈值 f 来调节均值计算点的数量。

为了兼顾点集间固有的形状相似问题及其抗噪能力，提出了 MLTS-HD 距离，用来定义点集 A 中某元素 a_i 到点集 B 的距离为

$$h_{\mathrm{MLTS}}(a_i, B) = \frac{1}{k}\sum_{j=1}^{k}\min_{b\in B}\| a_i - b \| \tag{3.84}$$

式中，$k=\lfloor f_1 \times q \rfloor$，$q$ 为点集 b 中点的个数，则点集 A 到点集 B 的距离定义为

$$h_{\mathrm{MLTS}}(A, B) = \frac{1}{q}\sum_{i=1}^{q} h_{\mathrm{MLTS}}(a_i, B) \tag{3.85}$$

同理，点集 B 到 A 的距离定义为

$$h_{\mathrm{MLTS}}(b_i, A) = \frac{1}{l}\sum_{j=1}^{l}\min_{a\in A}\| b_i - a \| \tag{3.86}$$

$$h_{\mathrm{MLTS}}(B, A) = \frac{1}{p}\sum_{i=1}^{p} h_{\mathrm{MLTS}}(b_i, A) \tag{3.87}$$

式中，$l=\lfloor f_2 \times p \rfloor$，$p$ 为点集 A 中点的个数，因此点集 A 和点集 B 的距离定义为

$$H_{\mathrm{MLTS}}(A, B) = \frac{1}{2}(h_{\mathrm{MLTS}}(A, B) + h_{\mathrm{MLTS}}(B, A)) \tag{3.88}$$

从上述定义可以看出 MLTS-HD 更加合理地考虑了点与点集间的关系。显然，当 $f_1 = 1/q$，$f_2 = 1/p$ 时，$h_{\mathrm{MLTS}}(A, B)$ 和 $h_{\mathrm{MLTS}}(B, A)$ 退化为经典 HD；当 $f_1 = f_2 = 1$ 时，$h_{\mathrm{MLTS}}(A, B)$ 和 $h_{\mathrm{MLTS}}(B, A)$ 变为均值 HD。对于边缘特征，其空间分布是连续的，均值距离代表了一定邻域内点的统计特性，有较好的表现；对于比边缘特征稀疏得多的点集，MLST-HD 同样适用，只是敏感性强于边缘特征，可以通过调节临域的半径来控制其敏感性，使其处于可以接受的范围内。

6. Voronoi 平面

为了方便起见，可采用 Voronoi 平面来计算点集间的距离。如果定义 $d(x) = \min_{b\in B}\| x - b \|$ 和 $d'(x) = \min_{a\in A}\| a - x \|$，则平面 $\{(x, d(x)) \mid x \in R^2\}$ 被称为 B 的 Voronoi 平面。若二值图像为 I，其 Voronoi 变换为 V，V 与 I 等大，$V(x, y)$ 表示 $I(x, y)$ 到 I 中非零元素最近的距离，当 $I(x, y)=1$ 时 $V(x, y)=0$。

点集 B 的 Voronoi 平面 $d(x)$ 也被称为距离变换，因为它给出了点集 A 中任何一点到点集 B 的最近距离，根据 MLST-HD 距离可定义变换距离函数为

$$H(A, B \oplus t) = H_{\mathrm{MLTS}}(h_{\mathrm{MLTS}}(A, B \oplus t), h_{\mathrm{MLTS}}(B \oplus t, A)) \tag{3.89}$$

在计算两个点集间的 MLST-HD 距离时，先计算点集的距离变换，即构建点集的 Voronoi 平面，这样更便于 MLST-HD 距离的计算。

3.4.3　实验结果与分析

1. 算法有效性验证

为验证算法有效性，选用标准 Lena 图像(256×256 像素)进行测试。图 3.7(a)为 Lena 原图，Harris 角点检测结果如图 3.7(b)所示，共检测到 163 个特征点。如图 3.7(c)所示，将 163 个特征点放入与 Lena 原图等大的图像中，特征点所在位置设为 1，其余点设为 0。对图像 3.7(c)进行距离变换求其 Voronoi 平面，如图 3.7(d)所示，该 Voronoi 平面为与 Lena 原图等大的灰度图像，其中任何一点的灰度值表示该点在图 3.7(c)中的对应位置与

非零点的 MLTS-HD 距离。在此次实验中取 $f_1=f_2=0.8$。从 Lena 原图(103，103)位置起取 101×101 像素的子图，取完结果如图 3.10(e)所示。Harris 角点检测结果如图 3.7(f)所示，共检测到 36 个特征点。图 3.7(g)为其空间特征点。用 Lena 子图遍历整个 Lena 原图来求 MLTS-HD 距离，结果如图 3.7(h)所示。从图中可看出存在全局极小点，该极小点坐标为(103，103)，为正确配准位置，配准结果如图 3.7(i)所示，其中待配准图像在图中以高亮显示。实验表明，用图像结构特征点代替边缘特征进行图像配准是可行的。

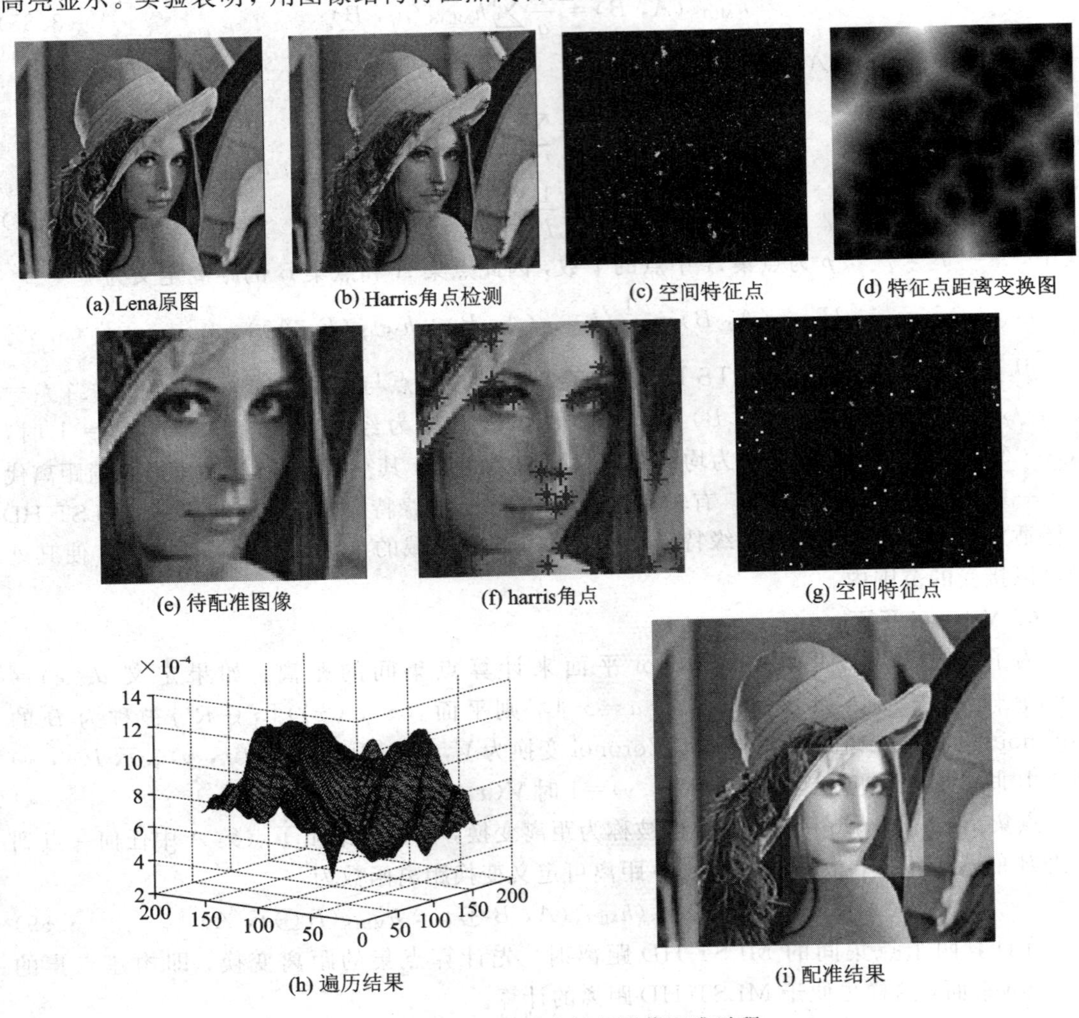

图 3.7　基于空间点特征图像配准过程

2. 时间有效性实验

在基于 Hausdorff 距离的图像配准中，基准图像和待配准图像中特征点的个数对计算时间有非常大的影响。文献[149]用剔除琐碎边缘的方法来减少特征点，以达到减少计算的目的。但是图像边缘的像素点要远多于图像的结构特征点，所以该方法对于减少计算量的贡献是十分有限的。

为验证算法在效率上的优越性，将基于 Hausdorff 距离的图像配准同基于边缘特征的图像配准进行比较。对边缘图像进行距离变换并且遍历整个 Lena 原图，实现过程如图 3.8

所示。图3.8(a)为Lena原图，提取Lena原图的“Canny”边缘，如图3.8(b)所示。对提取边缘进行距离变换并求其Voronoi平面，如图3.8(c)所示。从Lena原图(103，103)位置起取(101×101像素)的子图，取完结果如图3.8(d)所示。对该子图进行“Canny”边缘检测，检测结果如图3.8(e)所示。用Lena子图遍历整个Lena原图，再求Hausdorff距离，结果如图3.8(f)所示，从图3.8(f)中可看出存在全局极小点，该极小点坐标为(103，103)，为正确配准位置，配准结果如图3.8(g)所示，其中待配准图像在图中以高亮显示。

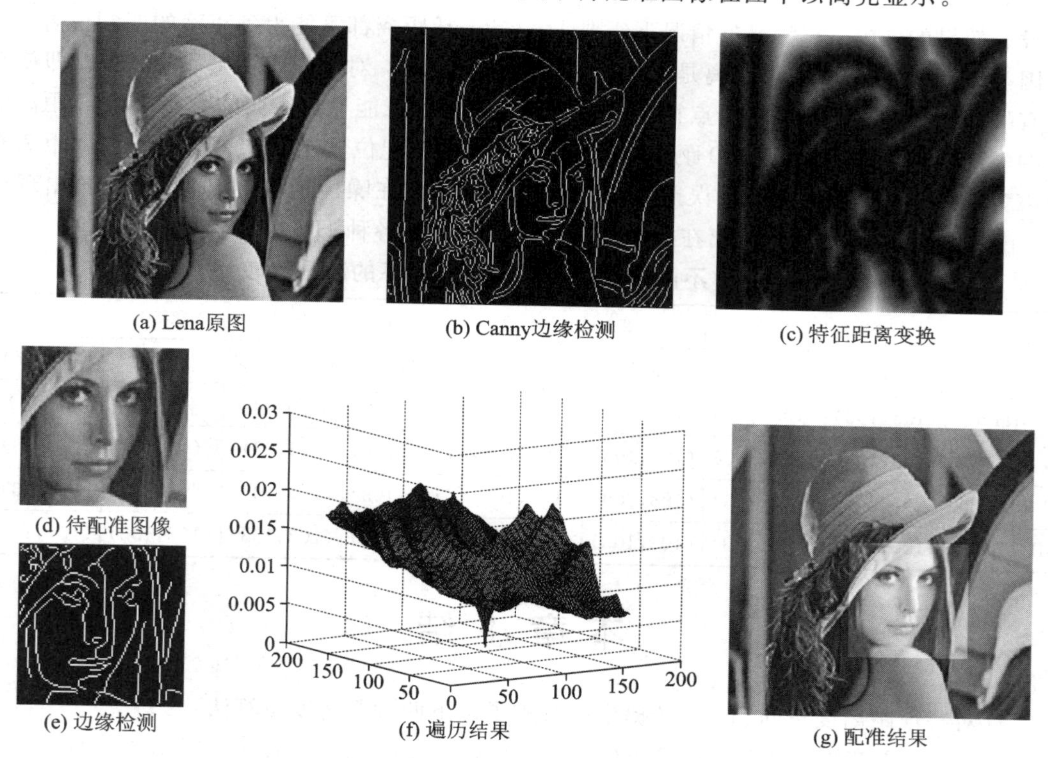

(a) Lena原图 (b) Canny边缘检测 (c) 特征距离变换

(d) 待配准图像 (e) 边缘检测 (f) 遍历结果 (g) 配准结果

图3.8 基于Canny边缘特征的图像配准过程

表3.4为基于点特征Hausdorff距离方法与基于边缘特征Hausdorff距离方法的程序运行与匹配时间的比较。该对比保持了实验环境的一致性：① 在相同的软/硬件平台下进行算法测试，仿真软件采用Matlab 7.1，在Pentium 3.2 GHz、1 G内存的PC机上运行；② 采用同样的算法结构，即都采用MLTS-HD算法，并且通过提取特征、计算距离变换和用遍历寻找最优配准点的方式进行配准。表3.4中，总运行时间是指包括特征提取、距离计算和特征匹配等程序总共运行的时间。从表中可以看出基于点特征匹配的总运行时间和特征匹配时间少于基于边缘特征匹配的算法，说明基于点特征匹配在同等条件下的运行和匹配时间要优于基于边缘的特征的运行匹配时间。

表3.4 基于两种特征的程序运行和特征匹配时间的比较

	基准图像大小	待配准图像大小	正确匹配点	实际匹配点	总运行时间	特征匹配时间
点特征	256×256	101×101	(103，103)	(103,103)	11.6433	8.3096
边缘特征				(103,103)	32.7337	13.4032

3. 抗噪性能比较

为比较 MLTS-HD 距离与其他 HD 距离在抗噪方面的表现，对基准图像 Lena 原图加入乘法噪声，而对待配准图像不做任何处理。分别用 HD、MHD、PDH、LTS-HD 和 MLTS-HD 算法在乘法噪声参数为 0、0.06、0.07、0.08、0.09、0.10、0.20 和 0.30 情况下求最佳配准位置，其中 PHD、LTS-HD 和 MLTS-HD 参数设置为 $f_1=f_2=0.8$，其结果如表 3.5 所示。从表中可以看出，经典的 Hausdorrff 距离对于基于空间点特征的图像配准是没有效果的。在没有噪声的情况下经典 Hausdorrff 距离都不能得到正确的匹配位置，这是因为经典的 Hausdorrff 距离是点集间的最小最大距离，对于外点特别敏感，所以即使在没有噪声的图像配准中，某个点特征的位置计算有误都可能导致经典的 Hausdorrff 距离匹配的失败。MHD 距离和 PHD 距离在噪声为 0.08 时匹配位置出现误差，LTS-HD 距离在噪声为 0.10 时匹配位置出现误差，而 MLTS-HD 距离在噪声为 0.30 时匹配位置出现误差。由此可见 MLTS-HD 距离在抗噪性方面要优于其他各种 HD 距离。

表 3.5 不同 HD 距离在不同噪声下的匹配比较

0	0.06	0.07	0.08	0.09	0.10	0.20	0.30	
HD	(65,90)	(68,58)	(85,53)	(70,2)	(48,10)	(121,152)	(113,72)	(66,66)
MHD	(103,103)	(103,103)	(103,103)	(104,102)	(121,1)	(107,35)	(90,1)	(45,3)
PHD	(103,103)	(103,103)	(103,103)	(101,103)	(102,100)	(75,63)	(42,15)	(70,83)
LTS-HD	(103,103)	(103,103)	(103,103)	(103,103)	(103,103)	(100,105)	(98,36)	(68,23)
MLTS-HD	(103,103)	(103,103)	(103,103)	(103,103)	(103,103)	(103,103)	(103,103)	(101,102)

本章小结

针对特征距离度量问题，本章提出或改进了以下两种距离度量算法：

(1) 针对不变矩描述符距离度量的不足，结合直觉模糊集的优点，提出了一种基于直觉模糊集的图像点特征距离度量；利用直觉模糊集合中相似距离的定义，实现了对两幅图像间特征距离的描述，并根据直觉模糊距离的特点提出了一种新的特征匹配算法。通过大量测试数据，并与已有的一些方法进行比较，验证了本节提出的算法在配准精度等方面均有优势；通过多次实验测试，证明了本节提出的算法具有稳健性；通过同人工方法进行比较体现了本节算法的有效性和精准度。

(2) 改进了目前 Hausdorff 距离的不足，提出了一种基于空间点特征的图像配准方法。通过计算图像中空间特征点点集间的 Hausdorff 距离来减少计算量，并利用 MLTS-HD 距离进行计算。实验表明，通过能表示图像空间结构特征的奇异点来进行 Hausdorff 距离配准的思路是可行的；在特征匹配时间上基于空间特征点的 Hausdorff 距离要远少于基于边缘的 Hausdorff 距离；MLTS-HD 距离在抗噪性上要优于其他 Hausdorff 距离。

本章参考文献

[1] Atanassov K. Intuitionistic fuzzy sets[J]. Fuzzy Sets and Systems, 1986, 20(1): 87-96

[2] Atanassov K. Research on intuitionistic fuzzy sets in Bulgaria[J]. Fuzzy Sets and Systems, 1987, 22(12): 193-197

[3] Atanassov K. More on intuitionistic fuzzy sets[J]. Fuzzy Sets and Systems, 1989, 33(1): 37-45

[4] Atanassov K, Gargov G. Interval valued intuitionistic fuzzy sets[J]. Fuzzy Sets and Systems, 1989, 3(3): 343-349

[5] Atanassov K. Remarks on the intuitionistic fuzzy sets[J]. Fuzzy Sets and Systems, 1992, 51(1): 117-118

[6] Atanassov K, Christo G. Intuitionistic fuzzy prolog[J]. Fuzzy Sets and Systems, 1993, 53(2): 121-128

[7] Atanassov K. Research on intuitionistic fuzzy sets, 1990-1992[J]. Fuzzy Sets and Systems, 1993, 54(3): 363-364

[8] Atanassov K. New operations defined over the intuitionistic fuzzy sets[J]. Fuzzy Sets and Systems, 1994, 61(2): 137-142

[9] Atanassov K. Operators over interval valued intuitionistic fuzzy sets[J]. Fuzzy Sets and Systems, 1994, 64(2): 159-174

[10] Atanassov K. Remarks on the intuitionistic fuzzy sets-Ⅲ[J]. Fuzzy Sets and Systems, 1995, 75(3): 401-402

[11] Atanassov K. An equality between intuitionistic fuzzy sets[J]. Fuzzy Sets and Systems, 1996, 79(2): 257-258

[12] Atanassov K, George G. Elements of intuitionistic fuzzy logic[J]. Part I. Fuzzy Sets and Systems, 1998, 95(1): 39-52

[13] Atanassov K. Remark on the intuitionistic fuzzy logics[J]. Fuzzy Sets and Systems, 1998, 95(1): 127-129

[14] Atanassov K. Two theorems for intuitionistic fuzzy sets[J]. Fuzzy Sets and Systems, 2000, 110(2): 267-269

[15] Atanassov K, Kacprzyk J, Szmidt E. et al. On Separability of Intuitionistic Fuzzy Sets[J]. Lecture Notes in Artificial Intelligence, 2003, 27(15): 285-292

[16] Gau W L, Buehrer D J. Vague sets[J]. IEEE Trans. Systems,Man and Cybernetics, 1993, 23(2): 610-614

[17] Bustince H, Burillo P. Vague sets are intuitionistic fuzzy sets[J]. Fuzzy Sets and Systems, 1996, 79(3): 403-405.

[18] Burillo P, Bustince H. Intuitionistic fuzzy relations (Part Ⅰ)[J]. Mathware Soft Computing, 1995, 2(11): 5-38

[19] Bustince H, Burillo P. Intuitionistic fuzzy relations (Part Ⅱ)[J]. Mathware Soft Computing, 1995, 2(12): 117-148

[20] Bustince H, Burillo P. Correlation of interval-valued intuitionistic fuzzy sets[J]. Fuzzy Sets and Systems, 1995, 74(2): 237-244

[21] Burillo P, Bustince H. Construction theorems for intuitionistic fuzzy sets[J]. Fuzzy Sets and Systems, 1996, 84(3): 271-281

[22] Bustince H, Burillo P. Structures on intuitionistic fuzzy relations[J]. Fuzzy Sets and Systems, 1996, 78(3): 293-303

[23] Burillo P, Bustince H. Entropy on intuitionistic fuzzy sets and on interval-valued fuzzy sets[J]. Fuzzy Sets and Systems, 1996, 78(3): 305-316

[24] Bustince H. Construction of intuitionistic fuzzy relations with predetermined properties[J]. Fuzzy Sets and Systems, 2000, 109(3): 379-403
[25] Bustince H, Kacprzyk J, Mohedano V. Intuitionistic fuzzy generators Application to intuitionistic fuzzy complementation[J]. Fuzzy Sets and Systems, 2000, 114(3): 485-504
[26] Eulalia S, Janusz K. Distances between intuitionistic fuzzy sets[J]. Fuzzy Sets and Systems, 2000, 114(3): 505-518.
[27] Szmidt E, Kacprzyk J. A new concept of a similarity for intuitionistic fuzzy sets and its use in group decision making [A]. MDAI 2005, LNAI 3558: 272-282.
[28] Przemyslaw G. Distances between intuitionistic fuzzy sets and/or interval-valued fuzzy sets based on the Hausdorff metric[J]. Fuzzy Sets and Systems, 2004, 148(2): 319-328
[29] Chen T Y. A note on distances between intuitionistic fuzzy sets and/or interval-valued fuzzy sets based on the Hausdorff metric[J]. Fuzzy Sets and Systems, 2007, 158(22): 2523-2525
[30] Wang W Q, Xin X L. Distance measure between intuitionistic fuzzy sets[J]. Pattern Recognition Letters, 2005, 26(13): 2063-2069.
[31] Chaira T, Ray A K. A new measure using intuitionistic fuzzy set theory and its application to edge detection[J]. Applied Soft Computing, 2008, 8(2): 919-927
[32] Hung W L, Yang M S. On the J-divergence of intuitionistic fuzzy sets with its application to pattern recognition[J]. Information Sciences, 2008, 178(6): 1641-1650
[33] 赵法信. 基于区间值直觉模糊集的距离测度[J]. 微电子学与计算机, 2010, 27(2): 188-192
[34] Eulalia S, Janusz K. Entropy for intuitionistic fuzzy sets[J]. Fuzzy Sets and Systems, 2001, 118(3): 467-477
[35] Zeng W Y, Li H X. Relationship between similarity measure and entropy of intervalvalued fuzzy sets [J]. Fuzzy Sets and Systems, 2006, 157(11): 1477-1484
[36] Vlachos I K, Sergiadis G D. The role of entropy in intuitionistic fuzzy contrast enhancement[C]. IFSA 2007, LNAI 4529, 2007, 104-113
[37] Xie B, Mi J S, Han L W. Entropy and similarity measure of intuitionistic fuzzy sets[C]. Proceedings of the Seventh International Conference on Machine Learning and Cybernetics, Kunming, 12-15 July 2008, 501-506
[38] 牛彩云, 杨勇, 金兰. 一种新的直觉模糊集的熵[J]. 计算机工程与应用, 2009, 45(34): 32-34
[39] Chen S M. Measures of similarity between vague sets[J]. Fuzzy Sets and Systems, 1995, 74(2): 217-223
[40] Hong D H, Kim C. A note on similarity measures between vague sets and between elements[J]. Information Science, 1999, 115(4): 83-96
[41] 李凡, 徐章艳. Vague 集之间的相似度量[J]. 软件学报, 2001, 12(6): 922-927
[42] 李艳红, 迟忠先, 阎德勤. Vague 相似度量与 Vague 熵[J]. 计算机科学, 2002, 29(12): 129-132
[43] Li D F, Cheng C. New similarity measure of intuitionistic fuzzy sets and application to patten recognition[J]. Pattern Recognition Letters, 2002, 23(2): 221-225
[44] Mitchell H B. On the Dengfeng-Chuntian similarity measure and its application to pattern recognition [J]. Pattern Recognition Letters, 2003, 24(16): 3101-3104
[45] Liang Z Z, Shi P F. Similarity measures on intuitionistic fuzzy sets[J]. Pattern Recognition Letters, 2003, 24(15): 2687-2693
[46] Liu H W. New similarity measures between intuitionistic fuzzy sets and between elements[J]. Mathematical and Computer Modeling, 2005, 42(10): 61-70

[47] Li D F. Some measures of dissimilarity in intuitionistic fuzzy structures[J]. Journal of Computer and System Sciences, 2004, 68(1): 115-122
[48] Hung W L, Yang M S. Similarity measures of intuitionistic fuzzy sets based on Hausdorff distance [J]. Pattern Recognition letters, 2004, 25(2): 1603-1611
[49] Hung W L, Yang M S. Similarity measures of intuitionistic fuzzy sets based on Lp metric, International Journal of Approximate Reasoning, 2006, 46(1): 120-136
[50] Zhang C, Fu H. Similarity measures on three kinds of fuzzy sets[J]. Pattern Recognition Letters, 2006, 27(12): 1307-1317.
[51] Li Y H, Olson D L, Qin Z. Similarity measures between intuitionistic fuzzy (vague) sets: A comparative analysis[J]. Pattern Recognition Letters, 2007, 28(2): 278-285
[52] Xu Z S. Some similarity measures of intuitionistic fuzzy sets and their applications to multiple attribute decision making[J]. Fuzzy Optimization Decision Making, 2007, 6(2): 109-121
[53] Zhao F X, Ma Z M, Yan L. Fuzzy Clustering Based on Vague Relations[C]. FSKD, 2006, 4223: 79-88
[54] Iakovidis D K, Pelekis N, Kotsifakos E, Kopanakis. Intuitionistic fuzzy clustering with applications in computer vision[J]. Lecture Notes in Computer Science, 2008, 5259(1): 764-774
[55] Torra V, Miyamoto S, Endo Y, et al. On intuitionistic fuzzy clustering for its application to privacy [C]. Proc of the 2008 IEEE/ FUZZ Int Conf on Fuzzy Systems. 2008: 1042-1048
[56] 徐小来，雷英杰，赵学军. 基于直觉模糊熵的直觉模糊聚类[J]. 空军工程大学学报，2008，9(2): 80-83
[57] 吴成茂. 模糊 C-均值算法在直觉模糊数聚类中的应用[J]. 计算机工程与应用. 2009，45(16): 141-145
[58] 申晓勇，雷英杰，李进，等. 基于目标函数的直觉模糊集合数据的聚类方法[J]. 系统工程与电子技术，2009，31(11): 2732-2735
[59] 张洪美，徐泽水，陈琦. 直觉模糊集的聚类方法研究[J]. 控制与决策，2007，22(8): 882-888
[60] 陈东锋，雷英杰，田野. 基于直觉模糊等价关系的聚类算法[J]. 空军工程大学学报，2007，8(1): 63-65
[61] Xu Z S, Chen J, Wu J J. Clustering algorithm for intuitionistic fuzzy sets[J]. Information Sciences, 2008, 178(19): 3775-3790
[62] 路艳丽，雷英杰，李兆渊. 直觉模糊相似关系的构造方法[J]. 计算机应用，2008，28(2): 311-314
[63] 蔡茹，雷英杰，申晓勇，等. 基于直觉模糊等价相异矩阵的聚类方法[J]. 计算机应用，2009，29(1): 123-126
[64] Li D F. Multiattribute decision making models and methods using intuitionistic fuzzy sets[J]. Journal of Computer and System Sciences, 2005, 70(1): 73-85
[65] Pankowska A, Wygralak M. General IF-sets with triangular norms and their applications to group decision making[J]. Information Sciences, 2006, 176: 2713-2754
[66] Xu Z S. Intuitionistic preference relations and their application in group decision making[J]. Information Sciences, 2007, 177(11): 2363-2379
[67] Liu H W, Wang G J. Multi-criteria decision-making methods based on intuitionistic fuzzy sets[J]. European Journal of Operational Research, 2007, 179(1): 220-233
[68] Lin L, Yuan X H, Xia Z Q. Multicriteria fuzzy decision-making methods based on intuitionistic fuzzy sets[J]. Journal of Computer and System Sciences , 2007, 73(1): 84-88
[69] Dymova L, Luo Y. Decision-Making Problem Based on the Inclusion Degrees of Intuitionistic Fuzzy

Sets[C]. ICIC, 2008, 5227: 332-339
[70] Yu C R, Rog I, Sevastjanov P. A New Method for Decision Making in the Intuitionistic Fuzzy Setting [C]. ICAISC, 2008, 5097: 229-240
[71] Xu Z S, Yager R R. Dynamic intuitionistic fuzzy multi-attribute decision making[J]. International Journal of Approximate Reasoning, 2008, 48(1): 246-262
[72] Li D F. Extension of the LINMAP for multiattribute decision making under Atanassov's intuitionistic fuzzy environment[J]. Fuzzy Optim Decis Making, 2008, 7(1): 17-34
[73] Wei G W. Maximizing deviation method for multiple attribute decision making in intuitionistic fuzzy setting[J]. Knowledge-Based Systems, 2008, 21(8): 833-836
[74] Wei G W. Induced Intuitionistic Fuzzy Ordered Weighted Averaging Operator and Its Application to Multiple Attribute Group Decision Making[C]. RSKT, 2008, 5009: 124-131
[75] Sadiq R, Tesfamariam S. Environmental decision-making under uncertainty using intuitionistic fuzzy analytic hierarchy process (IF-AHP)[J]. Stoch Environ Res Risk Assess, 2009, 23(1): 75-91
[76] Ye J. Multicriteria fuzzy decision-making method based on a novel accuracy function under interval-valued intuitionistic fuzzy environment [J]. Expert Systems with Applications, 2009, 36(3): 6899-6902
[77] De S K, Biswas R, Roy A R. An application of intuitionistic fuzzy sets in medical diagnosis[J]. Fuzzy Sets and Systems, 2001, 117(2): 209-213
[78] Mitchell H B. Pattern recognition using type-Ⅱ fuzzy sets[J]. Information Sciences, 2005, 170(2-4): 409-418
[79] Zhang X W, Li Y M. Intuitionistic fuzzy recognizers and intuitionistic fuzzy finite automata[J]. Soft Computing, 2009, 13(6): 611-616
[80] Chen R Y. A problem-solving approach to product design using decision tree induction based on intuitionistic fuzzy[J]. European Journal of Operational Research, 2009, 196(1): 266-272
[81] Wang P. QoS-aware web services selection with intuitionistic fuzzy set under consumer's vague perception[J]. Expert Systems with Applications, 2009, 36(3): 4460-4466
[82] 王晓帆，王宝树. 基于直觉模糊与计划识别的威胁评估方法[J]. 计算机科学，2010, 37(5): 175-177
[83] Hung W L, Wu J W. Correlation of intuitionistic fuzzy sets by centroid method[J]. Information Sciences, 2002, 144(1-4): 219-225
[84] Mondal T K, Samanta S K. Topology of interval-valued intuitionistic fuzzy sets[J]. Fuzzy Sets and Systems, 2001, 119(3): 483-494
[85] Abbas S E. Intuitionistic supra fuzzy topological spaces[J]. Chaos, Solitons & Fractals, 2004, 21(5): 1205-1214
[86] Jin H P. Intuitionistic fuzzy metric spaces[J]. Chaos, Solitons & Fractals, 2004, 22(5): 1039-1046
[87] Abbas S E. On intuitionistic fuzzy compactness[J]. Information Sciences, 2005, 173(1-3): 75-91
[88] Wiesław D, Bijan D, Young B J. On intuitionistic fuzzy sub-hyperquasi groups of hyperquasi groups [J]. Information Sciences, 2005, 170(2-4): 251-262
[89] Akram M, Dudek W A. Intuitionistic fuzzy left k-ideals of semirings[J]. Soft Computing, 2008, 12(9): 881-890
[90] Xu C Y. Intuitionistic Fuzzy Modules and Their Structures[C]. ICIC, 2008, 5227: 459-467
[91] Wu W Z, Zhou L. Intuitionistic Fuzzy Approximations and Intuitionistic Fuzzy Sigma-Algebras[C]. RSKT, 2008, 5009: 355-362
[92] 徐永杰，李登峰，伍之前，等. 基于直觉模糊熵权和CC-OWA算子的雷达目标识别模型[J]. 数学的

实践与认识，2009，39(17)：86-90
[93] 南江霞，李登峰，张茂军. 直觉模糊多属性决策的 TOPSIS 法[J]. 运筹与管理，2010，17(3)：34-37
[94] 龚艳冰，梁雪春. 基于组合模型的直觉模糊集多属性决策方法[J]. 控制与决策，2010，25(3)：469-472
[95] 刘成斌，罗党，党耀国，等. 区间直觉模糊动态规划方法控制与决策[J]. 控制与决策，2010，25(1)：8-13
[96] 李晓萍，王贵君. 直觉模糊群与它的同态像[J]. 模糊系统与数学，2000，14(1)：45-50
[97] 李晓萍，王贵君. 直觉模糊集的扩张运算[J]. 模糊系统与数学，2003，16(1)：40-46
[98] 李晓萍. T-S 模的直觉模糊群及其运算[J]. 天津师范大学学报，2003，33(3)：39-43
[99] 李晓萍，赵建红. 直觉模糊正规子群与它的同态像特征[J]. 东北师范大学学报，2004，36(1)：27-33
[100] 李晓萍. 关于三角模的直觉模糊群及其同态像[J]. 模糊系统与数学，2005，19(1)：57-62
[101] 李晓萍，王贵君. 直积群上几类直觉模糊子群及其投影[J]. 纯粹数学与应用数学，2009，25(1)：1-7
[102] V 袁学海，包孟红. 直觉相似关系和直觉模糊子群[J]. 辽宁师范大学学报(自然科学版)，2007，30(1)：4-7
[103] 刘锋，袁学海. 模糊数直觉模糊集[J]. 模糊系统与数学，2007，21(1)：88-91.
[104] 林琳，袁学海，夏尊铨. 基于直觉模糊集的多准则模糊决策问题[J]. 数学的实践与认识，2007，37(5)：78-82
[105] 徐泽水. 直觉模糊偏好信息下的多属性决策途径[J]. 系统工程理论与实践，2007，27(11)：62-71
[106] 王坚强. 信息不完全确定的多准则区间直觉模糊决策方法[J]. 控制与决策，2006，21(11)：1254-1256
[107] 王坚强，张忠. 基于直觉模糊数的信息不完全的多准则规划方法[J]. 控制与决策，2008，23(10)：1145-1148
[108] 王坚强，张忠. 基于直觉梯形模糊数的信息不完全确定的多准则决策方法[J]. 控制与决策，2009，24(2)：226-230
[109] 谭春桥，张强. 模糊多属性决策的直觉模糊集方法[J]. 模糊系统与数学，2006，20(5)：71-76
[110] 谭春桥，张强. 基于直觉模糊距离的群决策专家意见聚合分析[J]. 数学的实践与认识，2006，36(2)：119-124
[111] 谭春桥，陈晓红. 基于直觉模糊值 Sugeno 积分算子的多属性群决策[J]. 北京理工大学学报，2009，29(1)：85-89
[112] 谭春桥. 基于区间值直觉模糊集的 TOPSIS 多属性决策[J]. 模糊系统与数学，2010，24(3)：92-97
[113] 雷英杰，王宝树. 直觉模糊逻辑的语义算子研究[J]. 计算机科学，2004，31(11)：4-6
[114] 雷英杰，王宝树. 拓展模糊集之间的若干等价变换[J]. 系统工程与电子技术，2004，26(10)：1414-1417，1438
[115] 雷英杰，王宝树，苗启广. 直觉模糊关系及其合成运算[J]. 系统工程理论与实践，2005，25(2)：113-118
[116] 雷英杰，王宝树. 直觉模糊时态逻辑算子与扩展运算性质[J]. 计算机科学，2005，32(2)：180-182
[117] 雷英杰，王宝树. 基于直觉模糊逻辑的近似推理方法[J]. 控制与决策，2006，21(3)：305-310
[118] 雷英杰，汪竞宇，吉波，等. 真值限定的直觉模糊推理方法[J]. 系统工程与电子技术，2006，28(2)：234-236
[119] 雷英杰. 基于直觉模糊推理的态势与威胁评估研究[D]. 西安：西安电子科技大学博士学位论文，2005.
[120] 雷英杰，王宝树，王毅. 基于直觉模糊决策的战场态势评估方法[J]. 电子学报，2006，34(12)：

1275-1279

[121] 雷英杰，王宝树，王毅. 基于直觉模糊推理的威胁评估方法[J]. 电子与信息学报，2007，29(9)：2077-2081

[122] 雷英杰，王宝树，李兆渊. 基于自适应直觉模糊推理的威胁评估方法[J]. 电子与信息学报，2007，29(9)：2805-2809

[123] 林剑，雷英杰. 基于神经网络的直觉模糊推理方法[J]. 系统工程与电子技术，2009，31(5)：1172-1175

[124] 徐小来，雷英杰，戴文义. 差分进化算法求解二阶段直觉模糊非线性规划[J]. 系统仿真学报，2009，21(17)：5384-5387

[125] 路艳丽，雷英杰，华继学. 基于直觉模糊粗糙集的属性约简[J]. 控制与决策，2009，24(3)：335-341

[126] 夏博龄，贺正洪，雷英杰. 直觉模糊近似推理中的可信度传播[J]. 计算机工程与应用，2009，45(15)：160-162

[127] 夏博龄，贺正洪，雷英杰. 基于直觉模糊推理的威胁评估改进算法[J]. 计算机工程，2009，35(16)：195-197

[128] 贺正洪. 直觉模糊聚类及其在信息融合中的应用研究[D]. 西安：空军工程大学博士学位论文，2010

[129] 周炜，雷英杰. 直觉模糊集的一对分解定理[J]. 空军工程大学学报(自然科学版)，2009，10(1)：91-94

[130] 李敏. 直觉模糊集的截集[J]. 辽宁师范大学学报(自然科学版)，2007，30(2)：152-154

[131] 罗承忠. 模糊集引论(上). 北京：北京师范大学出版社，1989

[132] 袁学海，李洪兴，孙凯彪. 直觉模糊集和区间值模糊集的截集、分解定理和表现定理[J]. 中国科学(F辑：信息科学)，2009，39(9)：933-945

[133] 高峰，文贡坚，吕金建. 基于干线对的红外与可见光最优图像配准算法[J]. 计算机学报，2007，30(6)：1014-1021

[134] 温江涛，王伯雄，秦垚. 基于局部灰度梯度特征的图像快速配准方法[J]. 清华大学学报(自然科学版)，2009，49(5)：673-675

[135] Son H J, Kim S H, Kim J S. Text image matching without language model using a Hausdorff distance[J]. Information Processing and Management, 2008, 44(3): 1189-1200

[136] Vivek E P, Sudha N. Robust Hausdorff distance measure for face recognition[J]. Pattern Recognition, 2007, 40(2): 431-442

[137] 王子路，李智勇，粟毅. 一种基于非线性扩散方程和 Hausdorff 测度理论的 SAR 图像与光学图像配准方法[J]. 电子与信息学报，2009，3(2)：386-390

[138] 王安娜，张新华，谷召伟，等. 基于改进 Hausdorff 测度的医学图像配准算法[J]. 电子学报，2008，36(11)：2247-2250

[139] Park S C, Lee S W. Object tracking with probabilistic Hausdorff distance matching[J]. Lecture Notes in Computer Science, 2005, 3644(1): 233-242

[140] Huttenlocher D P, Klanderman G A, Rucklidge W J. Comparing images using the Hausdorff distance[J]. IEEE Trans. Pattern Analysis and Machine Intelligence, 1993, 15(9): 850-863

[141] Dubuisson M P, Jain A K. A Modified Hausdorff Distance for Object Matching[A]. Proceedings of International Conference on Pattern Recognition, Jerusalem[C]. Israel, 1994. 566-568

[142] Sim D G, Kwon O K, Park R H. Object matching algorithms using robust Hausdorff distance measures[J]. IEEE Trans. Image Processing, 1999, 8(3): 425-429

[143] Dungan K E, Potter L C. Classifying transformation-variant attributed point patterns[J]. Pattern Recognition, 2010, 43(11): 3805-3816

[144] Chen X D, Ma W Y, Paul J C. Computing the Hausdorff distance between two B-spline curves[J]. Computer-Aided Design, 2010, 42(12): 1197-1206

[145] Xie X D, Lam K M. Elastic shape-texture matching for human face recognition[J]. Pattern Recognition, 2008, 41(1): 396-405

[146] Knauer C, Kriegel K, Stehn F. Minimizing the weighted directed Hausdorff distance between colored point sets under translations and rigid motions[J]. Theoretical Computer Science, 2011, 412(4): 375-382

[147] Aiger D, Kedem K. Geometric pattern matching for point sets in the plane under similarity transformations[J]. Information Processing Letters, 2009, 109(16): 935-940

[148] Aiger D, Kedem K. Approximate input sensitive algorithms for point pattern matching[J]. Pattern Recognition, 2010, 43(1): 153-159

[149] 牛力丕，毛士艺，陈炜. 基于 Hausdorff 距离的图像配准研究[J]. 电子与信息学报，2007，29(1): 35-38

第4章　鲁棒性基础矩阵估计方法

本章针对不同视点处获得的同一场景的两幅图像间存在的重要几何约束关系展开了深入研究，介绍了“鲁棒”的基本概念，讨论并分析了现有几种常见的利用图像间对应点来估计基础矩阵的算法的基本原理、优势与不足，并在此基础上提出了一种基于概率抽样一致性的鲁棒性基础矩阵估计算法；其次，将去除外点的过程看做一个二类分类问题，给出了一种基于核模糊均值聚类的基础矩阵估计算法，并证明了两种方法在鲁棒性和计算效率上的优越性。

4.1　经典基础矩阵估计方法比较

不同视点处获得的同一场景的两幅图像间存在着重要的几何约束关系，即对极几何关系。对极几何关系可以用一个3阶秩2的矩阵，即基础矩阵来表示。基础矩阵的估计是三维重建、运动模型估计[1]、特征匹配及跟踪的关键。由于在测量和匹配等过程中不可避免地存在不符合实际模型的外点，因此势必对实际模型的参数估计构成影响。目前，利用图像间对应点来估计基础矩阵的方法主要可以分为三类：线性法、迭代法以及鲁棒法[2]。线性法速度很快，但对于存在错误匹配点以及由于噪声引起的坏点的情况精确性很低，常用的线性算法有8点法[3]和改进8点法[4]。迭代法的精度比线性法高，但计算时间长，而且对于误匹配点剔除效果仍然不是很好。所谓鲁棒法，就是可以消除外点对模型参数估计的影响的方法。目前已提出多种去除外点的鲁棒法。由Fishler和Bolles[5]提出的RANSAC算法是最有效的鲁棒估计算法之一，在基础矩阵估计、特征匹配和运动模型选择等计算机视觉领域得到了广泛的应用，RANSAC算法能处理外点率超过50%的数据。同时，根据随机抽样的思想衍生出MINPRAN[6]和MLESAC[7]等算法。M估计法[8]将问题转化为加权最小二乘问题，用一个余差函数代替余差平方，以此抑制大余差对估计过程的影响。M估计法通过迭代加权求解，对初值依赖较大，初值一般由最小二乘法得到，受错误数据影响大，因此M估计法对大误差数据有较好的抑制作用，但是此算法对完全错误的数据不再适用。最小中值算法[9](Least-Median-Squares，LMedS)通过最小化余差平方中值来估计模型参数，对含有外点的数据有较好的鲁棒性。但是，由于LMedS算法是通过最小化余差平方中值求解的，所以当数据错误率超过50%时，此算法不再适用。文献[10]通过预检验的方式对RANSAC算法进行了改进，减少了计算时间。本章针对基础矩阵鲁棒性估计问题，分别基于随机抽样一致性思想和模糊核聚类理论提出两种鲁棒性基础矩阵估计方法。

4.2　鲁棒的基本概念

传统的数据校正理论和方法均建立在最小二乘估计算法的基础之上。但当测量样本遭受异常污染、混入少量显著误差或当过程模型与实际模型存在差异时，最小二乘估计具有明显的负面效应，即估值不具有抗干扰性，单个测量值的偏差也可能导致整个校正结果出现较大偏差，因此一种不同于最小二乘估计的理论——鲁棒估计(Robust Estimation)应运而生。下面从定量的角度来描述一个估计量的鲁棒性。

设 F 和 G 都是一维分布函数，则分布函数的 Levy 距离为

$$d(F, G) = \inf\{\varepsilon: \varepsilon > 0; \forall x \to F(x-\varepsilon) - \varepsilon \leqslant G(x) \leqslant F(x+\varepsilon) + \varepsilon\} \tag{4.1}$$

考虑从总体分布 F 中抽出样本 $X_1, X_2, \cdots, X_n$，F 属于一定的分布族 Ω，统计量 $T=\{T_n\}$，当总体的分布为 F_0 时，T 的分布记为 $\Omega_{F_0}(T)=\{\Omega_{F_0}(T_n)\}$，假设用 $\aleph$ 表示一切一维概率分布所构成的类，定性鲁棒的定义如下。

定义 4.1[11]　设 d_* 是 $\aleph$ 上的一个距离，满足条件：

$$G_n \xrightarrow{\Omega} G \Leftrightarrow d_*(G_n, G) \to 0 \tag{4.2}$$

设 $F_0 \in \Omega$，若 $\forall \varepsilon > 0$，总是存在 $\delta > 0$ 和自然数 N，使

$$\{n \geqslant N, d_*(F_0, F) \leqslant \delta\} \Rightarrow d_*(\Omega_{F_0}(T_n), \Omega_F(T_n)) \leqslant \varepsilon \tag{4.3}$$

则称统计量 $T=\{T_n\}$ 在总体分布 F_0 上为鲁棒的。

影响函数是统计量在相应母体分布下的一阶导数，其严格的数学定义如下。

定义 4.2　设样本观测值 $L_1, L_2, \cdots, L_m$ 独立同分布，其模型分布为 $F \in \wp$，$X(F)$ 为定义在 $\wp$ 上的泛函，对任何实数 l，以 δl 记为退化于点 l 的概率分布，并记污染分布：

$$F_\varepsilon = (1-\varepsilon)F + \varepsilon\delta l \quad (0 \leqslant \varepsilon \leqslant 1) \tag{4.4}$$

则当极限

$$\mathrm{IF}(l; F, X) = \lim_{\varepsilon \to 0} \frac{X(F_\varepsilon) - X(F)}{\varepsilon} = \frac{\mathrm{d}}{\mathrm{d}\varepsilon} X(F_\varepsilon) \big|_{\varepsilon=0} \tag{4.5}$$

存在时，称它为泛函 $X(F)$ 的影响函数。当 l 变化时，$\mathrm{IF}(l; F, X)$ 的变化曲线称为影响曲线。影响函数不仅可以用来设计各种不同类型的鲁棒估计器，而且为衡量参数估计的可靠性和精度在理论上铺平了道路。

崩溃污染率和影响函数一样也是定量鲁棒性的一个重要指标，它是指在已知有限观测样本中，加入显著误差而又不使估计结果完全“崩溃”(Breakdown)的最大比率。崩溃污染率的形式化定义为

$$\varepsilon^* = \max\{\varepsilon \mid d_*(F_0, F) < \varepsilon \Rightarrow d_*(\Omega_{F_0}(T_n), \Omega_F(T_n)) \leqslant \varepsilon\} \tag{4.6}$$

为简化 ε^* 的计算过程，可直接从计算估计量入手。设 Q_ε 为分布模式 F_0 的某一污染邻域，根据 Tukey 的污染分布模式可以表示为

$$Q_\varepsilon(F_0) = \{F \mid F = (1-\varepsilon)F_0 + \varepsilon H\} \tag{4.7}$$

式中，H 为污染分布的集合。估计量 T 的最大估计偏差记为

$$b(\varepsilon) = \sup_{F \in Q_\varepsilon} \mid T(F) - T(F_0) \mid \tag{4.8}$$

根据渐进方差 $V(F, T)$ 可以定义估计量 T 的最大方差：

$$V(\varepsilon) = \sup_{F \in Q_\varepsilon} V(F, T) \tag{4.9}$$

式(4.8)和式(4.9)分别从估计量的偏估差和方差的角度描述了 T 的定量鲁棒性。从式(4.8)出发，可以重新给出崩溃点的定义：

$$\varepsilon^* = \sup\{\varepsilon \mid b(\varepsilon) < b(1), \varepsilon \in [0, 1]\} \tag{4.10}$$

4.3　对极几何估计及基础矩阵

4.3.1　平面诱导的单位

同一场景的两幅图像由同一台摄像机在不同位置获取，或者由两台相同摄像机同时获取，记两摄像机成像面分别为 R 和 R'，光心分别为 C 和 C'，投影矩阵分别为 $\boldsymbol{P}$ 和 $\boldsymbol{P}'$。若空间中有一平面 Π，C 和 C' 都不在 Π 上，则此平面对应一个平面诱导的单位 $\boldsymbol{H}_\Pi$，其 3×3 的单位矩阵 $\boldsymbol{H}_\Pi$ 为

$$\boldsymbol{H}_\Pi : \boldsymbol{P}'\boldsymbol{P}_\Pi^{+} \tag{4.11}$$

单位逆矩阵为

$$\boldsymbol{H}_\Pi^{-1} : \boldsymbol{P}\boldsymbol{P}'^{+}_\Pi \tag{4.12}$$

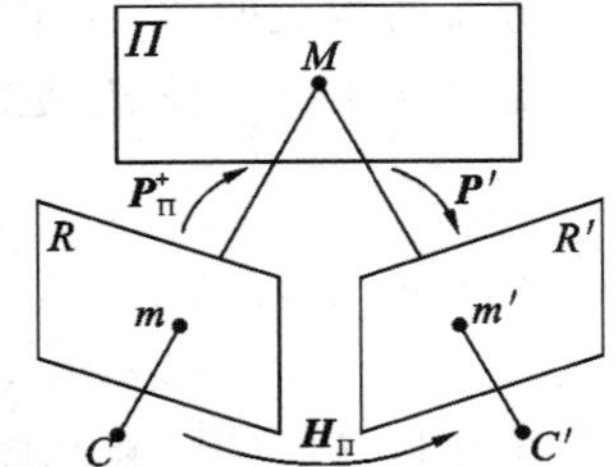

图 4.1　平面诱导的单位几何意义

平面诱导的单位几何意义如图 4.1 所示。即成像面 R 上的像点 m 经平面 Π 的单位 $\boldsymbol{H}_\Pi$ 在另一成像面 R' 上对应的像点为 m'，且有 $m' \sim \boldsymbol{H}_\Pi m$。若投影矩阵 $\boldsymbol{P}$ 的投影平面坐标为 U、V 和 W，相应地 $\boldsymbol{P}'$ 的坐标为 U'、V' 和 W'，则

$$\boldsymbol{H}_\Pi : \begin{bmatrix} |U', V, W, \Pi| & |U', W, U, \Pi| & |U', U, V, \Pi| \\ |V', V, W, \Pi| & |V', W, U, \Pi| & |V', U, V, \Pi| \\ |W', V, W, \Pi| & |W', W, U, \Pi| & |W', U, V, \Pi| \end{bmatrix} \tag{4.13}$$

$$\boldsymbol{H}_\Pi : \begin{bmatrix} |U, V', W', \Pi| & |U, W', U', \Pi| & |U, U', V', \Pi| \\ |V, V', W', \Pi| & |V, W', U', \Pi| & |V, U', V', \Pi| \\ |W, V', W', \Pi| & |W, W', U', \Pi| & |W, U', V', \Pi| \end{bmatrix} \tag{4.14}$$

4.3.2　对极几何约束

对极几何(Epipolar Geometry)又称双视图几何。图 4.2 为两个透视投影构成的一个对极几何模型。

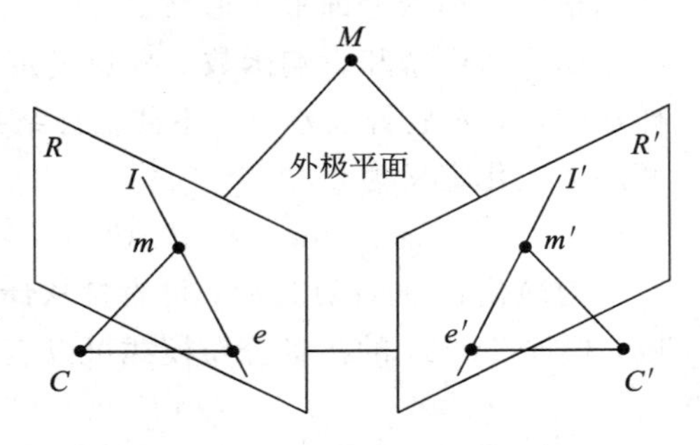

图 4.2　对极几何模型

两个摄像机的光心 C 与 C' 在对方成像面上所成的像点分别记为 e' 与 e(若两成像面平行，则像点为无穷远点)，称为外极点(Epipole)。空间点 M 在两个成像面所成的像点分别为 m 与 m'，像点 m 与外极点 e 的连线 l 称为 m' 在第一幅图像中的外极线(Epipolar Line)。同样地将 m' 与 e' 的连线 l' 称为 m 在第二幅图像中的外极线。M、m 与 m'，C 与 C'、e 与 e' 在同一平面上，称此平面为外极平面(Epipolar Plane)。外极平面上的任何点在成像面上的像都在外极线上，l' 的线坐标 I' 可由 e' 与 m' 的坐标决定：

$$\boldsymbol{I}' \sim \boldsymbol{e}' \times \boldsymbol{m}' \tag{4.15}$$

由于 e' 为 C 在 R' 上的像，则有 $e' \sim P'C$。仅由 m 无法估计 M 的坐标，但 C_m 与空间中不包含 C 与 C' 的平面 Π 的交点在 R' 的像为 $m'_\Pi \sim \boldsymbol{H}_\Pi m$。$m'_\Pi$ 与 e' 张成的直线即为 l'：

$$\boldsymbol{l}' \sim \boldsymbol{P}'\boldsymbol{C} \times \boldsymbol{H}_{\Pi}\boldsymbol{m} = [\boldsymbol{P}'\boldsymbol{C}]_{\times}\boldsymbol{H}_{\Pi}\boldsymbol{m} = [\boldsymbol{e}']_{\times}\boldsymbol{H}_{\Pi}\boldsymbol{m} \tag{4.16}$$

令

$$\boldsymbol{F} \sim [\boldsymbol{e}']_{\times}\boldsymbol{H}_{\Pi} \tag{4.17}$$

称 3×3 的矩阵 $\boldsymbol{F}$ 为基础矩阵，对极几何约束用基础矩阵表示：

$$\boldsymbol{l}' \sim \boldsymbol{F}\boldsymbol{m},\ \boldsymbol{l} \sim \boldsymbol{F}^{\mathrm{T}}\boldsymbol{m}' \tag{4.18}$$

由于 m 在 l 上，m'在 l'上，因而可获得对极几何的约束更简洁的表现形式：

$$\boldsymbol{m}'^{\mathrm{T}}\boldsymbol{F}\boldsymbol{m} = \boldsymbol{0} \tag{4.19}$$

由式(4.18)可知，基础矩阵将一个成像面上的像点映射为另一成像面上的一条经过外极点的直线，然而外极点本身在此映射下没有对应的直线，因此 $\boldsymbol{F}\boldsymbol{e}=\boldsymbol{F}^{\mathrm{T}}\boldsymbol{e}'=0$。$\boldsymbol{F}$ 的秩为 2，基础矩阵有 9 个自由变量，去掉常数因子，再加上秩 2 的约束，因此 $\boldsymbol{F}$ 的自由度为 7。若已知两幅视图的投影矩阵：$\boldsymbol{P}$ 的投影平面坐标为 U、V 和 W，相应的 $\boldsymbol{P}'$的坐标为 U'、V' 和 W'，则可以唯一确定基础矩阵：

$$\boldsymbol{F} \sim \begin{bmatrix} |VWV'W'| & |WUV'W'| & |UVV'W'| \\ |VWW'U'| & |WUW'U'| & |UVW'U'| \\ |VWU'V'| & |WUU'V'| & |UVU'V'| \end{bmatrix} \tag{4.20}$$

4.4　基础矩阵估计算法

基础矩阵是多视图几何中最重要的概念之一，许多应用都需要估计两幅视图的基础矩阵，常用的基础矩阵估计算法有以下几种。

4.4.1　线性 8 点算法

线性 8 点算法求解基础矩阵最直接的方法是取如下代价函数：

$$C_{\mathrm{ALS}} = \frac{\sum_{i=1}^{N}(\boldsymbol{m}'^{\mathrm{T}}_{i}\boldsymbol{F}\boldsymbol{m}_{i})^{2}}{\|\boldsymbol{F}\|^{2}} \tag{4.21}$$

对式(4.21)进行最小化称为最小代数方差(Algebraic Least Square)。取匹配点坐标 $\boldsymbol{m}_i=[u_i,\ v_i,\ 1]^{\mathrm{T}}$，$\boldsymbol{m}_i'=[u_i',\ v_i',\ 1]^{\mathrm{T}}$，将匹配点数据和基础矩阵向量化：

$$\begin{cases} \boldsymbol{U}(x_i) = [u_iu_i',\ v_iu_i',\ u_i',\ u_iv_i',\ v_iv_i',\ v_i,\ u_i,\ v_i,\ 1]^{\mathrm{T}} \\ \boldsymbol{f} = [\boldsymbol{F}(1,1),\ \boldsymbol{F}(1,2),\ \boldsymbol{F}(1,3),\ \boldsymbol{F}(2,1),\ \boldsymbol{F}(2,2),\ \boldsymbol{F}(2,3),\ \boldsymbol{F}(3,1), \\ \qquad \boldsymbol{F}(3,2),\ \boldsymbol{F}(3,3)]^{\mathrm{T}} \end{cases} \tag{4.22}$$

取矩阵 $\boldsymbol{U}=[\boldsymbol{U}(x_1),\ \boldsymbol{U}(x_2),\ \cdots,\ \boldsymbol{U}(x_N)]$，则有

$$\sum_{i=1}^{N}(\boldsymbol{m}'^{\mathrm{T}}_{i}\boldsymbol{F}\boldsymbol{m}_{i})^{2} = \boldsymbol{f}^{\mathrm{T}}\boldsymbol{U}\boldsymbol{U}^{\mathrm{T}}\boldsymbol{f} \tag{4.23}$$

取 9×9 的矩阵 $\boldsymbol{A}=\boldsymbol{U}\boldsymbol{U}^{\mathrm{T}}$，则代价函数有如下形式

$$C_{\mathrm{ALS}} = \frac{\boldsymbol{f}^{\mathrm{T}}\boldsymbol{A}\boldsymbol{f}}{\|\boldsymbol{f}\|^{2}} \tag{4.24}$$

C_{ALS}在$\dfrac{\partial C_{\mathrm{ALS}}}{\partial \boldsymbol{f}}=0$ 时取得最小值：

$$\frac{\partial C_{\mathrm{ALS}}}{\partial \boldsymbol{f}} = 2\frac{\mathbf{A} - C_{\mathrm{ALS}}\boldsymbol{I}_{N\times N}}{\|\boldsymbol{f}\|^2}\boldsymbol{f} \tag{4.25}$$

所以解 $\boldsymbol{f}_{\mathrm{ALS}}$是矩阵 $\mathbf{A}$ 的最小特征值对应的特征向量。通过对 $\boldsymbol{U}^{\mathrm{T}}$进行 SVD 分解，取对应最小奇异值的右奇异向量，即可求出 $\mathbf{A}=\boldsymbol{U}\boldsymbol{U}^{\mathrm{T}}$的最小特征值对应的特征向量。线性 8 点法算法的优点是效率高，缺点是极易受噪声干扰，算法极不稳定。若输入 $N>8$，则会构成一个超定的线性系统，算法流程与 8 点无异，因此统称为 8 点算法。

4.4.2 RANSAC 算法

Fishler 与 Bolles 于 1981 年提出的 RANSAC 算法是一种鲁棒性的参数估计方法，在计算机视觉领域得到了广泛的应用。它是一种蒙特卡罗方法，其主要思想如下：

（1）一个模型可以被参数化为若干参数，至少需要 q 组数据来估计这些参数。

（2）当前有 n 组数据($n\gg q$)，这些数据由 inlier 与 outlier 混合而成。

（3）不断从 n 组数据中随机抽样 q 组数据来估计一组模型参数，用这组参数对所有 n 组数据进行检验，与模型相一致的数据判别为 inlier，否则判别为 outlier。

（4）在所有抽样中，保留 inlier 数量最多的那次抽样，并用这组 inlier 来重新估计模型参数。

为验证检验数据是否与模型相一致，可以通过设定阈值进行误差判断来实现。RANSAC 算法所需抽样的次数可以这样确定：若数据中 outlier 的比例为 ε，则当需要以置信度 p 保证结果可信时，l 次抽样中至少有一次抽样的 q 组数据全是 inlier 的概率为

$$p = 1 - (1 - (1 - \varepsilon)^q)^l \tag{4.26}$$

若已知置信度 p、ε，则需要的抽样次数为

$$l = \frac{\log(1 - p)}{\log(1 - (1 - \varepsilon)^q)} \tag{4.27}$$

这样，只用进行 l 次随机抽样，就能以置信度 p 保证其中至少有一次抽样的数据全是 inlier。

4.4.3 MLESAC 算法

RANSAC 算法虽然能够从一定程度上消除 outlier，但它是隐式地通过一个人为设置的门限 T 来区分 inlier 与 outlier，这种人为设置的门限需要依赖于经验。Torr 在文献[12]中指出 RANSAC 算法等价于选择最小的代价函数(Cost Function)：

$$C_{\mathrm{ransac}} = \sum_{i=1}^{N}\rho_{\mathrm{ransac}}(e_i^2),\ \rho_{\mathrm{ransac}}(e_i^2) = \begin{cases}0 & e^2 < T^2\\ 1 & e^2 \geqslant T^2\end{cases} \tag{4.28}$$

如式(4.28)所示，RANSAC 算法将 inlier 的贡献度视为相同，而实际上存在不同的误差，对估计参数的贡献度并不完全相同。针对这个问题，Torr[7]提出了 MLESAC 算法，用于估计基础矩阵。

MLESAC 算法的最大特点在于使用了概率模型对 inlier 和 outlier 建模，(x_i, y_i)与(x'_i, y'_i)分别表示两幅图像的第 i 对对应点($m_i \leftrightarrow m'_i$)的测量坐标，也即像素坐标；$(\overline{x}_i, \overline{y}_i)$与$(\overline{x}'_i, \overline{y}'_i)$表示对应点的理想坐标，也即真实的坐标。$(\hat{x}_i, \hat{y}_i)$与$(\hat{x}'_i, \hat{y}'_i)$表示根据对应点的测量坐标所估计得到的理想坐标。由于各对应点的误差是独立的高斯分布，因此其误差的联合概率分布可表示为

$$\Pr(e_i^2) = \prod_{i=1}^{n} \frac{1}{\sqrt{2\pi}\sigma} \exp\left(-\frac{e_i^2}{2\sigma^2}\right) \tag{4.29}$$

式中，e_i^2 为测量点与理想点距离的平方和：

$$e_i^2 = (\hat{x}_i - x_i)^2 + (\hat{y}_i - y_i)^2 + (\hat{x}_i' - x_i')^2 + (\hat{y}_i' - y_i')^2 \tag{4.30}$$

可以用均匀分布来对 outlier 的距离误差建模：

$$\Pr(e_i^2) = \frac{1}{v} \tag{4.31}$$

目前已经分别对 inlier 和 outlier 的概率分布建立了模型。但是对于任意一对对应点，由于并不知道它是 inlier 还是 outlier，因此需要引入一个混合分布模型：

$$\Pr(e_i) = \gamma\left(\frac{1}{\sqrt{2\pi}\sigma}\right)\exp\left(-\frac{e_i^2}{2\sigma^2}\right) + (1-\gamma)\frac{1}{v} \tag{4.32}$$

式(4.32)中，所有的对应点构成了样本空间，其似然函数为

$$L = \sum_{i=1}^{n} \log\left(\gamma\left(\frac{1}{\sqrt{2\pi}\sigma}\right)\exp\left(-\frac{e_i^2}{2\sigma^2}\right) + (1-\gamma)\frac{1}{v}\right) \tag{4.33}$$

当对应点数 n 与抽样对应点数 q 满足 $n \geqslant 2q$ 时，标准差 σ 可以用下式估计：

$$\sigma = 1.4826\left(1 + \frac{5}{n-q}\right)\underset{i}{\mathrm{median}}\left(\sqrt{e_i^2}\right) \tag{4.34}$$

4.4.4 GMSAC 算法

GMSAC 算法步骤如下：

(1) 正规化所有的匹配点数据。

(2) 在同几组匹配点中选取 8 组匹配点，使用 8 点算法计算基础矩阵 $\boldsymbol{F}$。

(3) 使用 $\boldsymbol{F}$ 计算梯度误差 $d = \{e_1^2, \cdots, e_n^2\}$。

(4) 使用 EM 算法进行最大似然估计，求解模型参数集。

(5) 计算似然度 L，取代价函数 $C_{\mathrm{gmsac}} = -L$。计算每一对匹配点作为局内点或是局外点的概率密度 p_{in} 和 p_{out}，如果 $p_{\mathrm{in}}(x_i) > p_{\mathrm{out}}(x_i)$，则第 i 对匹配点记为局内点；反之，记为局外点。

(6) 计算局外点所占比率 $\varepsilon = \sum_{i=1}^{n} p_{\mathrm{out}}(x_i)$，根据式(4.31)计算更新所需循环数，跳至步骤(1)循环运行，最小化代价函数 C_{gmsac} 并取对应的基础矩阵 $\boldsymbol{F}$ 和局内点输出。

(7) 以输出的 $\boldsymbol{F}$ 作为初始值，对所有输出局内点进行非线性优化，最小化重投影误差，进一步对 $\boldsymbol{F}$ 进行最大似然估计。

4.5 基于概率抽样一致性的基础矩阵估计算法

随机抽样(Random Sample)方法又可以称为蒙特卡罗方法，其基本思想是：为了求解数学、物理、工程技术以及生产管理等方面的问题，首先建立一个概率模型或随机过程，使它的参数等于问题的解，然后对模型或过程进行抽样实验，利用样本的统计信息给出解的近似值，而解的精确度可用估计值的标准误差来表示。

RANSAC 算法就是基于蒙特卡罗思想提出的，其抽样方法是：在满足一定置信率的

情况下，一次抽取至少包含一个正确样本的抽样个数，然后用所有的数据来对由抽样样本得出的模型参数进行检验。然而，当数据外点率增加时，RANSAC 算法的抽样次数将呈指数增长，计算时间也会显著增加。为解决此问题，可以通过减少初次样本的抽样次数，获得一个较好的样本空间，然后通过再次采样来增加子样本的内点率；对于样本空间的评价只抽取部分数据进行检验即可。基于概率分析的一致性抽样算法基于以下假设：一个更好的模型将有利于样本的下次抽样。首先如何确定一个已知模型的优劣，RANSAC 算法是通过内点的数量来进行判断的，它通过一个阈值来刚性地判断样本是否属于该模型的内点；由于阈值的设定往往依靠经验，并没有一个最优标准，因此提出用模糊逻辑来对模型的优劣进行连续的量化，避免了刚性逻辑的不合理性。其次，如何利用前次抽样的反馈信息来指导下次抽样，RANSAC 算法利用此次抽样得到的较优模型来评估每个样本为内点的可能性，通过可能性的大小来进行下次抽样。

表 4.1 显示了在置信率为 98%时不同的数据维数和外点比率对应的最小抽样次数。由此可以看出，在样本数据外点比率较大时，抽样次数将呈指数级增加，并且 m 对于抽样次数的影响较大。比如在基础矩阵估计中需要 8 组匹配点，在置信率为 98%、外点比率为 60%的情况下，RANSAC 算法需要抽样 5967 次，而如果将 m 减小为 4，则抽样次数将急剧减少到 151 次。如此一来，抽样的意义将变为每次抽取 4 个样本，抽样 151 次至少有一次全为内点的概率为 98%；如果每次抽取 8 个样本，则抽样 151 次中至少有一次 8 个样本

表 4.1　采样次数随 m 和外点比率的变化

抽样点数	外点比率/%						
	20	30	40	50	60	70	80
4	7	6	9	14	151	481	2443
5	10	21	48	123	380	1607	12 223
6	13	31	82	248	953	5364	61 123
7	17	46	138	499	2386	17 886	305 625
8	21	66	231	1000	5967	59 623	1 528 132

中有 4 个为内点的概率为 98%。减小 m 数值固然可以在 ε 较大时减少抽样次数，但是减少 m 将会对基础矩阵估计造成什么影响？文献[13]提出，在模型参数中含有 1～3 个外点时，在正确样本上的检验误差要远小于在错误样本上的检验误差。这样，就可以通过减少初次抽样次数来得到一个较优的模型，再通过迭代选择样本重抽样的方式得出最优结果。

4.5.1　模型评价函数

在 RANSAC 算法中，判断某个样本是否属于一个模型，主要是通过判定其误差的大小是否小于特定阈值，而该阈值由人为设置。然而阈值设定过大或过小都会严重影响最终的参数估计。Zadeh 提出的模糊集理论是描述和处理不确定性问题的重要工具之一。在判断样本是否属于内点的过程中，为避免人为设置判断阈值的不准确性，可采用模糊集理论来构造模型评判函数，其定义如下：

$$E(\theta) = \sum_{i=1}^{n} \mu_R(r_i) \tag{4.35}$$

式中，$R=\{r_i|i=1,\cdots,n\}$为样本对应参数模型的余差，$\mu_R(r_i)$为第 i 个样本隶属于该模型的程度，称为隶属度函数，定义如下：

$$\mu_R(r_i)=\begin{cases}1 & r_i\leqslant\hat{\sigma}\\ \dfrac{1}{\sqrt{2\pi\hat{\sigma}}}\exp\left(-\dfrac{(x-\hat{\sigma}^2)^2}{2\hat{\sigma}^2}\right) & \sigma<r_i<3\hat{\sigma}\\ 0 & r_i\geqslant 3\hat{\sigma}\end{cases}\tag{4.36}$$

式中，$\hat{\sigma}$ 为标准差估计，当样本数量 N 满足 $N\geqslant 2m$ 时，标准差估计定义为

$$\hat{\sigma}^2=\frac{\sum_{i=1}^{N}r_i^2}{N-m}\tag{4.37}$$

4.5.2　预检验

由随机抽样得到的模型参数集，多数与正确模型误差较大，为了加速模型参数的识别过程，可采用预检验来减少模型评估时间。所谓预检验，就是用小样本抽样来评估模型参数，将明显错误的模型参数从中剔除以避免所有的样本参与检验[14,15]，从而节省计算时间。比如对于 m 个模型参数，在第一次预检验过程中，随机选择 n 个样本来评估 m 个模型参数，从中去除一半可能错误的模型参数；在第二次预检验中将有 $m/2$ 个模型参数被随机选择的另外 n 个样本检验。如此经过 k 次预检验，将剩下 $m/2^k$ 个模型参数和 kn 次抽样。

根据文献[13]中的假设和实验证明，正确的模型在正确样本上检验时的误差远远小于在错误样本上检验时的误差，同时假设错误模型为一随机模型，该随机模型在正确样本和错误样本上的误差是近似相等的。在样本的内点率不是很高的情况下，每次抽样中混杂了内外点的概率极大。但是，最小模型抽样中内点的数目对于区分内外点有重要影响，即内点数量越多，在正确抽样数据检验上的误差就越小于在错误数据检验上的误差。对于每次 n 个检验样本中，其中每一个样本要么是符合正确模型的内点，要么是不符合正确模型的外点，以此用模型评估函数来对每个模型进行检验时，它们对评估数值的贡献是不同的。模糊集理论的连续性逻辑描述可以很好地判断出哪个模型更优，也就是说哪个模型可能含有更多的内点。

在预检验过程中，模型优劣的评判采用模型评价函数，如式(4.35)所示。对于待检验模型参数来说，可以大致分为较好的模型和较差的模型两类；对于 n 个待检验样本来说，也可分为内点和外点两类。用两种模型分别评价两种样本，较好模型在内点样本上检验的误差较小，因此模型评价值会较大；较好的模型在外点样本上检验的误差较大，因此模型评价值会非常小；较差的模型无论在内点还是外点上检验的误差一般都较大，因此模型评价值也会非常小。另外，由于所有模型参数都用同样的标准(n 个检验样本)来进行预检验，因此用模型评价函数检验的结果会明显分为几类，其数值越大说明是较好模型的可能性就越大。差的模型由于误差大，对应的评价结果值也会较小。可以选取对应评价结果值较大的一类作为预检验结果。但是，还有一种极端的情况，即 n 个检验样本中全为外点或只存在极少内点，所有待检验模型的评价值会过低，如果出现这种情况，则重新抽取另外 n 个样本进行检验。

4.5.3　样本重采样

在第一次样本抽样中，为了减少计算时间而减少了抽样次数，因此经预检验后的模型参数只是一个较好的结果，为了能达到最优结果需对样本进行再次采样以增加其内点比率。对于样本 x_i，其属于模型参数集的可能性定义如下：

$$p(x_i) = \sum_{j=1}^{k} \Pr(\theta_j)\Pr(x_i \mid \theta_j) \tag{4.38}$$

式中，$\Pr(\theta_j)$定义了模型参数 θ_j 为正确估计的可能性，定义如下：

$$\Pr(\theta_j) = \frac{E(\theta_j)}{\sum_{j=1}^{k} E(\theta_j)} \tag{4.39}$$

从统计分布角度来说，对于正确的数据样本，其余差分布满足高斯分布。因此，对于抽样数据 x_i 和参数估计模型 θ_j，在假设模型为正确模型的前提下，样本属于该参数模型的概率为

$$\Pr(x_i \mid \theta_j) = \frac{1}{\sqrt{2\pi\hat{\sigma}_j^2}}\exp\left(-\frac{r_{i,j}^2}{\hat{\sigma}_j^2}\right) \tag{4.40}$$

式中，$r_{i,j}$ 为样本 x_i 在参数模型 θ_j 下的余差。

为了减少计算时间和外点对于模型参数估计的影响，对于可能性值较大的样本将被选为进行下次抽样的子样本，通过设定阈值来选择具体子样本。

4.5.4　算法过程

算法 4.1　基于概率抽样一致性的基础矩阵估计算法。

输入：匹配点样本集 $X=\{x_i|i=1, \cdots, N\}$，样本中外点比率 ε，预检验样本数目 n，置信率 P。

输出：最优模型参数。

(1) 设模型估计所需最小样本数目 $m=5$（参数 m 仅用于初次抽样次数的计算），迭代次数 $t=0$，第 t 次迭代的样本空间 $\Omega^t=X$，设定置信率 P、预检验样本数目 n。

(2) 用式(4.27)计算初次抽样次数，对样本进行随机抽样并计算模型参数，从而得到模型参数集 Θ。

(3) 用 4.5.2 节预检验技术检验模型参数集 Θ，去除明显错误的模型，得到新的模型参数集 Θ'。

(4) 用式(4.38)计算每个样本属于模型参数集 Θ' 的可能性值 $p(x_i)$。

(5) 选择新的抽样样本，设定样本选择阈值 τ，选择样本可能性值大于此阈值的样本，组成新的样本空间 $\Omega^t\{x_i | p(x_i)\geqslant\tau\}$。

(6) 设定阈值 η 判断 $p(x_i)$ 是否已收敛到可接受的误差范围内，即如果 $E(p(x_i))>1-\eta$（$p(x_i)$ 为均匀分布），则 Ω^t 为最终抽样样本，否则设置 $t=t+1$、$\varepsilon=\tau$ 并返回(2)。

(7) 根据 Ω^t 计算模型参数。

4.5.5　算法计算量分析

假设从样本数据中随机抽取一组的时间为 T_S，用一组抽样计算模型参数需要的时间

为 T_C，用一个样本数据检验一个模型参数需要的时间为 T_E，则 RANSAC 算法所需要的计算时间为

$$T_{\text{RANSAC}} = M(T_S + T_C) + MNT_E \tag{4.41}$$

式中，M 为抽样次数，由式(4.31)进行计算，N 为样本总数。

算法 4.1 中的抽样次数定义为

$$M' = \frac{\log(1-P)}{\log(1-(1-\varepsilon)^{m'})} \tag{4.42}$$

式中，m'为降维后的采样维数。

算法计算时间为

$$T = \sum_{t=0}^{l} T_t \tag{4.43}$$

式中，t 为迭代次数，T_t为第 t 次迭代算法 4.1 的计算时间，T_t定义如下：

$$T_t = M'_t(T_S + T_C) + \left(n\sum_{i=0}^{k}\frac{M'_t}{2^i} + \frac{M'_t}{2^k}N\right)T_E \tag{4.44}$$

式中，M'_t定义如式(4.42)，n 为预检验抽样次数，k 为预检验次数。

由以上得出算法 4.1 比 RANSAC 算法节省的计算时间为

$$\Delta T = T_{\text{RANSAC}} - T \tag{4.45}$$

由于算法 4.1 在不同外点比率样本下的迭代次数不同，每次迭代过程的子抽样也会有所不同，因此对于精确估计计算时间 T 是困难的。但是，算法 4.1 在每次迭代中每次迭代的计算时间是递减的，利用这一点，可以假设每次迭代计算时间均为第一次迭代时间，即 $T=lT_0$，如此得出的计算时间会比实际的时间长，由此计算出的所节省的时间为

$$\Delta T = (M - lM'_0)(T_S + T_C) + \left(MN - l\left(n\sum_{i=0}^{k}\frac{M'_0}{2^i} + \frac{M'_0}{2^k}N\right)\right)T_E \tag{4.46}$$

从式(4.46)可以看出，算法 4.1 比 RANSAC 算法节省的计算时间可分为两部分，即抽样并生成模型的时间和样本检验模型的时间。在算法 4.1 和实验中的预检验样本数 n 一般取 10，迭代次数 l 一般随外点比率不同而在 3～15 次之间变化。

在外点比率比较低时(一般低于 25%)，算法 4.1 的抽样次数要略多于 RANSAC 算法，故在抽样并生成模型时间上算法 4.1 的计算时间要长于 RANSAC 算法；但是算法 4.1 得益于较少的样本检验次数，所以算法 4.1 的样本检验时间要优于 RANSAC 算法，并且在样本检验上所节省的时间要长于其在抽样生成模型时多耗费的时间。综上所述，在外点比率较低时算法 4.1 优于 RANSAC 算法，但是在计算效率上算法 4.1 的优势并不十分明显。

然而，当外点比率较高时，RANSAC 算法的抽样次数增长率要远大于算法 4.1，RANSAC 算法的抽样并生成模型的时间和样本检验时间均多于算法 4.1 所需时间，算法 4.1 在计算效率上明显优于 RANSAC 算法。

4.5.6　实验结果与分析

为检验算法的有效性和鲁棒性，可通过对模拟数据和真实图像数据进行实验来比较。

在计算机视觉领域，RANSAC 算法是应用最广泛、鲁棒性很强的算法，由于本节算法是基于 RANSAC 算法的改进算法，所以将其与 RANSAC 算法进行比较。同时参与比较的还有文献[10]中所提出的算法。文中给出的计算结果均为 100 次计算结果的平均值，所有实验均在相同的硬件平台（Pentium(R) 3.2 GHz，1.00 GB 内存）和软件平台（Matlab 7.1）上进行。

1. 模拟数据实验

首先模拟同一场景不同视角图像的匹配点，匹配点数为 100，为模拟真实图像特征点匹配效果，在每个匹配点上叠加方差为 2 个像素的高斯噪声。设置信率为 98%，预检验样本数 $n=10$，实验在不同外点比率下对比了三种算法间的计算精度和计算时间。图 4.3 为在不同外点比率下三种算法的平均对极距离，它反映了基础矩阵求解的精度。从图 4.3 中可以看出，RANSAC 算法和 PRANSAC 算法在计算精度上保持一致，在外点比率为 60% 时出现了明显拐点，而算法 4.1 在计算精度上优于前两种算法，在外点比率达到 75%时才出现明显的拐点。图 4.4 为在不同外点比率下三种算法的计算时间。从图 4.4 中可以看出，在外点比率低于 30% 时三种算法的计算时间相差不大，但是随着外点比率的增大，RANSAC 算法和 PRANSAC 算法的计算时间急剧增加，算法 4.1 所需的计算时间要优于其他两种算法，尤其是在外点比率较高的情况下。

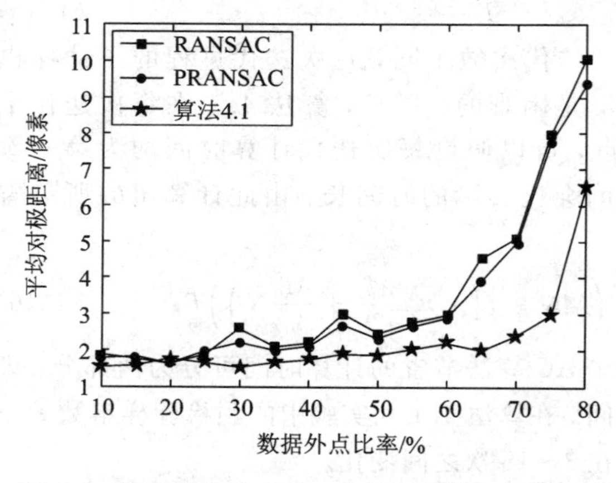

图 4.3　不同外点比率下三种算法的平均对极距离

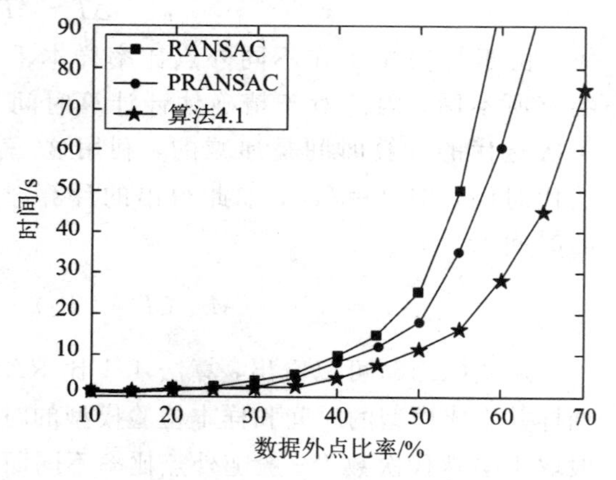

图 4.4　不同外点比率下三种算法的计算时间

鲁棒性估计的目的在于消除外点的影响，因此在鲁棒性算法中是否能够准确区分外点成为了评价算法的重要依据。外点查全率是算法已划分为外点样本中真实外点的数量与所有外点样本的数量的比值。图 4.5 显示了在不同外点比率下，算法 4.1 和 RANSAC 算法的外点查全率比较。从图中可以看出，在外点比率为 50%时，RANSAC 算法的外点查全率开始降低，并随外点比率的增大而下降；而算法 4.1 在外点比率为 70%时外点查全率才出现明显下降，并且算法 4.1 在高外点率时优于 RANSAC。

为了验证算法的收敛特性，可计算在每次迭代时样本点可能性概率的平均值，图 4.6 显示了不同外点比率样本的收敛特性。当样本外点比率较低时，样本可能性概率经过较少次数的迭代就能收敛于一个接近于 1 的概率(因为存在人为高斯噪声，所以概率值无法达到 1)。

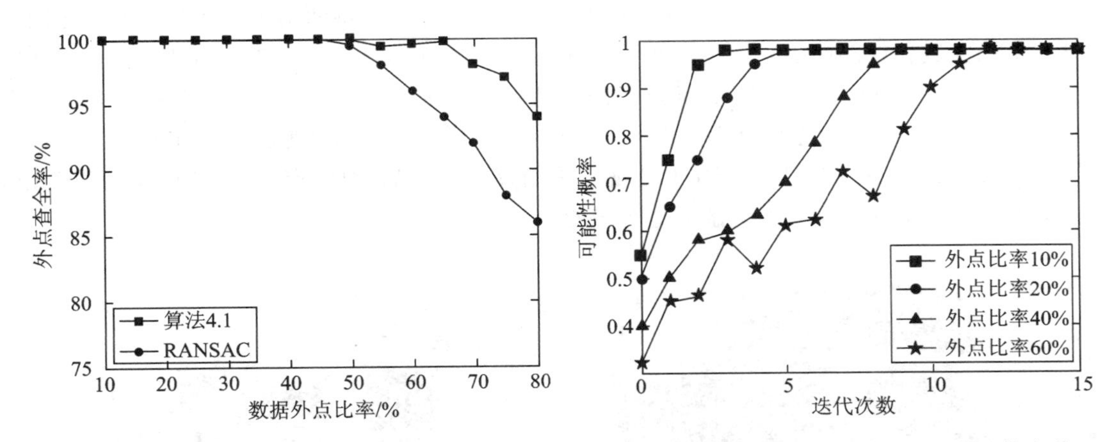

图 4.5　不同外点比率下两种算法的外点查全率比较　　图 4.6　不同外点比率下算法 4.1 的迭代次数

2. 真实图像实验

在真实图像实验中，采用牛津大学提供的图像数据库进行实验。该数据库是进行图像匹配时常用的标准库之一，提供了各种不同视角的图像和各个图像之间的准确对应关系。首先使用 SIFT[14] 算法对两幅图像进行特征点检测并使用匹配算法对特征点进行匹配；然后分别利用三种不同的算法对匹配点进行筛选，得到最终抽样集和参数模型；最后由基础矩阵求解平均对极距离，来衡量基础矩阵的估计精度。

图 4.7 为参加实验的 6 种不同视角 Boat 图像，配准试验过程为把图 4.7(a)中的场景图像 Boat1 设置为参考图像，图 4.7(b)～(f)设置为待配准图像。设置信率为 98%，预检验样本数 $n=10$，通过人工判断图 4.7 正确匹配点对数约在 40%～75%之间，设置 $\varepsilon=0.4$。

(a) 场景图像：Boat1　(b) 场景图像：Boat2　(c) 场景图像：Boat3

(d) 场景图像：Boat4　(e) 场景图像：Boat5　(f) 场景图像：Boat6

图 4.7　6 种不同视角 Boat 图像

图 4.8 为采用算法 4.1 前后的匹配结果，其显示方式为将两幅配准图像重叠，在同一对齐坐标区域连线匹配点对。图 4.8(a)、(c)、(e)、(g)、(i)为图 4.7(a)分别和图 4.7(b)、(c)、(d)、(e)、(f)原始 SIFT 特征点匹配的结果，从图中可以看出，由于存在较多的错误匹配点，使得匹配点对杂乱无章。图 4.8(b)、(d)、(f)、(h)、(j)为图 4.7(a)分别和图 4.7(b)、(c)、(d)、(e)、(f)原始 SIFT 特征点采用算法 4.1 后的匹配结果，从图中可以看出，由于去除了错误的匹配点对，显示是有序的。

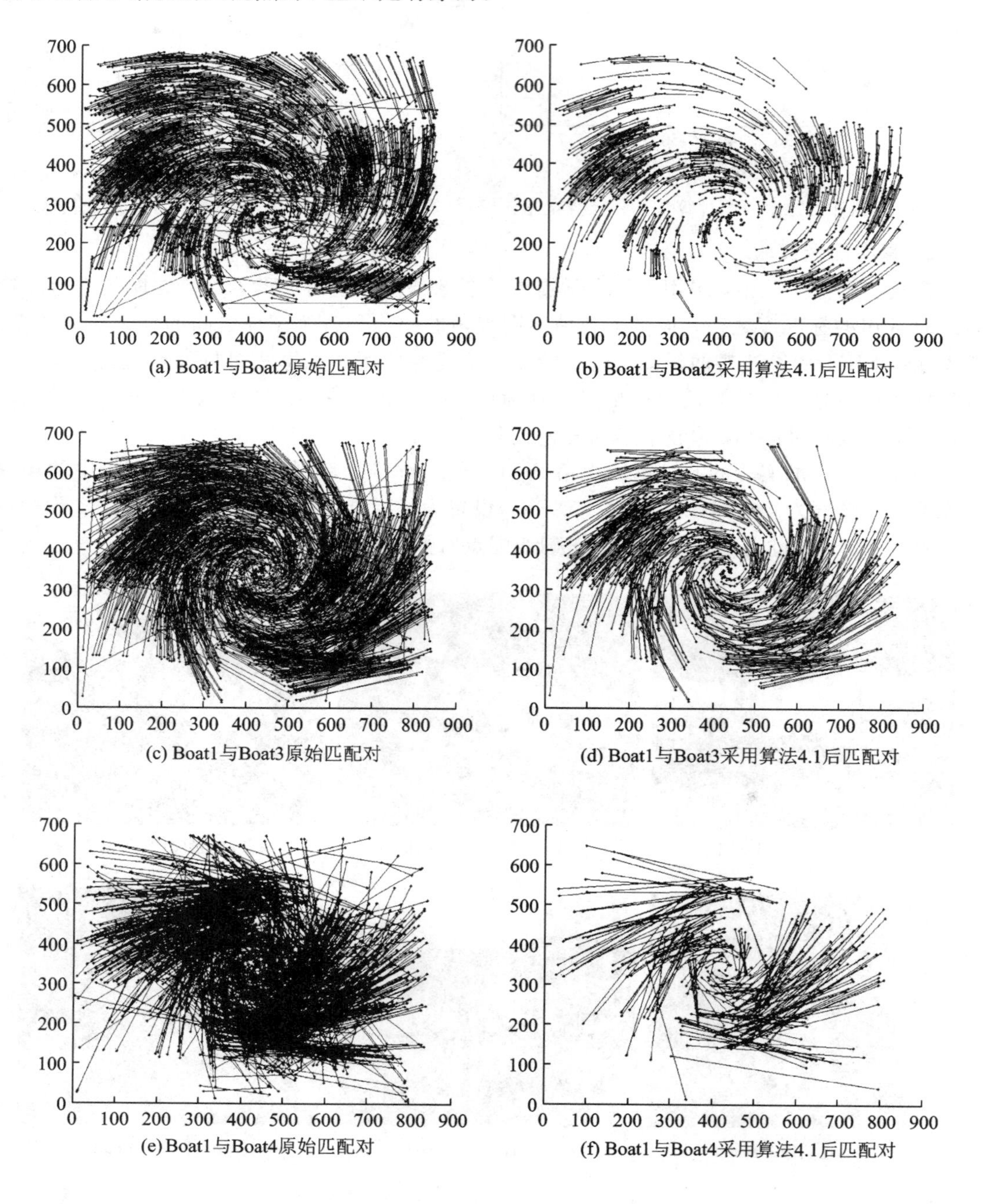

(a) Boat1与Boat2原始匹配对　(b) Boat1与Boat2采用算法4.1后匹配对

(c) Boat1与Boat3原始匹配对　(d) Boat1与Boat3采用算法4.1后匹配对

(e) Boat1与Boat4原始匹配对　(f) Boat1与Boat4采用算法4.1后匹配对

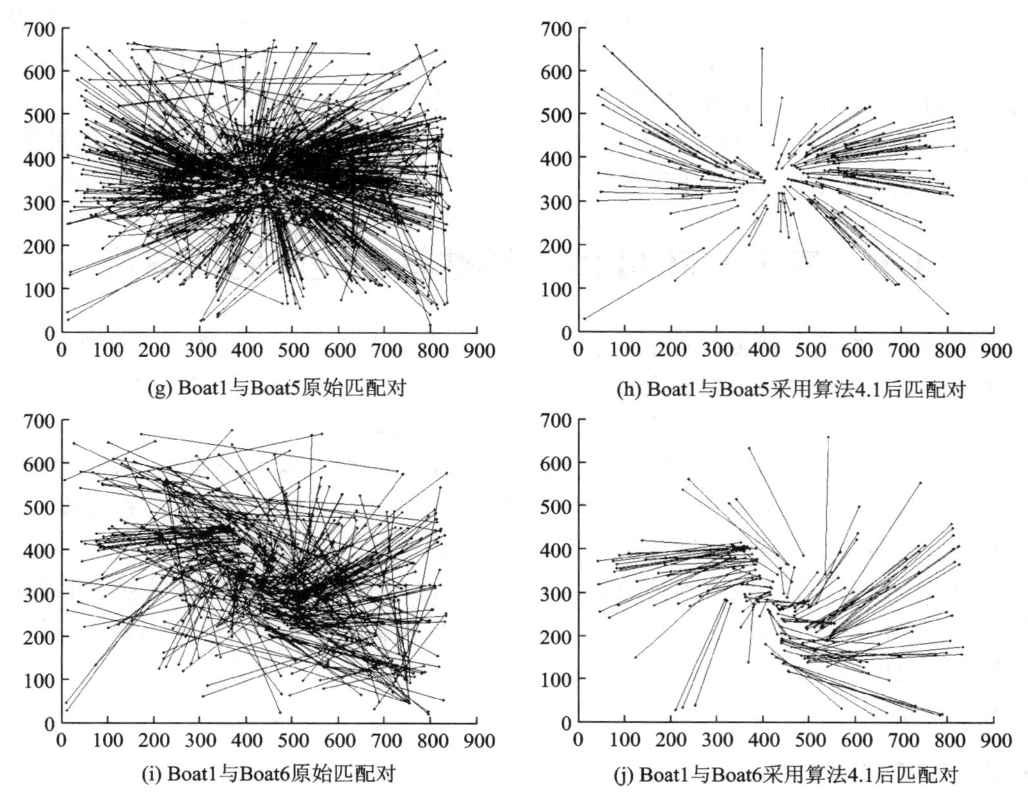

(g) Boat1与Boat5原始匹配对

(h) Boat1与Boat5采用算法4.1后匹配对

(i) Boat1与Boat6原始匹配对

(j) Boat1与Boat6采用算法4.1后匹配对

图 4.8 场景 Boat 中不同图像采用算法 4.1 前后的匹配结果

表 4.2 为图 4.7 中不同场景的图像经不同算法获得的对极距离、平均对极距离的标准偏差以及计算时间。

表 4.2 场景 Boat 中不同算法计算精度和效率比较

		RANSAC	PRANSAC	算法 4.1
Boat1 与 Boat2 配准	对极距离/像素	2.9674	3.4267	0.9642
	标准偏差/像素	3.1287	2.7861	0.7584
	计算时间/s	15.1463	13.1248	1.1973
Boat1 与 Boat3 配准	对极距离/像素	3.1571	3.4520	1.0245
	标准偏差/像素	3.2156	2.9147	0.9015
	计算时间/s	15.1456	10.9651	2.0098
Boat1 与 Boat4 配准	对极距离/像素	3.6451	3.7512	1.5627
	标准偏差/像素	3.5647	3.7541	1.3781
	计算时间/s	17.1249	12.1207	2.3546
Boat1 与 Boat5 配准	对极距离/像素	4.6874	4.6574	2.3474
	标准偏差/像素	4.7622	4.1208	2.3671
	计算时间/s	17.3671	12.1854	2.9701
Boat1 与 Boat6 配准	对极距离/像素	4.5763	4.3568	2.5315
	标准偏差/像素	4.0135	4.1193	2.9637
	计算时间/s	19.1684	19.6843	3.1257

从表 4.2 中可以看出，在计算精度上 RANSAC 算法和 PRANSAC 算法基本保持一致，而算法 4.1 优于前两种算法。算法 4.1 在计算精度上的优越性得益于在不同外点比率下的较高的外点查全率，从而使得外点对基础矩阵参数估计的影响降到最低。

在效率上 PRANSAC 算法优于 RANSAC 算法，而算法 4.1 明显优于其他两种算法。其中，当匹配点中的外点比率比较高时，算法 4.1 在计算效率方面的优势更为突出。

4.6　基于 KFCM 的鲁棒性基础矩阵估计算法

鲁棒性基础矩阵估计可以看做一个二类分类问题，即将匹配点分为内点和外点两类。目前各种鲁棒性估计算法中多以余差大小判断匹配点是否为内点，RANSAC 算法通过人为定义一个阈值来判断是否为内点，但是不合适的阈值设定会对结果有较大影响。然而匹配点余差的分布为非线性可分的，许多方法是通过对余差概率分布进行高斯函数建模[13, 16]，再通过最大似然等方法进行参数估计。为得到良好的分类效果，可利用核聚类方法将其映射到高维特征空间，从而在高维空间中进行聚类。

核聚类方法在性能上比经典的聚类算法有较大的改进，它通过非线性映射能够较好地分辨、提取并放大有用的特征，从而实现更为准确的聚类，算法收敛速度也较快。在经典聚类算法失效的情况下，核聚类算法也能得到正确的聚类。仿真实验也验证了该方法的有效性和可行性。

4.6.1　KFCM 算法

1. FCM 算法

Zadeh 于 1965 年提出了模糊理论，随后 Bellman、Kalaba 和 Zadeh[17] 于 1966 年首先提出了模糊聚类问题，接着 Maharaj[18]、Chen[19] 和 Ghosh[20] 也采用模糊理论研究了聚类问题。著名学者 Ruspini[21] 第一个系统地表述和研究了模糊聚类问题，并于 1969 年定义了数据集的模糊划分概念。同时，Zadeh[22, 23] 等人相继提出了基于相似关系和模糊关系的聚集法和分裂法。由于聚类算法在数量大时效率低下的缺陷限制了算法的应用与发展，在 20 世纪 90 年代基于模糊关系的聚类算法研究很少。在众多模糊聚类算法中，基于目标函数的聚类方法应用得最为广泛，它是目标函数硬聚类在模糊情形的应用。

设 $X=\{x_1,x_2,\cdots,x_n\}\subset R^s$ 是数据集，n 是数据集中的元素个数，c 是聚类中心（$1<c<n$），$d_{ij}=\|x_i-V_j\|$ 是样本点 x_i 和聚类中心 V_j 的欧式距离，$V_j\in R^S(1\leqslant j\leqslant c)$。$u_{ij}$ 是第 i 个样本属于第 j 个中心的隶属度，$\boldsymbol{U}=[u_{ij}]$ 是一个 $n\times c$ 的矩阵，$\boldsymbol{V}=[V_1, V_2, \cdots, V_c]$ 是一个 $s\times c$ 矩阵。模糊聚类问题可表示成下面的数学规划问题：

$$\min J_m(\boldsymbol{U},\boldsymbol{V})=\sum_{i=1}^{n}\sum_{j=1}^{c}u_{ij}^m d_{ij}^2 \tag{4.47}$$

$$\sum_{j=1}^{c}u_{ij}=1,\ 1\leqslant i\leqslant n \tag{4.48}$$

$$0\leqslant u_{ij}\leqslant 1,\ 1\leqslant i\leqslant n,\ 1\leqslant j\leqslant c$$

$$0<\sum_{i=1}^{n}u_{ij}<n,\ 1\leqslant j\leqslant c \tag{4.49}$$

式中，m 为权重系数($m>1$)。为解决上述数学规划问题，首先选取 $\varepsilon>0$，初始化聚类中心 $V^{(0)}$，令 $k=0$，分别利用下面两个式子递推更新各聚类中心和隶属度矩阵：

$$u_{ij}(k)=\frac{d_{ij}(k)}{\sum_{r=1}^{c}d_{ir}(k)^{-\frac{2}{m-1}}} \tag{4.50}$$

$$V_j^{(k+1)}=\frac{\sum_{i=1}^{n}u_{ij}^m(k)x_i}{\sum_{i=1}^{n}u_{ij}^m(k)} \tag{4.51}$$

2. 核函数理论

基于核函数的学习方法是从统计学习理论发展而来的，它有效解决了传统模式识别方法中局部极小化和不完全统计分析的缺点。早在 1909 年，Mercer[24] 就从数学上给出了有关正定核函数和再生核 Hilbert 空间的定义，并给出了正定核函数即再生核存在和判定的充要条件，即著名的 Mercer 定理。

核方法首先通过一个非线性映射，在高维特征空间中用线性方法进行分类和识别，解决了在样本空间中线性不可分的问题。即对于非线性映射 $\Phi: x|\rightarrow\Phi(x)\in H$，将样本从输入空间 $\boldsymbol{X}$ 映射到特征空间 $\boldsymbol{H}$，图 4.9 为映射前后的数据分布。

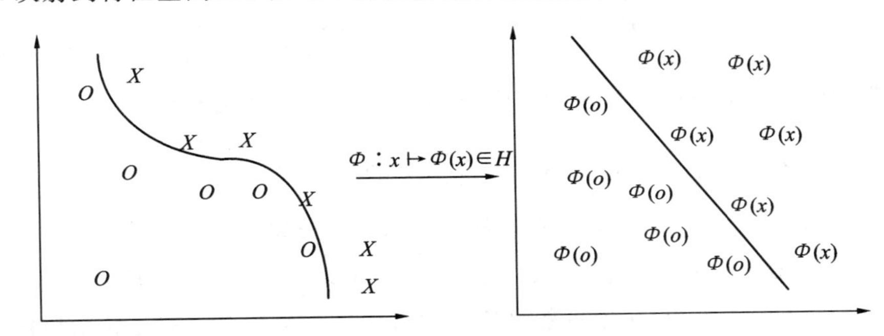

图 4.9　输入空间映射到特征空间的样本矢量分布

定义 4.3(核函数)　对所有 $x, z\in X$，$X\subset R^n$，若函数 k 满足：

$$k(x, z)=<\Phi(x), \Phi(z)> \tag{4.52}$$

则称函数 k 是核函数。其中 Φ 是从输入空间 X 到特征空间 H 的映射，$<,>$表示内积运算。

定义 4.3 只给出了核函数与映射 Φ 之间的关系，但在实际中很难给出非线性映射 Φ 的具体表达式。下面的定义为核函数的构造和确定提供了依据。

定义 4.4(正定核函数)　在连续情况下，如果对称函数 $k(x, z)\in L_\infty(\chi\times\chi)$使得下式成立：

$$\int_{\chi\times\chi}k(x, z)f(x)f(z)\mathrm{d}x\mathrm{d}z\geqslant 0 \quad f\in L_2(\chi) \tag{4.53}$$

则称 $k(x, z)$为正定核函数。对于离散情况，若任意 l、任意样本集 $x_1, x_2, \cdots, x_l\in\chi\subset R^n$ 和任意系数 $a_1, \cdots, a_l\in R$，对称函数 $k(x_i, x_j)\in L_\infty(\chi\times\chi)$满足下式：

$$\sum_{i, j=1}^{l}a_i a_j k(x_i, x_j)\geqslant 0 \tag{4.54}$$

则称函数 $k(x_i, x_j)$为正定核函数。

定义 4.5(Gram 矩阵)　给定一个向量集合 $\boldsymbol{S}=\{x_1, \cdots, x_l\}$，Gram 矩阵被定义为 $l\times l$ 的矩阵 $\boldsymbol{G}$，其元素为 $G_{ij}=\langle x_i, x_j\rangle$。

定义 4.6(核函数矩阵)　对输入空间的向量集合 $\boldsymbol{S}=\{x_1, \cdots, x_l\}$，核函数矩阵 $\boldsymbol{K}$ 定义为一个 $l\times l$ 的矩阵，且其矩阵元素为

$$K_{ij} = \langle \Phi(x_i), \Phi(x_j)\rangle = k(x_i, x_j) \tag{4.55}$$

式中，k 为核函数。

3. KFCM 算法过程

假设输入空间的样本 $x_k\in R^N$，$k=1, 2, \cdots, l$ 被某种非线性映射 Φ 映射到某一特征空间 H 得到 $\Phi(x_1), \Phi(x_2), \cdots, \Phi(x_l)$，那么输入空间的点积形式在特征空间就可以用 Mercer核[15]来表示：

$$K(x_i, y_j) = (\Phi(x_i)\cdot\Phi(x_j)) \tag{4.56}$$

由所有的样本组成的一个核函数矩阵 $K_{i,j}=K(x_i, x_j)$。核聚类方法的基本思想是利用 Mercer 核把输入空间样本映射到特征空间，使得映射后的样本具有更好的聚类形式。事实上任何一个函数只要满足 Mercer 条件，就可用作 Mercer 核，同时可以分解成特征空间的点积形式。Mercer 条件可描述为：对任意的平方可积函数 $g(x)$，都满足

$$\iint_{L_2\otimes L_2} K(x, y)g(x)g(y)\mathrm{d}x\mathrm{d}y \geqslant 0 \tag{4.57}$$

就可以找到核函数 K 的特征函数核特征值$(\Phi(x), \lambda_i)$，则相应地核函数可以写成

$$K(x, y) = \sum_{i=1}^{N_H}\lambda_i\Phi_i(x)\Phi_i(y) \tag{4.58}$$

式中，N_H是特征空间的维数，于是非线性映射函数可以写成

$$\Phi(x) = (\sqrt{\lambda_1}\Phi_1(x), \sqrt{\lambda_2}\Phi_2(x), \cdots, \sqrt{\lambda_{N_H}}\Phi_{N_H}(x))^{\mathrm{T}} \tag{4.59}$$

在无监督学习模型中，核函数一般是凭经验选取的，本节采用的是高斯核函数，因为高斯核函数对应的特征空间是无穷维的，有限的样本在该特征空间肯定是线性可分的，所以高斯核定义为

$$K(x, y) = \exp\left(-\frac{\| x-y\|^2}{2\sigma^2}\right) \tag{4.60}$$

式中，σ 为高斯函数的宽度。

假设输入空间样本已被映射到特征空间 $\Phi(x_1), \Phi(x_2), \cdots, \Phi(x_l)$，特征空间中的 Euclidean距离可表示为

$$\begin{aligned} d_H(x, y) &= \sqrt{\|\Phi(x)-\Phi(y)\|^2} \\ &= \sqrt{\Phi(x)\cdot\Phi(x)-2\Phi(x)\cdot\Phi(y)+\Phi(y)\cdot\Phi(y)} \end{aligned} \tag{4.61}$$

一般非线性函数的表达式是未知的，所以式(4.62)可写为

$$d_H(x, y) = \sqrt{K(x, x)-2K(x, y)+K(y, y)} \tag{4.62}$$

则目标函数定义为

$$J_H = -2\sum_{i=1}^{l}\sum_{j=1}^{n}u_{ij}^m[1+K(x_i, c_j)] + \sum_{j=1}^{n}\lambda_j\left(\sum_{i=1}^{l}u_{ij}-1\right) \tag{4.63}$$

通过对 J_H 相对 u、c 和 λ 求偏导为零，得到更新聚类中心核的隶属度矩阵：

$$c_i = \frac{\sum_{j=1}^{n} u_{ij}^m (K(x_j, c_i))^{-1} x_j}{\sum_{j=1}^{n} u_{ij}^m (K(x_j, c_i))^{-1}} \tag{4.64}$$

$$u_{ij} = \frac{(1 + K(x_j, c_i))^{-1/m-1}}{\sum_{i=1}^{l} (1 + K(x_j, c_i))^{-1/m-1}} \tag{4.65}$$

综上所述，核模糊聚类算法的步骤如下：

(1) 设定 m、l 及核中心 c_i 初值，用[0，1]间的随机数初始化模糊划分矩阵 $\boldsymbol{U}$。

(2) 计算核函数 $K(x_j, c_i)$ 的值。

(3) 计算聚类中心。

(4) 计算损失函数，如果损失函数值或其变化值小于一个给定的阈值，则算法终止。

(5) 更新模糊划分矩阵 $\boldsymbol{U}$，再转向步骤(2)。

4.6.2　内外点可分性判定

对于已分类的内点和外点，通过构造可分性判别准则对其可分性进行判断。此判别准则可以反映特征空间的分布情况，也可以表示各种分类的区分效果。用类概率密度函数的重叠度来度量可分性，构造基于类概率密度的可分性判据，类概率密度构造的可分性判据 J_P 应满足 $J_P > 0$；当两类概率密度完全不重叠时 $J_P = \max$；当两类概率密度完全重合时 $J_P = 0$。根据以上条件，J_P 定义如下：

$$J_P = -\ln \int_{\Omega} [p(x \mid \omega_1)^s p(x \mid \omega_2)]^{1-s} \mathrm{d}x \quad 0 < s < 1 \tag{4.66}$$

Brandt 等人[25]指出：匹配点估计余差应当满足高斯混合分布，正确的匹配点和错误的匹配点的估计余差分别满足不同的高斯分布，即

$$p(x \mid \omega_1) \sim N\left(\mu_1, \sum\nolimits_1\right) \tag{4.67}$$

$$p(x \mid \omega_2) \sim N\left(\mu_2, \sum\nolimits_2\right) \tag{4.68}$$

由 J_P 定义可得到两类点集的可分性判定函数：

$$\begin{aligned} J_P = & \frac{1}{2} s(1-s)(\mu_1 - \mu_2)' \left[(1-s)\sum\nolimits_1 + s\sum\nolimits_2\right]^{-1} (\mu_1 - \mu_2) \\ & + \frac{1}{2} \ln \frac{\left|(1-s)\sum\nolimits_1 + s\sum\nolimits_2\right|}{\left|\sum\nolimits_1\right|^{1-s} \cdot \left|\sum\nolimits_2\right|^s} \end{aligned} \tag{4.69}$$

4.6.3　算法步骤总结

算法 4.2　基于 KFCM 鲁棒性的基础矩阵估计算法：

(1) 设置初始值 $t=0$，$J_P^t = 0$。

(2) 用改进 8 点法计算得到的基础矩阵作为初始值。

(3) 根据基础矩阵初始值计算匹配点的余差，利用 KFCM 算法对余差进行分类。

(4) 根据式(4.70)计算可分性判定值 J_P^{t+1}。

(5) 判断 $\| J_P^{t+1} - J_P^t \| < \tau$ 是否成立，如果成立则算法结束；否则，取此次分类结果为内点的点集为原始点集，返回步骤(2)，并且 $t=t+1$。

4.6.4　实验结果与分析

为检验算法 4.2 的有效性和鲁棒性，可通过对模拟数据和真实图像数据进行实验来实现。在计算机视觉领域，RANSAC 算法是应用最广泛的鲁棒性很强的算法，所以用来与算法 4.2 进行比较。本节中给出的计算结果均为 100 次计算结果的平均值。所有实验均在相同的硬件平台(Pentium(R) 3.2 GHz，2.00 GB 内存)和软件平台(Matlab 7.1)上进行。

1. 模拟数据实验

模拟同一场景不同视角图像的匹配点，匹配点数为 500，其中错误的匹配点随机产生，RANSAC 算法中的置信率设为 99%。

首先对算法 4.2 进行实验。为模拟真实图像特征点的匹配效果，在每个匹配点上叠加方差为 1 个像素的高斯噪声。图 4.10 为算法 4.2 同 RANSAC 算法在计算效率上的比较结果，横轴为不同的外点比率。由图中可以看出，在外点比率小于 40%时两种算法的计算时间差别不大，但是随着外点比率的增大，RANSAC 算法的计算时间呈指数增加，而算法 4.2 的计算时间增长率要远小于 RANSAC 算法，并且在外点比率较大时算法 4.2 的计算时间远少于 RANSAC 算法。

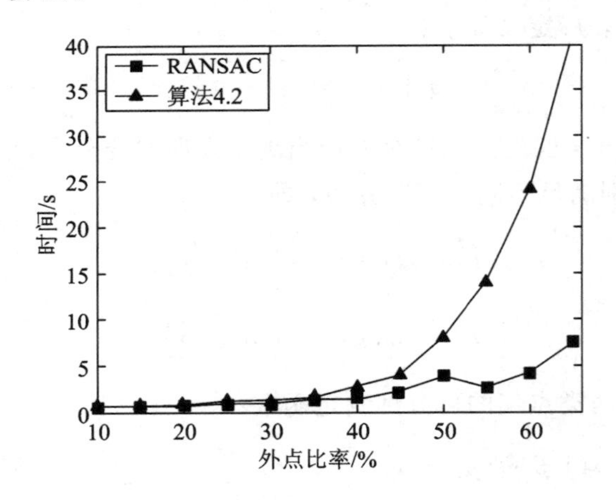

图 4.10　不同外点比率下两种算法的计算时间

图 4.11 为在不同外点比率下四种算法的平均误差比较。为模拟真实图像特征点的匹配效果，在每个匹配点上叠加方差为 1 个像素的高斯噪声。参与对比的算法包括直接采用 8 点法、RANSAC 和 LMedS 算法，从实验结果来看，采用 8 点法直接求解基础矩阵时，由于外点的影响误差较大，算法 4.2 和 RANSAC 算法随着外点比率的增大误差也有所增加，但是算法 4.2 的计算精度整体上优于 RANSAC 算法。

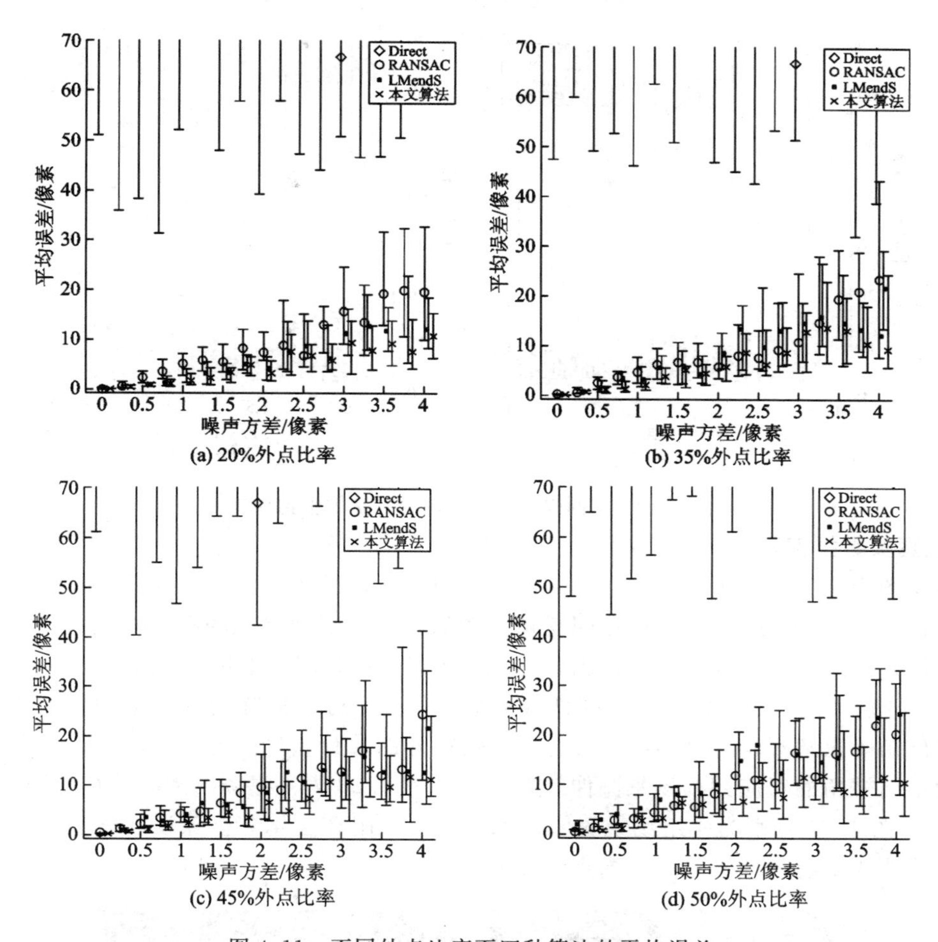

(a) 20%外点比率
(b) 35%外点比率
(c) 45%外点比率
(d) 50%外点比率

图 4.11　不同外点比率下四种算法的平均误差

图 4.12 为匹配点在不同噪声方差下四种算法的平均误差比较。横坐标为外点比率，范围为 0%～60%。从图中可以看出，直接采用 8 点法时，在外点和噪声的影响下误差较大，算法 4.2 和 RANSAC 算法精度受匹配点本身误差的影响，随噪声方差的增加而降低，但是算法 4.2 整体上优于其他三种算法。

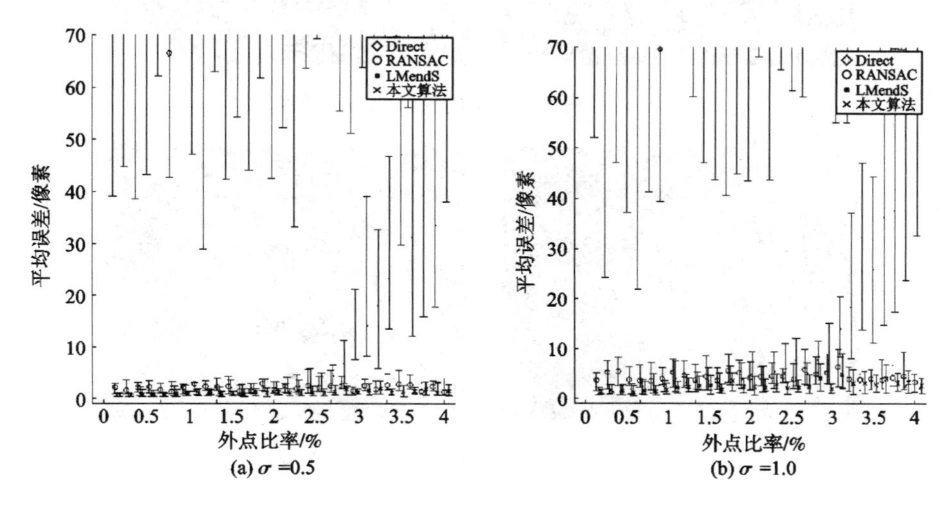

(a) σ =0.5
(b) σ =1.0

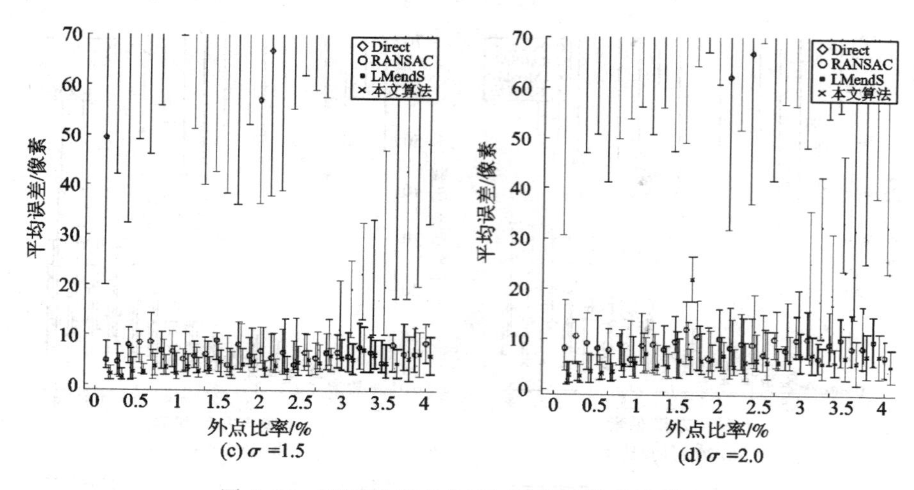

图 4.12　不同噪声方差下四种方法的平均误差

2. 真实数据实验

真实图像实验采用了牛津大学提供的图像数据库进行实验。该数据库是进行图像匹配常用的标准库之一，提供了各种不同视角的图像和各个图像之间的准确对应关系。首先使用 SIFT[26] 算法对不同场景的两幅图像进行特征点检测并使用匹配算法对特征点进行匹配；然后分别利用三种不同的算法对匹配点进行筛选，得到最终的抽样集和参数模型；最后由基础矩阵求解平均对极距离，来衡量基础矩阵的估计精度。图 4.13～图 4.16 为参加实验的不同视角的对应四幅场景图像。图 4.17～图 4.20 为 4 组场图像间的初始匹配结果，图 4.21～图 4.24 分别为 4 组场景图像初始匹配中采用算法 4.2 去除误匹配后的结果。可以看出算法 4.2 有效地去除了匹配点中的外点。

图 4.13　场景 1 中不同视角的两幅图像

图 4.14　场景 2 中不同视角的两幅图像

图 4.15　场景 3 中不同视角的两幅图像

图 4.16　场景 4 中不同视角的两幅图像

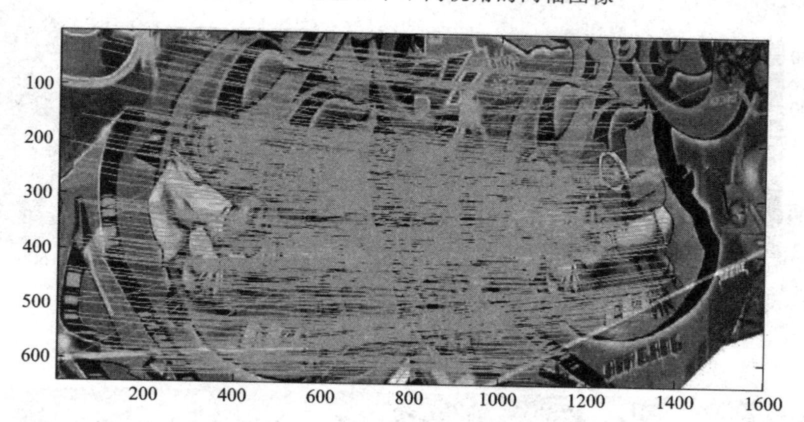

图 4.17　场景 1 中两幅图像间的特征匹配

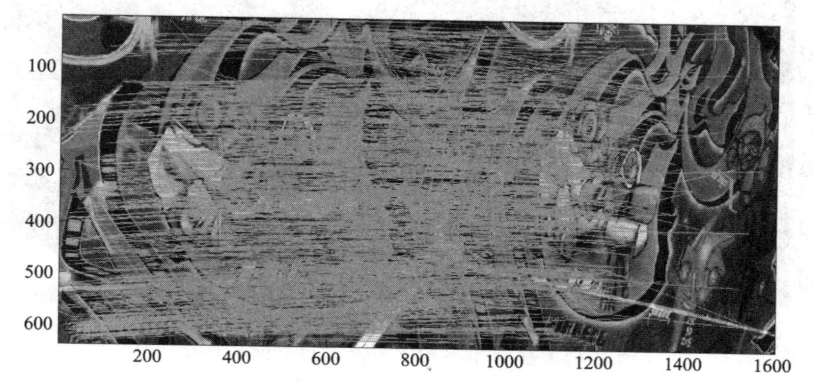

图 4.18　场景 2 中两幅图像间的特征匹配

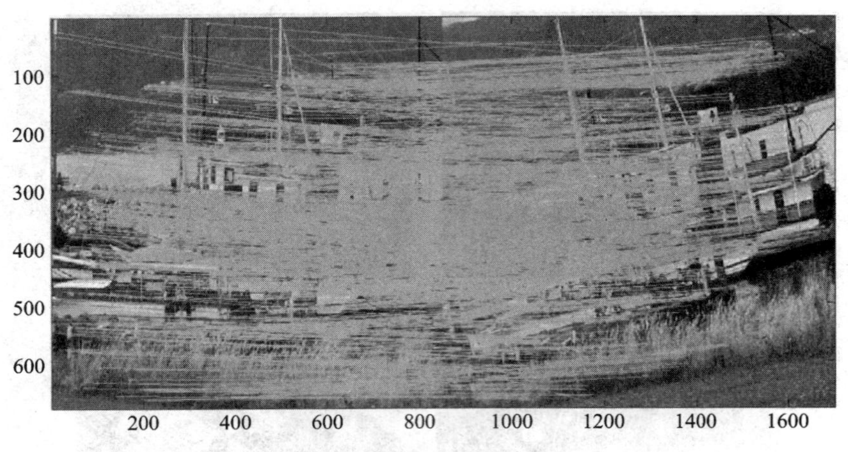

图 4.19　场景 3 中两幅图像间的特征匹配

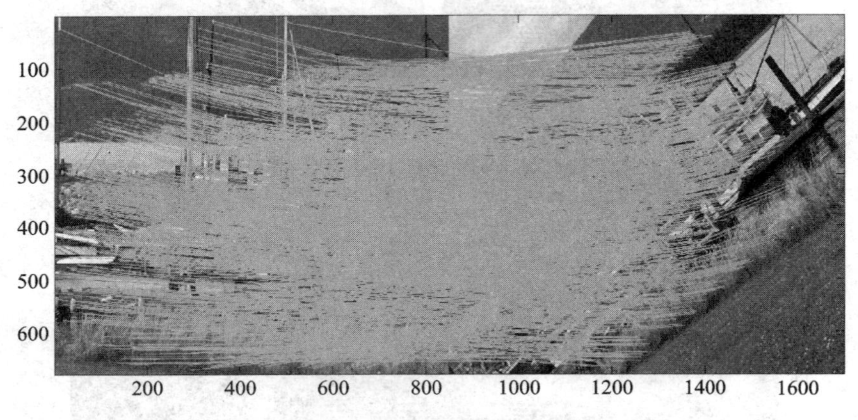

图 4.20　场景 4 中两幅图像间的特征匹配

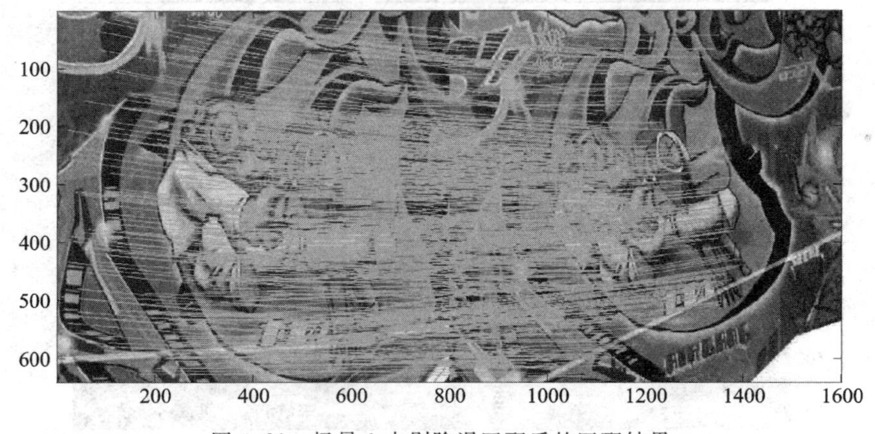

图 4.21　场景 1 中剔除误匹配后的匹配结果

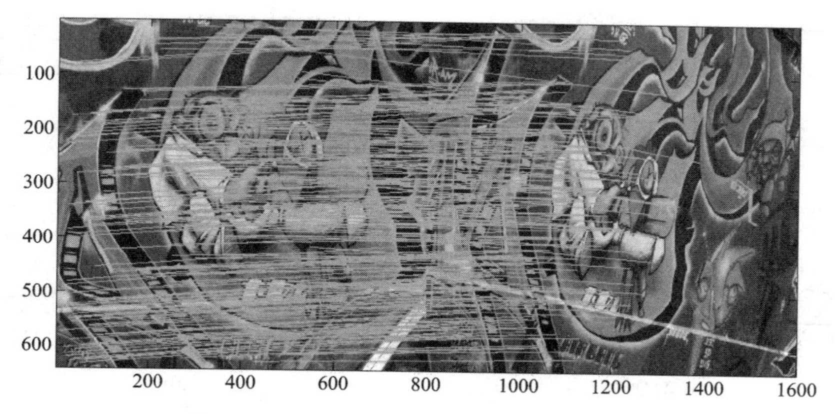

图 4.22　场景 2 中剔除误匹配后的匹配结果

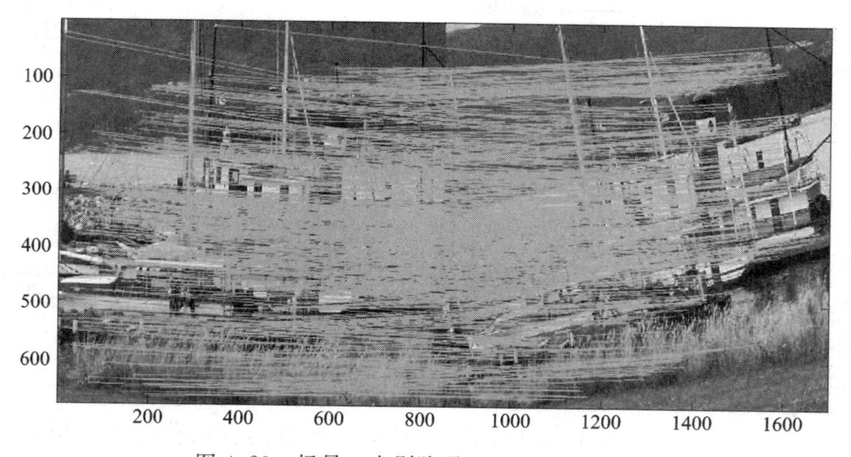

图 4.23　场景 3 中剔除误匹配后的匹配结果

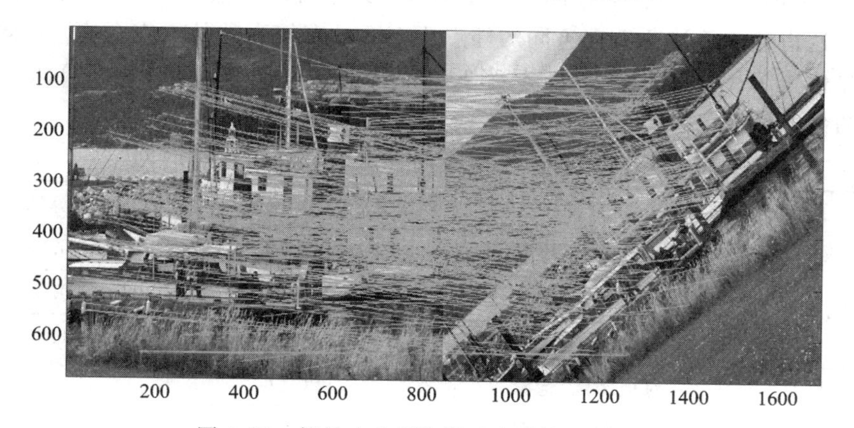

图 4.24　场景 4 中剔除误匹配后的匹配结果

图 4.25 为图 4.14 中两幅图像采用算法 4.2 的聚类过程，分别为第 1 次、第 3 次、第 5 次和第 6 次迭代中内外点集的概率分布，横轴为匹配点的余差。图 4.25 中内点概率分布函数的图形越窄，说明内点越集中，分类效果也越好。从图 4.25 中可以看出仅经 6 次迭代就达到了较好的分类效果。

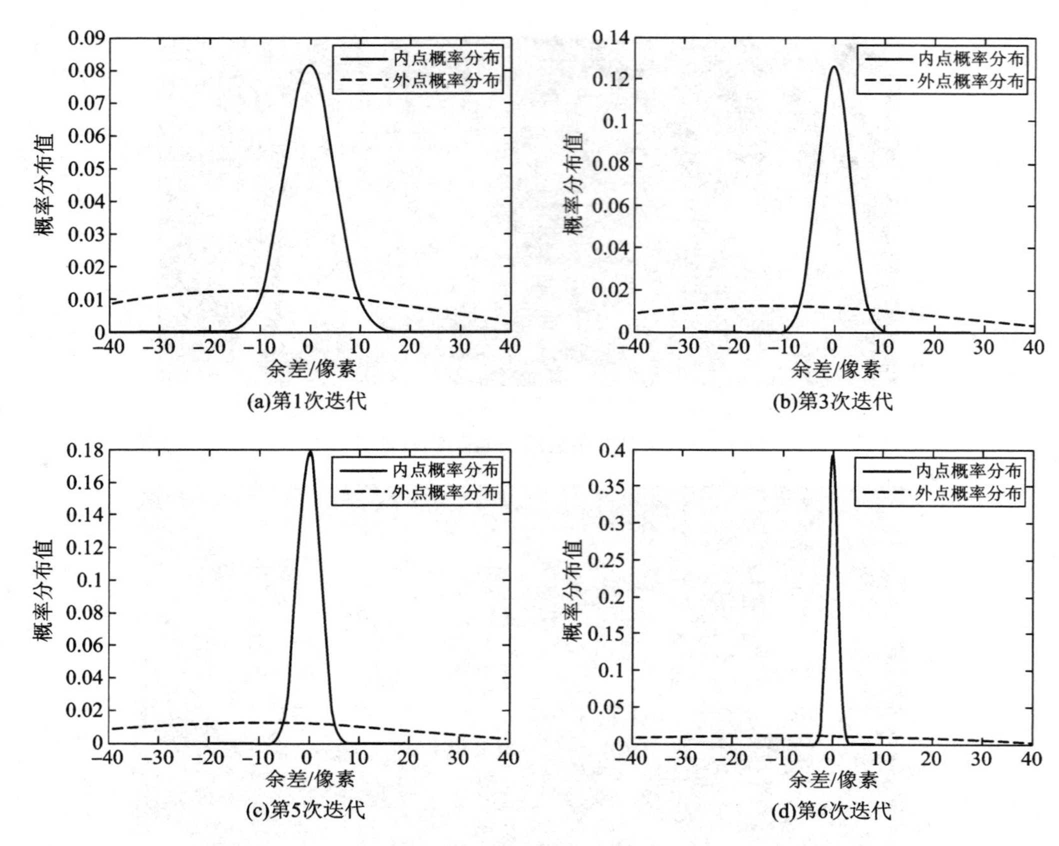

图 4.25 场景 1 中迭代过程

表 4.3 给出了图 4.13～图 4.16 中四组场景图像经不同算法获得的对极距离、平均对极距离的标准偏差以及计算时间。从表中可以看出，算法 4.2 在计算精度上优于 RANSAC。这得益于算法 4.2 在不同的外点比率下具有较高的外点查全率。在效率上，算法 4.2 明显优于 RANSAC 算法，并且当匹配点中的外点比率比较高时，算法 4.2 在计算效率方面的优势更为突出。

表 4.3 场景 1～4 中不同算法的计算精度和时间

场景	参数名称	RANSAC 算法	算法 4.2
1	对极距离/像素	3.142 57	0.395 61
	标准偏差/像素	2.954 76	0.345 69
	计算时间/s	14.673 21	1.452 73
2	对极距离/像素	2.990 11	0.412 07
	标准偏差/像素	3.597 91	0.319 89
	计算时间/s	12.0113	1.369 70
3	对极距离/像素	2.987 14	0.451 02
	标准偏差/像素	3.457 90	0.357 29
	计算时间/s	13.0012	1.265 78

续表

场　景	参数名称	RANSAC 算法	算法 4.2
4	对极距离/像素	4.6413	0.7561
	标准偏差/像素	3.9223	0.8617
	计算时间/s	12.2317	1.0315

本章小结

本章提出以下算法：

(1) 基于概率抽样一致性的鲁棒性基础矩阵估计算法(算法 4.1)。实验表明该算法可以有效剔除匹配对中的误匹配，具有很好的鲁棒性，同时在高外点比率下的效率高于目前流行的算法。算法 4.1 首次抽取少量样本来建立模型估计集合，通过预检验技术去除明显错误的模型，从而得到一个较优的模型集合；计算样本中每个元素属于该较优模型集合的可能性，并选择概率值较大的样本作为下次迭代的初始样本集；经数次迭代直到概率值收敛。在模拟数据和真实数据的鲁棒性基础矩阵估计实验中，算法 4.1 消除了错误匹配点对基础矩阵估计的影响，提高了基础矩阵估计的精度，在鲁棒性和计算效率上具有优越性。

(2) 基于核模糊均值聚类的基础矩阵估计算法(算法 4.2)。该算法将去除外点的过程看做一个二类分类问题，即将匹配对分为正确匹配对和错误匹配对两类。由于匹配对的余差特征是非线性可分的，所以利用核理论将其映射到高维可分空间进行分类。在模拟数据和真实数据的鲁棒性基础矩阵估计实验中，算法 4.2 消除了错误匹配点对基础矩阵估计的影响，提高了基础矩阵估计的精度，在鲁棒性和计算效率上具有优越性。

本章参考文献

[1] Pollefeys M, VanGool L, Vergauwen M, et al. Visual modeling with a hand-held camera[J]. International Journal of computer Vision, 2004, 59(3): 207-232

[2] Armangue X, Salvi J. Overall view regarding fundamental matrix estimation[J]. Image and Vision Computing, 2003, 21(2): 205-220

[3] Longuet H C. A computer algorithm for reconstructing a scene from two projections[J]. Nature, 1981, 293(9): 133-135

[4] Richard H I. In defence of the 8-point algorithm[C]. IEEE Computer Science Press, 1995. 1064-1070

[5] Fischler M, Bones R. Random sample consensus: a paradigm for model fitting with applications to image analysis and automated cartography[J], in Comm. Of the ACM, 1981, 24: 381-395

[6] Stewart C V. MINPRAN: A new robust operator for computer vision[J]. IEEE Trans on Pattern Analysis and Machine Intelligence, 1995, 17(10): 925-938

[7] Torr P H S, Zisserman A. MLESAC: A new robust estimator with application to estimating image geometry[J]. Computer Vision and Image Understanding, 2000, 78(1): 138-156

[8] Harris C, Stephens M. A combined corner and edge detector[J]. Fourth Alvey Vision Conference, 1988: 17-151

[9] Zhang Z Y. Determining the epipolar geometry and uncertainty: A review[J]. International Journal of

Computer Vision, 1998, 27(2): 161-195

[10] 陈付幸，王润生. 基于预检验的快速随机抽样一致性算法[J]. 软件学报，2005，16(8)：1431-1437

[11] Hampel F R. A general qualitative definition of robustness[J]. Ann. Math. Statist, 1971, 42: 1887-1896

[12] Torr P H S, Murray D W. The Development and Comparison of Robust Methods for Estimating the Fundamental Matrix[J]. International Journal of Computer Vision, 1997, 24(3): 271-300

[13] 刘坤，葛俊锋，罗予频，等. 概率引导的随机采样一致性算法[J]. 计算机辅助设计与图形学学报，2009，21(5)：657-662

[14] Oh Y S, Sim D G, Park R H, et al. Absolute position estimation using IRS satellite images[J]. ISPRS Journal of Photogrammetry and Remote Sensing, 2006, 60(4): 256-268

[15] Oliveira F, Tavares J M, Pataky T C. Rapid pedobarographic image registration based on contour curvature and optimization[J]. Journal of Biomechanics, 2009, 42(15): 2620-2623

[16] Lowe D. Distinctive image features from scale-invariant keypoints[J]. International Journal of Computer Vision, 2004, 60(2): 91-110

[17] Bellman R, Kalaba R, Zadeh L A. Abstraction and pattern classification[J]. JMAA, 1966, 13: 1-7

[18] Maharaj E A, Pierpaolo D. Fuzzy clustering of time series in the frequency domain[J]. Information Sciences, 2011, 181(7): 1187-1211

[19] Chen J, Zhao S, Wang H. Risk Analysis of Flood Disaster Based on Fuzzy Clustering Method[J]. Energy Procedia, 2011, 5: 1915-1919

[20] Ghosh A, Mishra N S, Ghosh S. Fuzzy clustering algorithms for unsupervised change detection in remote sensing images[J]. Information Sciences, 2011, 181(4): 699-715

[21] Ruspini E H. A new approach to clustering[J]. Inf Cont,1969, 15: 22-32

[22] Zadeh L A. Similarith relations and fuzzy orderings[J]. Inf Sci, 1971, 3: 177-200

[23] Egrioglu E, Aladag C H, Yolcu U. Fuzzy time series forecasting method based on Gustafson-Kessel fuzzy clustering[J]. Expert Systems with Applications, 2011, 38(8): 10355-10357

[24] Mercer J. Functions of positive and negative type and their connection with the theory of integral equations [J]. Philos. Trans. Roy. Soc. London, 1909, A 209: 415-446

[25] Yang Y, Gao X. Remote sensing image registration via active contour model[J]. AEU-International Journal of Electronics and Communications, 2009, 63(4): 227-234

[26] Jiang C F, Lu T C, Sun S P. Interactive image registration tool for positioning verification in head and neck radiotherapy[J]. Computers in Biology and Medicine, 2008, 38(1): 90-100

第 5 章　基于直线几何约束点特征的图像配准方法

直线特征是图像中非常重要的描述符号，它可以在图像配准中提供有力的依据。然而，由于图像自身的复杂性以及大量外在因素的存在与干扰，图像的内在直线特征往往无法得到充分的提取和表达。本章将提出一种新的图像配准方法，首先从两幅图像中提取点特征，然后综合利用图像点特征和直线约束等关系建立参考图像和待配准图像间的特征匹配关系，分别在两幅图像中建立直线约束特征点集，再通过匹配准则建立特征点集之间的匹配关系，最后根据匹配点计算参考图像和待配准图像间的对应关系。

5.1　直线特征与点特征

几何特征匹配是计算机视觉、图像理解以及摄影测量与遥感等领域长期研究的一个基本问题，其目的是建立不同视角、不同传感器或不同时相获取的两幅或多幅图像中提取的集合特征间的对应性，或建立图像与目标模型或模板中集合特征之间的对应性，它是图像配准、目标识别、目标三维重建以及图像序列分析等任务中的关键步骤。

直线特征是图像中非常重要的描述符号，大多人工建筑物、主要道路等都可以由直线来描述。直线特征匹配[1, 2]的目的是建立两个不同直线特征集中各元素间的对应关系。在场景匹配，目标识别，图像分析、理解任务中，直线是一种重要的基本特征，相对于特征点，它能反映图像以及目标场景的很多高层信息，而图像特征抽象层次的提高，将更有利于进行图像处理和分析[3-6]。特别是在建筑等人工场景中，直线是这些几何模型中非常常见的组成元素。但是，同点特征匹配相比，由于图像对比度和图像分辨率较低造成图像模糊或因为图像噪声以及提取算法自身问题，提取直线特征的属性常具有特征提取不完整、直线特征断裂、直线特征方向偏离、过提取或虚假提取等缺陷，使得提取的线特征的拓扑几何关系难以得到很好的保持，并且在某些纹理型图像中，直线特征并不明显，难以提取到有用的直线段进行有效匹配。这些都严重破坏了不同图像中同名直线特征的属性一致性。如何建立合理的线特征描述与匹配策略来完成线特征的匹配，以及有效地建立反映待测目标的轮廓几何结构仍是一项值得研究的工作。

图像的点特征是基于特征图像配准中一种重要的特征形式，点特征一般是灰度变化的局部极值点，含有显著的结构性信息，这些点也可以没有实际的直观视觉意义，但可以均匀描述图像空间信息，并在某种角度、某个尺度上含有丰富的易于匹配的信息。然而基于点特征的图像配准方法多采用最小距离匹配，难以反映图像的结构特征，特征点数量巨大时计算效率低下。

因此，可以考虑利用图像点特征区域描述能力，结合线特征的图像结构描述能力和直线特征在线性图像变换中的直线特性不变性，综合点特征和直线特征两方面的优势共同解决图像配准问题。

5.2 特征点检测算法——SIFT

本章将采用特征点检测算法 SIFT 从参考图像和待配准图像中检测出特征点。SIFT(Scale Invariant Feature Transformation)即尺度不变特征变换，由加拿大英属哥伦比亚大学的 David Lowe 教授[7]于 1999 年提出，并于 2004[8]年在总结现有基于不变量技术的特征检测方法的基础上提出的一种基于尺度空间的、对图像缩放、旋转甚至仿射变换保持不变性的局部特征提取和描述算法[9]。该算法的主要思想就是将图像之间的匹配转化成特征向量之间的匹配。由于 SIFT 算法具有良好的鲁棒性和较快的运算速度，所以在图像配准领域得到了广泛的应用，现在已成为国内外图像处理和计算机视觉研究领域的热点之一。

5.2.1 SIFT 算法原理

SIFT 算法是一种提取局部特征的算法[10, 11]，用于在尺度空间寻找极值点，提取位置、尺度、旋转不变量。其主要思想是将图像之间的匹配转化成特征点向量之间的相似性度量。首先，在尺度空间上提取稳定的待匹配特征(指能对图像的变化保持一定的鲁棒性，且在存在物体运动、遮挡以及噪声影响等情况下仍能保持较好匹配性的特征)并对其进行描述，然后，对生成的特征向量进行特征匹配。SIFT 算法框架如图 5.1 所示。

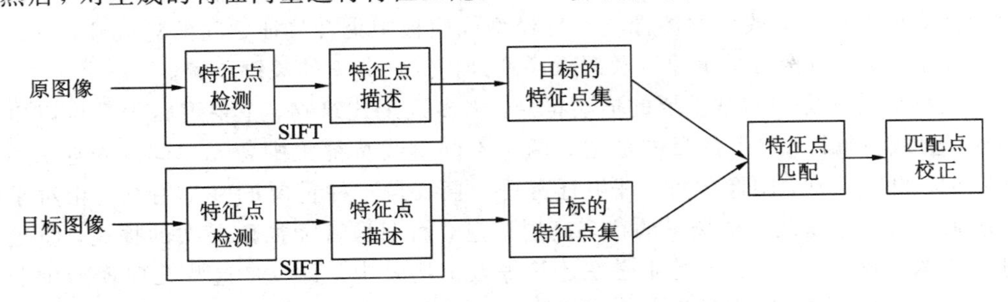

图 5.1 SIFT 算法框架

从图 5.1 可以看出特征点的检测与描述是算法的重点。SIFT 算法首先通过在尺度空间上比较图像灰度值来获得特征点，由此所产生的特征向量对图像的尺度具有很好的不变性；其次将坐标轴旋转为特征点的方向，通过计算关键点邻域梯度模值来给出关键点的方向特征，以保证其旋转不变性，且取得的特征向量对图像的旋转、平移、光照变化和遮挡等都具有很好的鲁棒性；最后在进行特征匹配时，要对特征进行相似性度量，一般采用欧式距离的方法，寻找到最相近的两组特征的点，把它们作为一对匹配点。根据常识可知，提取到的图像特征越多，越能反映图像中物体的真实特征，匹配的结果也会越精细。但是，如果要提取大量的特征，那么算法的复杂度也会相应地增大，所需时间也会增长，这样将不符合实际应用中的实时性要求，所以特征提取并非越多越好。SIFT 算法的另一个显著特点是只要存在很少的必要的特征匹配点就能够很好地完成特征匹配，所以很适合在海量特征数据库中进行快速、准确的匹配。SIFT 算法在一定程度上可解决以下问题：

(1) 目标的旋转、缩放、平移(RST)。

(2) 图像仿射/投影变换(视点，viewpoint)。

(3) 光照影响(illumination)。

(4) 目标遮挡(occlusion)。

(5) 杂物场景(clutter)。

(6) 噪声。

SIFT 算法的特点可总结如下[12]：

(1) 检测出的特征是图像的局部特征，它对图像旋转、尺度缩放、亮度变化保持了很好的不变性，对视角变化、仿射变换、噪声也保持了很好的稳定性。

(2) 算法独特性好，信息量丰富，适用于在众多特征中进行快速、准确的匹配。

(3) 检测的特征数量多，即使图像中只有少数的几个物体也可以产生很多的 SIFT 特征向量。

(4) 高速性，同样的图像用 SIFT 算法进行匹配的速度是比较快速的。

(5) 可扩展性，SIFT 算子可以很方便地与其他形式的特征向量进行结合使用。

5.2.2 SIFT 算法实现概述

SIFT 算法可分三个阶段[13]：第一个阶段是 SIFT 特征点的检测；第二个阶段是 SIFT 特征描述符的生成；第三个阶段是 SIFT 特征向量的匹配。SIFT 算法实现框架如图 5.2 所示。

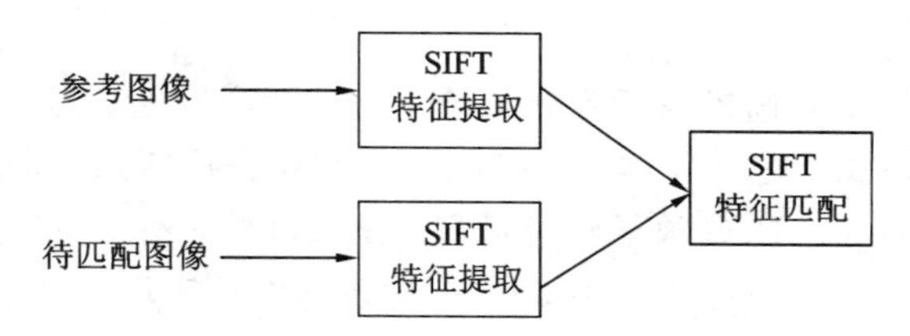

图 5.2　SIFT 算法实现框架图

SIFT 算法的关键是第二阶段，这一过程又可以细分为以下四个步骤：

(1) 初步定位特征点。检测尺度空间极值点，目的是找到在尺度空间和二维图像空间均为极值的特征点，初步确定特征点的位置和所在的尺度。

(2) 精确定位特征点。由于初步检测到的极值点还不稳定，因此还要经过进一步的检验去除低对比度的点和不稳定的边缘点，以增强匹配的稳定性和抗噪能力。

(3) 分配特征主方向。利用特征点邻域像素的梯度方向分布，为每个特征点指定方向参数，确定每个特征点的主方向，使算子具有旋转不变性。

(4) 生成特征描述子。综合考虑邻域梯度信息，以生成稳定的 SIFT 特征向量，生成的特征向量对图像的各种变化具有最大的适应性。

SIFT 算法的特征提取流程如图 5.3 所示。

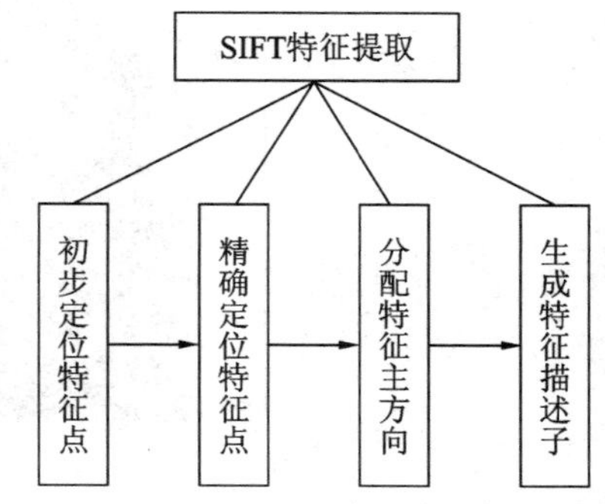

图 5.3　SIFT 算法的特征提取流程

5.2.3 SIFT 算法实现过程

1. SIFT 尺度空间的生成

构建尺度空间的目的是模拟视觉中图像的多尺度特征，从中检测出对于图像的尺度变化具有不变性的视觉特征，使得最终提取出的特征具有抗尺度缩放性[14]。Gaussian 卷积核是实现尺度变换的唯一变换核和唯一线性核，因此，尺度空间理论的主要思想是利用

Gaussian 核对原始图像进行尺度变换，以获得图像多尺度下的尺度空间表示序列，并对这些序列进行尺度空间特征提取。

一幅图像在尺度空间中可表示为图像和可变高斯核函数的卷积，采用高斯金字塔(Laplacian of Gaussian，LoG)算子表示如下：

$$L(x, y, \sigma) = G(x, y, \sigma) * I(x, y) \tag{5.1}$$

式中，符号 * 表示函数间的卷积运算；$I(x, y)$表示输入图像；$G(x, y, \sigma)$是尺度可变高斯函数，其数学表达式为

$$G(x, y, \sigma) = \frac{1}{2\pi\sigma^2} e^{\frac{-(x^2+y^2)}{2\sigma^2}} \tag{5.2}$$

其中，σ 符号是尺度空间因子，值越小表示图像被平滑得越少，相应的尺度也就越小。大尺度对应于图像的概貌特征，小尺度对应于图像的细节特征。

为了有效地在尺度空间检测到稳定的关键点，提出了高斯差分(Difference of Gaussian，DoG)尺度空间。利用不同尺度的高斯差分核与原始图像 $I(x, y)$卷积生成下式：

$$D(x, y, \sigma) = (G(x, y, k\sigma) - G(x, y, \sigma)) * I(x, y) = L(x, y, k\sigma) - L(x, y, \sigma) \tag{5.3}$$

选择高斯差分函数主要有两个原因：第一，高斯差分函数较其他函数计算效率高；第二，它可以作为尺度归一化的拉普拉斯高斯函数 $\sigma^2 \nabla^2 G$ 的一种近似。

DoG 算子计算简单，是尺度归一化 LoG 算子的近似。

为构造 $D(x, y, \sigma)$构建图像金字塔：图像金字塔共 O 组，每组有 S 层，下一组的图像由上一组图像降采样得到。

图 5.4 由两组高斯尺度空间图像来实现金字塔的构建，第二组的第一幅图像是由第一组的第一幅到最后一幅图像做因子 2 降采样得到的。

图 5.4　SIFT 尺度空间示意图

1994 年 Lindeberg 研究发现 DoG 函数与尺度归一化的高斯拉普拉斯函数 $\sigma^2 \nabla^2 G$ 非常近似，如图 5.5 所示，图中实线表示的是高斯差分算子，而虚线表示的是高斯拉普拉斯算子。2002 年 Mikolajczyk 在详细的实验比较中发现 $\sigma^2 \nabla^2 G$ 的极大值和极小值同其他的特征提取函数，例如：梯度、Hessian 或 Harris 角特征比较，能够产生最稳定的图像特征。

$D(x, y, \sigma)$和 $\sigma^2 \nabla^2 G$ 的关系可以从如下公式推导得到：

$$\frac{\partial G}{\partial \sigma} = \sigma \nabla^2 G \tag{5.4}$$

利用差分近似代替微分，则有

$$\sigma \nabla^2 G = \frac{\partial G}{\partial \sigma} \approx \frac{G(x, y, k\sigma) - G(x, y, \sigma)}{k\sigma - \sigma} \tag{5.5}$$

因此有

$$G(x, y, k\sigma) - G(x, y, \sigma) \approx (k-1)\sigma^2 \nabla^2 G \tag{5.6}$$

式中，$k-1$ 是一个常数，并不影响极值点位置的求取。

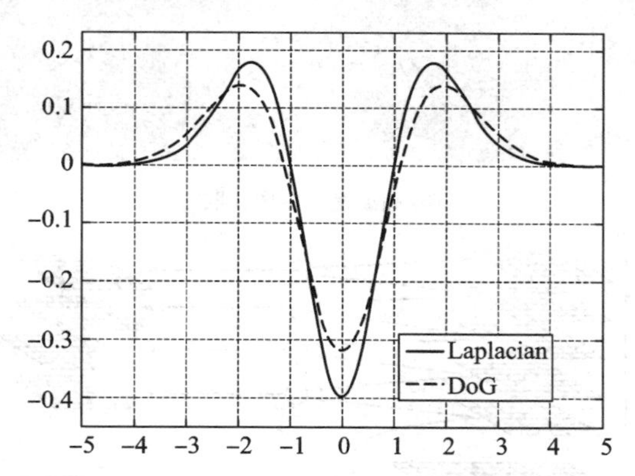

图 5.5　高斯拉普拉斯和高斯差分的比较

图 5.6 中展示了构造 $D(x, y, \sigma)$的一种有效方法，具体步骤如下：

(1) 采用不同尺度因子的高斯核对图像进行卷积以得到图像的不同尺度空间，将这一组图像作为金字塔图像的第一层。

(2) 对第一层图像中的 2 倍尺度图像(相对于该层第一幅图像的 2 倍尺度)以 2 倍像素距离进行下采样来得到金字塔图像的第二层中的第一幅图像，对该图像采用不同尺度因子的高斯核进行卷积，以获得金字塔图像中第二层的一组图像。

(3) 以金字塔图像中第二层的 2 倍尺度图像(相对于该层第一幅图像的 2 倍尺度)以 2 倍像素距离进行下采样来得到金字塔图像的第三层中的第一幅图像，对该图像采用不同尺度因子的高斯核进行卷积，以获得金字塔图像的第三层中的一组图像。这样依次类推，从而获得了金字塔图像的每一层中的一组图像，如图 5.6(a)所示。

(4) 将图 5.6(a)中的每一层相邻的高斯图像相减，就得到了高斯差分图像，如图 5.6(b)所示。图 5.6(c)中的右列显示了将每组中的相邻图像相减所生成的高斯差分图像的结果，限于篇幅，图中只给出了第一层和第二层高斯差分图像的计算。

(a) 下采样获取图像

(b) 高斯差分图像获取

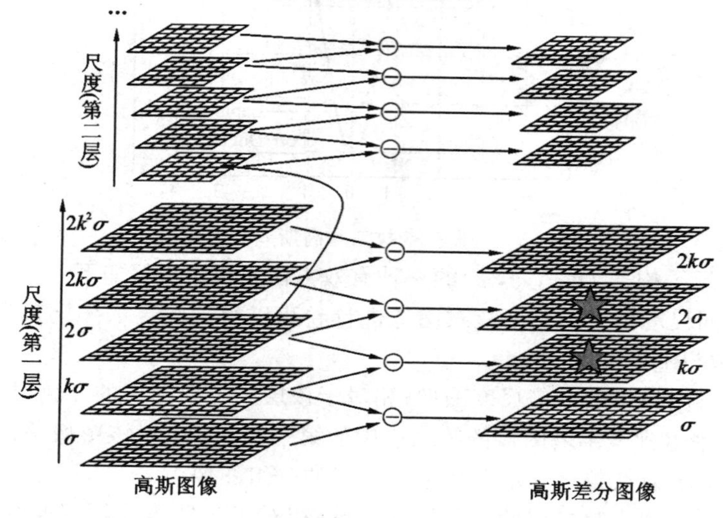

(c) 高斯差分图像获取

图 5.6　高斯金字塔中相邻尺度两幅高斯图像相减得到的 DoG 尺度空间图像

(5) 因为高斯差分函数是归一化的高斯拉普拉斯函数的近似，所以可以从高斯差分金字塔分层结构中提取出图像的极值点作为候选的特征点。将 DoG 尺度空间的每个点与相邻尺度和相邻位置的点逐个进行比较，得到的局部极值位置即为特征点所处的位置和对应的尺度。

2. 空间极值点检测

为了寻找尺度空间的极值点，每一个采样点的图像域和尺度域都要和它所有的相邻点进行比较。如图 5.7 所示，中间的检测点与其同尺度的 8 个相邻点和上下相邻尺度对应的 9×2 个点共 26 个点进行比较，以确保在尺度空间和二维图像空间都检测到极值点。

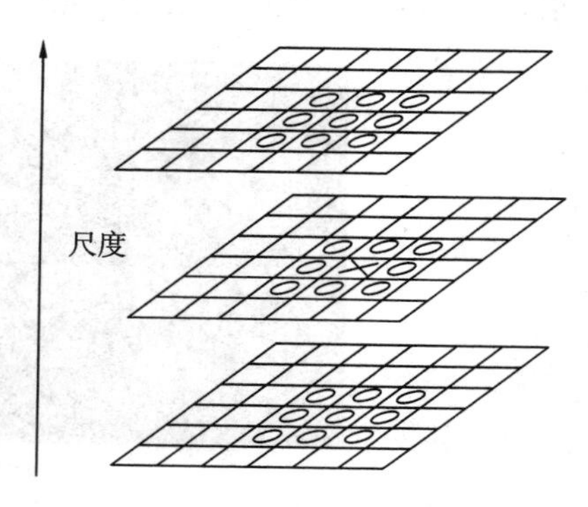

图 5.7　DoG 尺度空间局部极值检测

一组高斯差分图像中只能检测到两个尺度的极值点(如图 5.6(c)中右图的五角星标识)，而其他尺度的极值点检测则需要在图像金字塔的上一层高斯差分图像中进行。依次类推，最终在图像金字塔不同层的高斯差分图像中完成不同尺度极值的检测。

此外，由于某些极值点响应较弱，因此产生的极值点并非完全是稳定的特征点，而且 DoG 算子也会产生较强的边缘响应。

3. 构建尺度空间需确定的参数

构建尺度空间时，需确定以下几个参数：

σ：尺度空间坐标。

o：octave 坐标。

s：sub-level 坐标。

σ 和 o、s 的关系如下：

$$\sigma(o, s) = \sigma_0 2^{o+s/S}, \ o \in o_{\min} + [0, \cdots, o-1], \ s \in [0, \cdots, S-1]$$

式中，σ_0是基准层尺度。

设空间坐标 x 是组 octave 的函数，x_0是 0 组的空间坐标，则

$$x = 2^o x_0, \ o \in Z, \ x_0 \in [0, \cdots, N_0 - 1] \times [0, \cdots, M_0 - 1] \tag{5.7}$$

如果(M_0, N_0)是基础组 $o=0$ 的分辨率，则其他组的分辨率可由下式获得：

$$N_0 = \left\lfloor \frac{N_0}{2^o} \right\rfloor, \ M_0 = \left\lfloor \frac{M_0}{2^o} \right\rfloor \tag{5.8}$$

注：在文献[7, 8]中，Lowe 使用了如下的参数：$\sigma_n = 0.5$，$\sigma_0 = 1.6 * 2^{1/S}$，$o_{\min} = -1$，$S=3$。在组 $o=-1$ 中，图像采用双线性插值扩大了一倍(对应于扩大的图像 $\sigma_n = 1$)。

4. 精确确定极值点位置

通过拟和三维二次函数以精确确定关键点的位置和尺度(达到亚像素精度)，同时去除低对比度的关键点和不稳定的边缘响应点(因为 DoG 算子会产生较强的边缘响应)，以增强匹配稳定性，提高抗噪声能力。

获取关键点处的拟和函数：

$$\boldsymbol{D}(\boldsymbol{X}) = \boldsymbol{D} + \frac{\partial \boldsymbol{D}^{\mathrm{T}}}{\partial \boldsymbol{X}} \boldsymbol{X} + \frac{1}{2} \boldsymbol{X}^{\mathrm{T}} \frac{\partial^2 \boldsymbol{D}}{\partial \boldsymbol{X}^2} \boldsymbol{X} \tag{5.9}$$

对式(5.9)求导并使其等于零，可以得到极值点：

$$\hat{\boldsymbol{X}} = -\frac{\partial^2 \boldsymbol{D}^{-1}}{\partial \boldsymbol{X}^2} \frac{\partial \boldsymbol{D}}{\partial \boldsymbol{X}} \tag{5.10}$$

对应极值点，式(5.9)方程的值为

$$\boldsymbol{D}(\hat{\boldsymbol{X}}) = \boldsymbol{D} + \frac{1}{2} \frac{\partial \boldsymbol{D}^{\mathrm{T}}}{\partial \boldsymbol{X}} \hat{\boldsymbol{X}} \tag{5.11}$$

$\boldsymbol{D}(\hat{\boldsymbol{X}})$的值对于剔除低对比度的不稳定特征点十分有用，通常将$|\boldsymbol{D}(\hat{\boldsymbol{X}})| < 0.03$ 的极值点视为低对比度的不稳定特征点，进行剔除；同时，在此过程中获取了特征点的精确位置及尺度。一个不佳的高斯差分算子的极值在横跨边缘的位置有较大的主曲率，而在垂直边缘的位置有较小的主曲率。

DoG 算子会产生较强的边缘响应，需要通过 Hessian 矩阵来剔除不稳定的边缘响应点。获取特征点处的 Hessian 矩阵，主曲率通过一个 2×2 的 Hessian 矩阵 $\boldsymbol{H}$ 求出：

$$\boldsymbol{H} = \begin{bmatrix} D_{xx} & D_{xy} \\ D_{xy} & D_{yy} \end{bmatrix} \tag{5.12}$$

H 的特征值 α 和 β 代表 x 和 y 方向的梯度：

$$\begin{aligned}\mathrm{Tr}(\boldsymbol{H}) &= D_{xx} + D_{yy} = \alpha + \beta \\ \mathrm{Det}(\boldsymbol{H}) &= D_{xx}D_{yy} - (D_{xy})^2 = \alpha\beta\end{aligned} \tag{5.13}$$

式中，$\mathrm{Tr}(\boldsymbol{H})$表示矩阵 **H** 对角线元素之和，$\mathrm{Det}(\boldsymbol{H})$表示矩阵 **H** 的行列式。假设 α 是较大的特征值，而 β 是较小的特征值，令 $\alpha=r\beta$，则有

$$\frac{\mathrm{Tr}(\boldsymbol{H})^2}{\mathrm{Det}(\boldsymbol{H})} = \frac{(\alpha+\beta)^2}{\alpha\beta} = \frac{(r\beta+\beta)^2}{r\beta^2} = \frac{(r+1)^2}{r} \tag{5.14}$$

$$\boldsymbol{H} = \begin{bmatrix} D_{xx} & D_{xy} \\ D_{xy} & D_{yy} \end{bmatrix} \tag{5.15}$$

Hessian 矩阵中的导数由采样点相邻差估计得到。

D 的主曲率和 **H** 的特征值成正比，令 α 为最大特征值，β 为最小的特征值，则公式 $(r+1)2/r$ 的值在两个特征值相等时最小，且随着 r 的增大而增大。公式$(r+1)/r$ 的值越大，说明两个特征值的比值越大，即在某一个方向上的梯度值越大，而在另一个方向上的梯度值越小，边缘恰恰就是这种情况。所以为了剔除边缘响应点，需要让该比值小于一定的阈值。因此，为了检测主曲率是否在某域值 r 下，只需检测下式：

$$\frac{\mathrm{Tr}(\boldsymbol{H})^2}{\mathrm{Det}(\boldsymbol{H})} < \frac{(r+1)^2}{r} \tag{5.16}$$

在文献[7，8]中，取 $r=10$。

5. 关键点方向分配

为了使描述符具有旋转不变性，需要利用图像的局部特征为每一个关键点分配一个方向。利用关键点邻域像素的梯度及方向分布的特性，可以得到如下梯度模值和方向：

$$\begin{cases} m(x, y) = \sqrt{(L(x+1, y) - L(x-1, y))^2 + (L(x, y+1) - L(x, y-1))^2} \\ \theta(x, y) = \arctan\left(\dfrac{L(x, y+1) - L(x, y-1)}{L(x+1, y) - L(x-1, y)}\right) \end{cases} \tag{5.17}$$

式中，尺度 L 为每个关键点各自所在的尺度。

在以关键点为中心的邻域窗口内采样，并采用直方图统计邻域像素的梯度方向。梯度直方图的范围是 0°～360°，其中每 10°作为一个方向，共有 36 个方向。

直方图的峰值代表了该关键点处邻域梯度的主方向，即作为该关键点的方向。在计算方向直方图时，需要用一个参数 σ 等于关键点所在尺度 1.5 倍的高斯权重窗对方向直方图进行加权，如图 5.8 所示。图中圆形中心处的权值最大，边缘处的权值小。该示例中为了简化仅给出了 8 个方向的方向直方图计算结果。

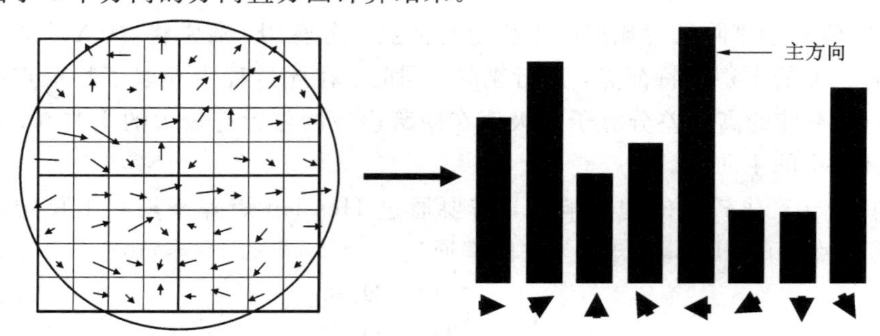

图 5.8 方向的直方图表示

方向直方图的峰值代表了特征点处邻域梯度的方向，并以直方图中的最大值作为关键点的主方向。为了增强匹配的鲁棒性，只保留峰值大于主方向峰值 80% 的方向作为关键点的辅方向。因此，对于同一梯度值的多个峰值的关键点位置，在相同的位置和尺度上将会创建多个关键点，但它们的方向不同。尽管只有 15% 的关键点被赋予多个方向，但还是可以明显提高关键点匹配的稳定性。

至此，图像的关键点已检测完毕，每个关键点包含三类信息：位置、所处尺度、方向。由此可以确定一个 SIFT 特征区域。

6. 特征点描述符生成

完成以上步骤以后，接下来就是为每个关键点建立一个描述符，使其不随各种变化而改变，比如光照变化、视角变化等。描述符应有较高的独特性，以便于提高特征点正确匹配的概率。

每个区域，只有都转换到关键点的主方向，才能保证旋转不变性。只有方向一致，采集的特征点才有可比性。将坐标轴旋转为关键点的方向，以确保旋转不变性，再以关键点为中心取 8×8 的窗口，如图 5.9 所示。

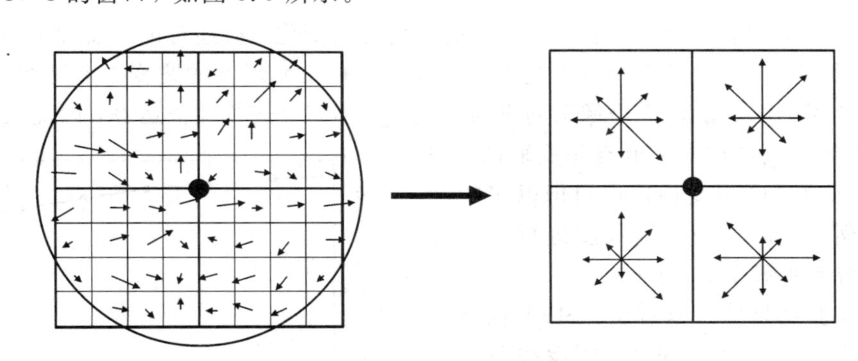

图 5.9　由关键点邻域梯度信息生成特征向量

图 5.9 中，左图中央的黑点为当前关键点的位置，每个小格代表关键点邻域所在尺度空间的一个像素，箭头方向代表该像素的梯度方向，箭头长度代表梯度模值，圆圈代表高斯加权的范围(越靠近关键点的像素其梯度方向的信息贡献越大)；然后在每 4×4 的小方块上计算 8 个方向的梯度方向直方图，绘制每个梯度方向的累加值，即可形成一个种子点，如右图所示，此图中的一个关键点由 2×2 共 4 个种子点组成，每个种子点有 8 个方向向量信息。这种邻域方向性信息联合的思想增强了算法抗噪声的能力，同时对于含有定位误差的特征匹配也提供了较好的容错性。

实际计算过程中，为了增强匹配的稳健性，文献[7, 8]建议对每个关键点使用 4×4 共 16 个种子点来描述，这样对于一个关键点就可以产生 128 个数据，即最终形成 128 维的 SIFT 特征向量。此时 SIFT 特征向量已经去除了尺度变化、旋转等几何变形因素的影响，再继续对特征向量的长度进行归一化，即可进一步去除光照变化的影响。

当两幅图像的 SIFT 特征向量生成后，下一步将采用关键点特征向量的欧式距离来作为两幅图像中关键点的相似性判定度量。选取第一幅图像中的某个关键点，并找出与第二幅图像中欧式距离最近的前两个关键点，在这两个关键点中，如果最近的距离除以次近的距离少于某个比例阈值，则接受这一对匹配点。如果降低这个比例阈值，SIFT 匹配点的数目将会减少，但会更加稳定。

7. 描述符的性能测试

为了对描述符的性能进一步地深入研究，我们以描述符的重复度为评价标准，对大量的图像进行了实验。实验内容主要包括描述符对图像旋转变化和尺度变化的性能两个方面。实验中仍以多幅图像为测试对象，并将各组图像数据取平均值作为最终的实验结果。

为了对描述符的旋转不变性进行测试，我们仍以多幅测试图像分别旋转不同的角度进行了大量的实验，结果如图 5.10 所示。

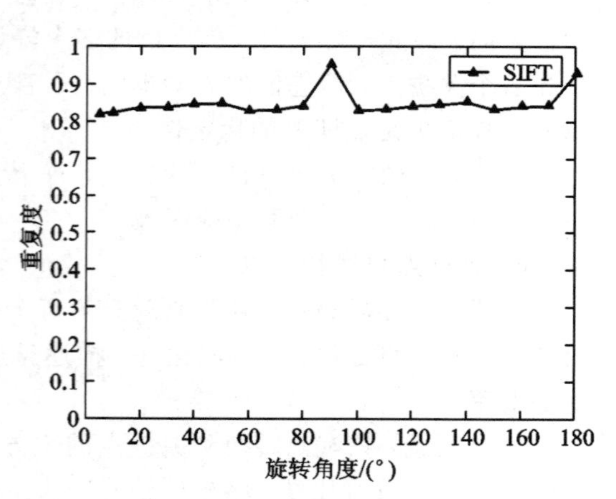

图 5.10 SIFT 描述符对于旋转变化的性能测试

从该实验结果中可以看出，SIFT 描述符具有非常良好的旋转不变性，图像从 0°～180°进行旋转变化，描述符的重复度始终保持在 80%以上，而且性能比较稳定。随着旋转角度的变化，描述符的重复度基本保持不变(81%～85%之间)，只是在图像旋转 90°和 180°时有较大幅度的跳变，重复度大于 90%。这是因为此时的图像旋转只是像素的重新排列，并不需要进行插值运算，因此最准确。

SIFT 特征点是在多尺度空间提取的，因此具有良好的尺度不变性。我们仍以多幅测试图像为例，对图像的不同尺度进行了大量的实验，结果如图 5.11 所示。

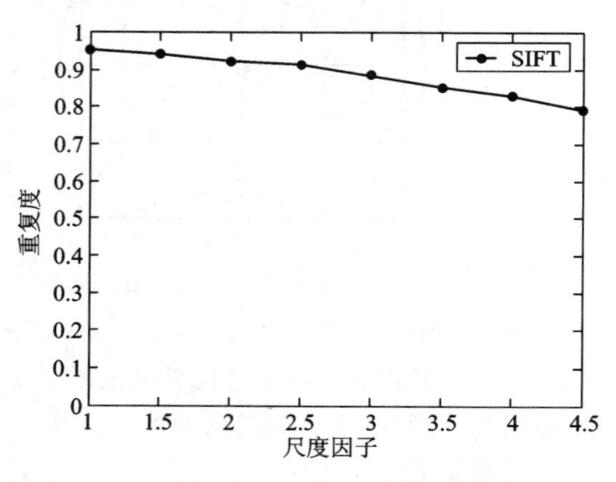

图 5.11 SIFT 描述符对于尺度变化的性能测试

从该实验结果中可以看出，SIFT 描述符具有非常良好的尺度不变性，图像按照尺度因子从 1～4.5 进行尺度变化，描述符的重复度仍然保持在 78%以上。当图像尺度因子大于 4.5 时，SIFT 描述符也能够保持较高的重复度，但是随着尺度因子的不断变大，图像极值点检测的运算量将变得比较大(一幅 256×256 的图像扩大 5 倍后的尺寸为 1280×1280)，对于大量的不同图像进行测试的工作量就更加庞大，因此这里并未对大尺度因子的图像进行类似实验。

从以上的实验数据中可以看出，SIFT 描述符具有非常鲁棒的旋转不变性以及尺度不变性，这些优良的特性对于图像能否正确地配准和拼接起到了至关重要的作用。当然 SIFT 描述符对于噪声的干扰、光照条件的变化以及 3D 视角的变化也具有较好的鲁棒性。

5.3 基于直线约束特征点集检测

5.3.1 基于直线约束特征点集定义

定义 5.1(直线约束特征点集) 从参考图像中检测 SIFT 特征点集，将其划分为 m 个直线约束特征点集$\{S_1^{re}, S_2^{re}, \cdots, S_m^{re}\}$；从待配准图像中检测 SIFT 特征点集，将其划分为 n 个直线约束特征点集$\{S_1^{tr}, S_2^{tr}, \cdots, S_n^{tr}\}$，其中每个点集中的元素满足如下条件：

$$S_j^{re} = \{(x_{ji}, y_{ji}) \mid y_{ji} = k_j x_{ji} + b_j, i = 1, 2, \cdots\} \tag{5.18}$$

$$S_k^{tr} = \{(x_{ki}, y_{ki}) \mid y_{ki} = k'_k x_{ki} + b'_j, i = 1, 2, \cdots\} \tag{5.19}$$

式中，每个特征点集均满足某组参数的直线约束，如图 5.12 所示。

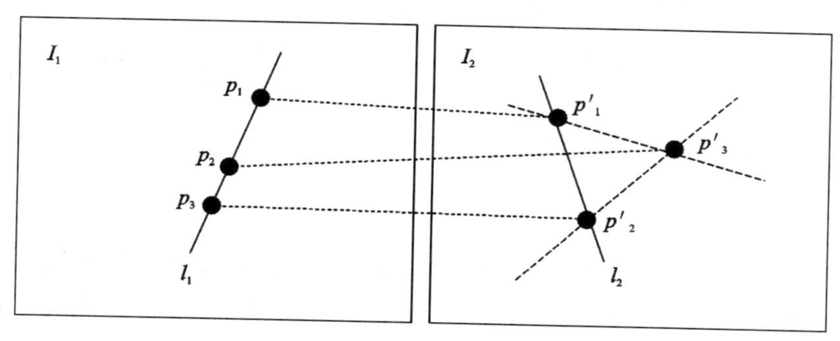

图 5.12　匹配点对直线约束

在图 5.12 中，图像 I_1 中的三个点为匹配点集中的一个子集，满足直线约束，如果与图像 I_2 中的匹配点匹配正确，则 I_2 中的点集也应满足直线约束。但是，由于误匹配等诸多原因，I_1 中的匹配点集在 I_2 中的对应点往往不能共线，所以对两组直线的约束点集匹配对再次进行直线约束操作，直到匹配点集不再发生变化。

5.3.2　同序性检测

对于满足共线条件的直线约束特征点集，由于参考图像和待配准图像中具有相似区域，也可能造成误匹配。如图 5.13 中所示，直线 l_1 上的点如果与 l_2 上的点匹配完全正确，则对应的 l_2 上的点与 l_1 上的点应具有同序性。也就是如果没有出现如图 5.13 所示的错误匹配，l_2 上的正确匹配顺序应为 $p'_1 \to p'_2 \to p'_3 \to \cdots \to p'_n$，但是现在 l_1 上对应 l_2 上的匹配顺序变成了 $p'_1 \to p'_3 \to p'_2 \to \cdots \to p'_n$。为去除此类错误匹配点，将 l_1 对应在 l_2 上的匹配点序列与 l_2 上原来点的序列进行比对，如果相同位置上的点的名称相同，则为正确的匹配点，需进行保留；相反，如果名称不同则为错误的匹配点，从匹配点集中去除。

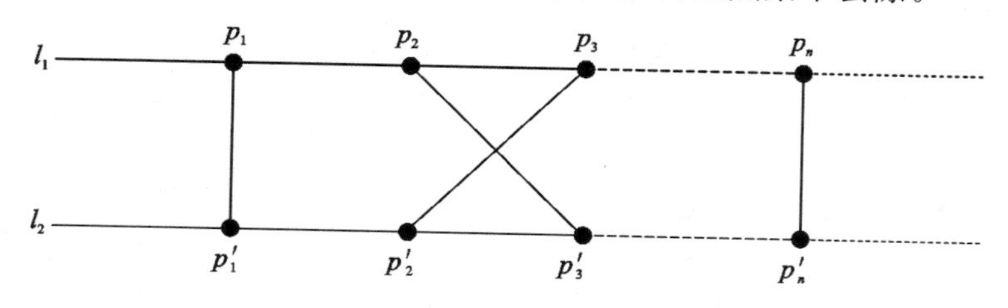

图 5.13　共线匹配点集错误匹配示意图

5.3.3　直线约束特征点子集检测

对特征点的直线约束检测采用的是 HOUGH 变换思想，即利用点-线的对偶性，即图像空间共线的点对应在参数空间里相交的线。反之，在参数空间中相交于同一个点的所有直线在图像空间里都有相应的点与之对应。

在 xy 平面中，直线 l 上的任意点满足方程

$$y = kx + b \tag{5.20}$$

式中，x 和 y 为变量，b 和 k 为常量，也就是说直线 l 上的所有点都对应相同的一对 k 和 b，记为 (k, b)。

式(5.20)可改写为

$$b = -xk + y \tag{5.21}$$

在 kb 平面中，k 和 b 为变量，x 和 y 为常量，式(5.21)表示一条由 x、y 确定的直线。kb 平面也称为参数平面。

将直线 l 上的点 $p_1(x_1, y_1)$ 和 $p_2(x_2, y_2)$ 分别代入式(5.21)，有

$$b = -x_1k + y_1 \tag{5.22}$$

$$b = -x_2k + y_2 \tag{5.23}$$

在 bk 平面中，令由式(5.22)确定的直线 l_1 和由式(5.23)确定的直线 l_2 相交于点 $p(k', b')$，则 k'、b' 分别表示 xy 平面上直线 l 的斜率和截距。实际上，直线 l 上的其余点在 bk 平面中对应的直线也相交于点 p，如图 5.14、图 5.15 所示。

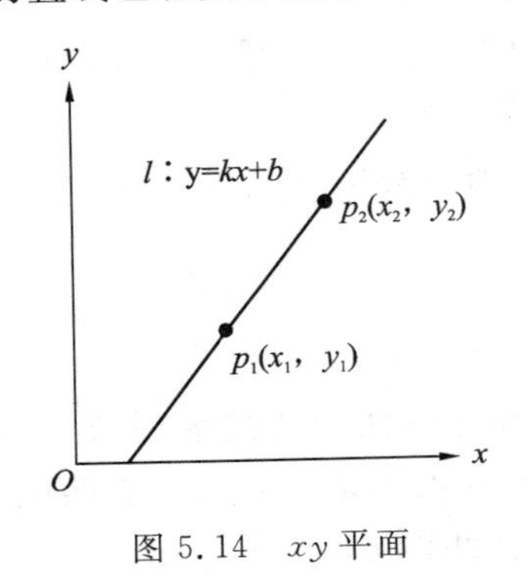

图 5.14　xy 平面

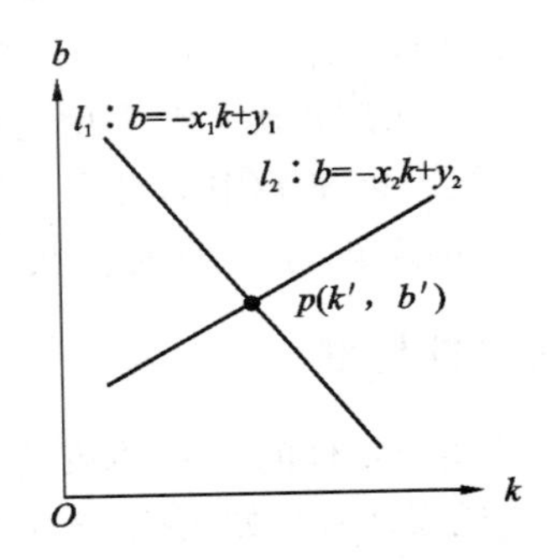

图 5.15　bk 平面

由此可以得到一个重要的结论：在 xy 平面中的点集 $P_{xy}(x_i, y_i)$，若它们共线，则在 kb 平面中由 x_i 和 y_i 确定的直线均相交于相同的一点，反之亦然。所以若在参数平面中相交于点 (k, b) 的直线有 n 条，则在图像平面中这 n 个点共线于由 k 和 b 确定的直线。

将参数平面按照精度要求进行细分，k 轴等分为 i 份，b 轴等分为 j 份，如图 5.16 所示。图 5.16 中每一个单元格称为累加器单元，累加器单元的值用数组 $A(i, j)$ 表示，初值为 0；对图像平面中的每个点 (x, y)，令参数 k 依次取值为 k 轴上的每个细分值，将其代入式(5.21)中，可以求出对应的 b 值，然后根据 b 轴上允许的最接近的值对 b 值进行舍入；每得到一对 k_p 和 b_q，就将对应累加器单元的值进行累加，即 $A(p, q) = A(p, q) + 1$；最后 $A(i, j)$ 的值 Z 表示在 xy 平面中由 Z 个点共线于直线 $y = k_ix + b_j$。

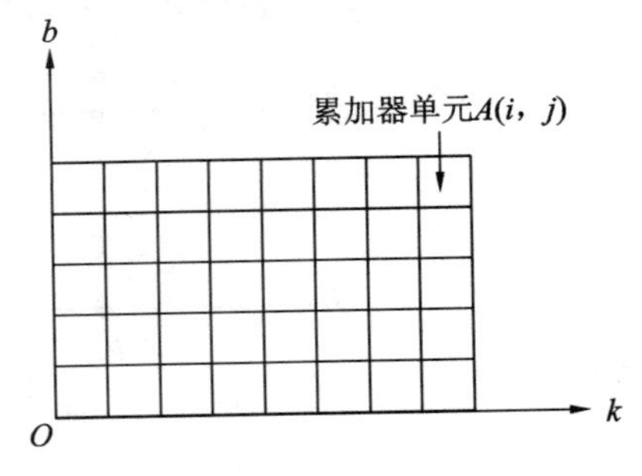

图 5.16　参数平面细分示意图

使用式(5.20)表示一条直线，当直线垂直时，斜率无穷大。为此，采用直线的标准表达式：

$$\rho = x\cos\theta + y\sin\theta \tag{5.24}$$

式(5.24)在 xy 平面中的表示如图 5.17 所示。图中 θ 的取值范围为$[-90°, 90°]$或$[0°, 180°]$，也可以是它们的某个子集；ρ 的取值范围为$[-D, D]$，D 为图像的对角线长度。这时，参数空间就变为 $\rho-\theta$ 空间，$X-Y$ 空间中的任意一条直线对应了 $\rho-\theta$ 空间内的一个点。由式(5.24)可知，$X-Y$ 空间内的一点对应了 $\rho-\theta$ 空间中的一条正弦曲线。如果有一组位于由参数 ρ 和 θ 决定的直线上的点，则每个点对应了参数空间中的一条正弦曲线，所有这些曲线必相交于点(ρ, θ)。同样，在计算的过程中需要对参数空间进行离散化，每个单元的中心点坐标为：

$$\begin{cases} \theta_n = \left(n - \dfrac{1}{2}\right)\Delta\theta & n = 1, 2, \cdots N_\theta \\ \rho_n = \left(n - \dfrac{1}{2}\right)\Delta\rho & n = 1, 2, \cdots N_\rho \end{cases} \tag{5.25}$$

式中，$\Delta\theta = \pi/N_\theta$，$N_\theta$ 为参数 θ 分割段数：$\Delta\rho = \pi/N_\rho$，N_ρ 是参数 ρ 的分割段数。$l = \max[(x^2 + y^2)^{1/2}]$为图像中的点与原点之间的最大距离。

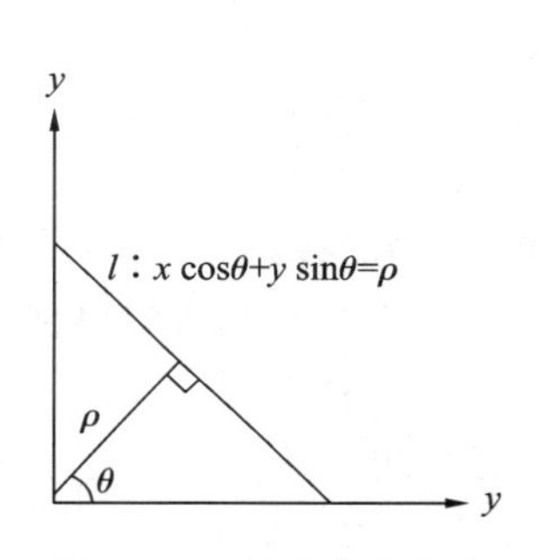

图 5.17　标准表达方式

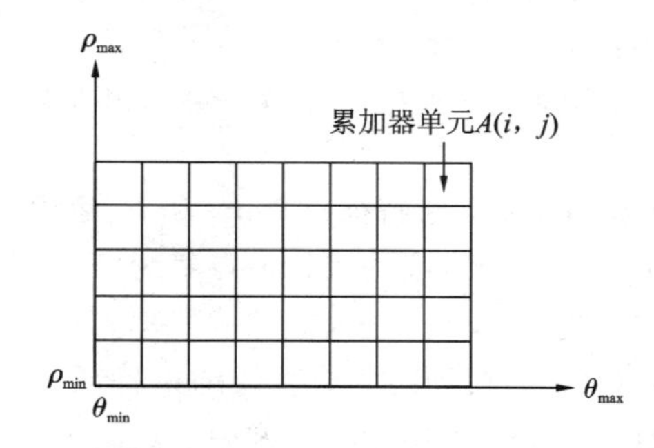

图 5.18　累加器单元

通过在参数空间里进行简单的累加统计完成检测任务，可将图像空间中的点特征共线检测问题转换为参数空间里对点的检测问题。如图 5.18 所示，计算满足条件 $A(i, j) \geqslant \tau$ 的点对应的直线参数，由此可得到参考图像和待配准图像的直线约束特征点集$\{S_1^{re}, S_2^{re}, \cdots, S_m^{re}\}$和$\{S_1^{tr}, S_2^{tr}, \cdots, S_n^{tr}\}$。

5.4　基于直线几何约束的点特征图像配准算法

本节算法基于 Pilu 的奇异值分值(SVD)方法对参考图像和待配准图像特征点进行匹配，设 I 和 J 为两幅灰度图像，分别在这两幅图像中提取 m 和 n 个特征：

$$\begin{cases} I_i = (d_1^i, d_2^i, \cdots, d_k^i) & (i = 1, 2, \cdots, m) \\ J_j = (d_1^j, d_2^j, \cdots, d_k^j) & (j = 1, 2, \cdots, n) \end{cases} \tag{5.26}$$

式中，k 是特征向量的维数。

特征匹配过程如下：

(1) 建立特征间相似度矩阵 $\boldsymbol{G}$。$\boldsymbol{G}$ 中每个元素 G_{ij} 为两个特征 I_i 和 I_j 间的加权距离：

$$G_{ij} = \frac{G_{ij} + 1}{2} e^{-r_{ij}^2/2\sigma^2} \quad (i = 1, \cdots, m;\ j = 1, \cdots, n) \tag{5.27}$$

式中：

$$G_{ij}=\frac{\sum_{l=1}^{k}(d_l^i-\mu^i)(d_l^j-\mu^j)}{k\sigma(I_i)\sigma(J_j)} \tag{5.28}$$

式中，μ^i、μ^j分别为特征I_i和J_j的均值，$\sigma(I_i)$、$\sigma(J_j)$分别为I_i和J_j的方差；$r_{ij}=\|I_i-I_j\|$为两个特征I_i和J_j间的欧氏距离。

(2) 对相似度矩阵$\boldsymbol{G}$进行奇异值分解

$$\boldsymbol{G}=\boldsymbol{UDV}^{\mathrm{T}} \tag{5.29}$$

式中，$\boldsymbol{U}$为m阶正交方阵；$\boldsymbol{V}$为n阶正交方阵；$\boldsymbol{D}$为对角方阵，对角元素为矩阵$\boldsymbol{G}$的奇异值，并按降序排列。

(3) 计算一个新的相似度矩阵$\boldsymbol{P}=\boldsymbol{UEV}^{\mathrm{T}}$，如果$\boldsymbol{P}$中的元素$P_{ij}$既是$i$行中的最大值，又是$j$列的最大值，则特征点$i$和$j$为对应点。

算法 5.1　基于直线几何约束的点特征图像配准算法

输入：参考图像I_{re}和待配准图像I_{tr}。

输出：配准后的图像。

(1) 采用 SIFT 算法对参考图像I_{re}和待配准图像I_{tr}分别提取特征点，其特征点集各为P_{re}和P_{tr}。

(2) 设置τ值，对特征点集P_{re}和P_{tr}运用 5.3 节方法计算直线约束特征点子集，从参考图像计算得到的直线约束特征点集为$\{S_1^{\mathrm{re}}, S_2^{\mathrm{re}}, \cdots, S_m^{\mathrm{re}}\}$，从待配准图像中得到的直线约束特征点集为$\{S_1^{\mathrm{tr}}, S_2^{\mathrm{tr}}, \cdots, S_n^{\mathrm{tr}}\}$。

(3) 对(2)中得到的两个直线约束特征点子集进行特征匹配，得到特征点子集匹配对集合$\{(p_j^{\mathrm{re}}, p_k^{\mathrm{tr}})\}$，其中参考图像中的点集为$P_{\mathrm{re}}^M$，待配准图像中的点集为$P_{\mathrm{tr}}^M$。

(4) 通过同序性检测进一步去除错误匹配对。

(5) 如果P_{re}等于P_{re}^M，P_{re}等于P_{tr}^M，则进行(6)；否则令$P_{\mathrm{re}}=P_{\mathrm{re}}^M$，$P_{\mathrm{re}}=P_{\mathrm{tr}}^M$，返回(2)。

(6) 根据匹配点集$\{(p_j^{\mathrm{re}}, p_k^{\mathrm{tr}})\}$计算变换矩阵$\boldsymbol{H}$。

(7) 根据变换矩阵$\boldsymbol{H}$对参考图像和待配准图像进行变换和融合，输出配准后图像。至此算法结束。

5.5　实验结果与分析

为检验本章所提出的基于直线约束点特征的图像配准方法的有效性，采用牛津大学机器视觉研究组的公开测试图像——选取两组具有不同纹理特征的变换图像进行图像配准实验。通过对模拟特征和真实图像两种不同的数据类型进行配准实验，将本章算法与目前主流算法进行比较。

5.5.1　Graffiti 真实图像实验

从 Graffiti 图像集中选取前两幅图像进行匹配实验，第一幅作为参考图像，如图 5.19(a)所示；第二幅作为待配准图像，如图 5.19(b)所示。首先从参考图像和待配准图像中提取 SIFT 特征点，图 5.20 中显示了特征点的位置、模值和方向等信息，从参考图像中共检测到 1441 个特征点，从待配准图像中共检测到 1256 个特征点。图 5.21 为图 5.20 中 SIFT

特征点的位置信息，从图 5.21 中可以看出 SIFT 可以均匀地描述图像空间信息，并且特征数量丰富。以图 5.21 作为二值图像进行直线段检测，并对图 5.21 中两幅图像进行 Hough 变换，将累加器中的值进行可视化显示，如图 5.22 所示，图中像素点越亮代表共线的点越多，白色方形为本章算法选中用于参加匹配的特征点对应的直线参数。为了能更加直观地观察累加器的值，可将其在三维空间进行显示，如图 5.23 所示，ρ 轴和 θ 轴为直线参数，Z 为对应直线参数的共线点数。可以看到直线约束点集数量很多，这为本章算法能够利用直线约束进行图像配准的方法提供了丰富的特征选择。

(a) 参考图像Graf1

(b) 待配准图像Graf2

图 5.19　参考图像和待配准图像

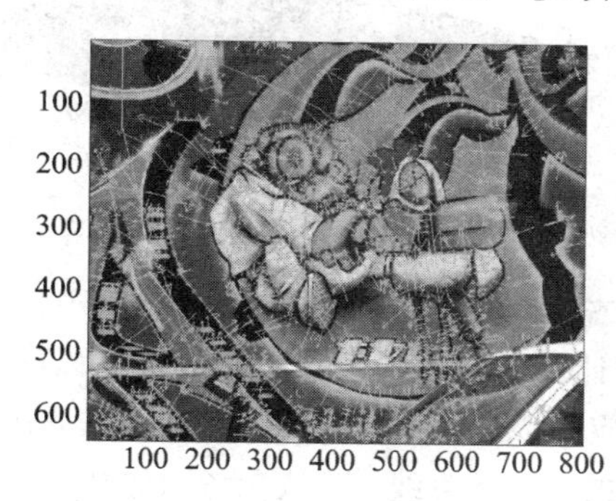

(a) Graf1特征向量

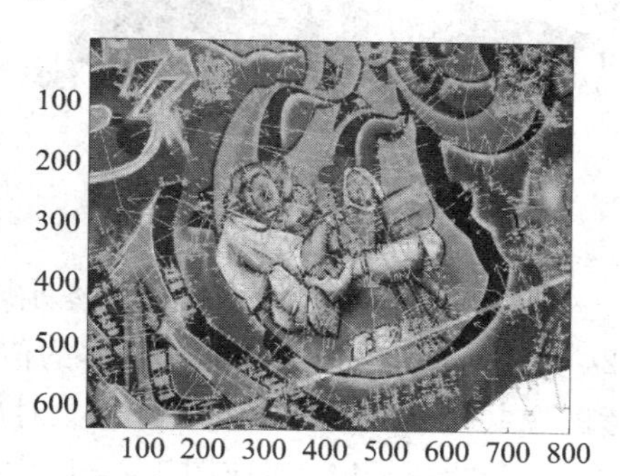

(b) Graf2特征向量

图 5.20　参考图像和待配准图像的 SIFT 特征向量

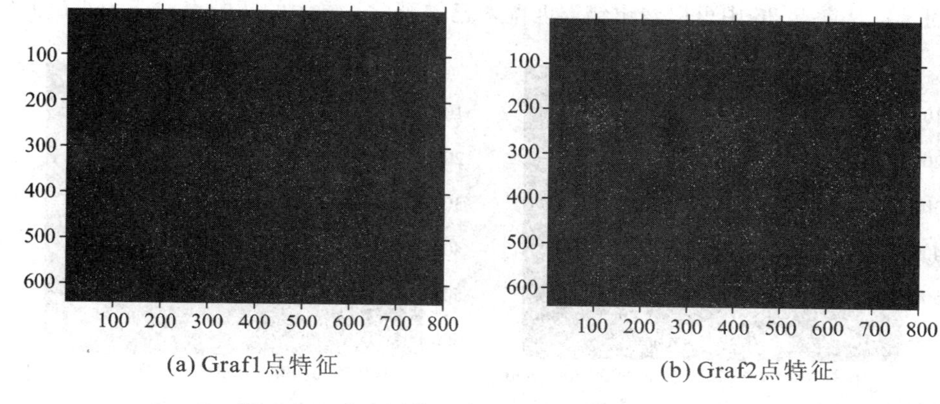

(a) Graf1点特征　　(b) Graf2点特征

图 5.21　参考图像和待配准图像的点特征位置

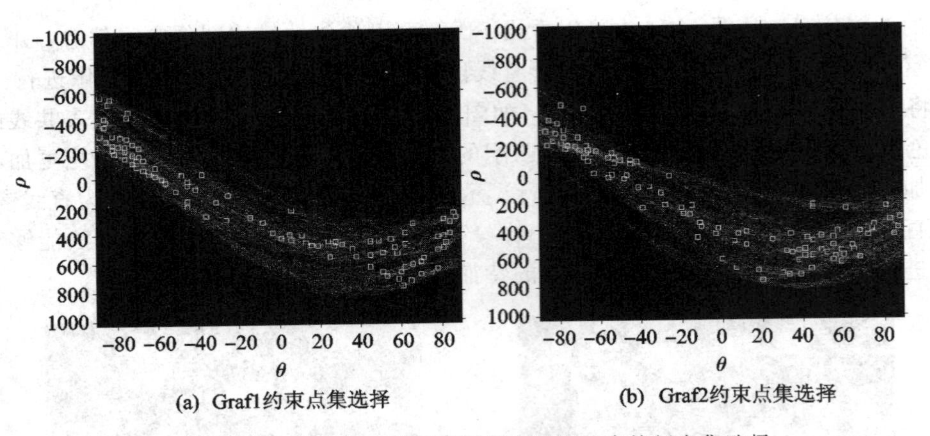

(a) Graf1约束点集选择　　(b) Graf2约束点集选择

图 5.22　参考图像和待配准图像直线特约束特征点集选择

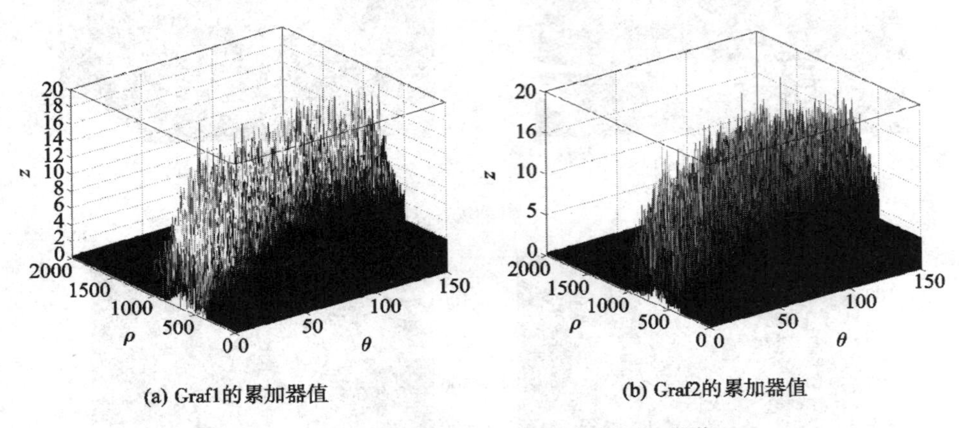

(a) Graf1的累加器值　　(b) Graf2的累加器值

图 5.23　参考图像和待配准图像的累加器值

图 5.24 为采用图 5.21 选择的累加器的值计算的初始匹配点集，共线点以线段形式连接。从参考图像共检测到 263 个特征子集，对应图 5.24(a)中的 263 条直线。从待配准图像中共检测到 311 个特征子集，对应图 5.24(b)中的 311 条直线。对从参考图像和待配准图像中检测到的特征子集采用本章算法进行匹配，初始化匹配结果如图 5.25 所示，从图 5.25 中可以看出其中存在许多错误匹配对。当算法结束后得到的匹配点对如图 5.26 所示，共检测到 74 对特征点，从图 5.26 中可以看出错误匹配对已被消除，显示的匹配点对皆为正确匹配对。

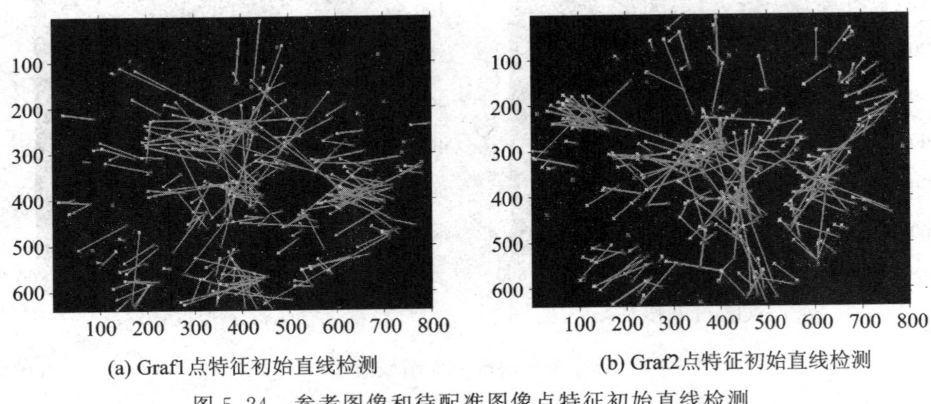

(a) Graf1点特征初始直线检测　　(b) Graf2点特征初始直线检测

图 5.24　参考图像和待配准图像点特征初始直线检测

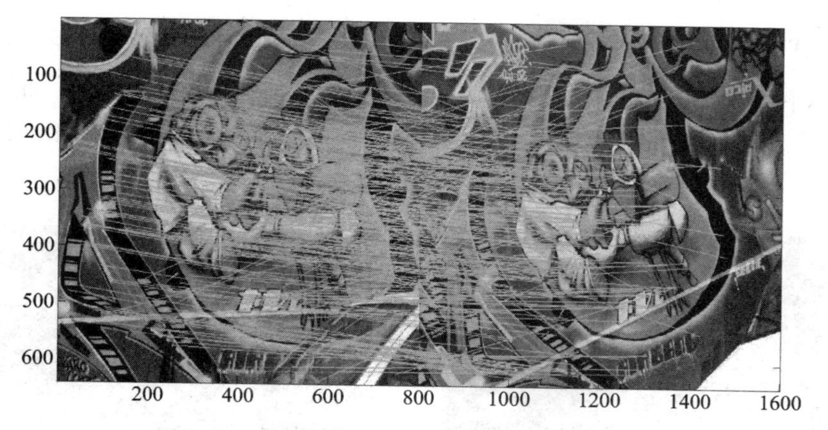

图 5.25　参考图像和待配准图像点特征初始匹配

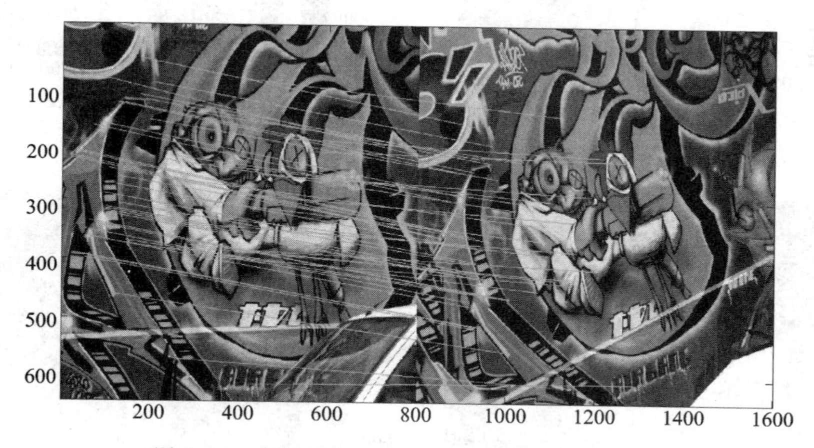

图 5.26　参考图像和待配准图像点特征最终匹配

通过最终获取的匹配对计算变换参数，变换矩阵 $\boldsymbol{H}$ 为

$$\boldsymbol{H}=\begin{bmatrix} 8.7976964\mathrm{e}-1 & 3.1245438\mathrm{e}-1 & -3.9430589\mathrm{e}+1 \\ -1.8389418\mathrm{e}-1 & 9.3847198\mathrm{e}-1 & 1.5315784\mathrm{e}+2 \\ 1.9641425\mathrm{e}-4 & -1.6015275\mathrm{e}-5 & 1.0000000\mathrm{e}+0 \end{bmatrix} \tag{5.30}$$

对图像进行变换和融合，最终的图像配准结果如图 5.27 所示，可以看出配准结果良好，没有出现明显的视觉差异。

图 5.27　Graf1 和 Graf2 配准效果

5.5.2　Trees 真实图像实验

从 Trees 图像集中选取前两幅图像进行匹配实验，第一幅作为参考图像，如图 5.28(a)所示；第二幅作为待配准图像，如图 5.28(b)所示。首先从参考图像和待配准图像中提取 SIFT 特征点，如图 5.29 所示。

(a) 参考图像Trees1　　(b) 待配准图像Trees2

图 5.28　参考图像和待配准图像

(a) Trees1特征向量　　(b) Trees2特征向量

图 5.29　参考图像和待配准图像的 *SIFT* 特征向量

图 5.29 中显示了特征点的位置、模值和方向等信息，从参考图像中共检测到 8034 个特征点，从待配准图像中共检测到 9072 个特征点。

图 5.30 为图 5.29 中 SIFT 特征点的位置信息，从图 5.30 中可以看出 SIFT 可以均匀地描述图像信息，并且特征数量丰富。以图 5.30 作为二值图像进行直线段检测，对图 5.30 中两幅图像进行 Hough 变换，将累加器中的值进行可视化显示，如图 5.31 所示。图 5.31 中的像素点越亮代表共线的点越多，白色方形为本章算法选中的用于参加匹配的特征点对应的直线参数。为了能更加直观地观察累加器的值，可将其在三维空间进行显示，如图 5.32 所示，可以看出多点共线的直线数量丰富，Z 值多集中在 10～30 范围内，这就为本章算法能够利用直线约束进行图像配准的方法提供了丰富的特征选择。

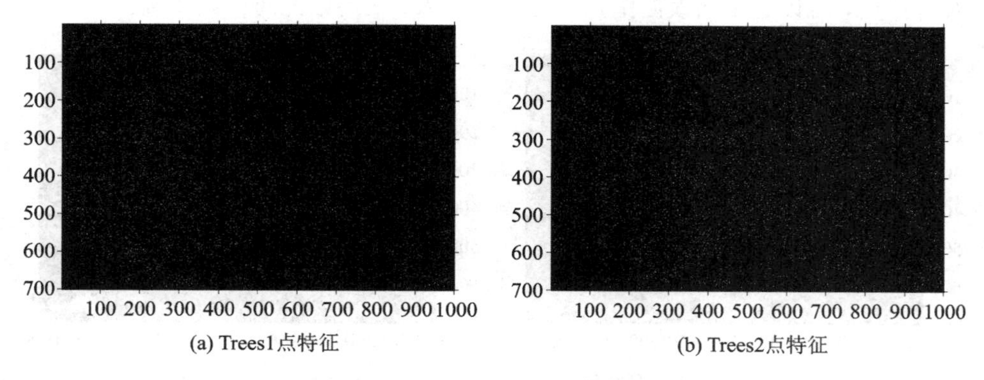

(a) Trees1点特征　　(b) Trees2点特征

图 5.30　参考图像和待配准图像的点特征位置

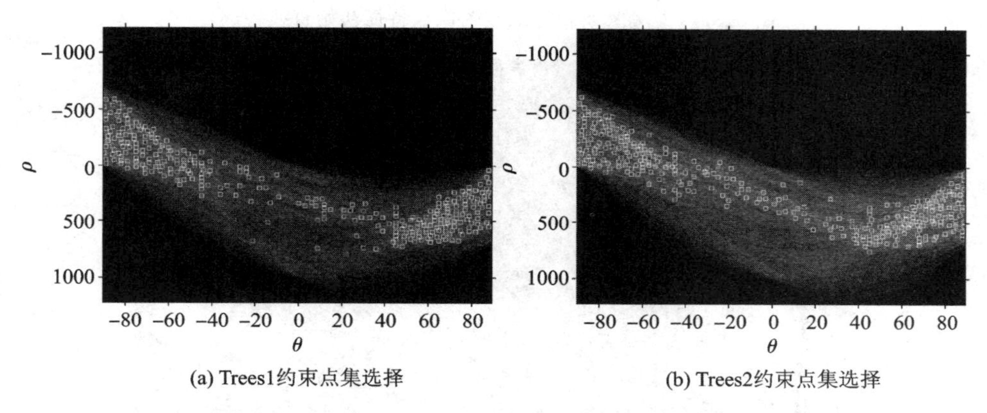

(a) Trees1约束点集选择　　(b) Trees2约束点集选择

图 5.31　参考图像和待配准图像特征点直线特约束点集选择

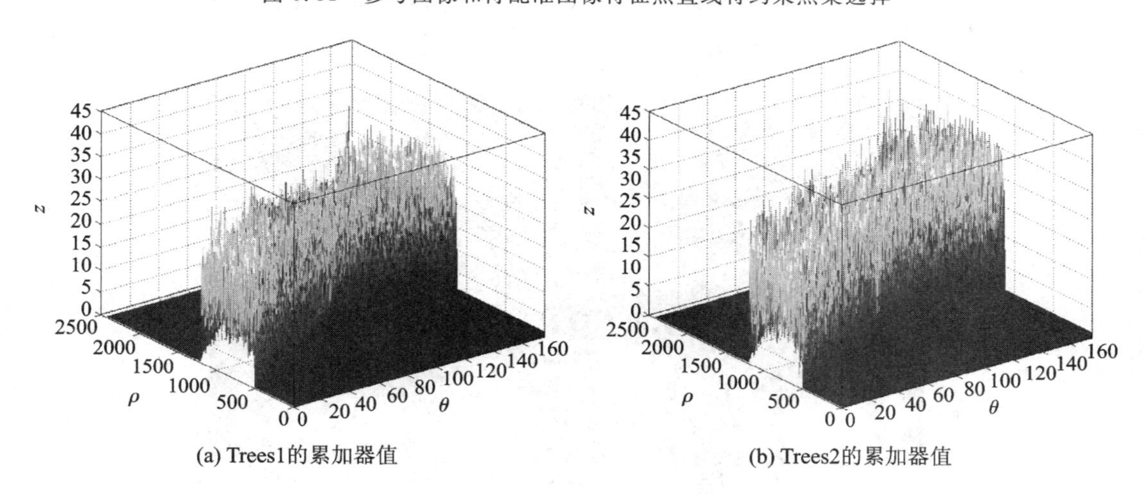

(a) Trees1的累加器值　　(b) Trees2的累加器值

图 5.32　参考图像和待配准图像的累加器值

图 5.33 为采用图 5.30 选择的累加器的值计算的初始匹配点集，共线点以线段形式连接。从参考图像共检测到 263 个特征子集，对应图 5.33(a)中的 263 条直线。从待配准图像中共检测到 311 个特征子集，对应图 5.33(b)中的 311 条直线。对从参考图像和待配准图像中检测到的特征子集采用本章算法进行匹配，初始化匹配结果如图 5.34 所示。从图 5.34 中可以看出其中存在许多错误匹配对，当算法结束后得到的匹配点对如图 5.35 所示，共检测

到 74 对特征点，可以看出错误匹配点对已成功去除，最终匹配对匹配正确。

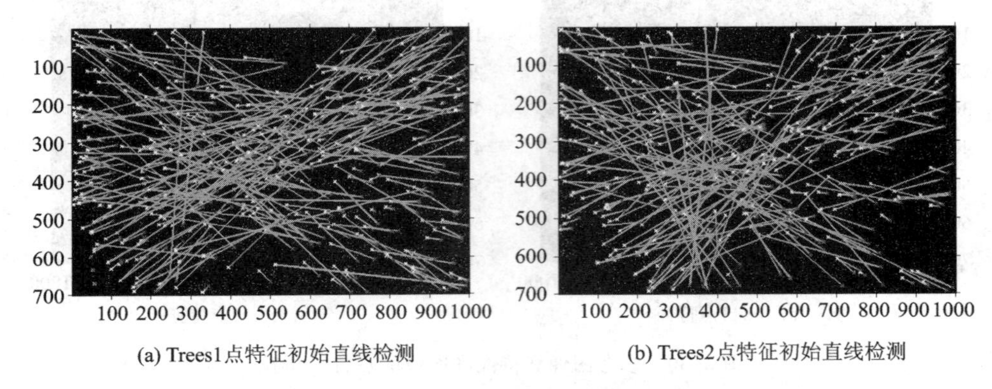

(a) Trees1点特征初始直线检测

(b) Trees2点特征初始直线检测

图 5.33 参考图像和待配准图像点特征初始直线检测

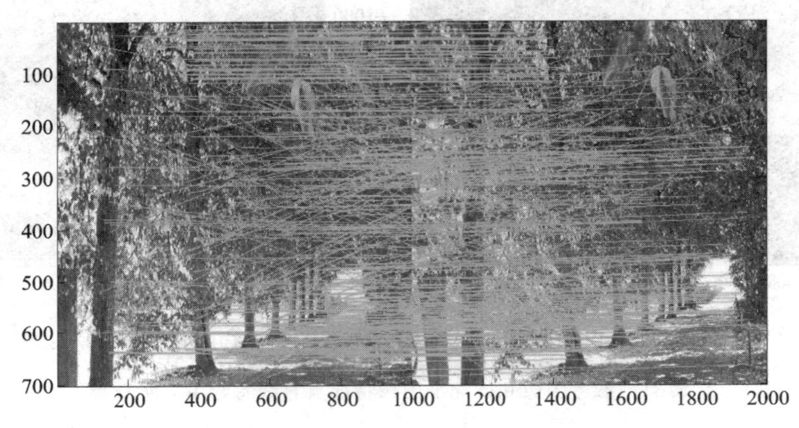

图 5.34 参考图像和待配准图像点特征初始匹配

图 5.35 参考图像和待配准图像点特征最终匹配

通过最终匹配对计算变换参数，变换矩阵为

$$
\boldsymbol{H}=\begin{bmatrix} 0.9912089 & 0.0456127 & 16.4305751 \\ -0.0479622 & 0.9957951 & 17.7353938 \\ -8.7399233\mathrm{e}-6 & 1.1499680\mathrm{e}-6 & 1.0 \end{bmatrix} \tag{5.31}
$$

对图像进行变换和融合，最终的图像配准结果如图 5.36 所示，可以看出配准结果良好。

图 5.36　Trees1 和 Trees2 配准效果

5.5.3　对比实验

为对比本章算法在精度和效率上与目前主流算法的差别，分别选取本章算法和 SIFT+RANSAC 算法对不同数据类型进行匹配。RANSAC 算法是去除错误匹配点常采用的算法，其思想是采用随机抽样方法，在一定置信率的约束下选取正确的匹配点，具有计算精度高、低外点率时效率高的特点。SIFT+RANSAC 算法也是目前图像配准中常采用的组合方法，其过程是首先采用 SIFT 算法对参考图像和待配准图像进行 SIFT 特征点提取，然后对两组特征点进行匹配，最后利用 RANSAC 算法去除其中错误的匹配点，计算变换矩阵。对比实验在相同的硬件平台(Pentium(R) D 3.20 GHz，2.00 GB 内存)和软件平台(Matlab 7.1)上进行。

首先采用模拟数据进行实验，随机产生 1000 对匹配点，设置不同的错误匹配点比率，分别采用本章算法和 SIFT+RANSAC 算法对匹配点对进行处理。两种算法在不同外点比率下的精度和时间效率比较如表 5.1 所示。在匹配精度上，两种算法在不同外点比率下的差别不大，都已达到了较高的精度；在计算时间上，当外点比率低于 20%时，两种算法的计算时间没有明显差别，但是随着外点比率的增大，SIFT+RANSAC 算法的计算时间急剧增加，而本章算法并没有明显变化。SIFT+RANSAC 算法之所以急剧增加，是因为随着外点比率增大，算法的抽样计算次数也急剧增加，从而造成了计算时间的增加。本章算法的计算时间之所以变化不大，是因为绝大多数外点可以通过直线等因素约束，经过几次迭代就能被剔除。所以，本章算法在计算效率上具有明显优势。

表 5.1　不同外点比率下各算法计算时间和精度比较

	外点比率	10%	20%	30%	40%	50%	60%
本章算法	计算时间/s	1.3434	1.5821	1.3819	1.6838	1.7930	1.9234
	匹配误差/pix	0.7135	0.4981	0.8109	0.6879	0.8010	0.9141
SIFT+RANSAC	计算时间/s	1.7521	2.0198	3.1920	7.3891	12.4319	17.4837
	匹配误差/pix	0.8473	0.9219	0.5879	0.8874	0.7883	0.8891

在 Graffiti 真实图像实验和 Trees 真实图像实验中，参考图像和待配准图像采用两种算法进行匹配所需的计算时间和匹配误差如表 5.2 所示。从表 5.2 中可以看出，两种算法的计算精度差别不大，都达到了很高的计算精度，但是本章算法的时间效率要远优于

SIFT＋RANSAC算法。本章算法在Trees图像的配准过程中所用的计算时间较长，这是因为Trees图像的SIFT特征检测的计算时间占了主要部分，如果采用其他高效率特征点检测算法，还可以进一步降低本章算法的计算时间。

表5.2　真实图像不同算法计算时间和效率的比较

	本章算法		SIFT＋RANSAC	
	计算时间/s	匹配误差/pix	计算时间/s	匹配误差/pix
Graf	5.7892	1.0184	8.3419	1.2014
Trees	9.4146	0.9384	17.2835	0.9714

基于直线特征的图像配准方法首先要提取直线特征，而目前常用的方法是首先检测图像边缘，对边缘图像进行直线检测。如果将Trees真实图像实验中的图像用基于直线特征的图像配准方法进行配准，用Canny算法分别对参考图像和待配准图像进行边缘提取，阈值设为0.5，边缘提取结果将如图5.37所示。若对图5.37进行直线特征提取，则可用于匹配的直线特征稀少。所以，对于一些线特征不明显的纹理型图像，用常规的直线特征配准方法将难以实现配准。如果采用本章算法，则Trees真实图像实验中的图像特征线条数量如图5.38所示，图中的横坐标为共线点数，纵坐标为满足共线点数的直线条数。从图5.38中可以看出，满足三点以上共线的直线条数众多，足以实现特征匹配。

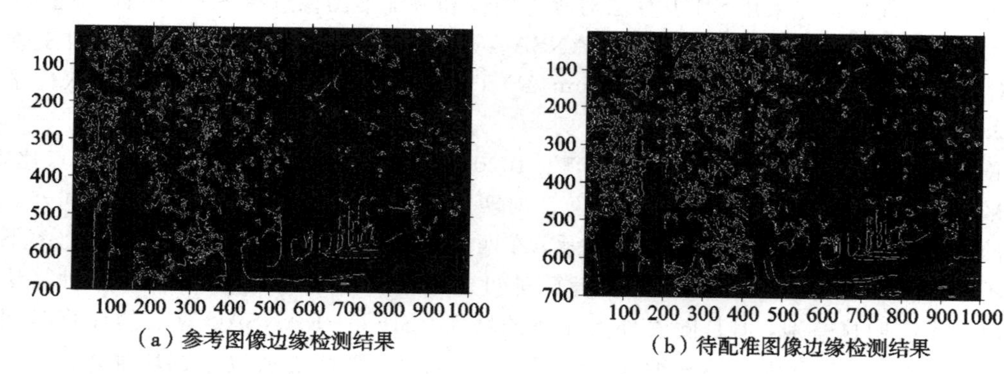

（a）参考图像边缘检测结果　　（b）待配准图像边缘检测结果

图5.37　Trees图像边缘检测结果

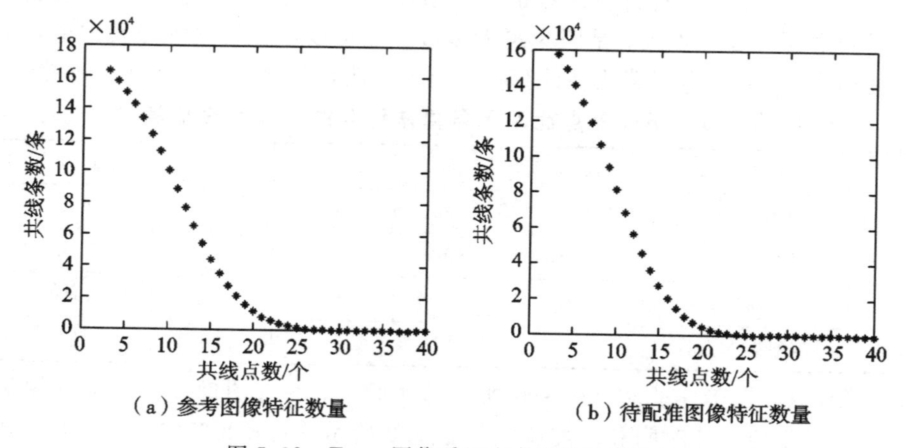

（a）参考图像特征数量　　（b）待配准图像特征数量

图5.38　Trees图像采用本章算法特征数量

本章小结

本章针对基于直线图像配准方法中的直线特征提取具有不完整性等问题，利用直线约束的思想提出了一种新的图像配准方法。该方法利用图像的点特征进行共线检测，分别从参考图像和待配准图像中得到匹配点集，并通过多次迭代最终得到正确的匹配点对。实验表明，本章算法在时间效率上优于目前的主流算法，并且达到了较高的配准精度。

本章参考文献

[1] 席学强，王润生，罗予频. 基于直线特征的图像模型匹配算法[J]. 国防科技大学学报，2000，22(6)：70-74

[2] 文贡坚. 一种基于特征编组的直线立体匹配全局算法[J]. 软件学报，2006，17(12)：2471-2484

[3] Herbert，Vittorio F，VanGool L. Wide-Baseline Stereo Matching with Line Segments[C]. Proceedings of the IEEE Conference onComputer Vision and Pattern Recognition，San Diego，IEEE Computer Science Press ，2005，1：329-336

[4] Horaud R，Skordas T. Stereo correspondence through feature grouping and maxmal cliques[J]. IEEE Trans. Pattern Analysis and Machine Intelligence，1989，11(11)：1168-1180

[5] Wang Z H，Wu F C，Hu Z Y. MSLD：A robust descriptor for line matching[J]. Pattern Recognition，2009，42(5)：941-953

[6] Schmid C，Zisserman. The geometry and matching of lines and curves over multiple views[J]. International Journal of Computer，2000，40(3)：199-233

[7] Lowe D G. Object recognition from local scale-invariant features[C]. International Conference on Computer Vision，Corfu，Greece，1999，2：1150-1157

[8] Lowe D G. Distictive image features from scale-invariant keypoints[J]. International Journal of Computer Vision，2004，60(2)：91-110

[9] 陈志雄. 基于图像配准的 SIFT 算法研究与实现[D]. 武汉：武汉理工大学，2008

[10] Koenderink J. The structure of images[J]. Biological Cybernetics，1984，50(5)：363-396

[11] Gao K，Lin S X，Zhang Y D，et al. Attention model based SIFT key points filtration for image retrieval[C]. IEEE/ACIS International Conference on Computer and Information Science，2008：191-196

[12] 李岩琪. 基于 SIFT 算子的双目视觉立体匹配算法研究[D]. 西安：西安电子科技大学，2010

[13] Sirmacek B，Unsalan C. Urban-area and building detection using SIFT key points and graph theory. IEEE Trans. Geosciences and Remote sensing，2009，47(4)：1156-1167

[14] 胡俊. 基于 SIFT 的车载导航图像匹配方法[D]. 长沙：国防科学技术大学，2010

第6章 基于尺度不变特征的图像目标识别与跟踪方法

在图像目标识别过程中，由于目标时常会发生诸如位移、旋转、尺度和光照等方面的变化，因此针对目标的识别与跟踪工作往往存在很大难度。本章基于SIFT尺度不变特征提出一种基于图像配准技术的目标识别与跟踪方法。实验表明本章所提方法即使在目标角度出现较大改变和背景发生剧烈变化时，仍能很好地对目标进行识别与跟踪，并且具有较好的实时性，可以广泛应用于视频中的目标识别与跟踪场合。

6.1 尺度不变特征的匹配

本章将采用5.2节中涉及的SIFT算法[1]提取图像的尺度不变特征。SIFT算法首先在尺度空间进行特征检测，并确定特征点的位置和特征点所处的尺度，然后使用特征点邻域梯度的主方向作为该特征点的方向特征，以实现算子对尺度和方向的无关性。利用SIFT算法从图像中提取出的特征可用于同一个物体或场景的可靠匹配，对图像尺度和旋转具有不变性，对光照变化、噪声以及仿射变换都具有很好的鲁棒性。此外，这种图像的局部特征有很高的独特性，因此可以以一个很高的概率正确匹配。

分别计算出两幅图像N_1和N_2个特征点的特征描述符后，取标准图像中的一个1×128维的特征描述符，去和待匹配图像中的N_2个特征描述符分别计算距离，便可获得相似性匹配。

实际应用中主要利用最近邻方法对特征点进行匹配。对于提取出来的描述符，首先都要计算待匹配点描述符与需要做匹配的数量较多的特征点描述符的欧氏距离，其次根据实际需要选择合适的匹配准则。通常，当最近点的距离与次近点的距离的比值r小于某个阈值R时，认为匹配成功[2,3]，其过程如下：

设欲匹配的两张图像分别为A和B，从A中提取的SIFT特征点集合为$F_a=\{f_1^{(a)}, f_2^{(a)}, \cdots, f_{N(a)}^{(a)}\}$，$B$的特征集合为$F_b=\{f_1^{(b)}, f_2^{(b)}, \cdots, f_{N(b)}^{(b)}\}$，其中$N_a$和$N_b$为$A$和$B$的特征点个数。欧氏距离作为SIFT描述符的距离函数：

$$d(F_a, F_b)=\sqrt{\sum_{i=1}^{n}(f_i^{(a)}-f_i^{(b)})^2} \tag{6.1}$$

根据最近邻的距离d_1与次近邻距离d_2的比率来确定是否匹配到相应特征点，定义$\text{ratio}=d_1/d_2$，则有

$$\begin{cases}\text{如果 ratio} < \varepsilon, & \text{成功}\\ \text{否则}, & \text{失败}\end{cases} \tag{6.2}$$

其中ε可取0.75。

具体的匹配过程如下：

(1) 为F_b的全部元素建立索引。

(2) 由式(6.1)得到 F_a 中每个元素的近似 k 近邻，返回两个最近邻特征点为 f_1、f_2。

(3) 根据式(6.2)确定是否为 k_i 的有效匹配。

(4) 对所有 k_i 重复以上过程，得到 F_b 的特征点($k_1 \sim k_{nb}$)与 F_a 匹配的所有特征点对集合。

6.2　基于尺度特征的动态连续目标识别跟踪算法

6.2.1　目标识别算法

假设事先已获得目标的图像特征，则目标识别过程可以转化为一个图像配准的过程。已获得的目标特征为参考图像 I_{re}，动态目标视频中的第一帧为待配准图像 I_{tr}。因为未知目标在第一帧图像中的位置、角度和方向等信息，为实现更高的目标识别率和更好的跟踪效果，应首先获取目标在不同角度的成像信息，也就是有 m 幅参考图像。目标识别过程就是用多幅多角度参考图像和第一帧图像 I_{tr} 进行配准，寻找第一帧图像 I_{tr} 中的目标位置等信息。目标识别具体过程如下：

(1) 从图 m 幅参考图像和图像 I_{tr} 中获取 SIFT 特征点。

(2) 计算从所有图像中检测出特征点的特征描述符。

(3) 使用 SIFT 特征匹配方法对 m 幅参考图像和 I_{tr} 中的特征点进行粗匹配，去除明显错误的匹配点对，留下符合阈值要求的匹配点对。

(4) 精确去除步骤(3)中的保留匹配点对和错误匹配对。图像 I_{tr} 中与第 i 幅参考图像对应的正确的匹配点集为 $\mathrm{TG\_SET}_i^1$。

6.2.2　目标跟踪算法

1. 待匹配特征点集的确定

在众多基于 SIFT 的目标识别和跟踪算法中，多数是通过参考图像与待配准连续图像的匹配来实现的。但是，当目标发生明显的形体和背景变化时，该算法容易出现目标丢失的情况。针对该问题，可以利用前后两帧图像中目标的相似性来进行目标的持续鲁棒性跟踪。然而，在跟踪实验中发现，如果仅仅利用相邻图像中目标的约束关系，SIFT 特征会表现出很强的不稳定性，这种不稳定性会导致在跟踪中符合图像变换约束的特征点越来越少。

本节提出的方法是建立一个动态的待匹配特征点集 $\mathrm{TG\_SET}_{\mathrm{all}}^k$：

$$\mathrm{TG\_SET}_{\mathrm{all}}^k = \mathrm{TG\_SET}_{\mathrm{det}}^k + \sum_{i=1}^{m} \mathrm{TG\_SET}_i^k \tag{6.3}$$

式中，k 为第 k 张待匹配图像，$\mathrm{TG\_SET}_{\mathrm{det}}^k$ 为第 k 帧图像的待检测区域中的特征点与第 $k-1$ 帧图像中的特征点集 $\mathrm{TG\_SET}_{\mathrm{all}}^k$ 的正确匹配点集。设 $\mathrm{TG\_SET}_{\mathrm{det}}^1$ 为空集，其意义为第一帧图像之前没有图像与之匹配。

2. 待检测区域的确定

通过目标识别过程可以基本确定目标在待配准图像 I_{tr} 中的位置，但是如果对每帧图像都进行全图 SIFT 特征检测，将需要大量计算时间和空间，不符合本章算法实时性的要求。

事实上，目标在前后两帧图像上的位移往往是很小的，所以只需检测前一帧图像中目标区域以及附近区域的特征点即可。本节算法中需要确定两个区域，即目标区域和待检测区域。其中，目标区域为目前已确定目标所在的大致范围，待检测区域为在下一帧待匹配图像中需要进行 SIFT 特征点检测的区域。

根据已经确定目标在第一帧图像中的具体位置，可以由第一帧图像的正确匹配点集 $TG\_SET^1_{tr}$ 确定目标区域：

$$TG\_REG^1_c(x, y) = \{(x, y) \mid D(\|(x, y)-(x^1_c, y^1_c)\|) \leqslant r^1_c\} \tag{6.4}$$

式中，(x^1_c, y^1_c) 为点集 $TG\_SET^1_{tr}$ 的中心，r^1_c 为以 (x^1_c, y^1_c) 为圆心能够包含点集 $TG\_SET^1_{tr}$ 的最小圆半径。因此可以确定第二帧图像的待检测区域为

$$TG\_DET\_REG^1_c(x, y) = \{(x, y) \mid D(\|(x, y)-(x^1_c, y^1_c)\|) \leqslant \sigma r^1_c\} \tag{6.5}$$

式中，σ 为调节检测区域大小的设定值，可以根据对目标图像的采样率来确定。当采样率较低时，通过增加 σ 值可以扩大检测区域的面积；相反，当采样率较高时，可以减少 σ 来缩小检测区域的面积。

在跟踪过程中，根据运动模型和待匹配点集约束条件下的 SIFT 特征匹配结果，局部 SIFT 特征检测区域也会不断更新。因此，定义第 k 帧图像的检测区域为

$$TG\_DET\_REG^k_c(x, y) = \{(x, y) \mid D(\|(x, y)-(x^{k-1}_c, y^{k-1}_c)\|) \leqslant \sigma r^{k-1}_c\} \tag{6.6}$$

式中，(x_c^{k-1}, y_c^{k-1}) 和 r_c^{k-1} 分别为第 $k-1$ 帧图像待匹配点集 $TG\_SET^{k-1}_{tr}$ 的中心和区域半径。

6.2.3 基于特征的动态连续目标识别跟踪算法

综上所述，基于特征的动态连续目标识别跟踪算法如下：

(1) 利用图像配准技术识别第一帧待配准图像中的目标。确定第一帧图像的待匹配特征点集 $TG\_SET^1_{all}$、目标区域中心 (x^1_c, y^1_c) 及半径 r^1_c，确定第二帧图像的待检测区域 $TG\_DET\_REG^2_c(x, y)$。

(2) 检测区域 $TG\_DET\_REG^2_c(x, y)$ 中 SIFT 特征点，将检测出的特征点与待匹配特征点集 $TG\_SET^1_{all}$ 利用本节算法来匹配和去除错误匹配点。确定第二帧图像的特征点集 $TG\_SET^2_{all}$、目标区域中心 (x^2_c, y^2_c) 及半径 r^2_c，确定第三帧图像的待检测区域 $TG\_DET\_REG^3_c(x, y)$。

(3) 设 $k=3$。

(4) 检测区域 $TG\_DET\_REG^k_c(x, y)$ 中的 SIFT 特征点，确定第 k 帧图像的特征点集 $TG\_SET^k_{all}$、目标区域中心 (x^k_c, y^k_c) 及半径 r^k_c，确定第 $k+1$ 帧图像的待检测区域 $TG\_DET\_REG^{k+1}_c(x, y)$。

(5) $k=k+1$，重复步骤(4)，直至跟踪结束。

6.3 STK 软件简介

STK[4] (Satellite Tool Kit，卫星仿真工具包)是由美国 AGI 公司开发并在航天工业领域中处于领先地位的商品化分析软件。STK 可以快速方便地分析复杂的陆、海、空、天任务，并提供易于理解的图表和文本形式的分析结果，用于确定最佳解决方案；它支持航天任务周期的全过程，包括概念、需求、设计、制造、测试、发射、运行和应用等。

6.3.1 STK的主要功能

STK是一种先进的商用现货(COTS)分析和可视化工具，它可以支援航天、防御和情报任务。利用STK可以快速方便地分析复杂的陆、海、空、天任务，获得易于理解的图表和文本形式的分析结果以确定最佳解决方案。

STK的分析引擎功能可用于计算数据并显示多种形式的二维地图，以及显示卫星和其他对象如运载火箭、导弹、飞机、地面车辆、目标等。STK还具有三维可视化模块，可以为STK和其他附加模块提供领先的三维显示环境。STK基本模块的核心能力是生成位置和姿态数据、可见性及遥控器覆盖分析。STK专业版扩展了STK的基本分析能力，包括附加的轨道预报算法、姿态定义、坐标类型和坐标系统、遥感器类型、高级的约束条件定义，以及卫星、城市、地面站和恒星数据库。对于特定的分析任务，STK提供了附加模块，可以解决通信分析、雷达分析、覆盖分析、轨道机动、精确定轨、实时操作等问题。

STK基本版的主要功能如下：

(1) 分析能力。用户通过使用STK，可以快速而准确地计算卫星的位置和姿态，评估航天器与太空、陆地、海洋和天空中的目标之间的相互关系，计算卫星传感器的覆盖区域。

(2) 计算轨道和弹道。STK提供了多种分析和数值方法模型(2体运动、J2、J4、SGP4、导入星历数据)，用于在各种坐标系类型和系统中计算卫星位置数据。

(3) 卫星数据库。STK在网站上提供了一个由最新的NORAD 2行数据组成的卫星数据库，该数据库中有超过10 000个物体的(在轨工作的、不工作卫星以及轨道碎片)轨道参数。

(4) 可见性分析。STK可以计算场景中任何类型的车辆、设施、目标和传感器对于其他对象(包括行星和恒星)的访问时间。为了简化可视线，这些可视区还可以被一些几何约束条件(如传感器视场、地面或者空间的最小仰角、方位角和距离等)限制。

(5) 传感器分析。传感器的视场可以加入到地基和空基的STK对象中，这样在可视条件计算中将具有更高的真实度。

(6) 姿态分析。STK生成标准的姿态剖面以及外部姿态二元组文件，提供了分析姿态运动和对不同STK计算出参数影响的方法。

(7) 可视化结果。STK允许在多种二维地图显示中察看所有与时间相关的信息。多种不同类型的地图可以同时显示。

(8) 提供详尽的数据报告。STK的特性之一就是提供一组标准的报告和图表来概述关键信息。所有的报告都可以以工业标准的格式导出到流行的电子表格工具中。

(9) 接口定制。STK的PC用户可以利用STK所采用的Microsoft Component Object Model (COM)来方便地与其他支持COM操作的应用程序集成，如Microsoft Office。另外，STK的用户界面还可以被用户定义的HTML页面应用所定制。

(10) 多种操作系统平台可选。STK有多种版本，可以运行在Windows 2000、Windows NT、Windows XP、LINUX和大多数主要的包括SGI、Sun、IBM和HP的UNIX平台上。

STK已经广泛地应用于以下场合：

(1) 计划、设计和分析复杂的航天系统。

(2) 实时空间操作任务。

（3）三维场景的态势分析和决策支持。

目前有超过 450 家大型公司、政府机构、研究和教育组织正在使用 STK 软件，世界范围内的用户超过 3 万人。STK 在很多商业、政府、军事任务中发挥着重要作用，其精确的分析结果获得了实际验证，逼真的场景仿真获得了众多专家认可，其应用领域也在不断扩大，涵盖了空间航天器设计和操作、通信、导航、遥感、战略和战术防御、科学研究等领域，成为业界最有影响力的航天软件之一。

6.3.2　STK 具体模块介绍

STK 标准版为 STK 套件的核心，对于所有的政府机构、航天和军事防御专业人士均为免费的。要扩展 STK 的分析能力，AGI 公司还提供了 STK 专业版以及三维显示选项，提供了多种模块以完成不同的任务。STK 的具体模块如表 6.1 所示。

表 6.1　STK 模块列表

模　块		作　用
基础模块	Satellite Tool Kit (STK)	卫星工具箱基本版
	STK/Professional (STK/PRO)	专业版
	STK/Visualization Option (STK/VO)	三维显示
	STK/Advanced VO	高级三维显示
分析模块	STK/Astrogator	轨道机动
	STK/Attitude	姿态分析
	STK/Chains	链路分析
	STK/Comm	通信分析
	STK/Conjunction Analysis Tools (CAT)	接近分析*
	STK/Coverage	覆盖分析
	STK/Interceptor Flight Tool (IFT)	拦截飞行工具*
	STK/Missile Flight Tool (MFT)	导弹飞行工具*
	STK/Orbit Determination (OD)	轨道确定
	STK/Precision Orbit Determination System (PODS)	精确轨道确定系统
	STK/Radar	雷达分析
	STK/Scheduler	调度程序
	STK/Space Environment	综合数据模块
综合数据模块	STK/High Resolution Maps	高分辨率地图
	STK/VO Earth Imagery	高分辨率地球影像
	STK/Radar Advanced Environment (RAE)	雷达高级环境 *
	STK/Terrain	全球三维地形

续表

模 块		作 用
基础模块	**STK的扩展、集成和接口**	
	STK/Connect and STK/Server	连接和服务器
	STK/Web Cast	网络实时播放
	STK/Matlab Interface	Matlab接口
	STK/Distributed Interactive Simulation (DIS)	分布式交互仿真
	STK/Geographic Information System (GIS)	地理信息系统
	STK/Programmer's Library (PL)	程序员开发库
	*仅在美国国内销售	

1. STK基础模块

1) STK/PRO(专业版)

AGI的免费STK标准版提供了执行基本空间分析任务的能力，STK专业版(STK/PRO)则提供了目前最强大航天分析软件包的扩展分析能力。STK/PRO是一款成熟的航天分析软件，采用额外的数据库、轨道预报器、姿势调整、坐标类型和系统以及传感器，具有强大的功能和精确的分析能力，可用于解决目前最具挑战性的航天问题。

STK/PRO专业版具有以下关键特性：

- 额外的坐标类型、系统和矢量、角度。
- 可视分析约束条件。
- 姿态建模。
- 扩展的传感器建模。
- 高精度轨道预报器(HPOP)。
- 长期轨道预报(LOP)。
- 生命周期工具。
- 区域目标。
- 扩展的数据库。

2) STK/VO(视觉选项)

STK/VO是一个动态的三维视觉环境，可显示来自STK的所有场景信息。该工具通过显示逼真的航天、航空、陆地景象，以提供复杂空间任务的模拟视图。

STK/VO已经成为STK三维环境的核心，可以应用于所有的航天分析和视觉任务中。为了扩展STK/VO的视觉性能，AGI公司还提供了STK/AVO和STK/VO EI。

STK/VO具有以下关键特性：

- 不同资源的环境认知。
- 灵活的动态数据显示。
- 姿态可视化。
- 多重轨道构成可视化。

- 空间场景建模。
- 分布式、实时操作可视化和支持。
- 可升级的三维模型。
- 动画演示和视频输出。
- 高分辨率地球影像。

3) STK/Advanced VO(高级视觉选项)

STK/AVO 可使用户得到卓越的视觉效果和最优化输出。

STK/Advanced VO 具有以下关键特性：

- 完整的三维渲染。
- 高分辨率输出图像。
- 用于专业品质动画和视频产品的视觉路径编辑器。
- 地形可视化。
- Az-El 遮蔽产生工具。
- 区域生成工具。
- 太阳能电池板功率。
- 传感器遮蔽。
- 星际任务可视化。

2. 分析模块

AGI 公司采用货架方式将众多专业软件集成为 STK 的分析模块，使得用户可以轻松地将 STK 应用于多个领域。

1) STK/Astrogator(轨道机动模块)

STK/Astrogator 是一个航天器操作人员和任务分析小组使用的交互的轨道机动和太空任务计划工具，从使用定制的推力模型、目标星历、航天器姿态到解决和优化方案的能力，该工具均提供了广泛的灵活性。该模块完全集成在 STK 中。

STK/Astrogator 为用户提供了对于轨道机动和站点覆盖的快速、方便的可视化分析。任务控制序列可以存储在 STK 的场景中，在任务执行中可被编辑。在飞行期间的变轨计划制订和执行中，分析人员可以使用飞行产生的数据(如发动机校准参数)和真实的初始轨道产生推进器点火和定时数据，从而产生指令并改进变轨计划。

计划制订和执行机动中，分析家可以运用飞行生成的数据(如引擎标度参数)和实际的初始轨道来产生推进器启动以及针对命令生成的数据提炼出机动计划。与 STK/VO 和许多行星模型结合使用，STK/Astrogator 能产生生动、逼真的三维空间太空任务图片，这些太空任务从近地卫星变轨远至星际航行，范围很广。

STK/Astrogator 具有以下关键特性：

- 任务控制序列。
- 飞行分析和支援。
- 组件技术。
- 任务控制理论的高真实度模型。

· 太空任务的多视角观测。

2）STK/Attitude（姿态分析模块）

STK/Attitude 是集成 STK 解决方案中的一个动态姿态建模和仿真组件。它提供了系统工程工具，与 STK 的经过验证的星历表生成功能相结合，使得任务设计者可以评估真实的姿态轮廓。用户可以利用 3D Attitude View（姿态观察）来查看在任何参考帧处卫星的预报姿态。

STK/Attitude 具有以下关键特性：

· 多个片断。

· 三维分析。

· 姿态仿真。

3）STK/Chains（链路分析模块）

STK/Chains 允许用户开发目标网络，用于视觉相关分析。链路是指一组 STK 对象，如卫星、设施、船只和传感器等，按照一定次序建立通信或数据传输路径。

STK/Chains 还可以创建星座对象，如卫星星座、地面站网络、目标组和传感器组。STK/Chains 的图形化能力使得用户可以以可视化的形式展示空间中众多对象的复杂关系。

STK/Chains 具有以下关键特性：

· 多级分析。

· 卫星星座分析。

· 地面网络的可见时间。

· 复杂关系的可视化展示。

· 全面的数据报告。

4）STK/Comm（通信分析模块）

STK/Comm 使得用户可以定义和分析详细的通信系统。STK/Comm 将产生详细的链接报告和图表，使用二维和三维地图显示动态的系统性能，并且考虑了详细的降雨模型、大气损耗和 RF 干扰源。

用户可以使用 STK 的内建组件快速建立高真实度系统模型。接收机和发射机模型可以附加在其他的 STK 对象中，如卫星、飞机、船只、设施和行星等。STK/Comm 包括诸多天线类型，包括抛物线型、螺旋型、ITU 和多波束等。结合使用 STK 卫星轨道机动/几何引擎与定义的接收机和发射机属性，就可以完成链路分析。

STK/Comm 具有以下关键特性：

· 动态链接性能分析和建模。

· RF 环境建模。

· 等高线。

· 多波束天线建模。

· 干扰分析。

· 定制输入。

5）STK/Conjunction Analysis Tools（CAT，接近分析摸块）

STK/CAT 采用分层接近方法来识别空间目标接近的情况。为了分析空间碰撞，当其他的太空物体距离所分析航天器过于接近时，STK/CAT 使用球型或椭圆型标记来指示这种威胁。

商业和军事的行动常常涉及地基的对卫星、导弹、运载器的激光照明。这些照明被用来提供精确的距离信息或传输数据到其他卫星或地面设施。然而，这种照明也能对其他卫星构成严重的威胁甚至造成破坏。STK/CAT 可用于在给定的激光照明时间段内对卫星照明的潜能进行评定，从而降低损坏宝贵太空资产的风险。

STK/CAT 具有以下关键特性：

· 空前的计算速度。

· 接近分析的错误椭圆。

· 发射窗口分析。

· 接近结果报告。

· Laser clearing 激光排除。

6）STK/Coverage（覆盖分析模块）

STK/Coverage 提供了完整的随时间变化的卫星、地面设施、运载器、导弹、航空器和船只的覆盖分析的能力。这个灵活的工具允许用户定义感兴趣的区域、覆盖资源（卫星、地面站等等）、时间段，以及测量覆盖质量的方法（Figures of Merit，品质因素）。用户能够创建定制的报告和图表，用于反映动态或静态的覆盖质量。

STK/Coverage 允许用户分析很多重要问题，例如星座中一个卫星失效将如何影响整体覆盖情况，哪些区域由于当地地形阻隔了卫星通信，覆盖缺口出现在哪里以及出现时间，以及确定多个卫星同时进行数据采集的时机。

STK/Coverage 具有以下关键特性：

· 用户定义的覆盖区域。

· 数据可用性。

· 品质因素（FOM）：测量覆盖质量。

· 满意度计算：通过应用满意选项验证数据，该选项建立了用于每一个 FOM 的合适级别。

7）STK/Interceptor Flight Tool（IFT，拦截飞行工具）

STK/IFT 可生成拦截弹道导弹、飞机和卫星目标的拦截器的飞行弹道。通过与 STK/Connect（一个标准的 TCP/IP 接口并与 PC 平台兼容）无缝集成，STK/IFT 模拟了一系列的拦截器系统类型，从低海拔到高海拔的战略拦截器。

STK/IFT 具有以下关键特性：

· 精确的拦截器飞行仿真。

· 拦截器发射和防御系统定位的最适宜的布置。

· 拦截向导。

· 目标交汇。

· 复杂拦截器系统能力表述。

8）STK/Missle Flight Tool（MFT，导弹飞行工具）

STK/MFT 包含了一套提供完整的导弹类型和性能的导弹数据库。STK/MFT 提供了生成易于分析和可视化的多级导弹弹道的功能。STK/MFT 由容易使用的图形化用户界面和同 STK 二维图窗口交互的对象浏览器窗口组成，该窗口允许快速、方便地选择发射和冲击点以及导弹类型选择。这个软件包使用了经验证的弹道生成器，提供了现实的威胁弹道。STK/MFT 还包括了用于 STK/VO 或 STK/Advanced VO 的一套所有支持导弹系统的三维模型。使用 STK 的三维功能，可以很容易地察看导弹的飞行线路。使用 STK/AVO，还可以仿真和记录导弹分级飞行、姿态变化甚至投放弹头。

STK/MFT 具有以下关键特性：

· 精确的导弹飞行仿真。

· 导弹防御雷达的最优化配置。

· 空间监测系统的监测能力分析。

· 复杂的导弹系统性能说明。

9）STK/Orbit Determination（OD，轨道确定模块）

STK/OD 用于为卫星跟踪系统提供轨道确定和轨道分析支持。STK/OD 的输出可以在 STK 的其他模块（如 STK/PRO、STK/Connect 和 STK/VO）中进行分析和可视化处理。这些模块结合在一起，可提供跟踪系统设计的完整的解决方案。

STK/OD 具有以下关键特性：

· 最优化滤波器。

· 高精度的数值积分器。

· 轨道参数估算。

· 实际的协方差矩阵。

· 固定间隔的平滑器。

· 变轨处理。

· 初轨确定。

· 跟踪数据仿真器。

10）STK/Precision Orbit Deterrnination System（PODS，精确轨道确定系统模块）

STK/PODS 用于处理航天器跟踪数据和确定航天器的轨道及相关参数。STK/PODS 可以处理多站的不同跟踪数据，包括地面站天线跟踪数据（例如角度、距离、距离速度）、TDRSS 卫星数据（例如星—星/星—地面站中继数据）和 GPS 接收机获取的全球定位系统 GPS 位置数据等。另外，STK/PODS 包括了一个仿真观察工具，可以生成地面站和卫星的仿真跟踪数据。在设计跟踪数据系统或对于即将来临的任务做起飞前分析时，这个工具尤其有用。

STK/PODS 与 STK 可无缝集成。该模块使用了精确的估计算法，根据地面或天基传感器的观测数据来确定航天器的轨道。STK/PODS 使用了优化的 Bayesian 加权最小二乘估算法来确定航天器的轨道和其他参数。

STK/PODS 具有以下关键特性：

- 精确的数值积分。
- 轨道参数估计。
- 高真实度模型。
- 跟踪数据仿真。
- 地球引力场文件。

11) STK/Radar（雷达分析模块）

STK/Radar 提供了对雷达系统的全面分析和图形化显示。该模块加入了一个新的对象类——雷达类，该类可以附属于 STK 的任何运载工具类下——卫星、导弹、火箭、飞机、船只以及地面车辆，同样可以用于地面设施/目标和传感器类下。该模块允许用户对雷达目标的重要特征 RCS 建模，计算和显示过境情况以及生成雷达系统性能的报告和图表。

STK/Radar 可以仿真单模或者双模雷达系统，支持 SAR（合成孔径雷达）和/或搜索/跟踪模式操作。用户可以灵活地选择不同的天线类型或利用"External"选项将自己的天线模式导入到 STK 中。

STK/Radar 与 STK/PRO、STK/VO 一起提供了一个独特的系统，可以大大减少详细雷达分析的时间。可以使用 STK 的 Vector Geometry Tool（矢量几何学工具）创建任何雷达参考轴，在 STK/VO 中显示相对矢量和轴，在多个用户定义的参考构架中报告目标位置。

STK/Radar 具有以下关键特性：

- 不同的雷达系统建模。
- RCS 通用处理。
- 导弹/防空雷达配置。
- 天基雷达成像计划编制。

12) STK/Scheduler（调度程序）

STK/Scheduler 供任务设计人员和操作工程师使用，可提供强大的任务安排和计划功能。用户可以定义任务和相关的资源需求，请求计划表解决方案，然后通过图形用户接口（GUI）或通过应用程序接口（API）分析结果。STK/Scheduler 允许系统计划者最大化地利用有限资源。

STK/Scheduler 具有以下关键特性：

- 灵活的任务和资源定义。
- 调度解决方案最优化。
- 应用 STK 过境计算和报告。
- 集成图形化接口。

13) STK/Space Environment（SE，空间环境模块）

航天器设计、分析人员和操作员常使用 STK/SE 来评估太空环境对航天器的影响。航天器暴露在电离粒子、热辐射、遍布轨道的碎片环境中，这对航天器的威胁日益增加，因此很有必要对其进行分析。

STK/SE 来自于美国空军研究实验室（AFRL）和 NASA。AFRL 辐射数据来自于两颗卫星：1990 年 7 月到 1991 年 10 月太阳活动最大值期间飞行的 CRRES 卫星，1994 年 8 月到 1996 年 6 月太阳活动最小值期间飞行的 APEX 卫星。NASA 数据是 1966 年到 1980 年间的航天器数据汇总。

STK/SE 具有以下关键特性：

- 辐射环境分析。
- 南大西洋异常(SAA)分析。
- 热环境分析。
- 冲击环境分析。

3. 综合数据模块

综合数据模块包括高分辨率地图、地球影像、雷达高级环境、地形数据 4 个模块。

1) STK/High Resolution Map(高分辨率地图)

STK/High Resolution Map 提供了整个地球的详尽的高分辨率地图数据。该数据包括约 30 m 分辨率的海岸线、河流、湖泊和政治边界。该工具对于观察小块地理区域内的地面轨迹和覆盖区域是非常有用的。该地图数据来自 1995 CIA RWDB2 数据。

2) STK/VO Earth Imagery(高分辨率地球影像)

STK/VO Earth Imagery 提供了高分辨率、无云状态下人造卫星从太空拍摄的地球照片。用户可以选择不同的地球陆地图像数据(1 km 分辨率)或者特定区域的卫星图片(1 m、4 m 或 25 m 分辨率)。这是 STK/VO 用户执行实时可视化处理、创建高真实性动画和影片、运行视觉逼真仿真所不可或缺的增强功能。

STK/VO Earth Imagery 具有以下关键特性：

- 发射、在轨和脱轨可视化仿真。
- 战略和战术威胁仿真。
- 国家导弹防御。

3) STK/Radar Advanced Environment(RAE，雷达高级环境)

STK/RAE 是 STK 的附加模块，通过在动态雷达评价中引入一个重要因素——地面反射率来扩展 STK/Radar 模块的性能。该模块与 STK 完全集成，并且与 UNIX 和 PC 平台兼容。STK/RAE 允许用户对多普勒雷达建模，在生成雷达性能的报告和图表时还加入了包括杂波、噪声、系统参数、雷达横截面和天线类型等重要特性。另外，STK/RAE 还提供了用户指定的地球区域的雷达横截面(RCS)地图的显示。为了支持雷达分析，可以使用 RadBase 来快速计算特定运载工具的 RCS。

STK/RAE 提供了仿真单静态脉冲雷达的能力。用户可以选择多种天线类型，也可以通过修改如传输功率和波形等关键的雷达参数来定义雷达性能。STK/RAE 使用了先进的基于物理学的频域雷达模型。该模型决定了目标距离和多普勒频率的回波，并在处理过程中考虑距离和多普勒模糊。

STK/RAE 杂波图计算并显示了在用户特定区域的地面杂波。杂波图源自全球 4.0 km 分辨率数据库并可以在仿真中动态更新以反映雷达平台位置的变化。

STK/RAE 具有以下关键特性：

• 对于各种雷达的建模。
• 雷达系统选择。
• 确定性的杂波。
• 确定性的杂波图。

4) STK/Terrain(三维地形)

STK/Terrain 提供了精确的全球地形高程数据，可与 STK/PRO 和 STK/AVO 一起使用。对于地球表面的任何一点计算卫星过境分析时，该模块使用成熟的多维插补算法以提供精确的、360°的方位/仰角遮挡。该算法还提供了用户定义的地面设施和地面目标的海拔信息。在地球表面，数据的分辨率小于 30(arc-seconds，角秒)或约为 1 km。STK/Terrain 提供了地球真实表面地貌的生动三维表现以及其对卫星过境的影响情况。

4. STK 的扩展、集成和接口模块

STK 的扩展、集成和接口模块主要有 5 个模块，它们使用户可以更加灵活地定制程序并进行分布式仿真，以及方便地将 STK 的分析数据与 Matlab、GIS 等软件结合使用。

1) STK/Connect(连接模块)

STK/Connect 模块提供了一种使用客户——服务器端方式连接 STK 的快捷工作方式。STK/Connect 用于给第三方的应用程序提供一个向 STK 引擎发送指令和接收数据的通信路径。STK/Connect 允许打开 Microsoft COM 或者 TCP/IP 到 STK 的连接，发送 STK/Connect 指令，接收 STK 的数据，完成后关闭连接。STK/Connect 还提供了一个消息功能，可以以用户定义的方式来输出错误和诊断信息。使用 STK/Connect 时，只需提供连接名和端口即可对 STK 进行数据通信。STK/Connect 指令可以用单一函数发送并返回任何所期望的数据。

STK/Connect 具有以下关键特性：

• 与 STK 在客户机/服务器模式下工作。
• 自动分析。
• 实时支持。
• 快速原型。
• 接口库和定制接口。

2) STK/WebCast(网络实时播放模块)

STK/WebCast 可通过互联网络或本地网络近实时地将 STK 和 STK/VO 的屏幕输出以流媒体方式在远端计算机上播放。

STK/WebCast 具有以下关键特性：

• 实时任务可视化。
• 远距离学习。
• 公共关系和市场。

3) STK/Matlab Interface (Matlab 接口模块)

STK/Matlab Interface 在 STK 和 Matlab 之间提供了一个双向的通信路径，它包含了 150 个以上的 Matlab 指令。与使用 STK 支持的分析功能一样，Matlab 的用户可以使用

STK 的功能对轨道、弹道、大弧度抛物线建模。另外，MexConnect 提供了从 Matlab 命令行直接使用 STK/Connect 指令的能力。MexConnect 工具可在 Matlab 中创建、复制和报告各种不同的 STK 对象类。所有的 STK 数据，包括动态位置、速度和高度数据，可以被传送到 Matlab 的工作空间中进行更深入的数学分析。另外，Aerospace Toolbox(航空工具箱，ATB)可以使 Matlab 用户创建和输出多重坐标系下的 STK 格式的星历和姿态文件，用于在 STK/VO 中进行三维展示。

STK/Matlab 具有以下关键特性：

- 航天器姿态的三维可视化。
- 姿态机动的确定。
- 参量分析。
- 相对位置计算。

4) STK/Distributed Interactive Simulation(DIS，分布式交互仿真模块)

STK/DIS 是一个符合 IEEE 标准的分布式交互仿真(DIS)应用程序，用于为高交互性领域创建复杂的虚拟场景。STK/DIS 与 Distributed Simulation Intemet(分布式仿真网络，DSI)连接后，可读取 Protocol Data Units(协议数据单元，PDU)，并建立一个共享场景。接收到的 PDU 被过滤和转化为 STK 的对象，如卫星、飞机、导弹、地面车辆或者船只。待创建场景之后，对象的状态(位置和姿态)将通过接收到的 PDU 的实际数据进行周期性更新。最终的场景是一个复杂的虚拟现实计划编制工具，是精确的和最新的。

STK/DIS 场景提供了一个创建虚拟战场的环境。军方使用 DIS 练习来进行训练、测试和评估以及概念分析。

STK/DIS 具有以下关键特性：

- IEEE DIS 标准。
- PDU 处理。
- STK 场景的实时共享和同步。
- 二维和三维可视化建模和实时军事环境。

5) STK/Geographic Information System(GIS，地理信息系统模块)

STK/GIS 提供了 STK 和 GIS 软件包(如 ArcView)之间的接口，将 STK 的传感器轨迹和幅宽、天线增益等高线、覆盖区域、地面区域和设施站点与详细的 GIS 数据库相结合，拓展了 STK 和 ArcView 的分析能力。

作为一个强劲的设计工具，STK/GIS 能在 STK 里创建设施、区域目标和覆盖区域，根据一些复杂的属性如人口统计、环境等来指定其边界。作为一个强大的分析工具，STK/GIS 使得用户可以参考众多的 GIS 详细信息数据库，来分析 STK 的传感器地面轨迹、传感器幅宽、区域目标等地理相关数据。

STK/GIS 具有以下关键特性：

- 交换和调整 STK 和 GIS 信息。
- 完美的覆盖设计和分析工具。
- 实时 GIS 显示和分析。

6.4　实验结果与分析

本章借助于 STK 逼真形象的显示功能，生成了具有变尺度特性的仿真目标序列，用以验证算法的性能。目前，在视频目标跟踪研究领域，还缺乏一种有效的对跟踪性能进行评价的量化标准。大多数研究中，算法的跟踪效果往往从能否跟上目标进行直观评判。另外，可以将目标跟踪模板与跟踪结果区域的特征相似度用作跟踪性能的量化指标之一。因为只有在目标位置和尺度都得到正确估计，跟踪模板与跟踪结果区域的特征相似度才能保持较高的数值。

6.4.1　卫星目标跟踪实验

图 6.1(a)、(b)为卫星图像在不同状态下目标图像，图 6.1(c)为图 6.1(a)经 SIFT 特征提取后的特征向量，图 6.1(d)为图 6.1(b)经 SIFT 特征提取后的特征向量。图 6.2(a)为第一帧场景图像的 SIFT 特征向量，图 6.2(b)为目标图像与第一帧场景图像的匹配结果。

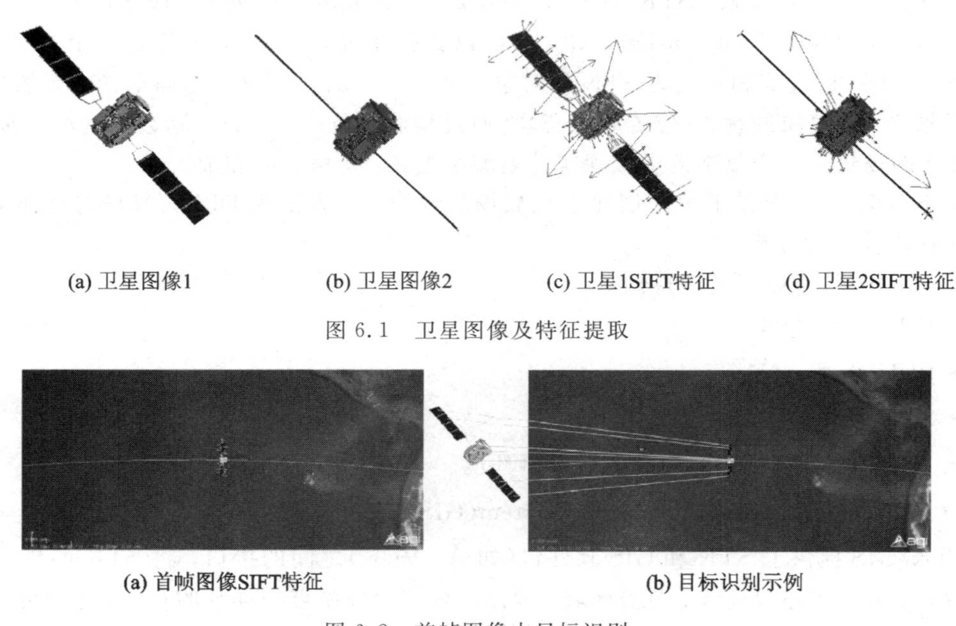

(a) 卫星图像1　(b) 卫星图像2　(c) 卫星1SIFT特征　(d) 卫星2SIFT特征

图 6.1　卫星图像及特征提取

(a) 首帧图像SIFT特征　(b) 目标识别示例

图 6.2　首帧图像中目标识别

从上述各图中可以看出，SIFT 特征可以很好地描述卫星的状态信息，并且能准确地从第一帧场景图像中识别出卫星目标。

图 6.3 显示了在一组复杂的动态场景下，本章所提出的算法对目标的跟踪结果。在跟踪过程中，背景中的地形、纹理以及颜色表观都发生了急剧的显著变化，会对目标跟踪造成较为严重的干扰。尤其是陆地到海洋场景切换后，不但背景发生了显著变化，整个场景的光照条件也发生了较大变化。在该环境中，本章算法并没有受到复杂背景的影响而丢失目标。图 6.3 中，卫星周围的浅色圆圈为利用本章算法确定的目标区域，其范围大小由匹配点集 $TG\_SET_{tr}^{k-1}$ 来决定。在卫星翅膀发生旋转变化和卫星飞行到被太阳遮挡位置时，目标区域有所变小，但仍没有丢失目标，并且随着卫星状态和位置的恢复又能很快确定整个目标区域。

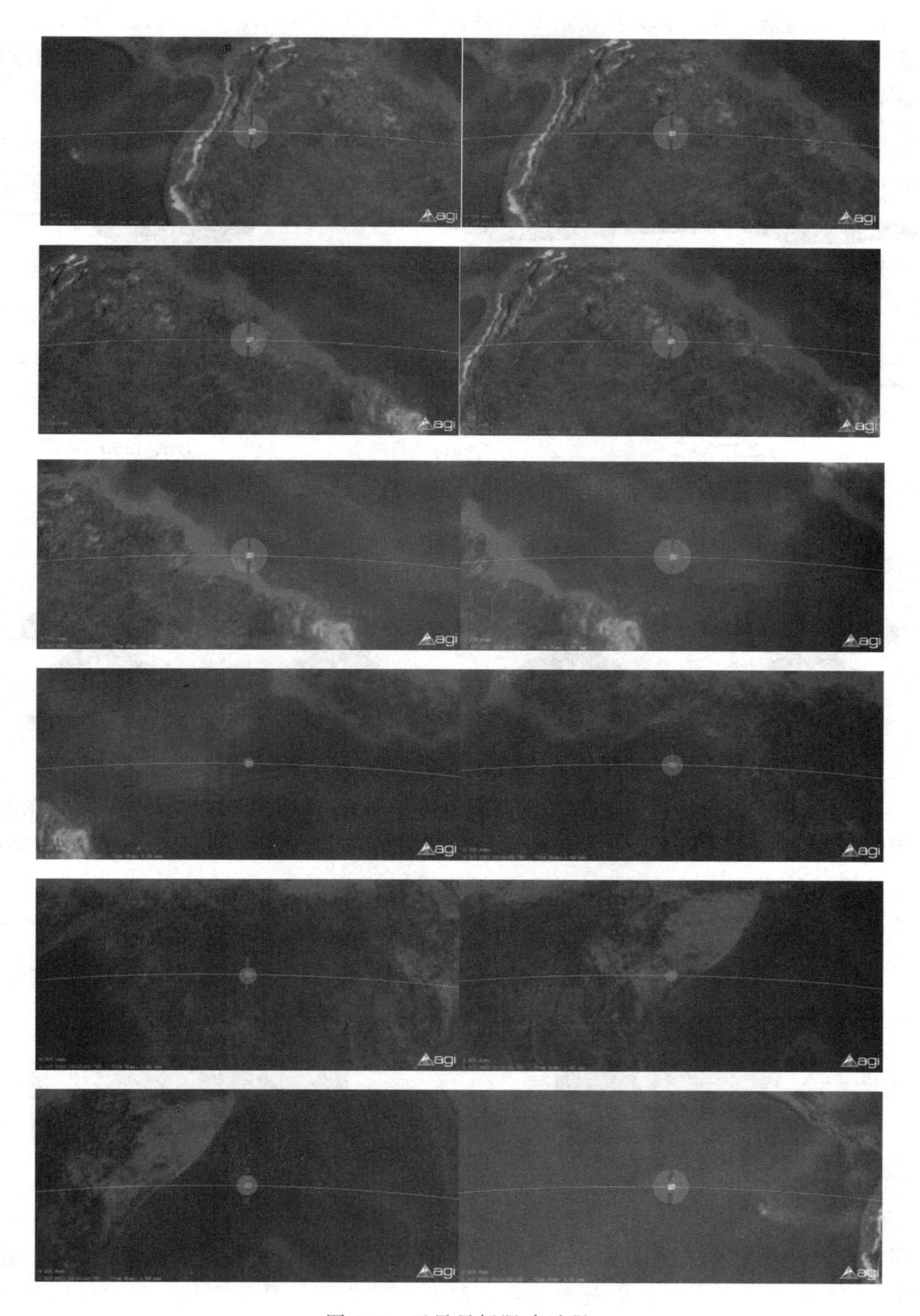

图 6.3　卫星目标跟踪过程

6.4.2　战机目标跟踪实验

为了进一步验证本章算法，以战机作为识别和跟踪对象。由于战机在空中的动作和姿态要远比卫星复杂，所以本实验设定 5 个目标参考图像。图 6.4 为战机在不同角度下的参考目标图像以及对应的 SIFT 特征向量。可以看出 SIFT 特征很好地描述了战机不同部位的特征，这更有利于目标跟踪。

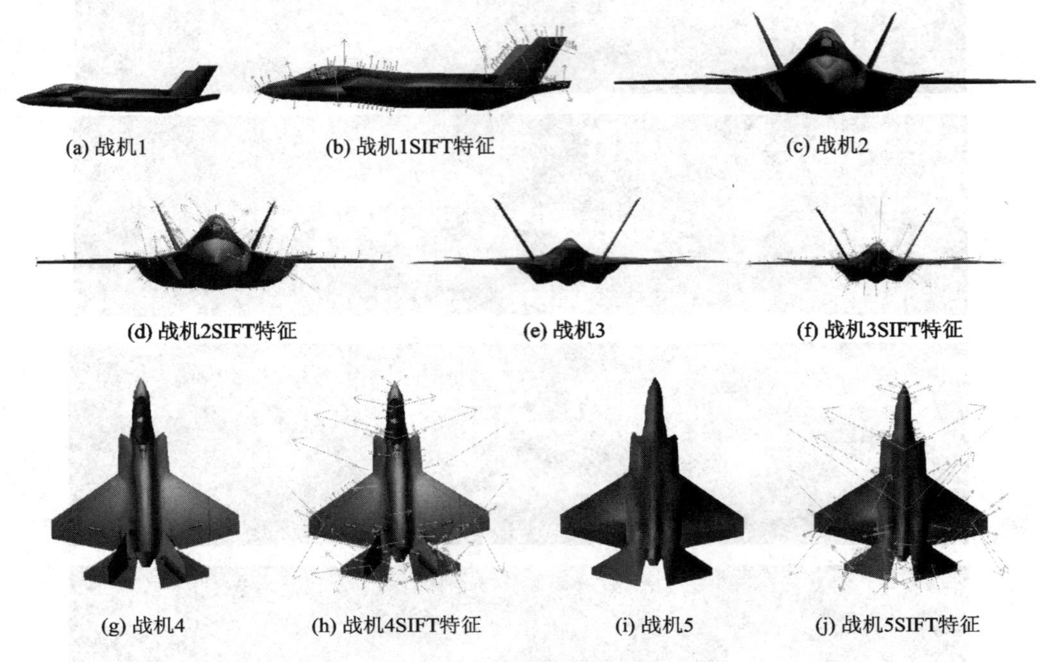

图 6.4　战机目标及特征提取

图 6.5(a)为第一帧场景图像的 SIFT 特征向量，图 6.5(b)为其中一目标图像与第一帧场景图像的匹配结果。从上述各图中可以看出，SIFT 特征可以很好地描述场景信息，并且能准确地从第一帧场景图像中识别出战机目标。

图 6.5　首帧图像目标识别

图 6.6 显示了在更为复杂的动态场景下本章所提出的算法对目标的跟踪结果。在跟踪过程中，背景中的地形、纹理以及颜色表观都发生了急剧的显著变化，会对目标跟踪造成较为严重的干扰。尤其是当目标进入雪山和山地场景后，背景变化与战机极为相似。在该环境中，本章算法并没有受到复杂背景的影响而丢失目标。图 6.6 中，战机周围的浅色圆圈为利用本章算法确定的目标区域，可以看出目标战机经过拉升、侧飞和翻转等动作，此算法能始终对目标进行跟踪。

图 6.6　战机目标跟踪过程

本章小结

本章基于尺度不变特征提出了一种新的目标识别与跟踪方法，该方法有以下三个特点：

(1) 利用多角度目标参考图像进行目标识别与跟踪，这使得目标在进行较大形体变换时可以进行有效的识别与跟踪。

(2) 利用参考目标图像的待匹配点集与当前帧图像的待匹配点集来确定下一帧图像的匹配点集，这使得特征点可以持续、均匀地分布于目标表面，不会出现随着时间的推进特征点逐渐丢失的情况。

（3）以当前帧图像的匹配点集范围来确定下一帧图像的目标检测范围，这样大大减少了搜索下帧图像目标的计算范围和计算量，更有利于实时检测目标。

通过对卫星和战机目标的识别与跟踪实验，可以验证本章算法不但可以准确地识别出目标，并且在目标进行大角度变化时没有丢失对目标的跟踪。

本章参考文献

[1] Lowe D. Distinctive image features from scale-invariant keypoints[J]. International Journal of Computer Vision，2004，60(2)：91-110

[2] Mikolajczyk K，Shmid C. An affine invariant interest point detector[A]. In European Conference on Computer Vision(ECCV)[C]. Copenhagen，Denmark，2002. 128-142

[3] Thomas D，Sugimoto A. Robustly registering range images using local distribution of albedo[J]. Computer Vision and Image Understanding，2011，115(5)：649-667

[4] 杨颖，王琦. STK 在计算机仿真中的应用. 北京：国防工业出版社，2005

第三篇　基于多分辨率非下采样理论 NSCT 的图像融合

第7章 基于直觉模糊熵的图像预处理方法

本章针对图像的预处理方法展开研究，首先介绍直觉模糊集的定义及基本运算、直觉模糊熵的定义及几何解释，然后在前人研究成果的基础上对经典直觉模糊熵的定义进行必要的修正，提出相应的图像脉冲噪声的检测和处理算法，并给出详细的实例分析。

7.1 改进型直觉模糊熵模型的构造

随着数字图像技术的不断发展，数字成像系统已经被广泛地应用于精确制导[1-3]、目标探测[4-7]及火控、光学遥感和夜间导航等军用或民用领域中。但不可回避的是，图像在成像、数字化和传输的过程中，常常会受到脉冲噪声的干扰，图像的质量也会因此出现退化，极大地影响了图像的视觉效果。图像的脉冲噪声抑制和预处理工作就是在此背景下产生的。

针对图像的脉冲噪声问题，传统的线性滤波器如均值滤波器效果很差，基于次序统计滤波的传统中值滤波方法的去噪效果过分依赖于滤波窗口的大小，窗口越大滤波效果越好，但在图像的细节边缘和计算量方面却付出了较大的代价；开关中值滤波算法[8]通过一个噪声分类器将像素点区分为信号点和噪声点两大类，而后采用迭代法作进一步滤波平滑处理，该法处理密度较大的脉冲噪声能力不足；自适应中值滤波[9]、多级中值滤波[10]等方法在改善中值滤波器性能方面做了很多有益的尝试，但在实用中均表现出一定的局限性，普遍适用性不强。近年来，直觉模糊集[11]（Intuitionistic Fuzzy Set，IFS）理论作为 Zadeh 模糊集的一种推广形式，以其在处理踌躇性或不确定性问题中的独特优势越来越受到人们的青睐，文献[12]在此理论上提出的直觉模糊熵理论也为我们在度量不确定性信息程度时提供了新的参考。

熵是信息论中的一个概念，主要用来刻画一个对象所蕴涵的平均信息量。1965 年，Zadeh 创立了 Fuzzy 集理论，并于 1969 年首次提出了模糊熵的概念，可反映一个模糊集的模糊性。对于模糊熵的研究，不同学者给出了不同的定义和构造方法[13,14]。

作为普通模糊集的一个推广，直觉模糊集可以描述“非此非彼”的“模糊概念”，更加细腻地刻画客观世界的模糊性本质，是对 Zadeh 模糊集理论最有影响的一种扩充和发展。对于直觉模糊集的有关熵的问题，国外学者进行了不同方面的研究。在文献[15]中，P. Burillo 等人最先给出了一个直觉模糊熵的定义，在此基础上，又有不同学者给出了不同形式的直觉模糊熵的计算方法[16]。通过深入分析发现，对于文献[15，16]存在这样一个共同问题：直觉指数所表征的中立证据中支持与反对的程度呈均衡状态时无法表述，本节将针对此问题进行分析，给出一种新的直觉模糊熵的构造方法。由于文献[15]与文献[16]的理论是一致的，只是计算形式不同，为此我们只针对文献[15]进行分析。

王毅等人[12]针对文献[15]中所给出的直觉模糊熵的定义，发现对于这种直觉模糊熵的定义是不完整的，因为它是基于模糊集的，即以模糊集为标准，从而当一个直觉模糊集 A 退化为模糊集时，它的熵 $E(A)=0$。然而，由于模糊集本身也具有模糊性，因而它未能全面地反映出一个直觉模糊集的模糊信息量，而且对于形如[0.5，0.5]的 IFS 值的模糊性无从刻画。因此，此时尽管不存在任何犹豫程度的信息，但由于肯定和否定的证据各占50%，使得人们很难作出合理的判断，对于这种基于直觉指数所表征的中立证据中支持与反对的程度呈均衡状态的假设情况，文献[15]是无能为力的，因而有必要对直觉模糊熵重新定义。

7.1.1　直觉模糊熵的几何解释

在直觉模糊集中，熵被定义为在该论域 U 中的任意一个元素 x 的隶属度在区间 $\langle x, \mu_A(x), \gamma_A(x)\rangle$ 内，这样关于 x 的不确定性即犹豫度可用 $\pi_A(x)=1-\mu_A(x)-\gamma_A(x)$ 来表征。如果该值较大，则表明关于 x 我们知道的很少，即模糊熵较大；如果该值较小，即模糊熵较小，则表明我们相当精确地知道 x。此外，当 $\mu_A(x)$ 与 $\gamma_A(x)$ 的值越来越逼近时，模糊熵较大；当 $\mu_A(x)=\gamma_A(x)$ 时，此时直觉模糊熵为最大值1。特别地，如果 $1-\mu_A(x)=0$ 即犹豫度 $\pi_A(x)=0$，亦即模糊熵为0，此时直觉模糊集就退化为非模糊集，如图7.1所示。

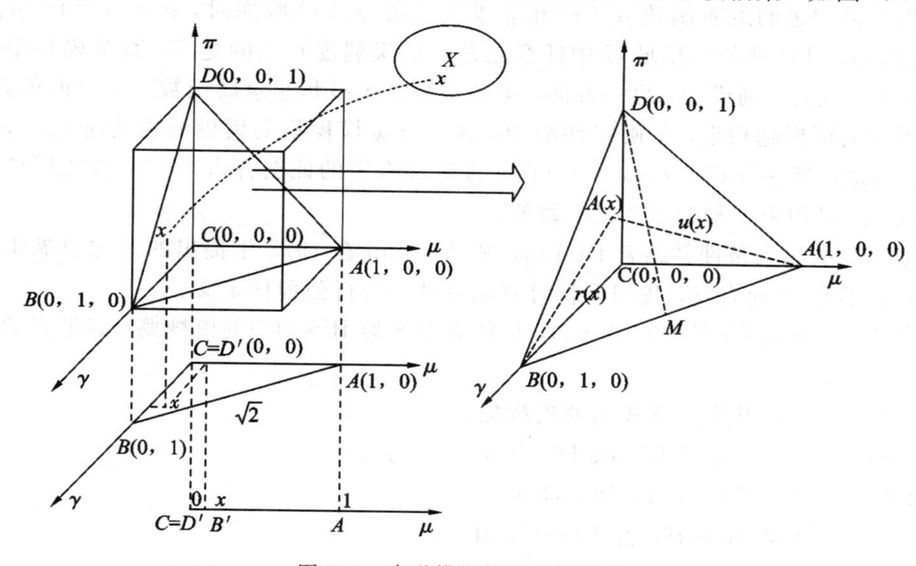

图7.1　直觉模糊熵的几何解释

由图7.1可知，在三维空间 ABD 中，x 的坐标为 (μ, γ, π)，$x\in \text{IFS}(U)$ 且满足关系 $\mu_A(x)+\gamma_A(x)+\pi_A(x)=1$。

在三维空间 ABD 中，当 x 趋近于 π 轴，即 $\pi_A(x)\to 1$、$\mu(x)$、$\gamma(x)\to 0$ 时，直觉模糊熵较大；$\triangle ABD$ 为等边三角形，过 D 点向 AB 线段做垂线交于 M 点，则 DM 为等边三角形 ABD 的中垂线，当点 $A(x)$ 移至中垂线 DM 上任意一点时，则有 $\mu_A(x)=\gamma_A(x)$，即支持的证据和反对的证据一样多，而对于犹豫指数 $\pi_A(x)$，则无从知道它究竟支持 x 还是反对 x，因此此时直觉模糊熵最大。

当三维空间 ABD 投影到二维空间 ABC 时，则有 $ABD=ABC(D')$。此时直觉模糊集退化为模糊集。当二维空间 ABC 投影到 μ 轴时，则有 $ABD=ABC(D')=CA$。此时直觉模糊集退化为非模糊集，即 $\mu_A(x)=[0,1]$，则 $\pi_A(x)=0$。此时直觉模糊熵为最小值 0。

7.1.2　直觉模糊熵的构造

根据直觉模糊熵的几何解释，我们提出如下关于直觉模糊集模糊熵的直观约束条件。

约束 1　当直觉模糊集退化为非模糊集时，此时它的模糊熵具有最小值 0。

由图 7.1 可知，当 IFS 集退化为非模糊集时，即 $1-\mu_A(x)=0$，也就是我们精确地知道论域 U 中任意元素 x 的隶属度。此时模糊熵的值为 0 是符合实际的。

约束 2　当 IFS 集 $A=\{[\mu_A(x),1-\mu_A(x)]|\mu_A(x)\in[0,1/2],x\in U\}$时，直觉模糊集的模糊熵具有最大值。

由图 7.1 可知，当 $\mu_A(x)=\gamma_A(x)$时，支持 x 的证据和反对 x 的证据一样多，而对于犹豫指数 $\pi_A(x)$，我们无从知道它是支持 x 还是反对 x 的，因此此时 IFS 模糊熵应该达到最大。

约束 3　一个 IFS 集的模糊熵和它的补集的模糊熵是相等的。

约束 4　直觉模糊集的模糊熵是关于隶属函数和非隶属函数差值的减函数，且随着$|\mu_A(x)-\gamma_A(x)|$的增大而减小，随着$|\mu_A(x)-\gamma_A(x)|$的减小而增大。

当直觉模糊集的隶属函数 $\mu_A(x)$和非隶属函数 $\gamma_A(x)$增加时，$\pi_A(x)=1-\mu_A(x)-\gamma_A(x)$将减小，从而我们对论域 U 中任意元素 x 的隶属度知道的更多，直觉模糊集的模糊熵相应减少，反之，则增加；另一方面，隶属函数 $\mu_A(x)$和非隶属函数 $\gamma_A(x)$的值越相近，肯定和否定的证据越相近，不确定性增加，从而直觉模糊集的模糊熵也就越大，反之，则越小；特别地，当$|\mu_A(x)-\gamma_A(x)|=0$ 时，肯定和否定的证据各占 50%，直觉模糊熵应该达到最大，此时约束 4 和约束 2 是一致的。

根据上述的约束条件并结合 De Luca 和 Termini 在 1972 年提出的普通模糊集的非概率型熵表示准则[15]的启发，我们重新对直觉模糊熵进行公理化定义。

定义 7.1　函数 E：$\mathrm{IFS_S}(U)\to[0,1]$称为 IFS 集 $\mathrm{IFS_S}(U)$的模糊熵。如果它满足如下条件：

(1) $E(A)=0$，当且仅当 A 是非模糊集。

(2) $E(A)=1$，当且仅当$\forall x\in U$，有 $\mu_A(x)=\gamma_A(x)$。

(3) $E(A)=E(A^C)$，$\forall A\in \mathrm{IFS_S}(U)$。

(4) 对于 IFS 集 A 和 B，若$\forall x\in U$，有

$$\frac{\min(\mu_A(x),\gamma_A(x))+\pi_A(x)}{\max(\mu_A(x),\gamma_A(x))+\pi_A(x)}\leqslant\frac{\min(\mu_B(x),\gamma_B(x))+\pi_B(x)}{\max(\mu_B(x),\gamma_B(x))+\pi_B(x)}\tag{7.1}$$

则 $E(A)\leqslant E(B)$。

注：(4) 说明 $\pi_A(x)$越大，熵值越大，反之则越小；$\mu_A(x)$和 $\gamma_A(x)$值越接近，熵值越大，反之则越小，这和约束条件 4 是吻合的。

定理 7.1　设$U=\{x_1,x_2,\cdots,x_n\}$，$A=\sum_{i=1}^{n}<\mu_A(x_i),\gamma_A(x_i)>/x_i$，$A\in\mathrm{IFS}(U)$，则 A 的直觉模糊熵为

$$E(A)=\frac{1}{n}\sum_{i=1}^{n}\frac{\min(\mu_A(x_i),\gamma_A(x_i))+\pi_A(x_i)}{\max(\mu_A(x_i),\gamma_A(x_i))+\pi_A(x_i)}\tag{7.2}$$

证明：

(1) $E(A)=0 \Leftrightarrow$ 对 $\forall x_i \in U$，有

$$\min(\mu_A(x_i),\ \gamma_A(x_i))+\pi_A(x_i)=0$$

若 $\mu_A(x_i)<\gamma_A(x_i)$，则

$$\min(\mu_A(x_i),\ \gamma_A(x_i))+\pi_A(x_i)=\mu_A(x_i)+\pi_A(x_i)=0$$

故 $\mu_A(x_i)=\pi_A(x_i)=0$，$\gamma_A(x_i)=1$，从而我们精确地知道反对证据的程度为 1。

同理，当 $\mu_A(x_i)>\gamma_A(x_i)$时，$\gamma_A(x_i)=\pi_A(x_i)=0$，$\mu_A(x_i)=1$，从而我们精确地知道支持证据的程度也为 1，所以 A 非模糊集。

(2) $E(A)=1 \Leftrightarrow \min(\mu_A(x_i),\ \gamma_A(x_i))+\pi_A(x_i)=\max(\mu_A(x_i),\ \gamma_A(x_i))+\pi_A(x_i)$

$$\Leftrightarrow \mu_A(x_i)=\gamma_A(x_i)$$

即对 $\forall x_i \in U$，有 $\mu_A(x_i)=\gamma_A(x_i)$。

(3) $\because E(A)=E(A^C)$

$\therefore \mu_{A^C}(x_i)=\gamma_A(x_i)$，$\gamma_{A^C}(x_i)=\mu_A(x_i)$，$1-\mu_{A^C}(x_i)=1-\gamma_A(x_i)$，$1-\gamma_{A^C}(x_i)=1-\mu_A(x_i)$

于是有

$$E(A)=\frac{1}{n}\sum_{i=1}^{n}\frac{\min(\mu_A(x_i),\ \gamma_A(x_i))+\pi_A(x_i)}{\max(\mu_A(x_i),\ \gamma_A(x_i))+\pi_A(x_i)}$$

$$\Leftrightarrow \frac{1}{n}\sum_{i=1}^{n}\frac{\min(\gamma_{A^C}(x_i),\ \mu_{A^C}(x_i))+\pi_A(x_i)}{\max(\gamma_{A^C}(x_i),\ \mu_{A^C}(x_i))+\pi_A(x_i)} \Leftrightarrow \frac{1}{n}\sum_{i=1}^{n}\frac{\min(\mu_{A^C}(x_i),\ \gamma_{A^C}(x_i))+\pi_A(x_i)}{\max(\mu_{A^C}(x_i),\ \gamma_{A^C}(x_i))+\pi_A(x_i)}$$

$\Leftrightarrow E(A^C)$

(4) 是平凡的。

定理 7.2　设 $U=\{x_1,\ x_2,\ \cdots,\ x_n\}$，$A=\sum_{i=1}^{n}<\mu_A(x_i),\ \gamma_A(x_i)>/x_i$，$A \in \mathrm{IFS}(U)$，则

$$E(A) \geqslant \frac{1}{n}\sum_{i=1}^{n}\pi_A(x_i) \tag{7.3}$$

证明：

当 $\mu_A(x_i) \leqslant \gamma_A(x_i)$时，有

$$\frac{\min(\mu_A(x_i),\gamma_A(x_i))+\pi_A(x_i)}{\max(\mu_A(x_i),\gamma_A(x_i))+\pi_A(x_i)}=\frac{\mu_A(x_i)+\pi_A(x_i)}{\gamma_A(x_i)+\pi_A(x_i)}=\frac{1-\gamma_A(x_i)}{1-\mu_A(x_i)}$$

由 IFS 的定义可知，$0 \leqslant \mu_A(x_i)+\gamma_A(x_i) \leqslant 1$，$0 \leqslant \mu_A(x_i) \leqslant 1$，$0 \leqslant \gamma_A(x_i) \leqslant 1$，于是有

$$0 \leqslant 1-\mu_A(x_i)-\gamma_A(x_i) \leqslant 1$$

又因为　$\mu_A(x_i) \leqslant \gamma_A(x_i) \Leftrightarrow 1-\gamma_A(x_i) \leqslant 1-\mu_A(x_i)$

所以　$1-\gamma_A(x_i) \geqslant (1-\mu_A(x_i))(1-\mu_A(x_i)-\gamma_A(x_i))$

由此可知：

$$\frac{1-\gamma_A(x_i)}{1-\mu_A(x_i)} \geqslant 1-\mu_A(x_i)-\gamma_A(x_i) \geqslant \pi_A(x_i)$$

同理，当 $\mu_A(x_i)>\gamma_A(x_i)$时，有

$$\frac{\min(\mu_A(x_i),\ \gamma_A(x_i))+\pi_A(x_i)}{\max(\mu_A(x_i),\ \gamma_A(x_i))+\pi_A(x_i)}=\frac{1-\mu_A(x_i)}{1-\gamma_A(x_i)} \geqslant \pi_A(x_i)$$

故

$$E(A)=\frac{1}{n}\sum_{i=1}^{n}\frac{\min(\mu_A(x_i),\ \gamma_A(x_i))+\pi_A(x_i)}{\max(\mu_A(x_i),\ \gamma_A(x_i))+\pi_A(x_i)}\geqslant\frac{1}{n}\sum_{i=1}^{n}\pi_A(x_i)$$

证毕。

7.2　图像预处理问题的直觉模糊推广

通过对经典直觉模糊熵几何意义的分析，我们不难看出任意一个直觉模糊集只要满足 $\mu(x)=\gamma(x)$，其相应的直觉模糊熵就可取最大值 1，此时支持 x 和反对 x 属于该直觉模糊集的证据势均力敌，我们将难以从中作出决断；而当 $\pi(x)$ 值恒定(方便起见假设为 0)且 $\mu(x)$ 的取值分布于 0.5 两侧时，对应的直觉模糊熵值却总以 $\mu(x)=0.5$ 时对应的熵值为轴呈轴对称性分布，如图 7.2 所示。例如，直觉模糊集⟨0.2，0.8⟩与其补集⟨0.8，0.2⟩，根据经典直觉模糊熵公式(7.2)的计算结果均为 0.25，表明这两个直觉模糊集所包含的信息量(不确定程度)相等。

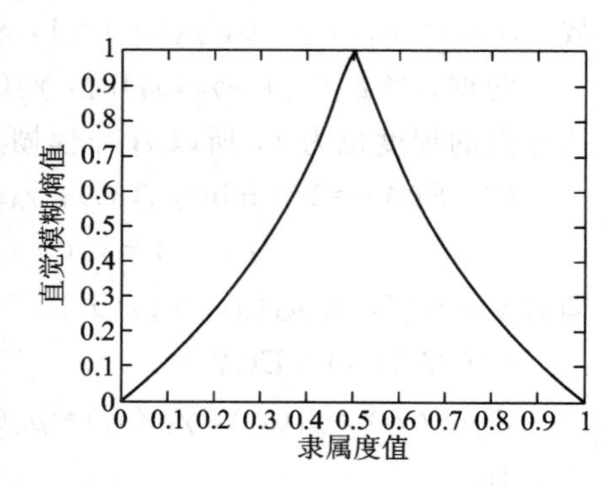

图 7.2　经典直觉模糊熵函数图像

本章尝试由直觉模糊熵生成一个权值来用于具体的图像预处理工作，使其不仅可以对图像像素点的信息量进行描述，同时还能刻画任一像素点灰度值与滤波窗口内灰度中值的相似程度。因此，我们尝试将图像内的每个像素点均表示为直觉模糊集的形式，其中像素点灰度值与滤波窗口内灰度中值的相似程度作为隶属度，相异程度作为非隶属度。然而，经典直觉模糊熵定义只能从信息量包含角度对每个像素点对应的直觉模糊集进行单纯的数字分析，而未能反映隶属度函数的实质意义。例如滤波窗口内两个像素点与中值的相似程度和差异程度的直觉模糊集表达分别为⟨0.7，0.3⟩和⟨0.3，0.7⟩，运用经典直觉模糊熵的定义计算二者的熵值均为 0.43，因而从信息量角度来看，上述两个像素点不存在任何区别，是等价的；但从像素点隶属度函数的内在意义出发，这两个像素点明显存在重大差异：第一个像素点灰度值与滤波窗口内灰度中值的相似程度较高，为 0.7，第二个像素点与相应窗口内的灰度中值则存在较大差异，二者的相似程度仅为 0.3，而图像预处理工作中赋予这两类像素点的权值往往明显不同。因此，如果单纯地采用经典直觉模糊熵定义进行图像预处理显然是不合理、不严谨的。

另一方面，从函数图像分析，当 $\mu(x)$ 位于区间[0，0.5]时，对应的经典直觉模糊熵数值呈递增趋势；而一旦 $\mu(x)$ 位于区间[0.5，1]，直觉模糊熵数值便会随之发生递减，这表明经典直觉模糊熵并非是关于 $\mu(x)$ 定义域的单调函数，而是一个关于 $\mu(x)=\gamma(x)=(1-\pi(x))/2$ 的轴对称函数，且在 $\mu(x)=\gamma(x)=(1-\pi(x))/2$ 时取最大值 1，这也与图像像素点的直觉模糊意义不符。我们要求像素点不同的隶属度函数应该在直觉模糊熵模型中得到不同的刻画，并不注重像素点的隶属度函数与非隶属度函数是否相等。反映在对应函数图像上，理想的直觉模糊熵模型应是一个严格单调函数。

针对上述情况，我们可以对经典直觉模糊熵的定义作适当的修改，将其函数图像中的递减部分以直觉模糊熵值为 1 的直线为轴进行对称翻转，使其成为递增函数。由于像素点权值的值域为[0，1]，因而对上述函数图像作纵轴压缩，从而得到由图像像素点接近程度生成的像素点对应权值图像，如图 7.3 所示。生成的权值不仅可以用于图像像素点下一步的预处理工作，而且仍然保留了各像素点的直觉模糊熵数值信息。

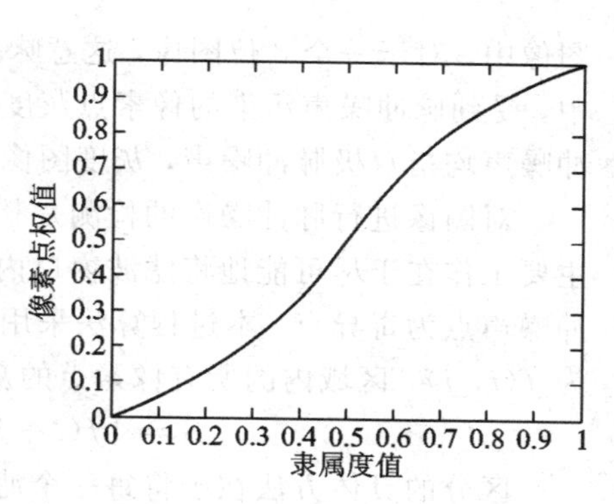

图 7.3　修改后直觉模糊熵函数对应的像素点权值

$$e=\begin{cases}\dfrac{3\mu-1}{2\mu}, & 0.5\leqslant\mu\leqslant1\\[2ex]\dfrac{\mu}{2(1-\mu)}, & 0\leqslant\mu<0.5\end{cases}\tag{7.4}$$

式中，μ 为像素点的初始隶属度值即相似程度，e 为根据直觉模糊熵修改后得出的像素点权值。

$$I=\begin{cases}2-2e, & 0.5\leqslant e\leqslant1\\2e, & 0\leqslant e<0.5\end{cases}\tag{7.5}$$

式中，I 为像素点权值对应的信息量即经典直觉模糊熵数值。不难发现，像素点包含的信息量是关于像素点权值的一次函数，由像素点的权值可以很容易得出它所包含的信息量。

7.3　基于直觉模糊熵的图像预处理算法

图像预处理问题的直觉模糊推广将图像问题完全归结到了直觉模糊集领域加以处理，原图像中的每个像素点均可由一对隶属度和非隶属度函数进行自适应标定。修改后的直觉模糊熵模型会对像素点的直觉模糊形式进行考量，并最终赋予每个像素点一个权值。基于此，本节将给出直觉模糊集领域的图像预处理算法，具体可分为以下三个过程：

(1) 针对图像进行脉冲噪声检测；

(2) 对除图像四周边界以外的内部像素点采用下文提出的脉冲噪声处理算法；

(3) 内部像素点滤波完毕后，针对图像的四周边界像素进行脉冲噪声的检测和相应处理。

7.3.1　图像的脉冲噪声检测

(双极)脉冲噪声的表达式为

$$p(z)=\begin{cases}P_a, & z=a\\P_b, & z=b\\0, & \text{其他}\end{cases}\tag{7.6}$$

如果 $b>a$，灰度值 b 在图像中将显示为一个亮点；相反，a 的值将显示为一个暗点。若 P_a 或 P_b 为零，则脉冲噪声称为单极脉冲。如果 P_a 和 P_b 均不为零，尤其当它们近似相等时，脉冲噪声值将类似于随机分布在图像上的胡椒和盐粉颗粒。正由于此，双极脉冲噪声也称为椒盐噪声，有时又被称为散粒和尖峰噪声。

噪声脉冲可以是正的，也可以是负的。因为脉冲干扰通常比图像信号的强度大，因此，在一幅图像中，脉冲噪声总是数字化为最大值(纯黑或纯白)。通常假设 a、b 是饱和值，从某种意义上看，在数字化图像中，它们等于所允许的最大值和最小值。由于这一结果，负脉冲常以一个黑点(胡椒点)出现在图像中。同理，正脉冲则常以一个白点(椒盐点)出现在图像中。对于一个 8 位图像，这意味着 $a=0$(黑)，$b=255$(白)。因此，在 256 级灰度图像中，受到脉冲噪声污染的像素点灰度值只有 0 和 255 两种取值。本书中除特别说明外，脉冲噪声均指双极脉冲噪声，灰度图像也均为 256 级灰度图像。

对图像进行脉冲噪声的检测是整个预处理方法的第一步，也是关键的一步。该步骤的主要工作在于尽可能地将滤波窗口内的正常像素点与脉冲噪声点区分开来，文中我们称脉冲噪声点为奇异点。本过程算法采用 3×3 的窗口区域，区域中心像素点(i, j)的灰度值记为 $f(i, j)$，区域内的所有像素点的灰度值集合记为 S：

$$S=\{f(i+m, j+n), m, n=-1, 0, 1\} \tag{7.7}$$

区分的具体方法在于将每一个滤波窗口内所有像素点的灰度值与灰度值最大值 $S_{\max}=255$ 和最小值 $S_{\min}=0$ 进行比较，如果灰度值相等则被判定为奇异点，否则就被记为正常像素点。上述判定方法的依据在于大多数情形的图像中，图像像素点灰度值取最大值 255 或最小值 0 的机率都非常小，因而可以利用比较像素点灰度值的方法初步确定被脉冲噪声污染的像素点坐标。尽管上述判断会导致一定的错判率，但错判的概率很低，完全处于可接受的范围内，而且后续噪声处理算法引入的直觉模糊机制还将对前期的噪声点检测工作做进一步修正。

$$f(i+m,i+n)=\begin{cases} f_{\text{str}}, & f(i+m, j+n)=S_{\max}\text{ 或 }S_{\min} \\ f_{\text{norm}}, & \text{其他} \end{cases} \tag{7.8}$$

式中，f_{str}为奇异点，f_{norm}为正常像素点。

7.3.2　图像内部像素点的脉冲噪声处理

该过程从图像像素点的第 2 行第 2 列开始，逐个对图像的内部像素点进行脉冲噪声滤波处理。在这里，我们仍沿用 3×3 的窗口区域。首先是通过上一过程将区域内的正常像素点区分出来，然后利用高斯型隶属函数分别刻画各个正常像素点与相应滤波窗口内灰度中值的相似程度和差异程度，分别得出各个正常像素点所对应的隶属度值和非隶属度值，再利用修改的直觉模糊熵模型对这一对值进行考量并将最终确定的像素点权值赋予各正常像素点。具体算法如下：

输入：一幅受脉冲噪声污染的多传感器图片。

输出：经过去脉冲噪声处理后的图片。

初始状态：选取 3×3 的滤波窗口，从整幅图片第 2 行第 2 列的元素开始依次进行脉冲噪声处理，并给定两个常数阈值 c_1、c_2。

步骤如下：

(1) 分别计算各滤波窗口内正常像素点的灰度平均值 ave 和灰度中值 med，并求出二者之差的绝对值 abs。

通过该步骤可大致把握各滤波窗口内正常像素点的灰度分布情况。正常像素点的灰度平均值 ave 用于描述灰度值的平均水平，灰度中值 med 用于标识若干像素点灰度级中的中级灰度，而 ave 与 med 之差的绝对值 abs 则主要用于衡量像素点灰度级的偏离程度，即 abs 越大，偏离程度就越严重；abs 越小，各像素点灰度级分布越均衡，图像纹理越平滑。

(2) 当 $\text{abs}\leqslant c_1$ 时，如果 $f(i, j)\neq S_{\max}$且 $f(i, j)\neq S_{\min}$，$f(i, j)$将保持原灰度值不变，转步骤(8)；否则，$f(i, j)=\text{med}$，并转至步骤(8)。

常数阈值 c_1、c_2用来定性衡量绝对值 abs。若 abs$\leqslant c_1$，则表示滤波窗口内正常像素点的灰度分布比较均匀，此时根据 7.3.1 节的有关结论，由于受脉冲噪声污染的像素点只可能有 255 和 0 两种灰度值，因而本节待处理图像中灰度值不为 255 和 0 的像素点必为正常像素点，故无需修改它们的灰度值；那些在同一滤波窗口内灰度值等于 255 或 0 的像素点，在很大程度上受到了脉冲噪声的污染，因而非常有必要对其进行去噪处理。在这种情况下，我们将同一窗口内正常像素点的灰度中值赋予它们。

(3) 当 $c_1<$abs$\leqslant c_2$时，$f(i, j)=$ave，并转至步骤(8)。

当 abs 介于 c_1与 c_2之间时，表明滤波窗口内正常像素点的灰度分布不均匀并存在一定的灰度级差距，此时仅从像素点 $f(i, j)$的灰度值断定其是否为正常像素点已不再可靠。鉴于滤波窗口内正常像素点的灰度分布正趋于进一步分化，我们将同一窗口内正常像素点灰度值的平均值赋予它们。

(4) 当 abs$>c_2$时，利用高斯型隶属函数 $\exp[-(f(i, j)-\mathrm{med})^2/2\sigma^2]$求出各正常像素点的隶属度和非隶属度值。

abs 大于 c_2表示滤波窗口内正常像素点的灰度值分布很不均匀，此时仅从像素点灰度值是否为 255 或 0 来判断其是否为正常像素点已不可能。为此，我们引入直觉模糊集中的高斯型隶属函数，用来反映像素点与滤波窗口内灰度中值的相似程度和差异程度。其中，σ^2为滤波窗口内各正常像素点偏离灰度中值的方差，此外，为说明问题，这里令 $\pi(x)=0$，则非隶属函数为 $1-\exp[-(f(i, j)-\mathrm{med})^2/2\sigma^2]$，需要指出的是，上述简化条件的设置是合理的。因为当直觉指数 $\pi(x)=0$ 时，非隶属度函数 $\gamma(x)$的反制作用或形成的反对程度最强。在此情形下，如果得到的结论是可信的、有效的，那么当直觉指数 $\pi(x)>0$ 时，亦即非隶属度函数 $\gamma(x)$的反制作用或形成的反对程度减弱时，所得到结果的可信度将会更有效。

(5) 采用修改后的直觉模糊熵模型对像素点的隶属度和非隶属度值进行考量，得出的权值 $e(i, j)$作为各个正常像素点的权值。

改进后的直觉模糊熵模型综合了像素点与滤波窗口内灰度中值的相似程度和差异程度信息，同时也保留了像素点的熵信息。由该模型确定的权值 $e(i, j)$是相似程度的单调递增函数，并将其作为后续噪声去除工作的重要依据。

(6) 求出各点权值和所有像素点权值之和 sum。

(7) 最后算出目标灰度值 $f'(i, j)=\left(\sum_{i, j}e(i, j)f_{\mathrm{norm}}(i, j)\right)/\mathrm{sum}$，并用其替换先前的像素点灰度值 $f(i, j)$。

(8) 将滤波窗口顺次向右和向下进行平移，如果所有内部像素点均被处理完毕，那么算法结束；否则，返回步骤(1)。

7.3.3 图像边界像素点的脉冲噪声处理

在完成整幅图像内部像素点的脉冲噪声处理工作以后，就可以对图像的边界像素点进行滤波处理。整个算法过程与内部点的处理过程相似，不同的是，由于内部像素点已经得到较好的处理和修复，因而在处理与这些内部点相邻的边界点时，无需采用较大的滤波窗口，这样可以大大降低计算复杂度。在这里我们仅采用 2×2 的窗口区域加以处理便可得到很好的效果，具体算法过程不再赘述。

在脉冲噪声密度不是很大的情况下，仅采用噪声检测、内部像素点噪声处理以及边界像素点噪声处理三个过程即可获得很好的视觉效果。然而，一旦脉冲噪声密度过大，尤其是超过了 50%以后，上述算法的脉冲噪声去除效果便会立即呈现出快速下降的趋势。针对该情况，本节对基于直觉模糊熵的图像预处理算法作了进一步改进：首先利用数学形态学(Mathematical Morphology，MM)的开闭运算知识对正负脉冲噪声进行一定程度的抑制以降低脉冲噪声密度，而后再采用上述三个处理过程对较低密度脉冲噪声作进一步处理。数学形态学的平面矩形结构元素仍取 3×3 窗口区域。

需要说明的是，数学形态学虽然有利于降低脉冲噪声密度，但其自身因开、闭运算也会引入新的噪声，且会使图像的边缘细节信息出现一定的模糊，因而对灰度均匀的图像块正负脉冲噪声的去除不够彻底，对灰度变化快的图像区域产生的平滑也不明显。因此，在整个脉冲噪声处理过程中，数学形态学仅起到辅助的作用，开闭运算所引起的少量新噪声以及图像边缘的模糊仍主要依赖于上述三个处理过程来加以解决。

7.4　实例结果与分析

7.4.1　实验描述

为了对基于直觉模糊熵的图像预处理算法的性能做出客观评价，下面将采用常用的峰值信噪比(Peak-to-peak Signal-to-Noise Ratio，PSNR)和均方误差(Mean Square Error，MSE)评价参数作为定量的评价标准。

(1) 峰值信噪比(PSNR)是图像像素之间均方误差的对数分贝表示，它能在一定程度上反映图像数据处理前后的变化情况以及数据变化前后噪声是否得到了有效抑制。PSNR 值越大，说明去噪效果越好，处理后的图像质量越高。PSNR 的表达式为

$$\mathrm{PSNR} = 10\ \lg \frac{\max^2}{\sum_{i=1}^{M}\sum_{j=1}^{N}[R(i,j)-F(i,j)]^2} \tag{7.9}$$

式中，$(i,\ j)$为图像的像素点坐标；F 为源图像，R 为去噪处理后的图像；max 为图像的灰度级大小。

(2) 均方误差(MSE)用来评价处理后的图像与源图像之间的差异程度。MSE 值越小，表明处理前后的图像越接近，处理效果越好，其理想值为 0。MSE 的表达式为

$$\mathrm{MSE} = \frac{\sum_{i=1}^{M}\sum_{j=1}^{N}[R(i,\ j)-F(i,\ j)]^2}{M\times N} \tag{7.10}$$

式中，$M\times N$ 为图像的大小。

此外，本节实验均在 MATLAB 7.1 平台上进行，为了体现本章算法的有效性，分别以一幅灰度可见光图像和一幅红外图像作为实验图像，将两种中值滤波算法、自适应中值滤波算法、本章算法以及数学形态学与本章算法相结合的改进算法加以比较。每次实验均将密度相同的脉冲噪声加入到原始图像中。作为衡量算法性能的一项重要指标，各种方法的计算复杂度也被考虑在内，本节对各种方法的平均计算时间进行比较，以加入 60%脉冲噪

声的红外图像为例进行了分析。

7.4.2　灰度可见光图像预处理仿真实验

为了验证本章提出的算法能够有效滤除脉冲噪声并能很好地保持原图像的边缘信息，进行了如下一系列仿真实验。首先选择一幅 512×512 的标准 Lena 图作为原始图像，如图 7.4(a)所示，在该图中分别加入 5%、10%、20%、30%、40%、60%的脉冲噪声，并采用 3×3 和 5×5 的经典标准中值滤波方法 MEDF1 和 MEDF2、自适应中值滤波方法(AMF)和本章提出的滤波方法(Intuitionistic Fuzzy Entropy Filter，IFEF)进行去噪处理，实验数据如表 7.1 所示。在高噪声密度下(60%)，还采用了改进的 IFEF 方法 IFEF+MM 与 IFEF 法进行了对比，实验数据如表 7.2 所示。所有算法均以峰值信噪比(PSNR)和均方误差(MSE)作为性能优劣的评价标准。IFEF 算法中，c_1、c_2分别取 0.5 和 2。图 7.4 分别给出了原始图像、受 60%脉冲噪声污染的图像以及 5 种滤波方法处理后的 Lena 图像。

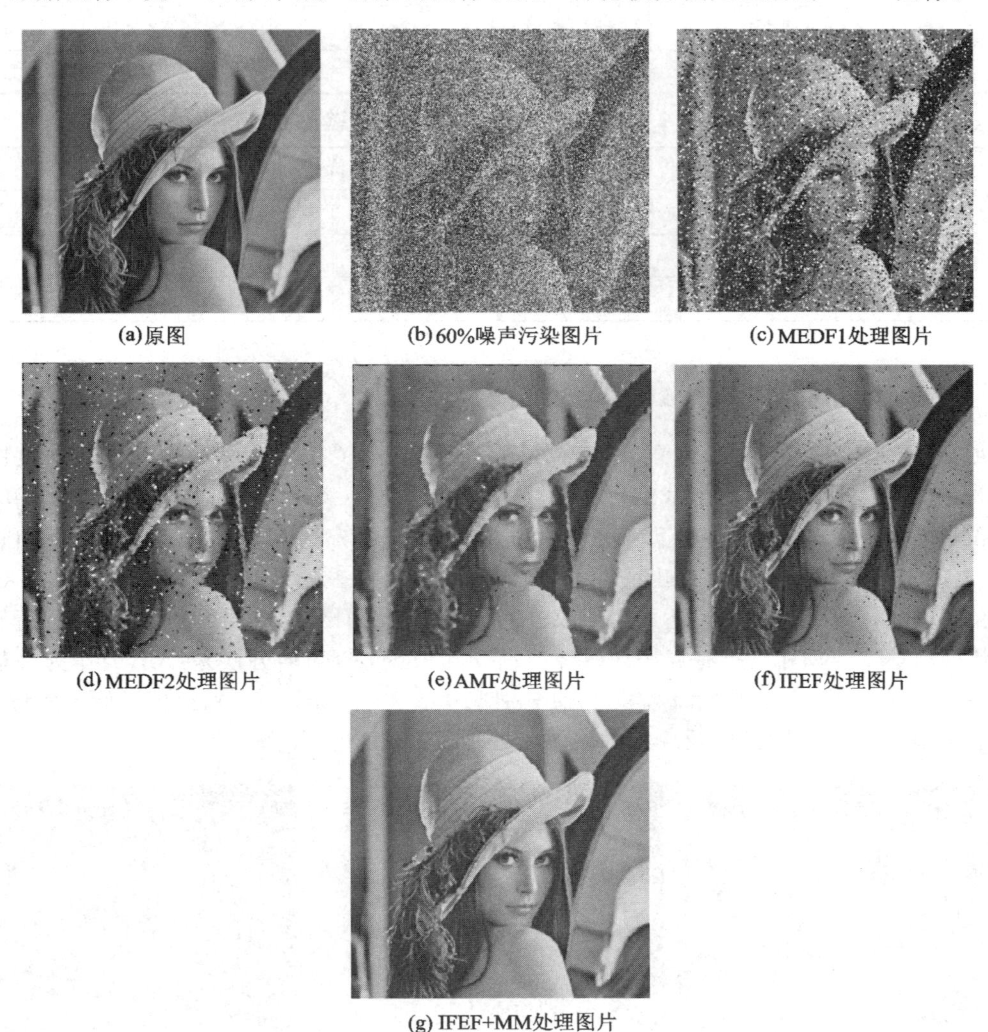

图 7.4　几种滤波算法对 Lena 灰度图像的滤波结果

表 7.1　Lena 图像的去噪算法实验数据

滤波方法	评价指标	脉冲噪声密度					
		5%	10%	20%	30%	40%	60%
加噪图像	PSNR	18.499	15.462	12.426	10.674	9.410	7.664
	MSE	918.8	1848.6	3719.7	5567.3	7448.7	11134.1
MEDF1	PSNR	34.347	33.093	29.009	23.415	18.923	12.284
	MSE	23.9	31.9	81.7	296.2	833.2	3842.8
MEDF2	PSNR	30.938	30.357	28.721	27.214	25.483	18.500
	MSE	52.4	59.9	87.3	123.5	184.0	918.6
AMF	PSNR	31.806	31.282	29.692	27.765	27.321	19.552
	MSE	42.9	48.4	69.8	108.8	120.5	720.9
IFEF	PSNR	34.867	34.707	34.186	33.492	32.449	24.685
	MSE	21.2	22.0	24.8	29.1	37.0	221.1

表 7.2　高噪声密度下的对比实验数据

滤波方法	评价指标	
	PSNR	MSE
IFEF	24.685	221.1
IFEF+MM	31.176	49.6

7.4.3　红外图像预处理仿真实验

原始图像是一幅 256×200 的飞机红外图片(见图 7.5(a)),为了方便与上文灰度图像预处理仿真实验作比较,本节我们仍对图 7.5(a)分别加入 5%、10%、20%、30%、40%、60%的脉冲噪声,采用 3×3 和 5×5 的经典标准中值滤波方法 MEDF1 和 MEDF2、自适应中值滤波方法(AMF)和本章提出的滤波方法(IFEF)进行去噪处理,实验数据如表 7.3 所示。在高噪声密度下(60%),还采用了改进的 IFEF 方法 IFEF+MM 与 IFEF 法进行了对比,数据如表 7.4 所示。所有算法均以峰值信噪比(PSNR)和均方误差(MSE)作为性能优劣的评价标准。IFEF 算法中,c_1、c_2 的值分别取 0.5 和 2。图 7.5 分别给出了原始图像、受 60%脉冲噪声污染的图像以及 5 种滤波方法处理后的红外图像。

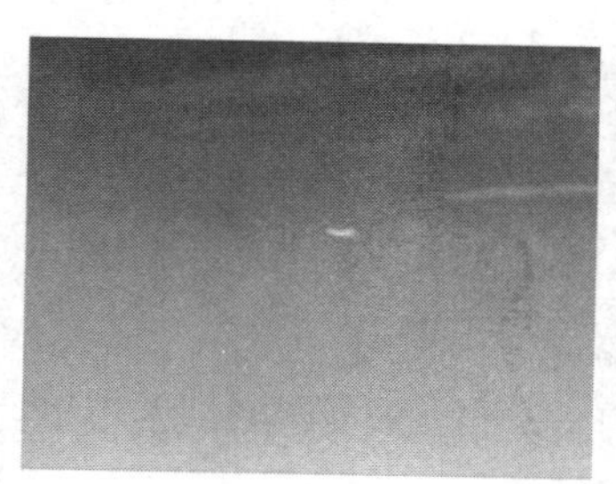

(a) 原图

(b) 60%噪声污染图片

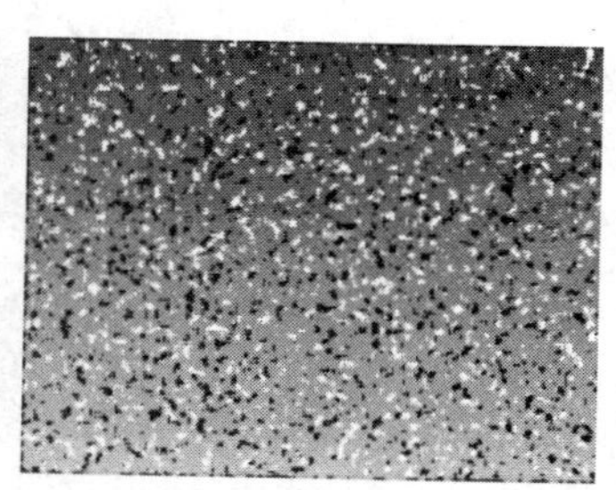

(c) MEDF1处理图片

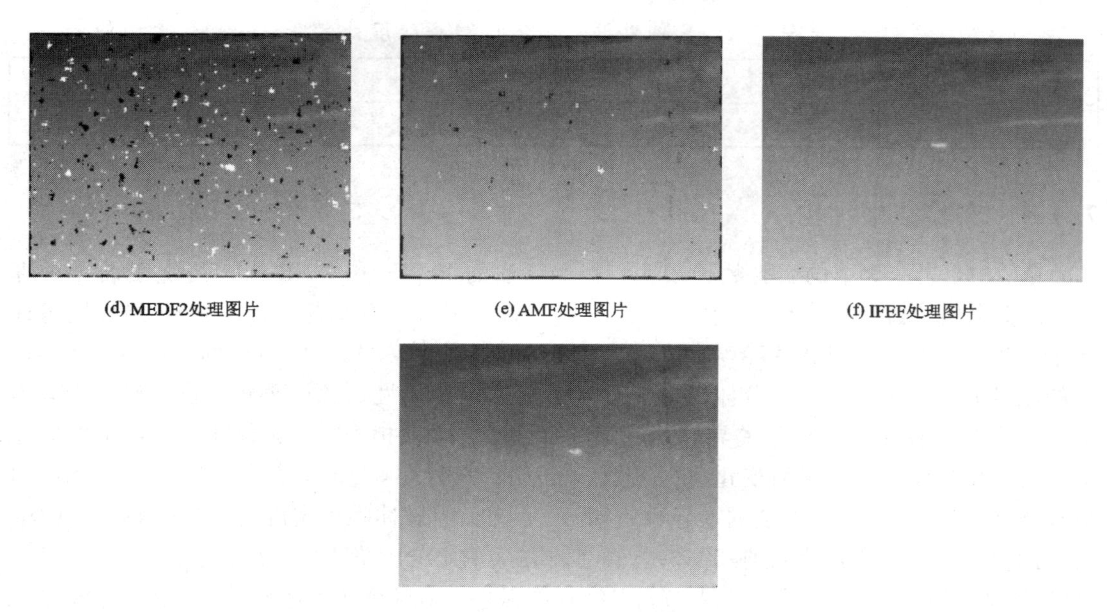

(d) MEDF2处理图片　(e) AMF处理图片　(f) IFEF处理图片

(g) IFEF+MM处理图片

图 7.5　几种滤波算法对红外图像的滤波结果

表 7.3　红外图像的去噪算法实验数据

滤波方法	评价指标	脉冲噪声密度					
		5%	10%	20%	30%	40%	60%
加噪图像	PSNR	18.718	15.548	12.565	10.872	9.632	7.887
	MSE	873.6	1812.6	3602.4	5320.0	7077.1	10 577.1
MEDF1	PSNR	39.618	37.059	28.982	24.277	19.258	12.697
	MSE	7.1	12.8	82.2	242.9	771.4	3494.3
MEDF2	PSNR	37.339	35.930	30.131	27.193	25.011	18.110
	MSE	12.0	16.6	63.1	124.1	205.1	1004.8
AMF	PSNR	38.175	36.547	32.099	27.977	28.377	18.527
	MSE	9.9	14.4	40.1	103.6	94.5	912.8
IFEF	PSNR	46.370	45.826	44.909	44.151	38.686	25.993
	MSE	1.5	1.7	2.1	2.5	8.8	163.6

表 7.4　高噪声密度下的对比实验数据

滤波方法	评价指标	
	PSNR	MSE
IFEF	25.993	163.6
IFEF+MM	36.284	15.3

以加入 60%脉冲噪声的红外图像为例，采用 5 种方法计算复杂度的结果如表 7.5 所示。

表 7.5　5 种处理方法的计算复杂度比较　　单位：s

滤波方法	MEDF1	MEDF2	AMF	IFEF	IFEF+MM
平均时间	0.16	0.31	3.49	4.92	7.13

7.4.4　实验结果讨论

表 7.1、表 7.3 中的实验数据表明，本章算法的 PSNR 和 MSE 指标均优于前 3 种算法：在整个实验过程中，本章算法的 PSNR 指标高于其余三种算法，而其 MSE 指标则远远低于另外三种算法。当脉冲噪声密度逐渐增大时，本章算法 PSNR 指标的下降和 MSE 指标的上升并不十分明显，充分体现出本章算法优越的鲁棒性；当脉冲噪声密度较低时，本章算法同其他算法的指标值差异并不明显，而且滤波效果相当，但随着脉冲噪声密度的逐渐增大，其余算法的指标值变化非常剧烈，而且噪声密度越大，本章算法对应的 PSNR 和 MSE 指标值与其余几种方法的差异也越明显。例如，当脉冲噪声密度达到 40%时，在Lena 灰度图像中，本章算法和经典 3×3 中值滤波方法的 PSNR 值的差距接近 14 dB，后者的 MSE 值达 833.17，而前者却不足 37；在红外图像中，本章算法和经典 3×3 中值滤波方法的 PSNR 值的差距接近 20 dB，后者的 MSE 值为 771.4，而前者为 8.8，这些数据都体现出了本章算法滤除普通灰度可见光图像和红外图像中脉冲噪声的优势。另外，以 60%的脉冲噪声密度为例，从两个实验中可以很明显地看出其余三种滤波方法并不能有效地去除脉冲噪声，而且图像的边缘也处理得很不彻底，分布有较多的脉冲噪声点，而本章算法不仅较好地去除了包括图像边界在内的脉冲噪声，而且对图像的边缘细节也保持得很好。

然而，不容忽视的是，随着脉冲噪声密度的迅速增大，尤其是在密度超过 40%时，本章算法的 PSNR 和 MSE 指标值也发生了负面变化。以红外图像处理效果为例，当噪声密度达到 60%时，PSNR 值较 40%时的指标值下降了十几分贝，相应的 MSE 值也激增了近 20 倍。因此，针对高密度脉冲噪声情形，本章对 IFEF 算法做出了相应的改进，先用数学形态学方法降低脉冲噪声密度，而后再使用 IFEF 算法对含噪图像进行去噪处理。表 7.2、表 7.4 的实验数据表明，改进后的 IFEF 算法指标值得到了大幅改观，以红外图像为例，改进算法的 PSNR 值较 IFEF 算法增加了 10 分贝以上，相应的 MSE 值也仅为 IFEF 算法的 1/10。尽管图像出现了轻微模糊，但在总体上还是很好地去除了图像内的脉冲噪声，对图像边缘细节也保持得较好。

表 7.5 的实验数据显示，虽然本章方法及其改进方法在去噪效果上优于另外三种方法，但在时间复杂度方面付出了一定的代价。这是因为其余几种方法的去噪思路几乎都是遇到任一像素点，不论是否被噪声污染，污染程度有多大差异，都进行像素邻域的局部中值滤波，即求取邻域像素中值灰度值。仿真实验表明其滤波效果不佳，尤其是在高噪声密度下；而本章算法则根据邻域内像素点受噪声污染的实际情况，对未被污染的像素点尽可能保持其原灰度值，而对受污染的像素点则根据污染程度的大小由邻域内的多项指标决定其最终灰度值，因而，本章算法较前三种方法更具逻辑性和合理性；改进后的方法是专门针对噪声密度很大的情况提出的，由于它是本章算法和数学形态学两者的结合，因而必然会增加计算复杂度，但仍在可接受的范围内。

从直觉模糊集理论的角度来分析和考量图像的脉冲噪声处理算法是一条崭新的思路，

具有强大的生命力。本章利用直觉模糊集在处理不确定性问题中的优势，对先前提出的直觉模糊熵定义加以修改以适应图像处理的要求，改造后的定义不仅可以衡量图像滤波窗口中像素的信息量，而且还可以对得出的隶属度和非隶属度值加以考量，在必要时还会从信息量的角度对隶属度和非隶属度值重新加以修正。理论分析和仿真结果都表明该方法是有效可行的，并且在噪声密度较大时仍具有出色的鲁棒性。对于脉冲噪声密度很大的情况，又对本章算法进行了改进，即融入了数学形态学的方法，最终取得了满意的效果。

本章小结

本章对基于直觉模糊熵的图像预处理方法进行了分析研究，具体成果如下：

(1) 通过对直觉模糊集的定义及基本运算，对经典直觉模糊熵定义的研究，并针对图像预处理工作自身的特点，将图像预处理问题进行了直觉模糊推广。采用直觉模糊集的形式对图像内每一像素点灰度值与其相应滤波窗口内灰度中值的相似程度和差异程度进行了说明，其中隶属度函数表示相似程度，非隶属度函数代表差异程度。经典的直觉模糊熵模型虽能对直觉模糊化后的像素点进行信息量描述，但却无法把握隶属函数和非隶属函数的内在意义，本章对其进行了修改，修改后的直觉模糊熵模型能自适应地综合考量像素点的隶属度函数和非隶属度函数，并能赋予每个像素点一个权值。该权值不仅可以用于后续的预处理工作，而且还保留了各像素点的熵信息。

(2) 提出了基于直觉模糊熵的图像预处理算法 IFEF。针对脉冲噪声的分布特点，本章分别提出了图像的脉冲噪声检测过程、图像内部像素点的脉冲噪声处理算法以及图像边界像素点的脉冲噪声处理算法。

(3) 针对实际图像预处理场合中脉冲噪声密度过大的情形，给出 IFEF 的改进型算法 IFEF＋MM。该算法综合了数学形态学在图像处理领域中的杰出优势，首先利用数学形态学的开闭运算知识对正负脉冲噪声进行一定程度的抑制以降低脉冲噪声密度，而后再采用 IFEF 对较低密度噪声作进一步的处理，两个仿真实例充分验证了上述算法的有效性。

本章对图像预处理的直觉模糊推广问题进行的研究，不仅为图像预处理工作奠定了理论基础，同时还为后面的多传感器源图像融合工作提供了前提和支持。

本章参考文献

[1] 耿峰，祝小平. 精确制导武器红外成像导引头控制系统研究[J]. 宇航学报，2007，28(3)：535-538

[2] 陈小天，沈振康. 空空导弹红外成像制导系统仿真研究[J]. 系统仿真学报，2008，20(20)：5501-5505

[3] 王春生，喻松林，高山. 一种精确制导用凝视红外成像系统设计[J]. 激光与红外，2007，37(4)：332-334

[4] Qu H M，Chen Q，Gu G H，et al. A general image processing algorithm demo and evaluation system for infrared imaging[A]. Proceedings of the SPIE[C]，2007，6279：62793G-1-7

[5] 范晋祥，张渊，王社阳. 红外成像制导导弹自动目标识别应用现状的分析[J]. 红外与激光工程，2007，36(6)：778-781

[6] Rogalski A. Competitive technologies for third generation infrared photon detectors[J]. Opto-Electronics Review，2006，14(1)：84-98

[7] Yang L，Yang J，Yang K. Adaptive detection for infrared small target under sea-sky complex background[J]. Electron. Letters，2004，40(17)：1083-1085
[8] Zhou W，David Z. Progressive switching median filter for the removal of impulse noise from highly corrupted images[J]. IEEE Trans. Circuits and Systems，1999，46(1)：78-80
[9] Wang H，Haddad R A. Adaptive median filters：New algorithms and results[J]. IEEE Trans. Image Processing，1995，4(4)：499-502
[10] Arce G R，Foster R E. Detail preserving ranked-order based filters for image processing[J]. IEEE Trans. Acoustic，Speech and Signal Processing，1989，37(1)：83-98
[11] Atanassov K. Intuitionistic fuzzy sets[J]. Fuzzy Sets and Systems，1986，20(1)：87-96
[12] 王毅，雷英杰. 一种新的直觉模糊熵构造方法[J]. 控制与决策，2007，22(12)：1390-1394
[13] 吴成茂，范九伦. 归一化型划分熵[J]. 西安邮电学院学报，2002，7(3)：64-69
[14] 李良群，姬红兵. 基于最大模糊熵聚类的快速数据关联算法[J]. 西安电子科技大学学报，2006，33(2)：251-257
[15] Burillo P，Bustince H. Entropy on intuitionistic fuzzy sets and on interval-valued fuzzy sets[J]. Fuzzy Sets and Systems，1996，78(3)：305-316
[16] Szmidt E，Kacprzyk J. Entropy for intuitionistic fuzzy sets[J]. Fuzzy Sets and Systems，2001，118(3)：467-477

第 8 章　基于改进型 NSCT 的图像融合方法

本章首先对经典 NSCT 模型的相关理论进行了介绍，其次针对经典 NSCT 模型自身存在的不足，给出了 NSCT 的改进型模型，并提出了基于改进型 NSCT 的图像融合方法，最后通过仿真实例分析验证了该算法的有效性。

8.1　改进型 NSCT 模型的产生背景

近年来，以小波变换为代表的多分辨率分析方法在图像融合领域得到了越来越广泛的应用。传统的二维可分离小波尽管具有良好的时频局部化特性，可实现信号在不同频带、不同时刻的分离，但也存在一些问题：实现需要通过卷积完成，计算复杂，运算速度慢，而且不具备平移不变性，容易导致重构图像出现明显的 Gibbs 现象。针对这些缺陷，学术界主要沿着两个方向进行了探索和研究：一是尝试对经典小波基函数进行进一步的修改和重新构造。2003 年，Do 和 Vetterli 提出了一种适合分析一维或更高维奇异性的有限脊波变换(Finite Ridgelet Transform，FRIT)[1]。脊波本质上是通过对小波基函数添加一个表征方向的参数得到的，所以它不但和小波一样具有局部时频分析能力，而且还具有很强的方向选择和辨识能力，可以非常有效地表示信号中具有方向性的奇异性特征，如图像的线性轮廓、图像中的直线信息等。然而，图像的边缘轮廓多是不规则的曲线，在此背景下，Candes和 Donoho 提出了曲波(Curvelet)[2]理论。该理论用多方向投影对应的频域切片的脊波变换来重建图像，能体现出很高的方向敏感性。但是，由于 Curvelet 是在频域上定义的，因而其在空域上的抽样特性不明显。为解决这一问题，Do 和 Vetterli 提出了一种“真正的”二维图像表示方法——轮廓波(Contourlet)[3]变换，也称金字塔型方向滤波器组。该变换将小波变换的优点延伸到了高维空间，相比前几种理论，Contourlet 能更好地对源图像进行融合，并取得良好的视觉效果。然而，Contourlet 由于在分解过程中采用了下采样处理，因而频域存在较严重的频率混叠，从而导致其不具备平移不变性，在图像融合中则表现为较明显的 Gibbs 现象。2005 年面世的非下采样轮廓波变换(Non-Subsampled Contourlet Transform，NSCT)理论[4, 5]克服了上述理论的种种缺陷，不仅继承了 Contourlet 变换的多尺度、多方向等优良特性，而且还具备了平移不变性，具有优良的细节“捕捉”能力。目前，NSCT 已被广泛应用于图像融合[6−11]、图像去噪[12, 13]等领域中。第二个研究方向是仍在小波范围内对传统小波变换理论加以改进，其中最具代表性的是 Sweldens 等人[14]提出的一种不依赖于傅立叶变换的新型小波构造方法——提升型小波变换[15−18]。它使用许多线性、非线性或空间变化的预测和更新算子来获得期望特性的小波函数，可确保变换的可逆性，同传统小波变换相比，计算速度更快，方法更简单，能很好地提取图像的信息。提升不可分离小波(Lifting Non-Separable Warelet，LNSW)变换继承了上述所有优势，但由于它的分裂步骤使得每次变换后子带信号数据量均缩减为原先的一半，因而该变换不具有平移不变性。针对该问题，王卫星等人[19]在提升不可分离小波变换理论中融入了冗余的思想，并将其应用于多源图像融合，从而获得了较好的效果。

本章对上述两个研究方向的优势加以结合，提出了一种基于改进型 NSCT(Improved NSCT，INSCT)变换的图像融合方法。该方法针对经典 NSCT 模型在设计上的不足，首先采用冗余提升不可分离小波(Redundant Lifting Non-Separable Wavelet，RLNSW)变换替代经典 NSCT 理论中细节捕捉能力较弱的非下采样金字塔(Nonsubsampled Pyramid，NSP)分解机制，然后将其与非下采样方向滤波器(Nonsubsampled Directional Filter Bank，NSDFB)实现的多分辨率分解方式相结合，从而实现对源图像进行多尺度多方向的分解与重构。仿真结果和主客观评价分析表明该方法能很好地提取源图像中的有用信息并注入到融合图像中，具有优良的视觉效果，因而该方法在目标检测和反恐处突领域中具有很好的应用前景。

8.2　经典 NSCT 模型基本理论

传统的 Contourlet 变换是一种综合了拉普拉斯金字塔(Laplacian Pyramid，LP)分解和方向滤波器组(Directional Filter Bank，DFB)分解的多方向多尺度变换，但由于 LP 和 DFB 中上采样(插值)和下采样(抽取)机制的存在，Contourlet 变换并不具备平移不变性。经典 NSCT 模型正是在 Contourlet 变换的基础上产生的，它的基本框架结构分为 NSP 分解机制与 NSDFB 分解机制两部分。同 Contourlet 变换类似，NSCT 首先利用 NSP 分解对源图像进行多尺度分解以有效"捕获"图像中的奇异点，而后采用 NSDFB 分解对高频分量进一步地方向分解，从而最终获得源图像不同尺度、不同方向的子带图像；与 Contourlet 变换不同的是，NSCT 没有对 NSP 以及 NSDFB 分解后的信号分量进行分析滤波后的下采样以及综合滤波前的上采样，而是先对相应滤波器进行上采样，然后再对信号进行分析滤波和综合滤波，从而巧妙地弥补 Contourlet 变换无法满足平移不变性的缺陷。NSCT 的基本框架结构如图 8.1 所示，该结构将子带中的二维频域划分为如图 8.2 所示的若干楔形方向子带。

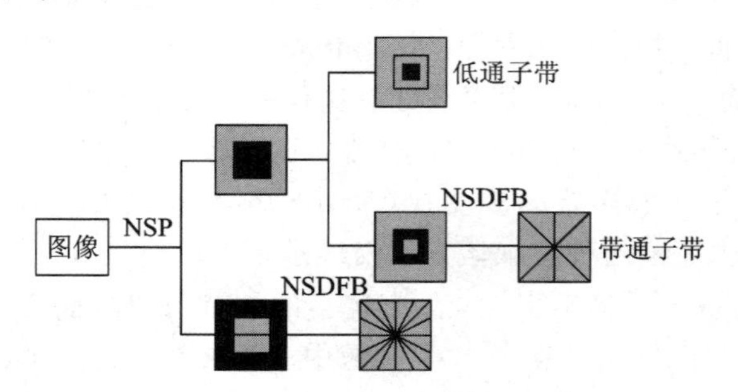

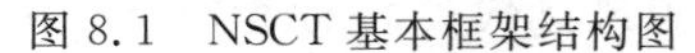
图 8.1　NSCT 基本框架结构图

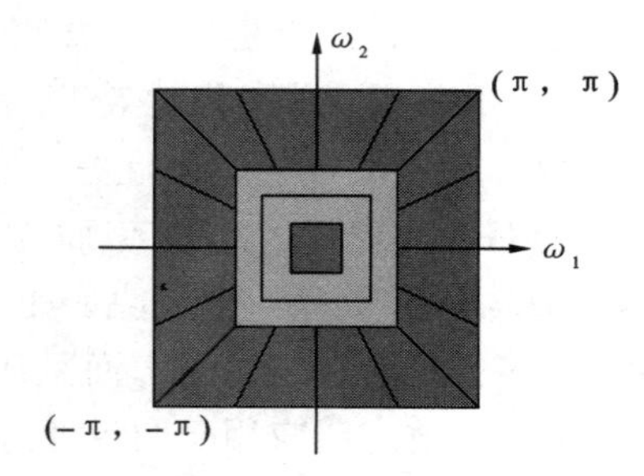

图 8.2　NSCT 频域划分图

8.2.1　非下采样金字塔分解

NSCT 采用双通道二维滤波器组来实现 NSP 分解机制，如图 8.3 所示。NSP 实现了 NSCT 的多尺度子带分解，且具备平移不变性，该过程与 àtrous 算法的一维非下采样小波变换十分类似，并具有 $J+1$ 冗余度，其中 J 代表分解级数。为实现对图像的多尺度分解，NSP 每一级均需对前一级滤波器按采样矩阵 $\boldsymbol{D}=2\boldsymbol{I}$（$\boldsymbol{I}$ 为二阶单位矩阵）进行上采样，即对上一尺度低频信号经上采样后的低通滤波器进行低通滤波，得到塔式分解后的低频信号；同时还对上一尺度低频信号经上采样后的高通滤波器进行高通滤波，得到塔式分解后的高频信号。J 尺度下低通滤波器理想传输频带的支撑区间为 $[-(\pi/2^j), (\pi/2^j)]^2$，而相应高通滤波器理想传输频带的支撑区间即为低通滤波器的补集 $[-(\pi/2^{j-1}), (\pi/2^{j-1})]^2 \backslash [-(\pi/2^j), (\pi/2^j)]^2$。随后每一级的滤波器都可通过对上一级滤波器进行上采样获得。二维图像每经过一级 NSP 分解均可产生一幅低通子带图像和一幅带通子带图像，以后每一级 NSP 分解都在低通分量上迭代进行以获取图像中的奇异点。因而，二维图像经 k 级 NSP 分解后，可得到 $k+1$ 个与源图像具有相同尺寸大小的子带图像，其中包括 1 个低通图像和 k 个大小相同但尺度不同的带通图像，整个 NSP 分解过程的冗余度为 $k+1$，其中 k 为NSP 分解级数。三级金字塔分解过程如图 8.4 所示。其中，分析滤波器 $\{H_0(z), H_1(z)\}$ 和综合滤波器 $\{G_0(z), G_1(z)\}$ 满足 Bezout 恒等式，即

$$H_0(z)G_0(z) + H_1(z)G_1(z) = 1 \tag{8.1}$$

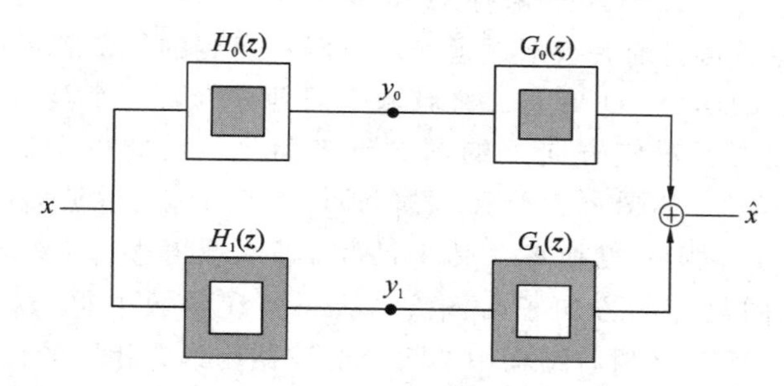

图 8.3　非下采样金字塔的双通道非下采样塔形滤波器组

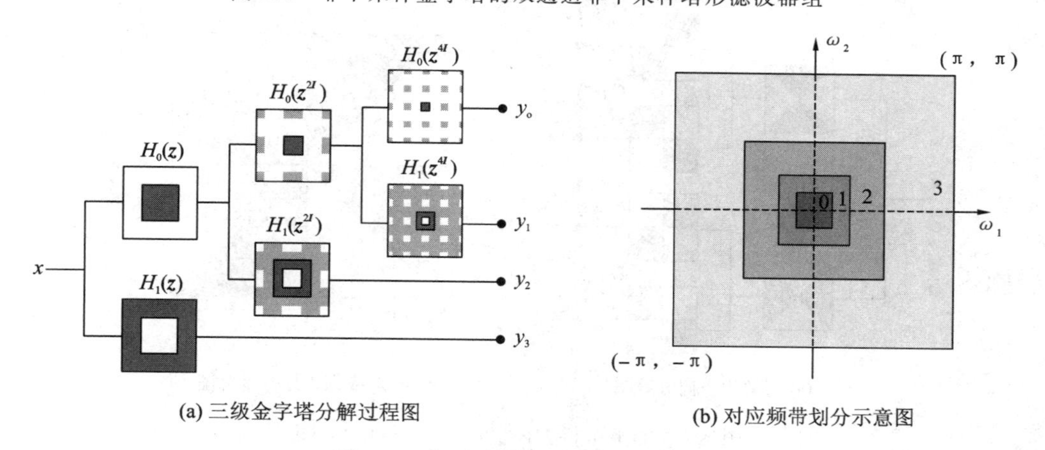

(a) 三级金字塔分解过程图　　(b) 对应频带划分示意图

图 8.4　非下采样金字塔分解示意图

8.2.2　非下采样方向滤波器组分解

Bamberger 和 Smith 所设计的扇形方向滤波器组[20]综合了严格采样双通道滤波器组和重采样算子两方面的特点，NSCT 中的 NSDFB 分解机制正是在此基础上构造的，如图 8.5 所示。类似地，NSDFB 的分析滤波器 $\{U_0(z), U_1(z)\}$ 和综合滤波器 $\{V_0(z), V_1(z)\}$ 也

必须满足 Bezout 恒等式，即

$$U_0(z)V_0(z)+U_1(z)V_1(z)=1 \tag{8.2}$$

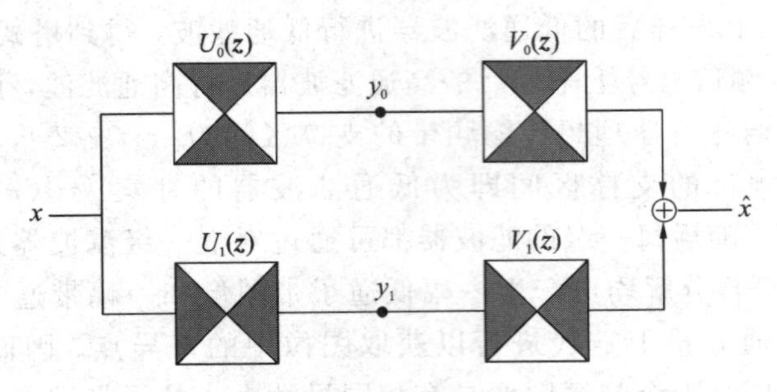

图 8.5　双通道非下采样扇形方向滤波器组

具体地，采用理想频域支撑区间为扇形的 $U_0(z)$ 和 $U_1(z)$ 可以实现高通滤波图像的双通道方向分解。在此基础上，对滤波器 $U_0(z)$ 和 $U_1(z)$ 采用不同的采样矩阵进行上采样，并对上一级方向分解后的子带图像进行滤波，从而实现更为精确的方向分解。例如，可对分析滤波器 $U_0(z)$ 和 $U_1(z)$ 分别采用采样矩阵 $\boldsymbol{D}=[1\ -1;\ 1\ 1]$ 进行上采样得到滤波器 $U_0(\boldsymbol{z}^D)$ 和 $U_1(\boldsymbol{z}^D)$，然后再对前一级双通道方向分解后得到的子带图像进行滤波，从而实现四通道方向分解。相应地，NSDFB 将二维频域平面划分为若干个具有方向性的楔形结构，每一个楔形结构均代表了对应方向上的图像细节特征，由此可形成一个由多个双通道 NSDFB 组成的树状结构，如图 8.6 所示。类似地，也可对综合滤波器 $\{V_0(z),V_1(z)\}$ 作滤波处理。如果 NSDFB 将 NSP 变换每一尺度上的带通图像再进行 l 级方向分解，则可得到 2^l 个与源图像具有相同尺寸的方向子带图像，从而实现频域中更为精确的方向分解。与 NSP 分解机制相同，NSDFB 树状结构中的每个滤波器均具有相同的计算复杂度。

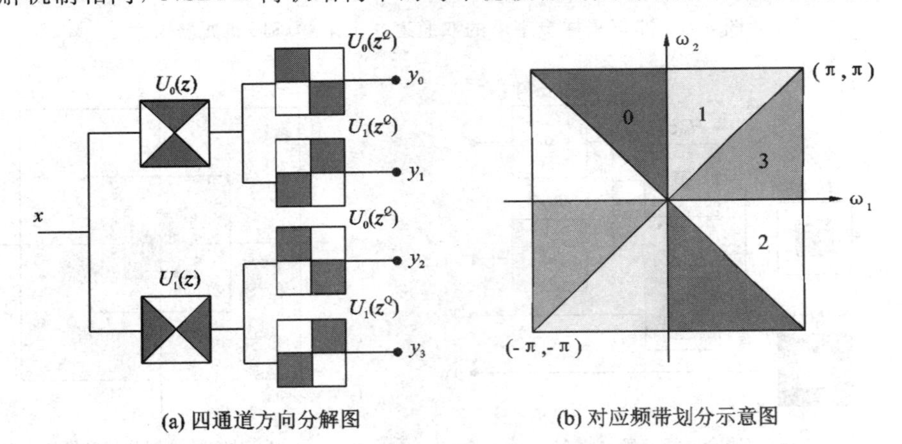

图 8.6　非下采样方向滤波器组分解示意图

需要说明的是，由于方向滤波器自身特性的存在，NSDFB 在高频和低频之间的频率响应存在明显的混叠现象，如图 8.7 中的"交叉重叠"区域。对采用 NSP 分解得到的较粗尺度下的子带图像来说，高通通道的结果实质上是使用方向滤波器中频谱响应不是很好的部分进行方向滤波得到的，容易导致严重的频率混叠现象。可以采取对方向滤波器适当上采样的方法使滤波器频谱响应较好的部分恰好覆盖金字塔滤波器的通带区域，如图 8.8 所示。

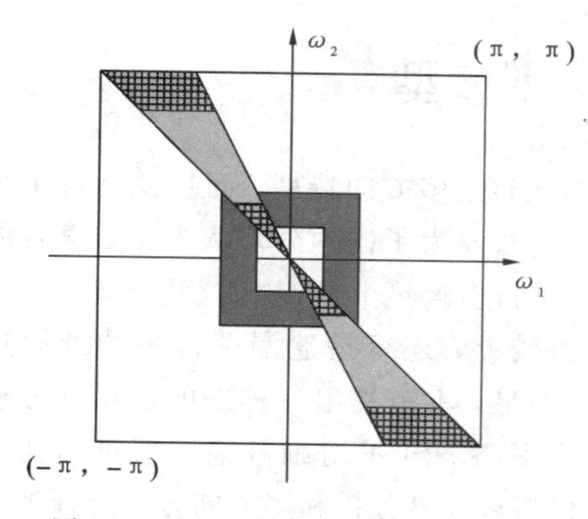

图 8.7　方向滤波器频率混叠示意图

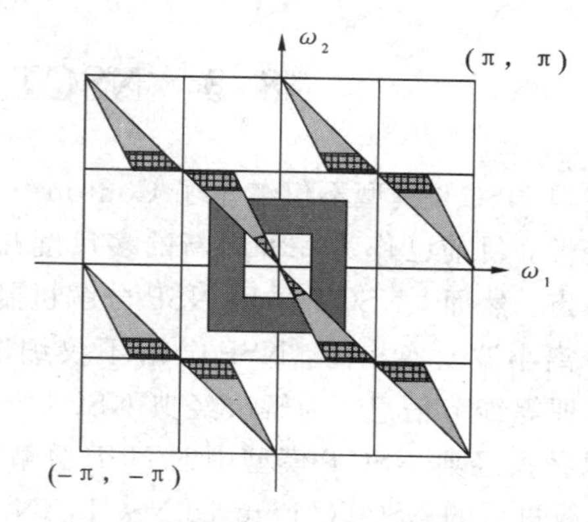

图 8.8　方向滤波器上采样处理后示意图

图 8.9 给出了 zoneplate 图像进行 NSCT 分解与重构的系数分布图，采用 2 级分解，子带图像方向分解数依次为 4、8。

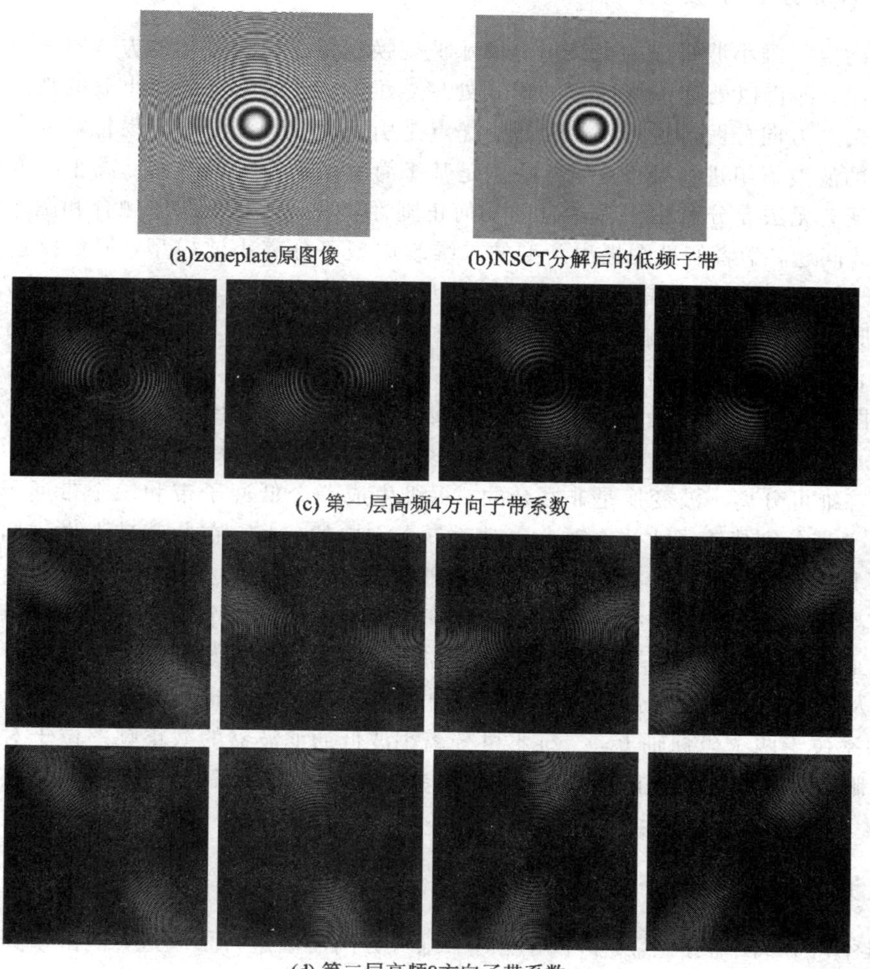

图 8.9　zoneplate 图像 NSCT 分解系数分布

8.3　NSCT 的改进型模型

经典 NSCT 模型不仅继承了 Contourlet 变换的多尺度、多方向特性，而且还具备了平移不变性，目前已作为一种崭新的多尺度几何分析工具而成为了国内外广大专家、学者的研究热点。然而，NSCT 采用 NSP 分解机制对源图像进行多尺度分解以“捕获”奇异点，同不可分离小波变换相比，NSP 分解不仅细节捕捉能力较差，还容易遗漏图像中的细微边缘、纹理等细节信息。为解决经典 NSCT 模型的这一不足，本节提出一种新的多尺度分析模型以替换经典 NSCT 模型中的 NSP 分解机制，用来提高 NSCT 对细微细节信息的捕捉能力。改进后的 NSCT(Improved NSCT，INSCT)模型仍将多尺度分析和多方向分析分开独立进行，首先由新的多尺度分析模型对源图像进行多尺度分析，以生成低通子带和带通子带，然后再由 NSDFB 对带通子带进行多方向分解，从而实现频域中更为精确的方向分解。

8.3.1　不可分离小波变换

传统的由一维小波张成的二维可分离小波变换仅仅是以可分离的方式将一维情况推广到二维情况，即仍以处理一维信号的形式处理二维图像。二维可分离小波的特点是沿着水平和垂直两个方向分两步进行串级处理，优点是引入直接，算法简单易懂，可直接采用一维情况下的滤波器组进行处理，但其缺点是基于简单张量积实现的可分离小波变换由于方向性的缺乏，无法充分利用图像本身的几何正则性，因而不利于图像融合和图像配准的应用。针对此问题，学者们试图提出新型的二维改进型可分离小波模型，但更接近于图像问题本质的方法显然不是简单地将二维空间 $L^2(R^2)$分成两个一维空间张量积 $L^2(R)\otimes L^2(R)$的形式，而在于如何在二维空间内建立“不可分离”情况下的理论体系。采用二维不可分离小波进行多尺度分析的具体原因在于：

(1) 图像作为一种典型的二维信号，将其视为一个区域远比单纯将其看做行与列的组合更接近于图像的本质。

(2) 二维可分离小波变换是非冗余的，每级生成一个低通子带和三个带通子带，其中三个带通子带分别代表了水平、垂直和对角三个方向的信息，在此基础上做方向分析，增强的主要是以水平、垂直和对角线方向为基础的相近方向上的分辨能力；而二维不可分离小波的冗余度为 $J+1$，其中 J 为分解级数，但其每级只生成一个低通子带和一个带通子带，在此基础上做方向分解，具有比二维可分离小波更强的多分辨率分析能力和细节捕捉能力。

(3) 从人类视觉系统角度出发，二维可分离小波在对图像进行处理时，其低通滤波器的截止频率位于两个坐标轴上，二维不可分离小波低通滤波器的截止频率位于对角线方向上，而人眼对对角线方向上的信息敏感度最差，因而后者更加符合人类的视觉特性，具有更好的频率特性和方向特性。

8.3.2　冗余提升不可分离小波变换

二维不可分离小波虽然从多个角度对二维可分离小波进行了改进，但由于其存在下采样环节，导致了平移可变，因此利用二维不可分离小波处理图像和奇异信息时，会引起 Gibbs 现象，不利于图像融合效果的提升。针对这一情况，可以考虑用快速提升方案实现小波变换。类似于提升可分离小波变换，以五株采样提升算法为例，不可分离小波变换的提升格式由分裂、预测和更新三个阶段构成。

（1）分裂的目的是将输入数据集合 D_{i-1} 分裂为两个较小、相互关联且不相交的数据集合 D_i、D'_i，这两个数据集合分别存放低频信息和高频信息，且 D_i 和 D'_i 的相关性愈强，分裂的效果就越好。分裂通常采用惰性分裂方式，即

$$D_i[n]=D_{i-1}[2n],\ D'_i[n]=D_{i-1}[2n+1] \tag{8.3}$$

式中，$n=0, 1, \cdots, 2^{i-1}-1$。惰性分裂方式充分利用了输入数据集合 D_{i-1} 的局域相关性，为后续的预测和更新过程提供了良好的数据基础。

（2）预测过程是指借助一定的预测算子 P 和高频信息周围的低频信息 D_i 对高频信息 D'_i 进行预测估计，并用原高频数据 D'_i 与预测估计值的预测误差代替高频数据。该过程等价于对源数据集合进行高通滤波，得出一组细节信息 d_i，其表达式为

$$d_i[n]=D'_i[n]-P(D_i[n]) \tag{8.4}$$

预测过程是一个可逆过程，即只要选定一种预测算子 P，就可由 d_i 和 D_i 来恢复 D'_i，进而恢复数据集合 D_{i-1}，即

$$D'_i[n]=d_i[n]+P(D_i[n]) \tag{8.5}$$

（3）更新过程是指借助一定的更新算子 U，作用于预测过程中得到的 $d_i[n]$ 并叠加到低频信息 $D_i[n]$ 上，从而得到近似信息 $C_i[n]$。其目的是用 $d_i[n]$ 来修正 $D_i[n]$，使得修正后的 $D_i[n]$（即 $C_i[n]$）只包含输入数据集合 D_{i-1} 的低频成分。该过程的实质是将低频信息 $D_i[n]$ 变换成对源数据集合进行低通滤波所得到的一组近似信息 $C_i[n]$，其表达式为

$$C_i[n]=D_i[n]+U(d_i[n]) \tag{8.6}$$

重复以上三个步骤即可构成一个完整的快速提升小波变换体系，每一个步骤都是可逆的。提升算法的分解、重构过程如图8.10所示。

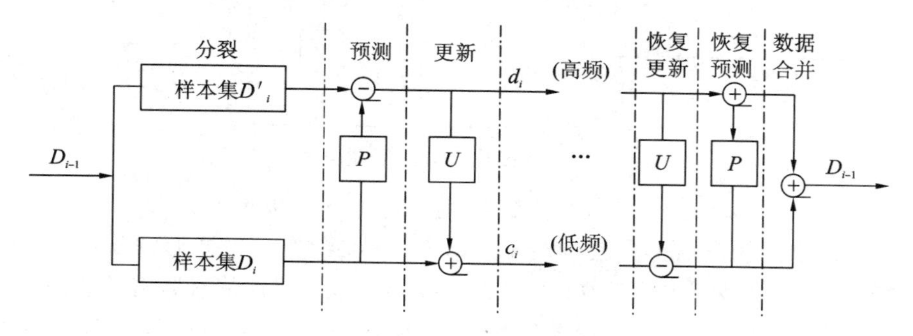

图8.10　提升算法的分解与重构过程

从图中不难看出，提升算法中的分裂过程使每次变换后的子带数据量减少为原先的一半，尽管运算速度得到了提升，但数据分裂造成了小波变换的平移可变，导致图像融合处理中出现了明显的Gibbs振荡现象。基于冗余提升思想的二维不可分离小波算法将快速提升算法中的分裂改为复制，使每次变换的子带数据量与源数据量保持相同，避免了直接对源数据的下采样处理，同时只需对滤波器进行相应的插值便可实现图像的多分辨率分析，巧妙地实现了平移不变性，且算法全过程也是可逆的。其具体操作步骤如下：

（1）复制：该过程将输入图像 I_{i-1} 分别赋予两个图像数据集合 I_i、I'_i，这两个数据集合将分别用来存放低频信息和高频信息，此时，I_i、I'_i 与输入源图像 I_{i-1} 数据完全相同。其表达式为

$$I_i[n] = I'_i[n] = I_{i-1}[n] \tag{8.7}$$

（2）预测：借助一定的预测算子 P，用 I'_i 对 I_i 进行预测估计，并将 $I_i[n]$ 与预测值 $P(I'_i[n])$ 之差作为高频分量 $d_i[n]$。其表达式为

$$d_i[n] = I_i[n] - P(I'_i[n]) \tag{8.8}$$

（3）更新：借助一定的更新算子 U，作用于预测过程中得到的高频分量 $d_i[n]$ 并叠加到 $I'_i[n]$ 上，从而得到低频分量 $c_i[n]$。其表达式为

$$c_i[n] = I'_i[n] + U(d_i[n]) \tag{8.9}$$

需要说明的是，在五株冗余提升算法的框架结构下，可以选择线性或者非线性的预测和更新算子。其中，线性提升算子涉及浮点运算，去相关性能好，可有效去除行、列、对角线方向的相关；而极大极小等非线性提升算子的整个过程都是整数运算，有助于保持形态特征和几何信息。冗余提升算法的二级分解、重构过程如图 8.11 所示。不难看出，同 NSP 分解类似，RLNSW 变换中每级只生成一个低通子带和一个带通子带。

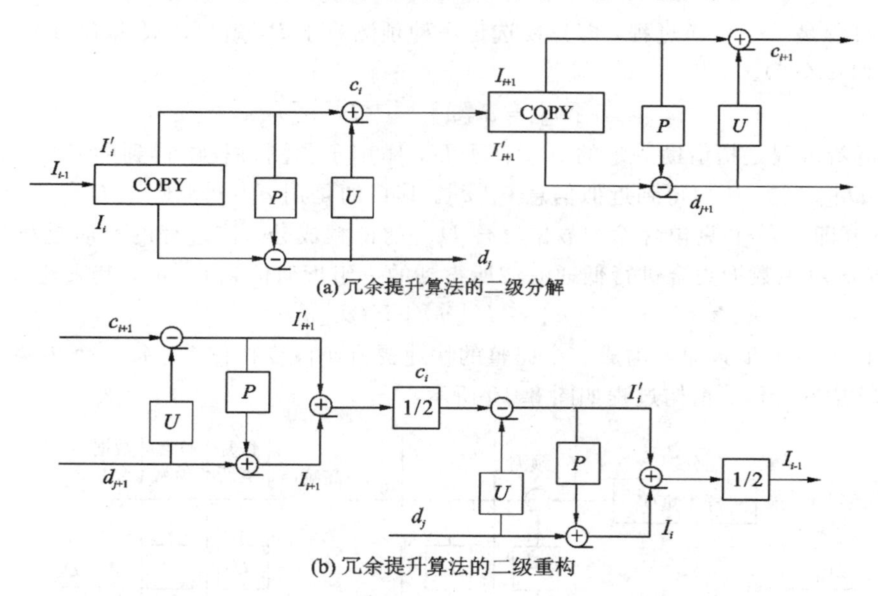

图 8.11　冗余提升算法的二级分解与重构过程

文献[21]提出的任意维小波簇构造了 Neville 滤波器作为内插滤波器，从而形成任意维、任意采样格式的滤波器组和小波。Neville 滤波器与多项式插值有紧密的联系，在用提升方案构造小波函数和滤波器中起着至关重要的作用。本章采用 Neville(2，2)滤波器作为预测和更新算子，实现了冗余提升不可分离 CDF(2，2)小波变换。预测和更新算子构造如下：

$$\begin{cases} P(z_1, z_2) = \dfrac{1 + z_1^{-1} + z_2^{-1} + z_1^{-1}z_2^{-1}}{4} \\ U(z_1, z_2) = \dfrac{1 + z_1^{-1} + z_2^{-1} + z_1^{-1}z_2^{-1}}{8} \end{cases} \tag{8.10}$$

8.4　基于改进型 NSCT 的图像融合方法

改进型 NSCT 模型将 NSCT 和 RLNSW 的优势相结合，首先利用可以捕获丰富图像

细节信息的 RLNSW 变换取代经典 NSCT 模型中的 NSP 分解过程完成对图像的多尺度分解，即采用图 8.10 中的流程替代图 8.4 中的流程，然后再采用 NSDFB 对多尺度分解生成的一系列带通子带做进一步的方向分解以获得更为精确的频域信息。下面将对以改进型 NSCT 模型为基础的图像融合方法进行介绍。

8.4.1　基于改进型 NSCT 的图像融合框架

根据图像处理表征层的不同，图像融合技术通常可分为三种类型：像素级、特征级以及决策级，三者的融合层次依次递增。但相比于后两种融合类型，像素级融合能够保持尽可能多的现场数据，提供其他融合层次所不能提供的更为丰富、精确和可靠的信息，具有较高的精确度。本节主要介绍像素级层次的图像融合。基于改进型 NSCT 的像素级图像融合框架如图 8.12 所示，其中 INSCT 和 INSCT * 分别表示改进型 NSCT 及其逆变换，X_low和 X_high 分别表示图像 X 的低通子带部分和带通子带部分。以两幅已经过严格配准的源图像 A、B 为例，对其分别进行 INSCT 处理，每幅源图像的分解结果均可由一组图像序列加以表示：

$$A=\{A_J^0, A_j^{l_j}\}, B=\{B_J^0, B_j^{l_j}\} \tag{8.11}$$

式中，J 为 RLNSW 的多尺度分解级数，l_j为 j 尺度下的多方向分解级数，$1\leqslant j\leqslant J$。

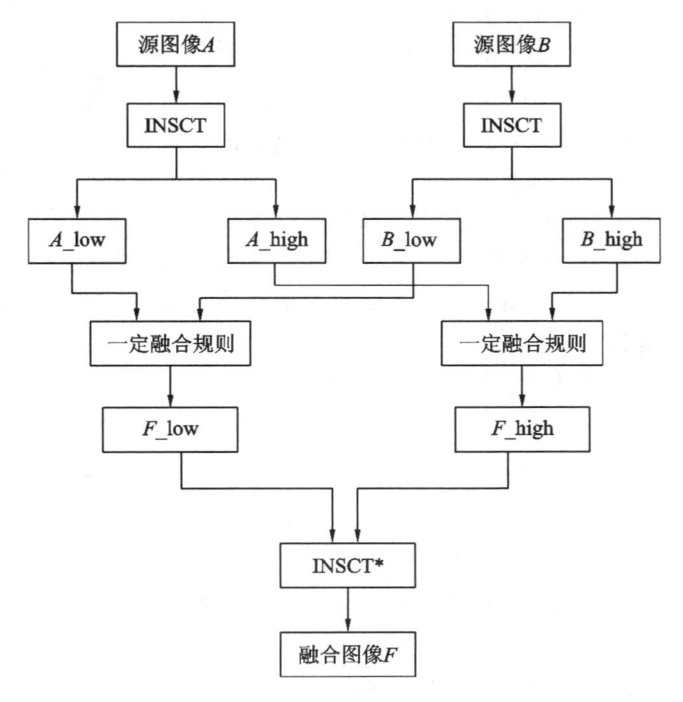

图 8.12　基于 INSCT 的图像融合框架

图像序列中的每一个元素均为与源图像尺寸相同的子带图像，A_J^0 和 B_J^0 作为低通子带图像主要包含源图像的概要信息(光谱信息)，而作为带通子带图像的 $A_j^{l_j}$ 和 $B_j^{l_j}$ 则是源图像的空间特征和细节信息在一定尺度上的体现，譬如边缘、线状特征和区域边界，其中模值较大的系数往往包含更多的边缘和纹理信息，标识了边缘的位置。通过一定的融合规则可以分别将两幅源图像的低频信息和高频信息加以融合，从而得到最终融合图像 F 的图像序

列表达式 $F=\{F_J^0, F_j^{l_j}\}$，最后再对其进行 INSCT 逆处理，即可得到最终融合图像。下面具体给出基于 INSCT 的图像融合方法的具体步骤。

输入：两幅已经过严格配准的源图像 A 与 B。

输出：经过 INSCT 算法处理后的最终融合图像 F。

步骤如下：

(1) 采用 INSCT 对源图像 A、B 分别进行多尺度和多方向分解，并得到各自的低通子带系数 $\{A_J^0, B_J^0\}$ 和带通子带系数 $\{A_j^{l_j}, B_j^{l_j}\}$，其中，J 为冗余提升不可分离小波变换的分解尺度数，l_j 为 j 尺度下的方向分解级数，$1\leqslant j\leqslant J$。

(2) 分别采用一定的低通分量融合规则和带通分量融合规则对步骤(1)中的系数进行融合，得到融合后的低通子带系数 F_J^0 和带通子带系数 $F_j^{l_j}$。

(3) 对步骤(2)中的融合系数进行 INSCT 逆变换得到最终融合图像 F。

8.4.2　低通子带信息融合规则

源图像的低通分量保留了原始图像的近似特征，拥有图像的大部分能量，因此正确选择低通子带系数将有助于提高图像的视觉效果。目前低频子带图像的融合规则往往采取简单的加权权值法，该融合规则多适用于分解时对图像进行抽取导致原始图像缩小的情况，能够有效地抑制图像中的噪声，但同时也会造成信息的冗余，以致图像发生灰度失真，因此目标的可分辨程度也会下降，为后续处理带来诸多不便。另外，如何准确地确定加权权值法中各源图像的权值也是一个亟待解决的问题。而且，由于图像的局部特征往往并不是孤立地由单一像素点进行表征，而是由某一区域内的多个像素点共同体现的，因此，一般情况下某一区域内的像素点通常具有较强的相关性，并不是各自孤立存在的；同时，由人眼视觉系统特性可知，人眼对单个像素点的灰度值往往并不敏感，因而，针对低通图像融合问题，以两幅源图像 A、B 为例，本节提出了一种基于区域平均能量的融合方法，利用图像像素点任一邻域内平均能量的匹配度确定每个像素点的最终低频信息融合权值，最大限度地保留源图像的信息。

针对图像的复杂程度可以选择不同的区域窗口大小加以处理，通常取一个 $n\times n$ 的正方形邻域，n 为不小于 3 的奇数，如果图像灰度分布和纹理比较复杂，n 可取较大值。定义图像区域内的平均能量 $E'_X(x, y)$ 如下：

$$E'_X(x, y)=\frac{1}{n\times n}\sum_{m=-\frac{n-1}{2}}^{m=\frac{n-1}{2}}\sum_{r=-\frac{n-1}{2}}^{r=\frac{n-1}{2}}c^2(x+m, y+r) \tag{8.12}$$

式中，$E'_X(x, y)$ 为像素点 (x, y) 的低通区域平均能量，X 代表两幅源图像 A 和 B，c 为低通分量系数。

计算两幅图像对应区域平均能量的匹配度 $M(x, y)$：

$$M(x, y)=\frac{2}{E'_A+E'_B}\times\sum_{m=-\frac{n-1}{2}}^{m=\frac{n-1}{2}}\sum_{r=-\frac{n-1}{2}}^{r=\frac{n-1}{2}}c_A(x+m, y+r)\cdot c_B(x+m, y+r) \tag{8.13}$$

根据算术平方数的性质得知：

$$0\leqslant M(x, y)\leqslant n^2 \tag{8.14}$$

为了方便对比两幅图像的区域平均能量匹配度，特将 $M(x, y)$ 进行归一化处理，得到归一化后的区域平均能量匹配系数 $M'(x, y)$：

$$M'(x, y)=\frac{2}{n^2(E'_A+E'_B)}\times\sum_{m=-\frac{n-1}{2}}^{m=\frac{n-1}{2}}\sum_{r=-\frac{n-1}{2}}^{r=\frac{n-1}{2}}c_A(x+m, y+r)\cdot c_B(x+m, y+r) \tag{8.15}$$

归一化区域平均能量匹配系数的意义在于它描述了两幅图像对应像素点的特征相似程度，$M'(x, y)$的值越大代表两幅图像的像素点特征越接近，反之表明两图像的像素点特征差异越明显。

根据归一化区域平均能量匹配系数的值可决定两幅图像对应低通分量的加权系数，在这里取阈值 $\lambda=0.85$，若 $M'(x, y)\leqslant\lambda$ 且 $E'_A(x, y)\geqslant E'_B(x, y)$，则说明源图像 A 中的像素点(x, y)所在区域内的平均能量大于源图像 B 中的像素点(x, y)所在区域内的平均能量，因而可选择前者的低通子带系数作为最终融合图像 F 的低通子带系数；反之，若$M'(x, y)\leqslant\lambda$ 且 $E'_A(x, y)<E'_B(x, y)$，则选择后者的低通子带系数作为最终融合图像 F 的低通子带系数；若 $M'(x, y)>\lambda$，则说明两幅源图像 A、B 中的像素点(x, y)所在区域内的平均能量大致相当，此时可将二者在像素点(x, y)处的低通子带系数进行加权平均后作为最终融合图像 F 的低通子带系数。具体的融合图像 F 的低通子带系数选取规则如下：

$$C_F(x, y)=\begin{cases}C_A(x, y)\text{，若 } M'(x, y)\leqslant\lambda \text{ 且 } E'_A(x, y)\geqslant E'_B(x, y)\\ C_B(x, y)\text{，若 } M'(x, y)\leqslant\lambda \text{ 且 } E'_A(x, y)<E'_B(x, y)\\ 0.5\times(C_A(x, y)+C_B(x, y))\text{，若 } M'(x, y)>\lambda\end{cases} \tag{8.16}$$

8.4.3　带通子带信息融合规则

源图像的带通子带分量通常对应其中的细节和边缘信息，譬如直线、曲线、轮廓以及奇异特征点等明显图像特征，往往表现为带通子带图像的灰度值及其变化，在多尺度变换域中通常表现为具有较大模值的带通子带变换系数。本节将采用邻域系数差和信息熵分布特征值双重指标进行融合图像带通分量系数的选取。

受文献[22]的启发，我们定义了带通子带向量范数“邻域系数差”，并将其作为带通分量系数融合指标之一。该范数可以表示任一像素点所在区域的能量与该区域平均能量的偏离水平，偏离程度越大，证明该区域内像素点反映的图像特征越丰富，在融合过程中应予以保留。邻域系统差的表达式为

$$\| e_X(x, y)\|_{n\times n}=\sum_{m=-\frac{n-1}{2}}^{m=\frac{n-1}{2}}\sum_{r=-\frac{n-1}{2}}^{r=\frac{n-1}{2}}\| e_X(x+m, y+r)|-e'(x, y)_{n\times n}| \tag{8.17}$$

式中，$e'(x, y)_{n\times n}$为 $n\times n$ 邻域内的带通分量系数绝对值的平均值，表达式如下：

$$e'(x, y)_{n\times n}=\frac{1}{n^2}\sum_{m=-\frac{n-1}{2}}^{m=\frac{n-1}{2}}\sum_{r=-\frac{n-1}{2}}^{r=\frac{n-1}{2}}|e_X(x+m, y+r)| \tag{8.18}$$

其中，下标 X 代表两幅源图像 A、B，e 代表带通分量系数。

当源图像自身存在一定的噪声分布时，由于噪声也可表示为空间上的高频信息，因此单纯采用“邻域系数差”向量范数作为带通分量的融合准则显然不合适。噪声和空间特征在

信息量的分布上存在较明显的差别，因而可以引入信息熵特征分布值对二者加以区分。噪声信号是杂乱无章的，因而其信息熵的分布趋于均匀，故对应的区域方差值较小，即信息熵分布特征值也较小；而图像的空间特征分布往往是有规律的，因而其信息熵的分布趋于离散，对应的区域方差值较大，信息熵分布特征值也较大。各像素点的信息熵表达式如下：

$$\mathrm{En}_X(x,y)=-f_X(x,y)\cdot\ln f_X(x,y) \tag{8.19}$$

各像素点所在区域内的信息熵平均值如下：

$$\overline{\|\mathrm{En}_X(x,y)\|_{n\times n}}=-\frac{1}{n^2}\sum_{m=-\frac{n-1}{2}}^{m=\frac{n-1}{2}}\sum_{r=-\frac{n-1}{2}}^{r=\frac{n-1}{2}}f_X(x+m,y+r)\cdot\ln f_X(x+m,y+r) \tag{8.20}$$

各像素点所在区域内的信息熵分布特征值如下：

$$\|\mathrm{En}_X\_\mathrm{value}(x,y)\|_{n\times n}=\frac{1}{n^2-1}\sum_{m=-\frac{n-1}{2}}^{m=\frac{n-1}{2}}\sum_{r=-\frac{n-1}{2}}^{r=\frac{n-1}{2}}\left(\mathrm{En}_X(x+m,y+r)-\overline{\|\mathrm{En}_X(x,y)\|_{n\times n}}\right)^2 \tag{8.21}$$

式中，f 代表像素点的灰度值。

利用上述定义的“邻域系数差”和信息熵特征分布值可制定融合图像带通分量系数选取原则。首先设定一个大于 1 的实数阈值 δ，需从以下三方面来分析：

(1) 若源图像 A 中的像素点(x,y)所在区域内的“邻域系数差”与源图像 B 中的像素点(x,y)所在区域内的对应值的比值大于阈值 δ，则说明 A 中像素点(x,y)所在区域反映的图像特征远比 B 中的丰富，此时选择前者的带通子带系数作为最终融合图像 F 的带通子带系数。

(2) 若源图像 A 中的像素点(x,y)所在区域内的“邻域系数差”与源图像 B 中的像素点(x,y)所在区域内的对应值的比值介于 $1/\delta$ 与 δ 之间，则说明二者区域能量近似相当。此时需对它们的信息熵特征分布值进行考量，如果前者大于后者，则选择前者的带通子带系数作为最终融合图像 F 的带通子带系数；反之，则选取后者的带通子带系数作为最终融合图像 F 的带通子带系数。

(3) 若源图像 A 中的像素点(x,y)所在区域内的“邻域系数差”与源图像 B 中的像素点(x,y)所在区域内的对应值的比值小于 $1/\delta$，则说明 B 中像素点(x,y)所在区域反映的图像特征远比 A 中的丰富，此时选择源图像 B 的带通子带系数作为最终融合图像 F 的带通子带系数。

具体的融合图像 F 的带通子带系数选取规则如下：

$$e_F(x,y)=\begin{cases}e_A(x,y), & \|e_A(x,y)\|/\|e_B(x,y)\|>\delta\\ e_A(x,y), & 1/\delta\leqslant\|e_A(x,y)\|/\|e_B(x,y)\|\leqslant\delta \text{ 且}\\ & \|\mathrm{En}_A\_\mathrm{value}(x,y)\|>\|\mathrm{En}_B\_\mathrm{value}(x,y)\|\\ e_B(x,y), & 1/\delta\leqslant\|e_A(x,y)\|/\|e_B(x,y)\|\leqslant\delta \text{ 且}\\ & \|\mathrm{En}_A\_\mathrm{value}(x,y)\|\leqslant\|\mathrm{En}_B\_\mathrm{value}(x,y)\|\\ e_B(x,y), & \|e_A(x,y)\|/\|e_B(x,y)\|<1/\delta\end{cases} \tag{8.22}$$

8.5　实验结果与分析

为了验证本章提出的基于改进型 NSCT 模型图像融合方法的有效性，我们分别选取同一场景的两幅多聚焦图像和两幅不同波段的遥感图像作为源图像进行融合实验。本节的实验均在 MATLAB 7.1 平台上进行，所有源图像均为已配准的 256 级灰度图像，像素为 512×512。

8.5.1　实验描述

为了对算法进行客观量化评价，本节分别采用信息熵、标准差和平均梯度作为图像融合效果的评价标准。其中，信息熵(Information Entropy，IE)是衡量图像信息丰富程度的一个重要指标，熵值的大小直接表示图像所包含平均信息量的多少。融合图像的信息熵值越大，表明融合图像的信息量增加的越多，包含的信息越丰富，融合质量越好；标准差(Standard Deviation，SD)描述了像素点与图像平均值的离散程度，融合图像的标准差越大，图像的反差就越大，融合效果就越好；平均梯度(Average Grads，AG)反映了图像中的微小细节反差表达能力和纹理变化特征，同时也反映了图像的清晰度，平均梯度值越大，融合图像越清晰。IE、SD 以及 AG 的表达式分别定义为

$$\mathrm{IE} = -\sum_{i=0}^{L-1} P_i \,\mathrm{lb} P_i \tag{8.23}$$

式中，P_i表示图像中像素灰度值为 i 的概率，即灰度值为 i 的像素数 N_i与图像像素数 N 之比，L 为图像总的灰度级数。

$$\mathrm{SD} = \sqrt{\frac{1}{M\times N}\sum_{i=1}^{M}\sum_{j=1}^{N}(P(i,\ j)-\mu)^2} \tag{8.24}$$

式中，$(i,\ j)$为图像的像素点坐标；$M\times N$ 为图像的大小；μ 为整幅图像所有像素点的灰度均值。

$$\mathrm{AG_V} = \frac{\sum_{i=0}^{M-1}\sum_{j=0}^{N-2}|F(i+1,\ j)-F(i,\ j)|}{(M-1)\times N} \tag{8.25}$$

$$\mathrm{AG_H} = \frac{\sum_{i=0}^{M-2}\sum_{j=0}^{N-2}|F(i,\ j+1)-F(i,\ j)|}{M\times (N-1)} \tag{8.26}$$

$$\mathrm{AG} = \sqrt{\mathrm{AG_V^2}+\mathrm{AG_H^2}} \tag{8.27}$$

式中，$\mathrm{AG_V}$、$\mathrm{AG_H}$分别为图像在垂直方向和水平方向上的平均梯度值，AG 是图像 F 的平均梯度值。

此外，为了更直观地体现出本章算法的有效性和合理性，在仿真实验过程中分别采用以下几种经典的图像融合方法：基于离散小波变换(Discrete Wavelet Transform，DWT)的图像融合方法、基于轮廓波变换(Contourlet Transform，CT)的图像融合方法以及基于经典 NSCT 模型的图像融合方法。为使各种融合方法之间具有可比性，可将包括本章 INSCT 融合方法在内的四种变换方法的多尺度分解级数均定为3 级，邻域大小尺寸均取 3×3；在

基于 CT、NSCT 以及 INSCT 的融合方法中，按照由“细”至“粗”的分辨率层，方向分解级数依次为 4、3、2，其中除 INSCT 融合方法外，金字塔尺度分解滤波器为“maxflat”，方向分解滤波器为“dmaxflat7”。前三种经典融合方法均采用最简单的融合规则：低通子带系数取加权平均值，带通子带系数取模值最大。考虑到人类视觉对相位失真比较敏感，INSCT 的多尺度分解过程采用线性提升算子进行预测和更新。

8.5.2　多聚焦灰度图像融合仿真实验

由于光学镜头的景深有限，因此人们在摄影时很难获取一幅所有景物均聚焦清晰的图像。解决该问题的有效方法之一是对同一场景拍摄多幅聚焦点不同的图像，然后将其融合为一幅场景内所有景物均聚焦的图像。聚焦点不同，多聚焦图像中的清晰区域(聚焦区域)和模糊区域(离焦区域)也不同。多聚焦图像融合就是针对不同聚焦点的图像将各幅图像中的清晰区域组合成一幅图像，同时避免虚假信息的引入。本节给出两个多聚焦图像融合实验，一个实验是针对图 8.13(a)、(b)所示的灰度源图像进行融合，另一个实验则是针对图 8.13(a)、(b)的一部分图像(见图 8.14(a)、(b))进行融合。

图 8.13(a)、(b)分别是聚焦位置在左侧和右侧的两幅图像，对其采用基于 DWT 的融合方法、CT 融合方法、经典 NSCT 融合方法以及 INSCT 融合方法进行融合，对应的融合图像如图 8.13(c)-(f)所示。

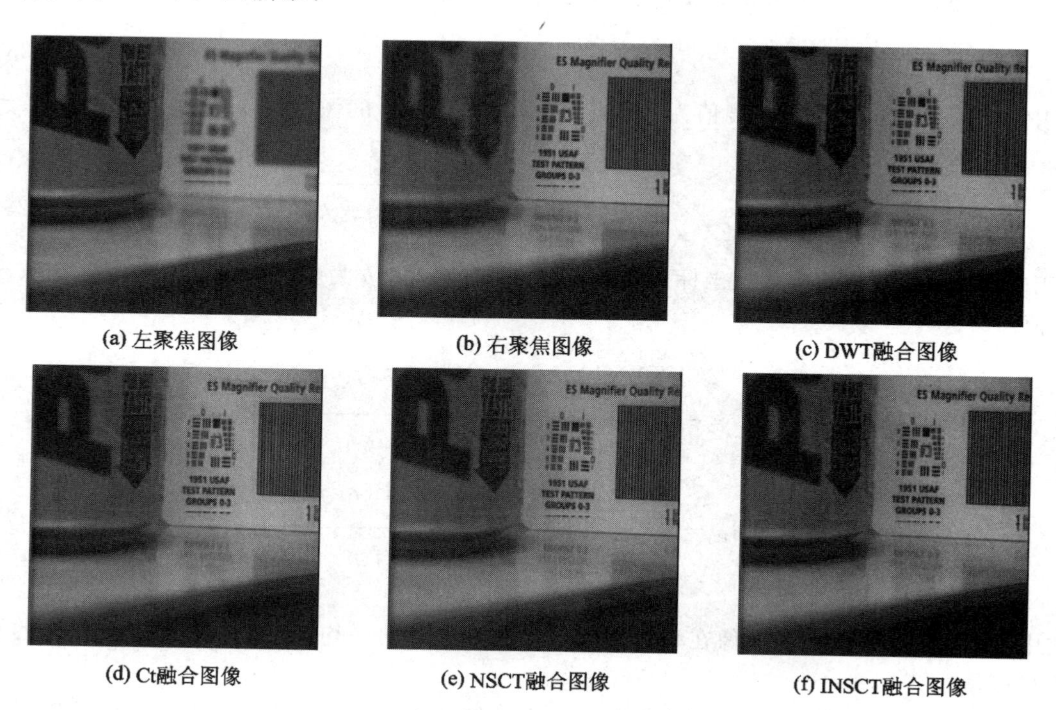

(a) 左聚焦图像　(b) 右聚焦图像　(c) DWT融合图像

(d) Ct融合图像　(e) NSCT融合图像　(f) INSCT融合图像

图 8.13　源图像及四种方法的融合效果图

直观地看，上述四种方法均能较好地保持两幅源图像中的重要信息，消除了模糊的离焦区域，将二者融合成一幅左右两侧均清晰的图像。但仔细比较后不难发现，INSCT 融合方法的融合效果要优于前三种方法。图 8.13(c)、(d)中存在明显振铃现象，这是由于 DWT 及 CT 融合方法均采取了直接对源图像信息进行上采样和下采样操作，从而导致了最终融合图像不具备平移不变性，引入了虚影等虚假信息，产生了明显的振铃效应。图 8.13(e)、(f)基于 NSCT 理论对以往经典算法的信号采样机制进行了改进，从而实现了最终融合图像的平移不变性，从根本上杜绝了振铃效应的产生，因而具有较为满意的视觉效果。而与图 8.13(e)相比，INSCT 融合方法的融合图像具有更为理想的图像效果，这是由于一方面 INSCT 摈弃了经典 NSCT 框架中细节捕捉能力不强的 NSP 分解机制；另一方面，相比以往提出的子带图像融合规则，INSCT 针对源图像低通子带图像和带通子带图像的融合规则更加符合图像光学系统的特性以及人类的视觉特性，因而取得了良好的视觉效果。

另外，表 8.1 给出了四种融合方法的指标值。在 IE 指标上，INSCT 融合方法的熵值最大，表明基于 INSCT 的融合图像信息最为丰富；在 SD 和 AG 指标上，INSCT 同样占有优势，意味着基于 INSCT 的融合图像具有较好的图像亮度反差以及清晰度水平。

表 8.1　四种方法的多聚焦灰度图像融合性能比较

	IE	SD	AG
DWT	7.1278	45.106	5.8195
CT	7.1177	44.932	5.5908
NSCT	7.1044	44.957	5.5932
INSCT	7.2995	46.522	5.9552

图 8.14(a)、(b)分别是截取图 8.13(a)、(b)第 1～256 行、第 129～384 列的部分源图像，图 8.14(c)是对图 8.14(a)、(b)通过人工裁剪得到的全局清晰图像。四种融合方法的融合图像分别如图 8.14(d)～(g)所示。之后，通过将四种融合图像与图 8.14(c)所示的标准参考图像相减，可得到各自的差值图像，分别如图 8.14(h)～(k)所示。可以看出，融合效果的比较情况和图 8.5 的实验比较情况相似。

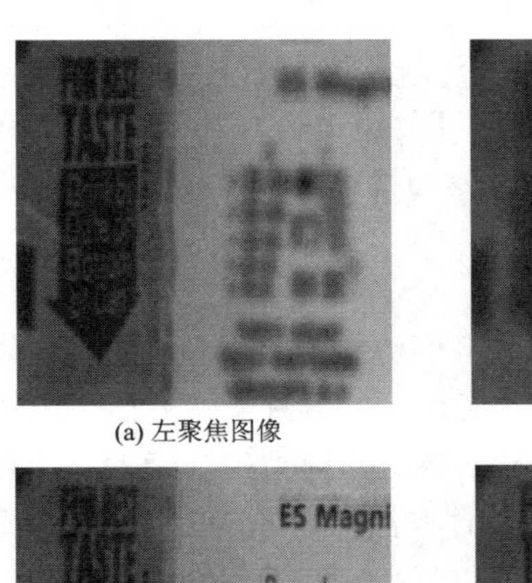

(a) 左聚焦图像

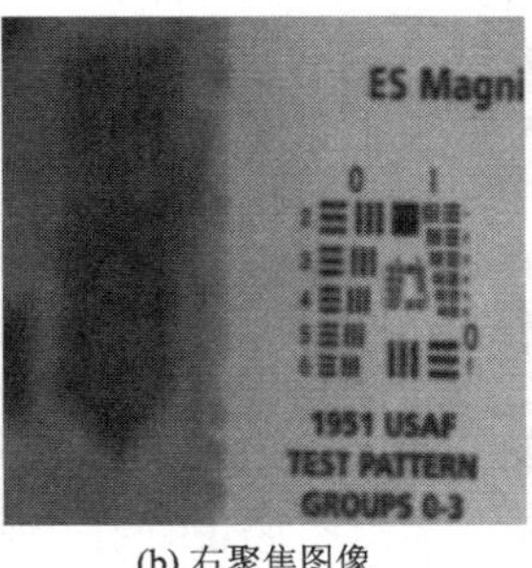

(b) 右聚焦图像

(c) 标准融合图像

(d) DWT融合图像

(e) CT融合图像

(f) NSCT融合图像

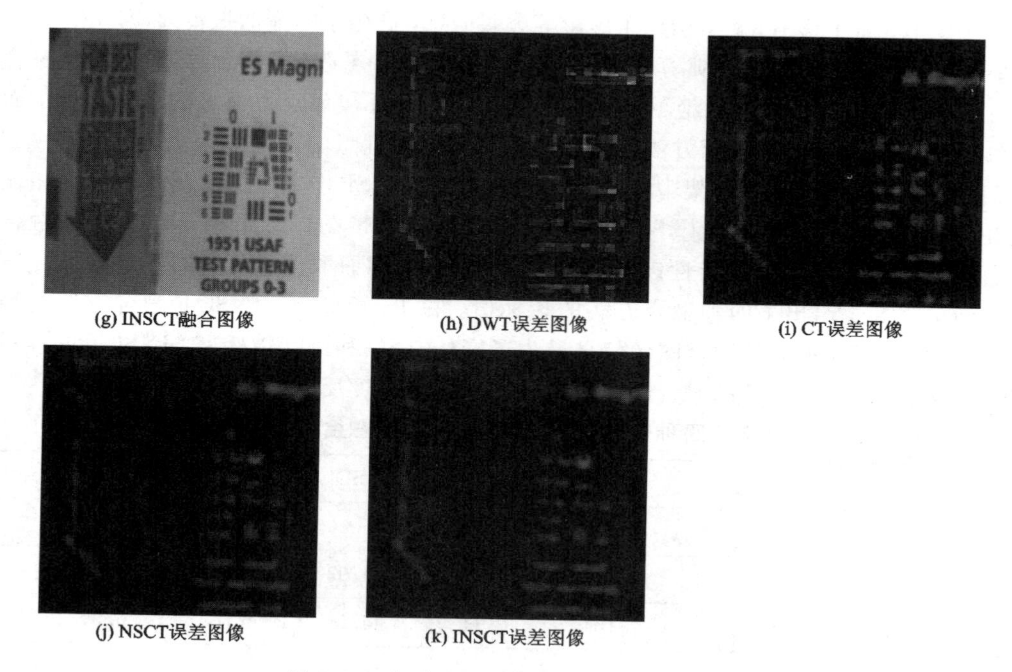

(g) INSCT融合图像　(h) DWT误差图像　(i) CT误差图像

(j) NSCT误差图像　(k) INSCT误差图像

图 8.14　部分多聚焦灰度源图像融合实验

显然，同其他三种融合方法相比，INSCT 融合方法在经过截取的多聚焦灰度源图像融合实验中同样具有良好的视觉效果。为了能从量化角度对上述四种融合方法做进一步比较，这里采用均方误差(MSE)作为客观性能评价指标，具体数据如表 8.2 所示。

表 8.2　四种融合方法的 MSE 指标比较

	DWT	CT	NSCT	INSCT
MSE	21.172	16.664	3.0240	2.7138

通过比较四种融合方法的 MSE 值不难看出，基于 INSCT 融合方法的融合图像与标准人工裁剪得到的全局清晰图像差距最小，处理前后图像最接近，这与视觉观察效果是完全吻合的。

8.5.3　多波段遥感图像融合仿真实验

图 8.15(a)、(b)是两幅不同波段的大地遥感图像，由于传感器的物理性能不同，因此视觉范围中的某些大地特征在其中一幅源图像中存在，而在另一幅图像中不存在或者不明显，因而两个不同波段的图像具有特征互补的性能。本小节仍分别采用基于 DWT 的融合方法、CT 融合方法、经典 NSCT 融合方法及 INSCT 融合方法对这两幅源图像进行融合，对应的融合图像如图 8.15(c)～(f)所示。

在上述四种融合方法中，由于 DWT 和 CT 融合方法直接对源图像信息进行了上采样和下采样操作，因而基于它们的两幅融合图像仍然具有明显的振铃效应，视觉效果不佳，如图 8.15(c)～(d)右下方的道路边沿以及左上方飞机跑道中出现的虚影现象；而基于 NSCT 和 INSCT 融合方法的融合图像由于具备平移不变的性质，因而具有较为满意的视觉效果。进一步对比 NSCT 和 INSCT 融合方法不难看出，INSCT 融合方法更有利于将源图像中的主体特征和细节信息加以提取、分析和融合。针对上述四种融合方法的 IE、SD

及 AG 三项指标的客观评价数据如表 8.3 所示。

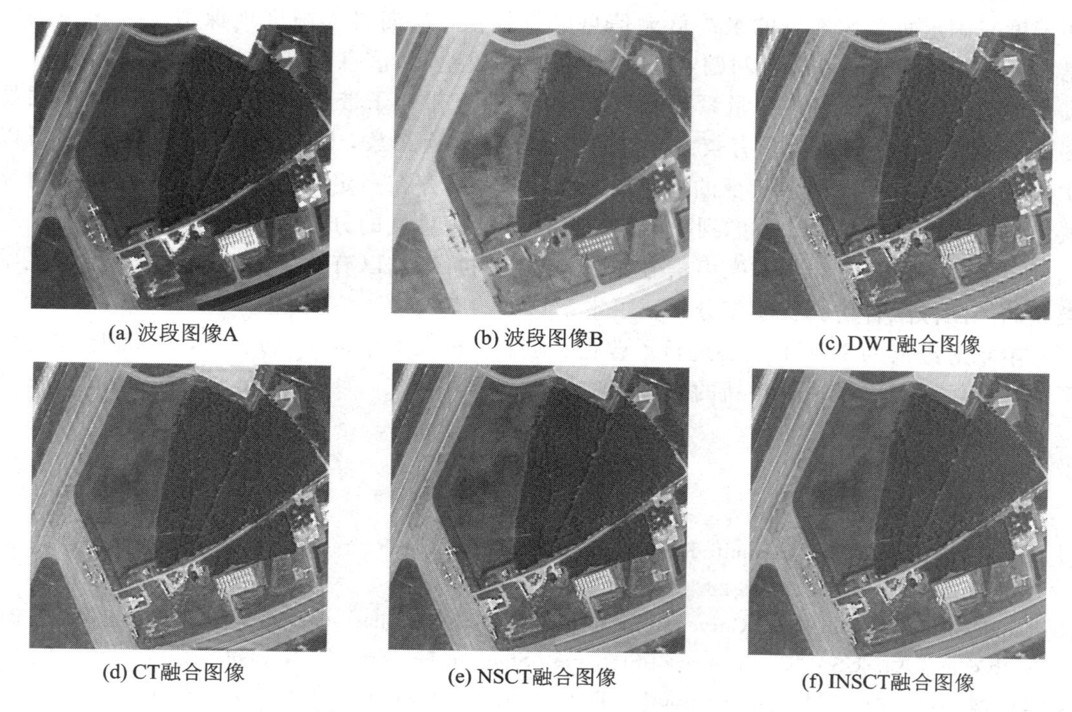

图 8.15　源图像及四种方法的融合效果图

表 8.3　四种方法的多波段遥感图像融合性能比较

	IE	SD	AG
DWT	7.2380	44.174	9.084
CT	7.2292	43.438	9.039
NSCT	7.2122	43.330	8.251
INSCT	7.3860	46.951	9.690

上述三项客观评价指标中，INSCT 融合方法均为最优值。这充分表明，与其他三种融合方法的融合图像相比，INSCT 融合方法的融合图像具有更为丰富和完整的图像信息，同时还具有良好的图像亮度反差及清晰度水平。

本章小结

本章对基于改进型 NSCT 的图像融合方法进行了分析研究，具体成果如下：

(1) 提出了经典 NSCT 模型的改进型模型。通过对经典 NSCT 模型框架结构的研究，分析了 NSP 分解机制在捕捉图像细节问题方面的不足，提出了采用信息捕捉能力更强的 RLNSW 变换替代 NSP 分解机制来完成对图像的多尺度分解，然后再利用 NSDFB 对多尺度分解生成的一系列带通子带做进一步方向分解以获得更为精确的频域信息。

(2) 提出了基于改进型 NSCT 的图像融合方法。通过对改进型 NSCT 的图像融合框架进行分析，分别给出了低通子带图像和带通子带图像的融合规则。针对低通子带图像融合问题，提出了一种基于区域平均能量的融合方法，利用图像像素点任一邻域内平均能量的匹配度来确定每个像素点的最终低频信息融合权值，从而最大限度地保留了源图像的信息；针对带通子带图像融合问题，提出了“邻域系数差”和信息熵特征分布值的定义，并将其作为选取融合图像带通分量系数的双重指标。由于带通子带分量通常对应源图像的明显图像特征，且往往表现为具有较大模值的带通子带变换系数，因此采用“邻域系数差”可以实现对源图像中明显图像特征的捕获。当源图像自身存在一定的噪声分布时，噪声也可反映为空间上的高频信息。考虑到噪声和空间特征在信息量的分布上存在较明显的差别，可以利用信息熵特征分布值对噪声信号和图像的空间特征加以有效区分。通过两组不同光学类型的源图像融合仿真实验充分验证了本章算法的有效性。

本章对经典的 NSCT 模型进行了改进和创新，极大地丰富了原先的 NSCT 理论，并为图像融合领域提供了一种崭新的融合模型。

本章参考文献

[1] Do M N, Vetterli M. The Finite Ridgelet Transform for Image Representation[J]. IEEE Trans. Image Processing, 2003, 12(1): 16-28

[2] Candes E J, Donoho D L. Curvelets: a surprisingly effective non-adaptive representation for objects with edges[A]. USA: Department of Statistics, Stanford University[C], 1999

[3] Do M N, Vetterli M. The Contourlet Transform: An Efficient Directional Multi-resolution Image Representation[J]. IEEE Trans. Image Processing, 2005, 14(12): 2091-2106

[4] Cunha A L, Zhou J P, Do M N. Nonsubsampled contourlet transform: filter design and applications in denoising[A]. Proc. of IEEE Int. Conference on Image Processing[C], Genova, Italy, 2005, 1: 749-752

[5] Zhou J P, Cunha A L, Do M N. Nonsubsampled contourlet transform: construction and application in enhancement[A]. Proc. of IEEE Int. Conference on Image Processing[C], Genova, Italy, 2005, 1: 469-472

[6] 张强，郭宝龙．基于非采样 Contourlet 变换多传感器图像融合方法[J]．自动化学报，2008，34(2)：135-141

[7] 叶传奇，王宝树，苗启广．基于非子采样 Contourlet 变换的图像融合方法[J]．计算机辅助设计与图形学学报，2007，19(10)：1274-1278

[8] 叶传奇，王宝树，苗启广．一种基于区域的 NSCT 域多光谱与高分辨率图像融合方法[J]．光学学报，2008，28(3)：447-453

[9] 贾建，焦李成，孙强．基于非下采样 Contourlet 变换的多传感器图像融合[J]．电子学报，2007，35(10)：1934-1938

[10] 汤磊，赵丰，赵宗贵．基于非下采样 Contourlet 变换的多分辨率图像融合方法[J]．信息与控制，2008，37(3)：291-297

[11] 郭雷，刘坤．基于非下采样 Contourlet 变换的自适应图像融合方法[J]．西北工业大学学报，2009，27(2)：255-259

[12] 贾建，焦李成，魏玲．基于概率模型的非下采样 Contourlet 变换图像去噪[J]．西北大学学报：自然科学版，2009，39(1)：13-18

[13] 贾建，焦李成，项海林．基于双变量阈值的非下采样 Contourlet 变换图像去噪[J]．电子与信息学报，

2009，31(3)：532-536

[14] Sweldens W. The lifting scheme: A construction of second generation wavelets[J]. SIAM Journal of Math Analysis，1998，29(2)：511-546

[15] 薛坚，于盛林，王红萍. 一种基于提升小波变换和 IHS 变换的图像融合方法[J]. 中国图像图形学报，2009，14(2)：340-345

[16] 鲍文，周瑞，刘金福. 基于二维提升小波的火电厂周期性数据压缩算法[J]. 中国电机工程学报，2007，27(29)：96-101

[17] 甄莉，彭真明. 提升格式 D9/7 小波在图像融合中的应用[J]. 计算机应用，2007，27(6)：160-162

[18] 陈浩，刘艳滢. 基于提升小波变换的红外图像融合方法研究[J]. 激光与红外，2009，39(1)：97-100

[19] 王卫星，曾基兵. 冗余提升不可分离小波的图像融合方法[J]. 电子科技大学学报，2009，38(1)：13-16

[20] Bamberger R H，Smith M J T. A filter bank for the directional decomposition of images: Theory and design[J]. IEEE Trans. Signal Processing，1992，40(4)：882-893

[21] Kovacevic J，Sweldens W. Wavelet families of increasing order in arbitrary dimensions[J]. IEEE Trans. Image Processing，2000，9(3)：480-496

[22] 叶传奇. 基于多尺度分解的多传感器图像融合方法研究[D]. 西安：西安电子科技大学博士学位论文，2009

第9章　基于NSCT域新型神经网络模型的图像融合方法

本章对NSCT与新型神经网络模型的结合进行了探索研究，并提出了两种新的图像融合方法。首先，分析了经典脉冲耦合神经网络(Pulse Coupled Neural Networks，PCNN)模型并加以改进，提出了一种自适应Unit-Fast-Linking PCNN(Adaptive Unit Fast Linking PCNN，AUFLPCNN)模型，设计出了基于NSCT与AUFLPCNN的图像融合方法并给出仿真实例；其次，对经典交叉视觉皮层模型(Intersecting Cortical Model，ICM)及其基本结构进行了介绍，揭示了ICM与数学形态学间的本质联系，得出了ICM与一定结构元素下的数学形态学方法等效的结论，验证了ICM的脉冲并行传播特性完全等价于数学形态学中一定结构元素下的基本运算，最后，介绍了一种改进型ICM(Improved ICM，I^2CM)，提出了基于NSCT与I^2CM的图像融合方法并给出了仿真实例。

9.1　新型神经网络模型的产生背景

人工神经网络是由大规模神经元互联而成的高度非线性动力学系统，是在认识、理解人脑组织结构和运行机制基础上模拟其结构和智能行为的一种工程系统。近年来，随着神经网络理论的深入研究，神经网络技术的并行计算能力、非线性映射和自适应能力等优点得到了充分的认识，神经网络模型在图像处理领域中也得到了广泛的应用。

脉冲耦合神经网络(Pulse Coupled Neural Network，PCNN)是由Eckhorn等人[1-7]在哺乳动物视觉皮层神经元研究基础上提出的一种新型神经网络模型，是目前研究和讨论最多、发展最快的第三代人工神经网络。PCNN的生物学背景使它在图像处理中具有先天的优势，有着传统图像处理方法无法比拟的优越性。目前，PCNN已被广泛应用于图像平滑、分割、边缘检测以及图像融合领域中。在图像融合领域，文献[8]采用主辅双层并行PCNN网络实现了图像融合，该方法复杂度较高且参数设置比较困难；文献[9]在小波域利用PCNN进行融合策略设计，但由于小波理论自身的局限性，因此源图像中的二维及高维奇异性无法得到有效的描述；文献[10，11]分别使用图像各像素点的清晰度、对比度作为PCNN的链接强度β，并由点火获得源图像的映射图从而确定最终的融合图像，尽管这在很大程度上提升了融合效果，但仍面临模型中大量存在待定参数以及迭代次数难以选取的问题。

NSCT作为一种新的信号分析工具，为图像融合提供了新的思路和方法。文献[12]提出了一种基于NSCT和PCNN的图像融合方法，尽管其融合效果优于单独使用NSCT方法或PCNN方法，但神经元的链接强度β均被设定为一个常数，既不符合实际，也不利于算法的普遍适用性；文献[13]对文献[12]中的算法进行了改进，但其仅以像素点点火次数作为子图像选择的标准，而且将所有高频子带系数均做绝对值化处理，该算法得到的融合图像无疑造成了图像信息的严重丢失。在此背景下，本章将首先着眼于一种改进型的基于

NSCT 和 PCNN 模型的融合方法。

作为 PCNN 的一种简化模型，交叉视觉皮层模型（Intersecting Cortical Model，ICM）[14,15]是一种崭新的具有重要生物学背景的大脑视觉皮层模型。同 PCNN 相比，它的待定参数较少，计算复杂度大幅降低，且具备优越的图像处理性能[16,17]，但其能否较好地应用于图像融合领域却是一个至今未被涉及的问题。本章综合 NSCT 理论的多尺度、多方向分析特性，对经典 ICM 进行改进，探索出了一种基于 NSCT 域改进型 ICM 的新型图像融合方法，并将其与其他几种融合方法进行了仿真比较。

9.2　神经元及大脑皮层生物特性

神经元[18]即神经细胞，是生物神经系统中信息传递的基本单元，可用来感受刺激和传导脉冲。神经元主要由细胞体、树突、轴突和突触组成。

细胞体是神经元的代谢和营养中心，可以通过改变细胞膜内外的电位差使细胞体产生相应的生理活动：兴奋或抑制；树突相当于信号的输入端，用于接收其他神经元传入的信息；轴突相当于信号的传输通道，可将神经元的兴奋信息传递给其他神经元；突触是神经元与神经元之间的连接点，用于完成神经元之间的信息传递。

一般情况下，一个神经元平均要与 $10^3 \sim 10^5$ 个神经元通过突触相连；同时，一个神经元也有许多树突，它们形成众多分支，接收从多个神经元传递来的信息。这些从树突上接收到的多输入的信息，在时间和空间上进行叠加，最终形成该神经元轴突小丘上的膜电位。当膜电位超过阈值电位时，该神经元被激发处于兴奋状态，又称点火。该神经元产生的兴奋状态的电脉冲通过轴突进行传输并影响其他神经元。这种电脉冲可以认为是脑内神经元之间传递信息的基本信号。神经元并不是对任意时刻传送来的所有电脉冲刺激都能立刻产生响应，而是有一个相当于惯性的不应期现象。当一个神经元处于兴奋状态并在输出电脉冲后约 1 ms 的时间范围内，即使外界又有强激励信号输入，也不会再使神经元兴奋，这被称为绝对不应期。在绝对不应期后数毫秒内，该神经元的兴奋阈值电位会提高，要使其再次兴奋需要有更大幅度的激励信号输入，这被称为相对不应期。

大脑皮层构成的神经网络是由相互联系的神经元组成的集合，这些神经元以一种复杂的方式连接在一起。Eckhorn 等科学家研究猫大脑皮层的视觉区神经元信号传导特性时，观察到了同步脉冲振荡现象[5-7]，即当视野内出现适当刺激时，猫的大脑皮层视觉区神经元兴奋引起的电脉冲发放能够引起周围相邻的具有相似状态的多个神经元的兴奋和脉冲发放，也就是产生了相关脉冲的同步发放现象。由此，Eckhorn 等人总结出神经元有两种激发，分别为强制性激发（Stimulus Forced）和诱发性激发（Stimulus Induced）。强制性激发是外界输入激发的直接结果，不会引起振荡，强制性激发在哺乳动物大脑皮层视觉区神经元活动中具有非常重要的作用；而诱发性激发是指区域内相互连接的神经元因为其中某个神经元的兴奋而引起周围神经元兴奋的过程，或者说是区域内相互连接的神经元之间引起同步振荡而出现的一种同步脉冲发放现象[19]。

综上所述，组成神经系统的神经元主要具有如下几个特性[20]：

（1）生物神经元工作于兴奋与抑制两种状态，如果超过神经元细胞膜静止电位阈值点就处于兴奋状态，否则处于抑制状态。

（2）具有多输入、单输出的特点，神经元细胞体上各树突接受周围与之相连的神经元突触传递的电脉冲信息，并在时间和空间上按叠加方式作用，经过内部复杂的求和处理后由本神经元的轴突传送给其他神经元。

（3）神经元的所有树突接收到的输入信息并不是以简单的求和方式影响本神经元的脉冲发放，而是具有非线性相乘的调制耦合特性，这些非线性特性是在生物神经系统中普遍存在的一种现象。

根据神经元的上述生物特性，人们设计了人工神经元，并构成了各种人工神经网络，用来模拟生物神经网络对各种信息的处理。PCNN 和 ICM 就是受哺乳动物大脑皮层的视觉区神经元传导特性启发而来的代表性神经网络。

9.3 基于 NSCT 与 AUFLPCNN 的图像融合方法

9.3.1 脉冲耦合神经网络基本模型

PCNN 也称为第三代人工神经网络，它受生物视觉皮层模型的启发而产生，是由若干个神经元互联所构成的反馈型网络，其每一神经元由分支树、调制耦合器和脉冲产生器三个部分组成，如图 9.1 所示。

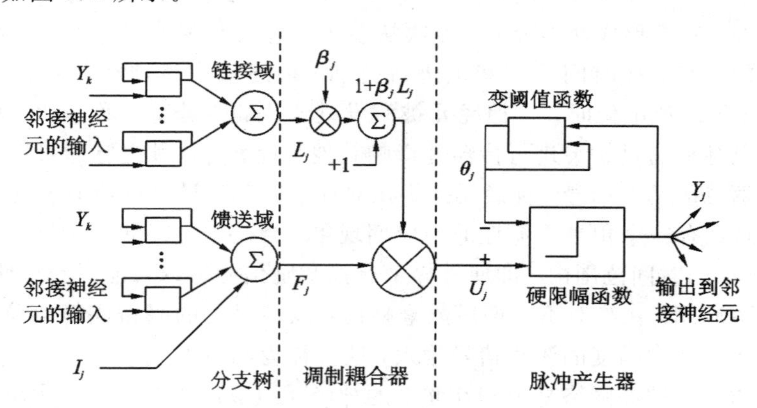

图 9.1 基于 PCNN 神经元结构图

分支树馈送输入的数学模型如下：

$$F_{ij}[n] = \exp(-\alpha_F)F_{ij}[n-1] + V_F\sum_{kl}M_{ijkl}Y_{kl}[n-1] + I_{ij} \tag{9.1}$$

分支树链接输入的数学模型如下：

$$L_{ij}[n] = \exp(-\alpha_L)L_{ij}[n-1] + V_L\sum_{kl}W_{ijkl}Y_{ij}[n-1] \tag{9.2}$$

调制耦合器的数学模型如下：

$$U_{ij}[n] = F_{ij}[n](1+\beta L_{ij}[n]) \tag{9.3}$$

脉冲产生器的变阈值函数如下：

$$Y_{ij}[n] = \begin{cases} 1, & U_{ij}[n] \geqslant \theta_{ij}[n] \\ 0, & \text{其他} \end{cases} \tag{9.4}$$

硬限幅函数的表达式如下：

$$\theta_{ij}[n]=\exp(-\alpha_\theta)\theta_{ij}[n-1]+V_\theta Y_{ij}[n] \tag{9.5}$$

式中，下标 ij 为神经元的标号，I_{ij}、F_{ij}、L_{ij}、U_{ij} 和 θ_{ij} 分别为神经元的外部刺激、反馈输入、链接输入、内部活动项和动态阈值，M 和 W 为链接权矩阵，通常取 $M=W$，V_F、V_L、V_θ 为幅度常数，α_F、α_L、α_θ 为相应的衰减系数，β 为链接强度，n 为迭代次数，Y_{ij} 为二值输出。

在用 PCNN 进行图像处理时，可将一个二维 PCNN 网络的 $M\times N$ 个神经元分别与二维输入图像的 $M\times N$ 个像素相对应，通常取像素 ij 的灰度值作为网络神经元 ij 的外部刺激。若将所有神经元的初始值设为 0，则在第一次迭代时，神经元的内部激活 U_{ij} 就等于外部刺激 I_{ij}，当 I_{ij} 大于阈值时，神经元输出为 1，为自然点火。当一神经元 ij 点火时，其阈值 θ_{ij} 将急剧增大，然后随时间指数衰减。当阈值衰减到小于相应的内部激活 U_{ij} 时，该神经元将再次点火，同时其阈值再一次增大。随着这一过程的继续，神经元的输出将生成一个脉冲序列信号。与此同时，点火的神经元会通过与相邻神经元的相互连接作用而激励邻近的神经元点火，称该神经元被捕获点火，邻近神经元点火后又会捕获其邻近的神经元点火，从而在激活区中产生一个自动波向外传播。显然，如果邻近神经元与前一次迭代激活的神经元所对应的像素具有相似的强度，则邻近神经元容易被捕获激活，反之不易被捕获激活。

在图像处理中，PCNN 中的神经元对应于图像中的像素点。每个神经元与其相邻的 8 个神经元相连并接收它们的信号。由于相邻的神经元对于该神经元的影响随着时间的变化而变化，因此该神经元的输入信号始终处于一种动态的变化过程。同时，该神经元也会对其相邻的神经元产生影响，当这些神经元在空间上相邻、像素点相似时就会相互影响激发，产生同步脉冲。这就是一个同步脉冲的捕获过程。对于不同的神经元，点火的周期也是不一样的，在一定的时间内，神经元的阈值按照一定的方式进行衰减，当衰减到小于内部活动项数值时，该神经元会再次激发。对于具有同一灰度但位置不同的像素点，它们的点火周期是不一致的，这依赖于相邻神经元的捕获能力和相似性集群的点火特性。

通过对 PCNN 的模型进行分析，PCNN 的特性可归纳为如下几点：

(1) PCNN 的最基本的特性是神经元的输出是脉冲形式，对其他神经元的影响亦是脉冲形式。

(2) PCNN 的阈值是随着时间改变的，神经元不点火时，阈值处于衰减状态，神经元点火时，神经元会突然增加一个较大的常量，然后继续衰减。

(3) PCNN 的模型是简单的单层模型，将输入信号进行卷积调制后再与阈值比较，从而产生结果；而传统的神经网络是拓扑结构，运算复杂。

(4) PCNN 的逻辑较为简单，一个神经元对应于一个像素点，多个神经元则对应于相应的图像。

(5) PCNN 具有脉冲同步发放特性。当一个或一群神经元点火时，可以影响周围具有相似灰度的神经元，使其激发，迅速点火；当一个或一群神经元熄火时，周围具有相似灰度的神经元也会随之熄火。这种相似的集群特性构成了一个巨大的网络，相互传递信息，相互影响。

(6) PCNN 能产生传播的脉冲波。当一个神经元点火后，将产生脉冲，且该神经元的阈值增加，使之在一定的时间范围内处于抑制状态。这时，它周围的神经元收到该输出信号，也会提前点火并产生脉冲，随后也将被抑制。一个神经元影响其周围的神经元，而周围的神经元再影响与之相邻的神经元，这种影响的传递作用是脉冲波产生的一个过程，也就是从最开始点火的神经元产生了一个向四周扩散的波。

(7) PCNN 具有乘性调制的作用。馈入单元和链接单元进行乘性调制，可使得神经元之间的影响变得具有相似性。当神经元的状态相似时，它们之间的影响要大一些；当其状态差异很大时，它们之间的影响很小。例如，一个神经元自身的灰度值为 0，不论它周围的神经元如何强大，都不能将其捕获，该神经元也就不能点火。乘性调制使得神经元间的影响具有相似集群性。

(8) PCNN 提取的特征具有一定的不变性。对于同一物体，在实际的拍摄过程中会有来自于设备和人主观因素的影响，往往存在一定的旋转、缩放和仿射。但是 PCNN 可以很好地克服这些变化，提取的特征具有不变性，为图像处理带来很大的便利。

从上述特性中可以看出，阈值调制特性产生动态脉冲发放，神经元的内部耦合特性产生了自动波，这两种特性是 PCNN 最重要的性质。乘积耦合调制不同于以往的加性耦合，这一优势可以使得自身没有输入的神经元，不论其周围神经元的输入强弱，都不会受到周围神经元的影响，始终处于抑制的状态，不会被激发，有利于保持自身的特性，对于频率调制或者相位调制均产生了重要的作用。

9.3.2　AUFLPCNN 模型及其赋时矩阵

PCNN 理论的出现为图像处理领域提供了一条崭新的解决思路，有着其他理论所无法比拟的优势，但其自身仍有许多结构缺陷：第一，经典 PCNN 模型中共有 9 个待定参数 α_F、α_L、α_θ、V_F、V_L、V_θ、M、W、β，这对神经网络的数学分析造成了巨大困难，而且这些参数的确定通常依赖于实验者本人的主观经验以及大量的仿真实验，且一套参数往往只适用于一种或一类应用场合，将其应用于其他场合时通常效果不佳；第二，虽然阈值呈指数规律衰减符合人眼对亮度强度响应的非线性特性，但对于计算机处理是不必要的，而且指数规律对于高亮度与低亮度像素的处理是不公正的；第三，链接域效果的延时传输使得神经元点火是分散的；第四，输出结果是一个二值图像序列，不利于后续处理。

针对上述设计缺陷，文献[21]提出了 Unit-linking PCNN 模型，该模型对经典 PCNN 模型进行了大幅改进。由式(9.2)可知，PCNN 神经元 L 通道的信号 L_{ij} 非常复杂，其信号强度不仅与该通道的参数 α_L、V_L、W 有关，还与该神经元 ij 邻域中点火的神经元数目有关，这无疑导致了神经元点火状况的复杂化，从而使得整个网络中的脉冲传播行为难以被分析利用，不利于得到物理概念清晰的有效算法。文献[21-23]在 PCNN 神经元中引入了单位链接(Unit-linking)的概念，即对于任一神经元 ij，只要它的邻域内有一个神经元发生点火，其 L 通道的信号 L_{ij} 就为 1；反之，若神经元 ij 邻域内的所有神经元均未发生点火，则将 L 通道的信号 L_{ij} 置为 0。这种情况下，当某个 Unit-linking PCNN 神经元点火时，其邻域内的任何一个未点火且输入灰度值与其相似的神经元均会受其影响而发生点火，这种设计使得 PCNN 的待定参数减少了 3 个，网络的脉冲传播行为也更为清晰。Unit-linking PCNN 神经元的 L 通道表达式为

$$L_{ij}[n]=\begin{cases}1, & \sum\limits_{k\in N(ij)} Y_k(n)>0\\ 0, & \text{其他}\end{cases} \tag{9.6}$$

式中，$N(ij)$为神经元 ij 的邻域，但不包含神经元 ij 自身。

文献[24]提出了一种 Fast-linking PCNN 模型，该模型可以在同一次迭代中将各神经

元邻域内所有具有相似灰度值的神经元全部激发点火，极大地削弱了时间量化带来的影响。在每一次信号输入后，对所有输出进行计算，然后更新链接域，通过计算内部活动项决定最终输出值。在计算过程中，只要有一个神经元的内部活动项发生变化，就需要对链接域值进行再次更新，直到所有输出不再发生变化为止，这样一个处理周期构成了一次迭代。在此过程中，为使输出值保持不变，链接域值不断更新，输入波将如经典 PCNN 模型那样完成一次迭代后开始传输，而链接域波则能在同一次迭代内传遍图像的所有元素。Fast-linking PCNN 神经元效果图如图 9.2 所示。

由图 9.2 不难发现，经典 PCNN 模型由于链接域效果的延时传输，点火都是分散的；而 Fast-linking PCNN 模型则可使同一个区域内所有具有相似灰度值的神经元同期点火。

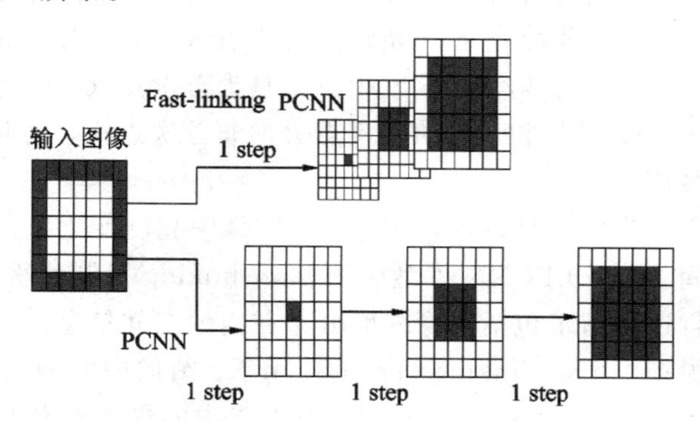

图 9.2　Fast-linking PCNN 神经元效果图

通过对 Unit-linking PCNN 和 Fast-linking PCNN 两种改进型模型的优势进行综合，我们提出了 AUFLPCNN 模型。该模型对经典 PCNN 作出以下改进：

(1) 为简化起见，将 F 馈送输入通道的信号统一置为归一化的像素灰度值；

(2) L 通道采用 Unit-linking PCNN 中的定义，只要任一神经元 ij 的邻域 $N(ij)$ 内(不包括自身在内)有一个神经元发生点火，则该神经元 L 通道的信号 L_{ij} 就为 1；

(3) 对阈值函数 θ 进行改进，将传统的指数衰减函数改进为单调递减的线性函数；

(4) 每个神经元的点火次数至多不超过一次；

(5) 利用 Fast-linking PCNN 模型的优势，可使各神经元邻域内所有具有相似灰度值的神经元在同一次迭代过程中全部激发点火，尽可能削弱时间量化带来的影响。

AUFLPCNN 模型的表达式为

$$F_{ij}[n] = I_{ij} \tag{9.7}$$

$$L_{ij}[n] = \begin{cases} 1, & \sum\limits_{k \in N(ij)} Y_k(n) > 0 \\ 0, & \text{其他} \end{cases} \tag{9.8}$$

$$\theta_{ij}[n] = \theta_{ij}[n-1] - \Delta + V_\theta Y_{ij}[n] \tag{9.9}$$

式中，内部活动项表达式与式(9.3)相同，Y_{ij} 表达式与式(9.4)相同。式(9.8)沿袭了 Unit-linking PCNN 模型中 L 通道的设置方式，促使每个神经元发生点火时，其邻域内的任何一个未点火的且输入亮度与已点火神经元输入亮度差别不大的神经元都会受其影响而发生点火，这一特性使网络的脉冲传播行为更为直观，同时也避免了若干参数的设置工作。式(9.9)中，调整步长 Δ 使得各神经元阈值呈线性衰减，V_θ 通常设置为一个较大的值以确保每个神经元的点火次数至多不超过 1 次。

用传统 PCNN 模型处理图像时，迭代次数的恰当选择是一个关键问题。若迭代次数选取得过大，不仅会增加算法复杂度，而且还会影响图像效果；反之，若迭代次数过少，则无法充分利用 PCNN 的脉冲同步发放特性，达不到最佳处理效果。针对该问题，许多文献都提出了改进算法，但几乎都毫无例外地只适用于某一特定的情况，缺乏普遍适用性。本节提出的 AUFLPCNN 模型摈弃了以往文献中的迭代次数确定方法，而是借鉴文献[25]中的思路定义一个赋时矩阵 $\boldsymbol{T}$ 自适应地确定迭代次数。$\boldsymbol{T}$ 是与二值输出矩阵 $\boldsymbol{Y}$ 大小相等的矩阵，其元素 T_{ij} 与 Y_{ij} 相联系，并与 AUFLPCNN 模型中的神经元一一对应，其表达式如下：

$$T_{ij}[n]=\begin{cases}n, & \text{神经元 } ij \text{ 首次点火，且 } Y_{ij}=1\\ T_{ij}[n-1], & \text{其他}\end{cases} \tag{9.10}$$

式中，T_{ij} 记录了每个像素点的点火时间，需要说明的有三点：

(1) 若神经元 ij 始终未发生点火，则其对应的 T_{ij} 值将保持初始值不变；

(2) 若神经元 ij 发生点火且为首次点火，则将 T_{ij} 置为该次迭代的序数值；

(3) 若神经元 ij 发生点火但非首次点火，则其对应的 T_{ij} 值仍保持首次点火时的对应数值不变。

生成的赋时矩阵 $\boldsymbol{T}$ 中，原图像中亮度变化差异较小的像素将具有相同或相近的点火时间。AUFLPCNN 模型中的 Unit-linking 机制使得 $\boldsymbol{T}$ 不仅记录了各神经元的时间信息，而且还保留了包括图像灰度分布在内的空间信息，为后续处理提供了依据；在改进型 PCNN 模型中 Fast-linking 机制的作用下，图像中的神经元将很快完成点火，当所有神经元均发生点火后，迭代过程结束，矩阵 $\boldsymbol{T}$ 中的最大元素值即为改进型 PCNN 模型的迭代次数。

9.3.3　AUFLPCNN 模型的参数确定

同经典 PCNN 模型中的 9 个待定参数相比，AUFLPCNN 模型中需要确定的待定参数仅有 3 个，分别为调整步长 Δ、阈值幅度常数 V_θ 以及链接强度 β。其中，参数 Δ 决定了动态阈值 θ 的线性衰减速率，在像素灰度值归一化的情况下，AUFLPCNN 模型中的 Δ 可取 0.02；V_θ 用来限制每个神经元至多只点火 1 次，故只需将其赋予一个较大的数值即可满足要求。因而，链接强度 β 成为了 AUFLPCNN 模型中参数确定工作的重点，同时也是难点。

由图 9.1 可知，当各神经元的链接强度 β 均为 0 时，PCNN 模型各神经元之间不存在耦合链接，即 PCNN 的运行行为是各神经元相互独立运行的简单组合。此时，对于每个神经元，在外部像素灰度值的作用下，将以一定的自然频率发放脉冲，又称“自然点火”，且像素灰度值越大，点火频率越高。当各神经元的链接强度 β 不为 0 时，PCNN 的各神经元之间存在着耦合链接，每一个神经元都可能对与其链接的邻近神经元产生影响。以 Unit-linking PCNN 模型为例，神经元 ij 点火时将会使与其链接的神经元 pq 的链接输入 L_{pq} 变为 1，紧接着神经元 pq 的灰度值 I_{pq} 将会提升为 $I_{pq}(1+\beta)$，造成提前点火，也称为神经元 pq 被神经元 ij 捕获点火。因此，在链接强度 β 不为 0 的情况下，每个神经元都将打破独立运行模式，同时被赋予一个兼具捕获点火和被捕获点火的双重状态，各神经元对应的像素灰度值差越小，越容易被捕捉；此外，β 值越大，神经元越容易被捕获点火，但 PCNN 模型的神经元点火层次也越模糊；相反，β 值越小，PCNN 模型的神经元点火层次越清晰，但各神经元也越来越趋于独立运行状态。因此，如何恰当地设置每个神经元的链接强度 β 成为提高图像处理质量的一个重要前提。

以往大多数文献通常是将所有神经元的链接强度 β 设定为同一个正常数，或是根据若干次仿真实验或主观经验设定一个合适的数值。然而，这种设置仅仅从简化问题的角度出发，既不具有普遍适用性，也不符合实际情况，因为一幅图像内的所有像素点不可能具有完全相同的链接强度。在图像融合领域，我们总希望将若干幅源图像中最清晰的细节和特征融合到最终的融合图像中，而清晰细节和模糊细节的像素清晰度水平总存在较大的差异，因而本节我们将选取像素点的清晰度作为对应神经元的链接强度。像素点的清晰度水平越高，对应神经元的链接强度 β 就越大，该神经元被提前捕获点火的时间也就越早。AUFLPCNN 模型中参数 β 的数学表达式如下：

$$\beta_{ij} = \sqrt{\sum_{(x,\,y)\in N(ij)} \left[(I_{x,\,y} - I_{x+1,\,y})^2 + (I_{x,\,y} - I_{x,\,y+1})^2 \right]} \tag{9.11}$$

式中，β_{ij} 为像素点 ij 的清晰度，$N(ij)$ 为以像素点 ij 为中心的邻域。此外，馈送输入参数 $F_{ij} = I_{ij}$ 为归一化处理后的像素灰度值，通常保持不变。

9.3.4　基于 NSCT 与 AUFLPCNN 的图像融合方法

本节综合经典的 Unit-linking PCNN 模型和 Fast-linking PCNN 模型二者的优势，对传统的 PCNN 模型进行了改进，得到的 AUFLPCNN 模型不仅具有很少的待定参数，而且还可以结合人类视觉系统特性提取图像像素点特征自适应地确定参数。不仅如此，本节还将 NSCT 引入到图像融合中，经 NSCT 分解后的低频子带是图像的近似分量，也是人眼对图像内容进行感知的主要内容；而高频子带则包含图像大量的细节信息，绝对值较大的系数对应着某方向区间上的显著特征，可以很好地反映图像的结构信息，包含了图像绝大部分的信息，因此，融合规则的选择对于最终的图像融合质量至关重要。本节以两幅源图像的融合过程为例，给出了基于 NSCT 与 AUFLPCNN 模型的图像融合方法。

输入：已经过严格配准的相同尺寸源图像 A 和 B。

输出：经 NSCT 与 AUFLPCNN 模型处理后的融合图像 F。

步骤如下：

(1) 采用 NSCT 对源图像 A 和 B 分别进行多尺度和多方向分解，并得到各自的低频子带系数$\{A_K^0, B_K^0\}$和高频子带系数$\{A^{l_k}, B^{l_k}\}$，其中，K 为 NSCT 分解尺度数，l_k为k 尺度下的方向分解级数，$1 \leqslant k \leqslant K$。

(2) 通过 AUFLPCNN 模型对源图像 A 和 B 的低、高频子带系数加以选择。

① 将低频子带系数$\{A_K^0, B_K^0\}$归整到 0 与 1 之间，高频子带非负值系数与负值系数分别归整到 0 与 1、−1 与 0 之间，并将其作为相应神经元的反馈输入。

② 对低、高频的相关参数分别进行初始化：

$$L_{ij}^{0,l_k}[0] = U_{ij}^{0,l_k}[0] = T_{ij}^{0,l_k}[0] = Y_{ij}^{0,l_k}[0] = 0,\ \theta_{ij}^{0,l_k}[0] = \max\{|C_{ij}^{0,l_k}|\}$$

式中，所有神经元均未点火，$|C_{ij}^{0,l_k}|$为经归一化处理后的各子带系数的绝对值。

③ 根据式(9.11)计算出所有低、高频子带像素点的链接强度 $\beta_{ij}^{0,\,l_k}$。

④ 根据式(9.3)、式(9.4)和式(9.7)～式(9.10)分别计算出矩阵 $L_{ij}^{0,\,l_k}$、$U_{ij}^{0,\,l_k}$、$T_{ij}^{0,\,l_k}$、$Y_{ij}^{0,\,l_k}$、$\theta_{ij}^{0,\,l_k}$，在处理高频子带中的负值系数时，式(9.3)应进行绝对值化处理。

⑤ 若矩阵 $Y_{ij}^{0,\,l_k}$ 中的元素不全为 1，则返回上一步④；否则迭代过程结束。融合图像的低、高频系数 $f_{ij}^{0,\,l_k}$ 由矩阵 $\boldsymbol{T}$ 和链接强度 β 综合确定，即

$$f_{ij}^{0,\,l_k} = \begin{cases} \omega_{ij,\,A}^{0,\,l_k} \cdot A_{ij}^{0,\,l_k} + \omega_{ij,\,B}^{0,\,l_k} \cdot B_{ij}^{0,\,l_k}, & T_{ij,\,A}^{0,\,l_k} = T_{ij,\,B}^{0,\,l_k} \\ A_{ij}^{0,\,l_k}, & T_{ij,\,A}^{0,\,l_k} < T_{ij,\,B}^{0,\,l_k} \\ B_{ij}^{0,\,l_k}, & T_{ij,\,A}^{0,\,l_k} > T_{ij,\,B}^{0,\,l_k} \end{cases} \tag{9.12}$$

式中，$\omega_{ij,A}^{0,l_k}$、$\omega_{ij,B}^{0,l_k}$为低、高频子带的清晰度因子，用来表征源图像中各对应子带的清晰度特征。

$$\omega_{ij,A}^{0,l_k}=\frac{\beta_{ij,A}^{0,l_k}}{\beta_{ij,A}^{0,l_k}+\beta_{ij,B}^{0,l_k}} \tag{9.13}$$

$$\omega_{ij,B}^{0,l_k}=\frac{\beta_{ij,B}^{0,l_k}}{\beta_{ij,A}^{0,l_k}+\beta_{ij,B}^{0,l_k}} \tag{9.14}$$

(3) 对第(2)步中的融合系数进行 NSCT 逆变换，获得最终融合图像 F。

同以往相关文献相比，本节提出的图像融合方法有以下优势：

(1) 链接强度β有效调整了神经元的点火过程，而且还是融合系数选择中的重要因子，可以最大限度地将神经元的点火信息融入到图像融合工作中。

(2) 融合过程中，以往文献通常将高频子带中的负值系数进行绝对值化处理，而本章则对所有正、负值系数均进行了保留，最大限度保持了原始子带信息的完整性。

(3) 本节无需对迭代次数进行设定，所有子带的迭代次数均由 $\boldsymbol{T}$ 自适应决定。

(4) 低、高频子带均包含了源图像的重要信息，以往文献通常对低、高频子带采取不同的融合规则，而本章则对低、高频子带采用了极为相似且十分有效的融合规则，大大降低了融合过程的复杂度。

9.3.5　实验结果与分析

1. 实验描述

为了验证上文提出的融合方法的有效性，本节利用 Matlab7.1 软件，分别对一组曝光不足和曝光过度的源图像和一组可见光和红外图像进行仿真实验。上述图像均为已配准的 256 级灰度图像，其中前者为 512×512 像素，后者为 270×360 像素。实验中采用三种融合方法进行仿真效果比较：基于经典 PCNN 的融合方法(方法 1)、基于经典 NSCT 的融合方法(方法 2)、基于 PCNN 和 NSCT 的融合方法(方法 3)。其中，方法 1 和方法 3 中的 PCNN 模型所用到的参数分别为：$\alpha_L=1.0$，$\alpha_\theta=0.2$，$V_L=0.5$，$V_\theta=20$，$\boldsymbol{W}=\boldsymbol{M}=[0.707\ 1\ 0.707;\ 1\ 0\ 1;\ 0.707\ 1\ 0.707]$，$\beta$值均取常数 0.2，迭代次数为 50，融合系数选择均由 PCNN 神经元点火次数决定；NSCT 的多尺度分解级数均定为 3 级，按照由“细”至“粗”的分辨率层，方向分解级数依次为 4、3、2，邻域尺寸均取 3×3；方法 2 中采用简单的低频系数取平均，高频子带系数模值取大的融合规则；本章方法的 $V_\theta=200$，$\Delta=0.02$。算法的量化评价指标仍将采用 3.5 节中的信息熵(IE)、标准差(SD)和平均梯度(AG)作为图像融合效果的评价标准。

2. 融合实验结果

图 9.3(a)、(b)分别是一幅曝光不足的源图像和一幅曝光过度的源图像。曝光不足的源图像亮度很低，其中电脑、书本以及桌子的轮廓比较模糊，而墙壁和窗户则显得较为清楚；相反，曝光过度的源图像中的电脑、书本以及桌子比较清楚，而墙壁和窗户却由于光线过强而无法看清。显然，两幅图像中存在大量互补的信息，如何尽可能地将二者的清晰区域加以结合并汇入一幅图像就成为了仿真实验的重点目标。图 9.4(a)、(b)分别来源于荷兰 TNO Human Factors Research Institute 提供的“Dune”可见光序列图片和红外序列图片，其中，可见光图像侧重于对背景信息的描述，但对红外热源信息却无法感知其存在；

而红外图像着重突出了热源信息，对可见光背景信息的表达能力却很弱。显然，若能将两类源图像的优势加以综合，无疑将极大地提升融合图像的信息表达能力。本节通过四种融合方法将上述两组源图像进行图像融合，融合效果图分别如图 9.3(c)～(f)、图 9.4(c)～(f)所示。两组源图像对应的四种融合方法的客观评价测度值分别如表 9.1、表 9.2 所示。

(a) 曝光不足的源图像　(b) 曝光过度的源图像　(c) PCNN融合图像

(d) NSCT融合图像　(e) NSCT+PCNN融合图像　(f) 本节方法融合图像

图 9.3　曝光灰度源图像及四种方法的融合效果图

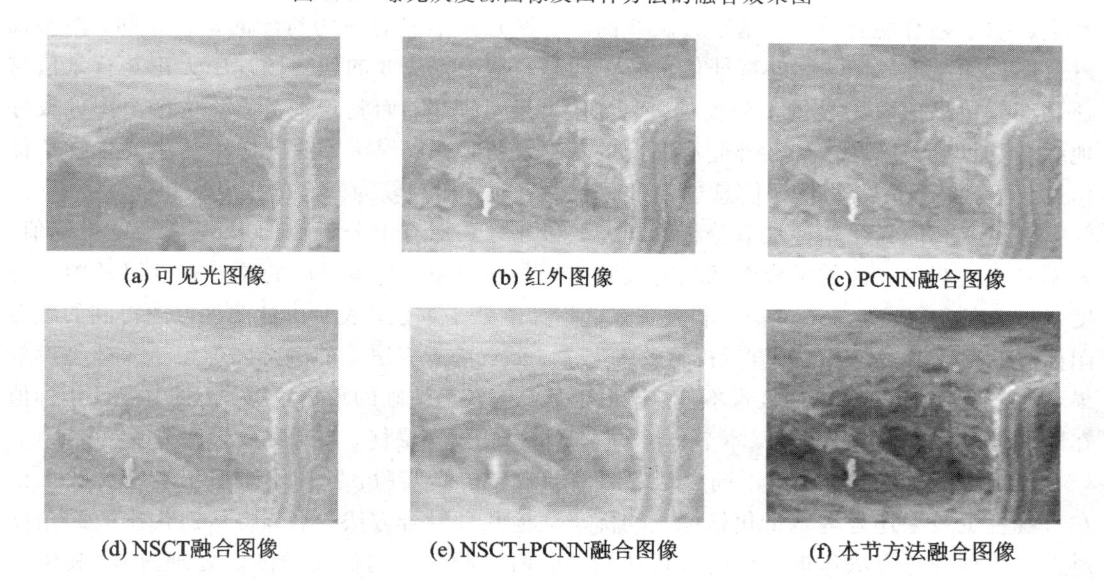

(a) 可见光图像　(b) 红外图像　(c) PCNN融合图像

(d) NSCT融合图像　(e) NSCT+PCNN融合图像　(f) 本节方法融合图像

图 9.4　灰度可见光与红外源图像及四种方法的融合效果图

表 9.1　四种方法的曝光灰度图像融合性能比较

	IE	SD	AG
方法 1	7.240	72.898	10.092
方法 2	7.020	43.371	6.379
方法 3	7.298	42.909	6.648
本节方法	7.380	45.272	7.620

表 9.2　四种方法的灰度可见光与红外图像融合性能比较

	IE	SD	AG
方法 1	5.981	15.568	4.480
方法 2	5.895	14.523	4.740
方法 3	5.987	15.583	3.952
本节方法	6.294	20.616	5.644

观察第一组源图像的融合效果不难发现，基于方法 1 的融合图片融合效果最差，这是因为经典 PCNN 模型仅以像素点对应的神经元点火次数作为融合系数的选取标准，而曝光过度的源图像的像素灰度值普遍大于曝光不足的源图像的像素灰度值，致使基于方法 1 的融合图像中出现了大量的虚假信息，未能将两幅源图像中的清晰区域进行有效结合；基于方法 3 的图像融合效果也不尽如人意，虽然窗户等景物的信息较方法 1 丰富些，但图片内的主要目标对象不仅光线偏亮，而且轮廓也较为模糊；基于方法 2 和本节方法的融合图像较好地综合了两幅源图像中的主要信息，办公桌上的电脑、键盘、书本以及百叶窗均具有较合适的亮度，取得了比较满意的融合效果，但仔细比较后发现，基于本节方法的融合图像同基于方法 2 的融合图像相比具有更为理想的图像亮度和清晰度水平。

从量化角度分析，在表 9.1 中，由于方法 1 的融合结果图像中出现了大量的虚假信息，因此其指标值不予考虑；除方法 1 外，基于本节方法的融合图片的三项指标值均为最优，这充分表明同基于其他三种融合方法的融合图像相比，基于本章方法的融合图像具有更为丰富和完整的图像信息，同时还具有良好的图像亮度反差及清晰度水平，而其余三种方法的指标值却并不理想。显然，表 9.1 中的客观量化评价数据与图 9.3 的直观效果是基本一致的。

针对第二组源图像，基于方法 1 的融合效果较差，融合图片上出现了大量的白色耀斑，严重影响了融合视觉效果；基于方法 2 的融合图片虽然具有较为清晰的景物轮廓，但整幅融合图像的亮度较暗，红外特征信息较不明显；基于方法 3 的融合图片中无论是背景信息还是红外特征信息均显得十分模糊，融合效果最不理想；而基于本节方法的融合图像较好地综合了可见光源图像和红外光源图像的各自优势，不仅保留了源图像中的主要景物特征信息，还对红外光人物特征信息进行了显著的表达，拥有较为满意的视觉效果。

对表 9.2 的量化指标加以分析，方法 1 和方法 3 拥有十分近似的 IE 以及 SD 指标值，表明基于这两种方法的融合图像具有大致相同的信息量、与源图像的差异程度以及图像亮度水平；在 AG 指标上，方法 1 和方法 3 的指标值处于末位，表明由这两种方法得到的融合图像清晰度效果不佳，这与直观视觉效果完全一致。基于方法 2 的融合图像由于整体亮度效果不佳致使其 IE、SD 指标表现不佳，但由于其具有较为清晰的景物轮廓，因此其 AG 指标值在四种融合方法中位于次优。本节方法的三项指标均处于最优，与观察效果保持一致。

另一方面，通过对两组不同类型源图像的融合仿真实验，我们不难看出本节方法无论在直观视觉效果还是客观量化指标上均优于其他几种融合方法。本节将从迭代次数的角度对上述几种融合方法作进一步的分析比较。以两组源图像的低频子图像处理过程(其中方法 1 不涉及低、高频问题)为例，对三种涉及迭代次数的方法——方法 1、方法 3 以及本节方法进行了迭代次数比较，结果如表 9.3 所示。

表 9.3　三种方法的迭代次数比较

	曝光不足与曝光过度源图像		灰度可见光与红外源图像	
	曝光不足	曝光过度	灰度可见光	红外
方法 1	50	50	50	50
方法 3	50	50	50	50
本节方法	18	26	22	23

由表 9.3 可以看出，方法 1、方法 3 在运行前均需人为地确定迭代次数，且整个算法无论处理效果如何都必须强制迭代到设定次数方可终止，既忽视了最终图像的融合效果，又浪费了大量的计算资源，具有一定的盲目性；而本节算法采取由赋时矩阵 $\boldsymbol{T}$ 根据源图像像素点的实际特征及空间分布自适应地确定迭代次数，在保证优良融合效果的同时，可大幅降低算法的运算量，提高算法效率。

9.4　基于 NSCT 与 I²CM 的图像融合方法

ICM 作为一种崭新的具有重要生物学背景的大脑视觉皮层模型，直接来源于 Eckhorn 等人对哺乳动物的视觉皮层神经细胞的研究成果，是从哺乳动物的视觉活动而得到的以几种生物学模型公共部分为基础的人工神经元模型。相对于传统人工神经网络，ICM 利用了生物神经元特有的线性相加以及非线性相乘调制耦合特性，同时还考虑了哺乳动物视神经系统的视野受到适当刺激时相邻神经元会同步激发 35～70 Hz 的振荡脉冲串的特性。ICM 是一种单层神经网络，具有无需大量样本即可实现相关图像处理的能力，其处理的实时性和高效性非常适合实时的图像处理环境。ICM 还具有对图像内空间位置邻近、灰度值相似的像素点进行分组的能力，能够有效减少外界噪声对图像造成的污染。此外，ICM 还能够将多维空间信息转变成一维时间脉冲序列，以达到降维的目的。同经典 PCNN 模型相比，ICM 的待定参数较少，计算复杂度得以大幅降低，且具备优越的图像处理性能，但其能否较好地应用于图像融合领域却是一个至今尚未被涉及的问题。

9.4.1　交叉视觉皮层模型的基本结构

ICM 是在生物视觉皮层模型的启发下产生，由若干神经元互连所构成的反馈性网络，其每一神经元由树突、连接调制器和脉冲产生器三部分构成，如图 9.5 所示。

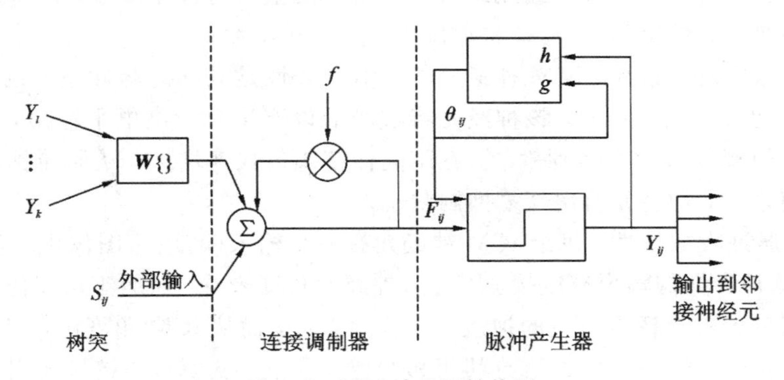

图 9.5　ICM 神经元结构图

ICM 神经元可通过以下离散数学迭代式来表示：

$$F_{ij}[n]=fF_{ij}[n-1]+S_{ij}+\boldsymbol{W}_{ij}\{Y[n-1]\} \tag{9.15}$$

$$Y_{ij}[n]=\begin{cases}1 & F_{ij}[n]>\theta_{ij}[n-1]\\ 0 & \text{其他}\end{cases} \tag{9.16}$$

$$\theta_{ij}[n]=g\theta_{ij}[n-1]+hY_{ij}[n] \tag{9.17}$$

式中，下标 ij 为神经元的标号，F_{ij}、S_{ij}、θ_{ij} 分别为神经元的树突输入、外部输入和动态阈值，$\boldsymbol{W}_{ij}$ 为链接权矩阵，Y_{ij} 为对应神经元的二值输出；f、g 分别为对应迭代式的树突衰减系数和阈值衰减系数，h 为阈值幅度常数。树突部分对相邻神经元的二值输出信息进行整合；连接调制器同 PCNN 中耦合调制器的结构类似，需要对三方面的信息进行处理，即邻域内神经元的二值整合信息、前一次迭代时的自身树突输入 $F_{ij}[n-1]$ 以及外部输入 S_{ij}；脉冲产生器决定了该神经元本次迭代的二值输出结果，若连接调制器的耦合运算值大于动态阈值，则神经元输出为 1，为自然点火，同时由于阈值幅度常数 h 的作用，其阈值 θ_{ij} 将急剧增大，并在随后的若干次迭代中由于阈值衰减系数 g 的作用而逐渐减小。当阈值衰减到再次小于相应的树突输入值 F_{ij} 时，该神经元将再次点火，同时其阈值也随之再次增大。随着这一过程的延续，神经元的输出就生成了一组脉冲序列信号。

与传统的反馈型神经网络相比，ICM 从神经元的构成本身就具有鲜明的特色，即变阈值特性、内部行为的乘积耦合特性、分支树的漏电容积分加权求和特性等，从而使得 ICM 至少有以下最基本的特性：

（1）阈值可变性。ICM 中的各神经元之所以可以动态发放脉冲，是由于其内部阈值函数可变造成的。在 ICM 中，不是输入信号的加权和与阈值进行比较，而是输入信号与树突通道的脉冲响应函数的卷积和与阈值进行比较；各神经元的阈值并非常数，而是随时间按指数衰减的，且其变化既与当前阈值有关，也与神经元的当前输出有关。

（2）捕获与被捕获特性。ICM 的每一个神经元 ij 均有机会促使邻近的具有相似灰度值的神经元 pq 同步发放脉冲，使得邻域内的具有较低灰度值的神经元 pq 提升至与其相连的率先点火的神经元 ij 对应的灰度值，在该过程中，神经元 ij 捕获神经元 pq 成功，同时，神经元 pq 称为被神经元 ij 捕获。显然，每一个神经元均有可能捕获其他神经元或被其他神经元所捕获。此外，ICM 神经元间存在连接但不一定存在捕获与被捕获；相反，存在捕获与被捕获的神经元也未必存在连接。

（3）时空总和特性。ICM 神经元既有输入信号的空间特性，又有其内部漏电容积分所产生的时间特性，这使得 ICM 具有非常强的时空总和特性。

（4）动态脉冲发放特性。ICM 神经元的阈值可变性是其动态脉冲发放的根源所在。当神经元的输入超过当前阈值时，该神经元将被激活以产生一个高电平输出，与此同时，阈值函数中的阈值幅度常数 h 得到激活，在瞬间促使阈值快速增大，从而使神经元的输入重新回归到阈值之下，神经元再次恢复抑制状态。

（5）同步脉冲发放特性。每个 ICM 神经元有一个输入（对应于图像中一个像素的灰度值），并与其他神经元的输出有链接。因此从神经元角度来看，对应于灰度值较大像素的神经元可以比灰度值较小像素对应的神经元更快地点火，而从 ICM 角度讲，当一个神经元点火时，它会将其信号的一部分送至与其相邻的神经元上，从而这一链接会引起邻接神经元比其原来更快地点火，这样就导致了在图像的一个大的区域内产生同步振荡，即以相似性集群产生同步脉冲发放。

(6) 脉冲波的形成与传播。ICM 中每个神经元的点火均有可能导致邻域内相邻神经元被捕获点火，随着该过程的不断进行和扩散，ICM 中所有神经元的点火所产生的输出振动将会不断地扩散和传播，最终形成以网络中最先点火的神经元为波动中心的脉冲波。

9.4.2 ICM 与数学形态学在图像处理中的等价性

数学形态学理论是由法国科学家 Matheron 等人在 1964 年创立的，其最初目的是用于对矿石进行多孔介质渗透性分析，但由于其独特的运算方式和强大的信息处理性能而日益引起图像处理领域的密切关注。目前，数学形态学已发展成为图像处理领域的一个重要研究方向。目前，国内外研究 ICM 的相关文献很少，而有关其在图像处理方面的研究成果更是少之又少。本节正是在此背景下，借鉴文献[26]中分析 PCNN 和数学形态学关系的有关思路，从颗粒分析、ICM 对数学形态学基本运算的实现、ICM 中参数对运行行为的影响完全等效于对数学形态学中基本运算的影响三个不同的角度详尽论述了 ICM 与数学形态学在图像处理方面的本质联系，为 ICM 提供了严谨的数学理论依据，有利于 ICM 理论日后的进一步研究与发展。

1. 数学形态学颗粒分析方法

数学形态学是建立在集合论理论基础上的一门新兴的图像和信号处理学科，其基本思想是利用一定的结构元素获取图像各部分之间的内部联系，从而得到图像整体的结构特征。下面简要介绍数学形态学的四种基本运算及基本性质。

令集合 A 表示输入图像，集合 B 表示结构元素。

(1) A 被 B 腐蚀的定义如下：

$$A\Theta B = \bigcap \{A - b : b \in B\} \tag{9.18}$$

(2) A 被 B 膨胀的定义如下：

$$A \oplus B = \bigcup \{A + b : b \in B\} \tag{9.19}$$

(3) 结构元素 B 对输入图像 A 作开启运算的定义如下：

$$A \circ B = (A\Theta B) \oplus B \tag{9.20}$$

(4) 结构元素 B 对输入图像 A 作闭合运算的定义如下：

$$A \bullet B = (A \oplus B)\Theta B \tag{9.21}$$

此外，数学形态学还具有以下两个重要的基本性质。

(1) 结构元素分解性：

$$A\Theta(B \oplus C) = (A\Theta B)\Theta C \tag{9.22}$$

(2) 膨胀结合性：

$$A \oplus (B \oplus C) = (A \oplus B) \oplus C \tag{9.23}$$

设 $\mathrm{Se}(k)(k=0, 1, 2, \cdots)$为尺寸依次递增的结构元素序列，其中 $\mathrm{Se}(k+1)$对 $\mathrm{Se}(k)$为开，则对任一离散图像 A，利用结构元素 $\mathrm{Se}(k)$对其作开运算可以得到一组递减的图像序列：

$$A \circ \mathrm{Se}(0) \geqslant A \circ \mathrm{Se}(1) \geqslant \cdots \geqslant A \circ \mathrm{Se}(k) \tag{9.24}$$

参照文献[26]的方案，设 $\Omega(k)$为 $A \circ \mathrm{Se}(k)$中颗粒像素点的数目，定义正则化的粒度分布为：

$$\Phi(k) = \frac{1 - \Omega(k)}{\Omega(0)} \tag{9.25}$$

此时，若令结构元素 Se(0)只含一个元素，即满足 $A\circ \mathrm{Se}(0)=A$，则 $\Omega(0)$为 A 中的颗粒像素点的初始计数。随着 k 值的不断增加，结构元素 Se(k)的尺寸也逐渐递增，与此同时越来越多不同尺寸的粒子将会被结构元素从原输入图像 A 中滤除。

2. ICM 颗粒分析方法

当 ICM 用于图像处理时，可将二维 ICM 网络的 $M\times N$ 个神经元与二维输入图像 A 的 $M\times N$ 个像素点相对应。下面以一幅二值图像为例，具体阐述 ICM 的颗粒分析过程。

输入：一幅经过 Otsu 分割处理后的 cameraman 二值图像，如图 9.6(a)所示。其中，像素值为 0 者即黑色部分为目标，像素值为 1 者为背景。

输出：不同迭代次数下的 ICM 脉冲图像。

初始条件：ICM 三个标量系数 f、g、h 的值分别取 0.1、0.9、0.1；链接权矩阵 $\boldsymbol{W}_{ij}$ 取四邻域连接(0 1 0,1 0 1,0 1 0)。

步骤如下：

(1) 运用 ICM 进行一次迭代。ICM 固有的脉冲并行传播特性使得处于亮区的背景部分较易发放脉冲，从而背景区域得以进一步扩大，而像素值为 0 的目标区域则受到一定程度的压缩，如图 9.6(b)所示；接着对所得图像进行取反运算，取反后像素值为 1 的区域成为目标区域，而像素值为 0 的区域成为背景区域，如图 9.6(c)所示。利用 ICM 的脉冲发放特性对其进行一次迭代，使得图 9.6(b)中缩小的目标区域发生膨胀，取反处理后的图像如图 9.6(d)所示。

(2) 运用 ICM 进行两次迭代。原始图像(见图 9.6(a))的背景亮区发出两次脉冲，目标暗区面积受到两次压缩，如图 9.6(e)所示；接着对所得图像进行取反运算，如图 9.6(f)所示，再次运用 ICM 进行两次迭代，使得图 9.6(e)中缩小的目标区域发生两次膨胀，取反处理后的图像如图 9.6(g)所示。

⋮

(k) 运用 ICM 进行 k 次迭代。原始图像(见图 9.6(a))的背景亮区发放 k 次脉冲，目标暗区面积受到 k 次压缩；接着对所得图像进行取反运算，而后再次运用 ICM 进行 k 次迭代，使得原先缩小的目标区域发生 k 次膨胀，最后再次进行取反。

需要说明的是，ICM 并不能通过膨胀处理对任意粒子进行恢复，因为一旦某类粒子区域被完全压缩至粒子数目为 0 即完全被筛除后，即使再次进行膨胀处理也不可能恢复原先的粒子水平。不仅如此，随着迭代次数的增加，原图中目标区域内的粒子将会由小到大逐渐被滤除，如图 9.6(b)、(e)所示。显然，在二值图像处理过程中，ICM 的迭代处理结果完全等价于数学形态学的颗粒分析效果。

(a) 原二值图像

(b) ICM一次迭代图像

(c) ICM一次迭代取反图像

(d) ICM一次迭代膨胀图像

(e) ICM二次迭代图像

(f) ICM二次迭代取反图像

(g) ICM二次迭代膨胀图像

图 9.6　ICM 颗粒分析过程

由上述颗粒分析过程不难看出，ICM 对原图像进行的每一次迭代过程均等价于对图像中暗区目标区域作一次腐蚀运算。当链接权矩阵为四邻域连接时，等价于数学形态学中使用 Four 结构元素[26]对原图像作腐蚀运算；当 ICM 链接权矩阵为八邻域连接时，则相当于数学形态学中使用 Eight 结构元素[26]对原图像作腐蚀运算。因而，ICM 迭代时产生的脉冲波每传播一次实质上等价于作一次腐蚀运算，传播 k 次相当于作 k 次腐蚀运算；使用 ICM 对取反后的二值图像进行迭代则等价于对目标区域作一次膨胀运算，因此，当利用 ICM 对图像作 k 次迭代，并将结果图像取反继续迭代 k 次时，其效果等价于对原图像中目标区域分别作 k 次腐蚀运算和 k 次膨胀运算。

记 Four 结构元素为 Se_4，则 ICM 的 k 次腐蚀、膨胀运算可用数学形态学描述为：

$$A_1 = A\Theta \mathrm{Se}_4 \oplus \mathrm{Se}_4 \tag{9.26}$$

$$A_2 = (((A\Theta \mathrm{Se}_4)\Theta \mathrm{Se}_4) \oplus \mathrm{Se}_4) \oplus \mathrm{Se}_4 \tag{9.27}$$

$$\vdots$$

由式(9.22)、式(9.23)对上述公式进行改造，得

$$A_1 = A \circ \mathrm{Se}_4 \tag{9.28}$$

$$A_2 = A \circ (\mathrm{Se}_4 \oplus \mathrm{Se}_4) \tag{9.29}$$

$$\vdots$$

显然，ICM 的 k 次腐蚀、膨胀运算等价于 ICM 的 k 次开启运算。若令 $k\mathrm{Se}_4$ 表示 k 个结构元素 Se_4 连续进行膨胀运算，且 $A_0 = \mathrm{A} \circ 0\mathrm{Se}_4$，其中结构元素 $0\mathrm{Se}_4$ 中仅含一个元素，则 ICM 的 k 次开启运算可写为

$$A_1 = A \circ 1\mathrm{Se}_4 \tag{9.30}$$

$$A_2 = A \circ 2\mathrm{Se}_4 \tag{9.31}$$

$$\vdots$$

$$A_k = A \circ k\mathrm{Se}_4 \tag{9.32}$$

可见，与数学形态学颗粒分析方法相类似，$0\mathrm{Se}_4$，$1\mathrm{Se}_4$，$2\mathrm{Se}_4$，…，$k\mathrm{Se}_4$ 也构成了一组尺寸依次递增的结构元素序列，而且利用 ICM 对任一离散图像 A 作开启运算也可得到一组递减图像序列：

$$A \circ 0\mathrm{Se}_4 \geqslant A \circ 1\mathrm{Se}_4 \geqslant \cdots \geqslant A \circ k\mathrm{Se}_4 \tag{9.33}$$

仿照数学形态学的方法，设 $\Omega(k)$ 为 $A \circ k\mathrm{Se}_4$ 中颗粒像素点的数目，则正则化的粒度分布可定义为

$$\Phi(k) = 1 - \frac{\Omega(k)}{\Omega(0)} \tag{9.34}$$

式中，$\Omega(0)$ 为 A 中颗粒像素点的初始计数。

cameraman 二值图像的 ICM 正则化粒度分布图如图 9.7 所示。

图 9.7 给出了 ICM 颗粒分析 38 次迭代过程的图像正则化粒度分布结果，其中斜率较大的点（如第 34 次迭代和第 38 次迭代）暗示原图像中的某一尺寸颗粒被较大程度地滤除，即图像中的某一目标区域由于作了过多的腐蚀运算而导致面积缩小至接近于 0，因而，即使随后作了同样次数的膨胀运算也仍然无法对其进行有效恢复；相反，斜率较小、变化较为平坦的点则表示某一类尺寸颗粒由于作了腐蚀运算正在逐渐地被滤除，但区域面积仍然较大，因而随后的若干次膨胀运算依然可对被腐蚀区域进行一定程度的恢复。由此可见，颗粒分析方法验证了 ICM 的脉冲并行传播特性行为与一定结构元素下数学形态学方法在图像处理领域是完全等效的。

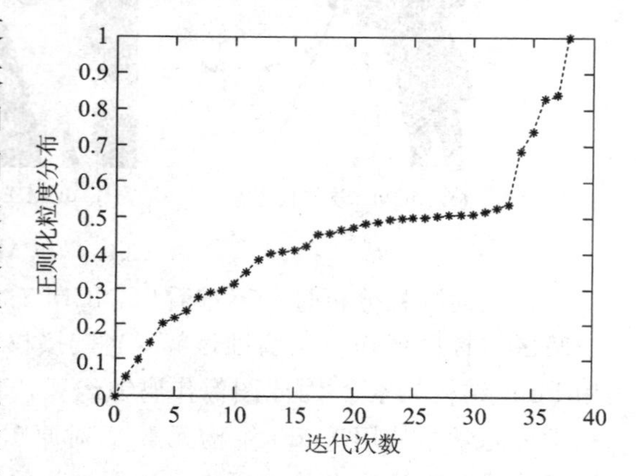

图 9.7 cameraman 二值图像的 ICM 正则化粒度分布图

3. ICM 对数学形态学基本运算的实现

数学形态学的基本运算主要分为四类：腐蚀、膨胀、开启运算以及闭合运算。其中，腐蚀运算是对图像中的目标对象去除像素，膨胀运算则是对图像中的目标对象增加像素，它们是一对对偶运算。开启和闭合是形态学中的另外两种重要运算，它们是由膨胀和腐蚀组合而成的复合运算。开启运算通常可以起到平滑图像轮廓的作用，去掉轮廓上的毛刺，截断狭窄的山谷；而闭合运算虽然也对图像轮廓有平滑作用，但与开启运算不同的是，它能去除区域中的小孔，填平狭窄的断裂及缺口。开启和闭合也是一对对偶运算。

针对二值离散图像，ICM 利用其固有的脉冲并行传播特性进行迭代处理，每迭代一次就会对像素值为“0”的区域（暗区）造成一次面积压缩；相应地，像素值为“1”的区域（亮区）面积得以扩大。因而，在图像处理效果上，ICM 的一次脉冲迭代实质上实现了对暗区的一次腐蚀运算；相反，如果需要对亮区目标进行腐蚀，则必须首先对原二值图像进行取反操作，将亮区取反为暗区后，通过迭代实现对原亮区的腐蚀操作，待处理完毕后，再对结果图像取反即可获得亮区被腐蚀的二值图像。由于腐蚀运算和膨胀运算互为对偶运算，因

此，对亮区的腐蚀即可看做对暗区的膨胀操作；相反，暗区的腐蚀操作实质上也就是亮区的膨胀操作。需要说明的是，腐蚀和膨胀是指目标对象被“腐蚀”或“膨胀”，而并不单纯针对图像的像素值。

类似地，开启运算和闭合运算也是一对对偶运算，而且它们是由膨胀和腐蚀组合而成的复合运算。因而，ICM 通过若干次迭代以及适当的图像取反处理也均可对其进行开、闭运算。仍以 cameraman 二值图像为例，图 9.6(e)、(g)已经给出其二次迭代腐蚀运算和开启运算的效果图，其膨胀运算及闭合运算效果图如图 9.8(a)、(b)所示。

综上所述，ICM 可以对数学形态学的基本运算进行开、闭运算，这恰恰从另一角度验证了 ICM 与数学形态学在图像处理领域的等价性。

(a) ICM二次迭代膨胀图像

(b) ICM二次闭合图像

图 9.8　cameraman 图像正则化粒度分布图

4. ICM 中参数对模型运行行为的影响

同 PCNN 模型相比，ICM 摈弃了极为复杂的神经元分支树连接机制，去除了接收域内的 L 通道，大幅减少了待确定参数个数，在保留大脑视觉皮层模型有效性的基础上降低了计算复杂度。本节将从 ICM 中参数对模型运行行为的影响完全等效于对数学形态学基本运算的影响这一角度进一步验证 ICM 与数学形态学在图像处理领域的等效性。

ICM 在图像处理过程的第一次迭代中，树突衰减系数 f 不起作用，而链接权矩阵 $\boldsymbol{W}$ 应根据待处理图像的属性决定首次迭代是否发挥作用，若为二值图像，则参与首次迭代过程，反之，则首次迭代中不发挥作用，此外，$\boldsymbol{W}$ 的作用与数学形态学中的结构元素十分类似，可以根据具体的应用和需求进行选择，因而在此对参数 $\boldsymbol{W}$ 不作分析。S 作为图像的外部输入值通常为像素值，因此对其也不作分析。综合起来，衰减系数 f 将成为式(9.15)的分析重点。针对式(9.16)，其结构和运行行为同 PCNN 脉冲发生器完全一致，在此对其也不作分析。式(9.17)中，阈值衰减系数 g 和阈值幅度常数 h 对阈值 θ 的变化有很大影响，同时这也从根本上直接影响了式(9.16)中的神经元脉冲发放，因此参数 g 和 h 无疑将成为式(9.17)的分析重点。所以，ICM 中需要重点讨论的参数共有三个：衰减系数 f、g 以及幅度常数 h。

ICM 的树突输入 $F(n+1)$ 对前一次迭代输入 $F(n)$ 具有一定的记忆功能，而记忆的程度大小正由树突衰减系数 f 来决定，f 取值越接近 1，前一次迭代输入 $F(n)$ 参与该次迭代输入的程度就越大，该次的树突输入值 $F(n+1)$ 也就越大；f 取值越接近 0，该次迭代输入 $F(n+1)$ 对前一次迭代输入 $F(n)$ 的记忆程度就越浅，对应该次的树突输入值也相应较小。因此，树突衰减系数 f 的取值与该次迭代树突输入值成正比。另一方面，树突输入值的增大也将导致该神经元在脉冲产生器中更易超越前一次迭代时的阈值，从而发出脉冲。因而，随着衰减系数 f 取值的增大，神经元点火间隔也将随之减小，即点火频率增加，衰减

系数 f 与点火频率成正比。

针对阈值衰减系数 g，可将式(9.15)～式(9.17)分别改写为单个神经元的表达形式，即

$$f_x = f \cdot f_{x-1} + S_x \tag{9.35}$$

$$v_x = \begin{cases} h & x = nk \\ 0 & x \neq nk \end{cases} \quad n = 1, 2, \cdots; k = 1, 2, \cdots \tag{9.36}$$

$$\theta_x = g\theta_{x-1} + v_x \tag{9.37}$$

式中，参数 x 代表迭代时刻点，f_x、S_x 分别为某一迭代时刻点时的树突输入和单个神经元的像素值，f 为树突衰减系数，θ 为动态阈值，n 代表神经元迭代周期，n 和 k 均为正整数，h 代表阈值幅度放大系数，g 为阈值衰减系数，v_x 为阈值放大器衡量指标。

若假设迭代时刻点 x 为 0 时对应的动态阈值 θ_x 初值为 $\theta_0 = h$，则式(9.37)可改写为

$$\begin{aligned} \theta_x &= g\theta_{x-1} + v_x = g^x\theta_0 + [g^{x-n(k-1)} + g^{x-n(k-2)} + \cdots + g^{x-n(k-(k-1))}] \cdot h \\ &= [g^x + g^{x-n(k-1)} + g^{x-n(k-2)} + \cdots + g^{x-n(k-(k-1))}] \cdot h \\ &= g^x h [1 + g^{-n(k-1)} + g^{-n(k-2)} + \cdots + g^{-n(k-(k-1))}] \\ &= g^x h \cdot \frac{g^{-n(k-1)} - g^n}{1 - g^n} \\ &= h \cdot \frac{g^{(-n(k-1)+x)} - g^{(n+x)}}{1 - g^n} \end{aligned} \tag{9.38}$$

当 $x = nk$ 时，即在该神经元的第 k 个点火点时，由式(9.38)可进一步推导出

$$\theta_{nk} = h \cdot \frac{g^{(-n(k-1)+nk)} - g^{(n+nk)}}{1 - g^n} = h \cdot \frac{g^n - g^{n(k+1)}}{1 - g^n} \tag{9.39}$$

当 k 取较大值即 $nk \gg n$ 时，由于衰减系数 g 始终小于 1，故 $g^{n(k+1)} \to 0$，从而式(9.39)可近似改写为

$$\theta_{nk} = h \cdot \frac{g^n}{1 - g^n} \tag{9.40}$$

进一步分析函数 θ_{nk} 的增减性，式(9.40)两边分别对 g 求一阶导数，则有

$$\theta'_{nk} = \left(h \cdot \frac{g^n}{1 - g^n}\right)' = \frac{hng^{n-1}}{(1 - g^n)^2} \tag{9.41}$$

式(9.41)中的所有因子均大于 0，故式(9.41)恒大于 0。函数 θ_{nk} 为关于阈值衰减系数 g 的单调递增函数，说明随着阈值衰减系数 g 的增大，动态阈值 θ 也将增大，因而神经元点火间隔也随之增大，即点火频率减小，衰减系数 g 与点火频率成反比。

阈值幅度常数 h 同阈值衰减系数 g 具有类似的作用，常数 h 的增大也将导致动态阈值 θ 的增大，使得神经元树突输入值 f_x 相对难以超越动态阈值 θ_x，从而增大了神经元点火间隔，减小了神经元脉冲点火频率，故阈值幅度常数 h 与点火频率成反比。需要说明的是，如果希望某一神经元在发生一次点火后不再被激发，可以在该神经元点火后将阈值幅度常数 h 设置为一个较大的数值。

以数学形态学的腐蚀运算为例，对任意一幅二值图像，存在以下两种情况：

(1) 目标像素点为 0。此时可得如下结论：

① 树突衰减系数 f 取值越大，背景像素点点火发放脉冲的机率就越高，目标像素点受到的腐蚀程度也就越大，因而，衰减系数 f 与目标像素点的腐蚀运算程度成正比。

② 阈值衰减系数 g 取值越大，背景像素点点火发放脉冲时遇到的阈值门槛就越高，点

火机率就越低，目标像素点受到的腐蚀程度也就越小，因而，衰减系数 f 与目标像素点的腐蚀运算程度成反比。

③ 阈值幅度常数 h 同衰减系数 g 具有类似的作用，因而，阈值幅度常数 h 也与目标像素点的腐蚀运算程度成反比。

(2) 目标像素点为 1。首先对原图像进行取反操作，其次进行分析，过程同第一种情况，仍然可获得相同的分析结果。

类似地，可以推导出上述三个参数对数学形态学中其余几种基本运算的影响效果也是相同的。

综上所述，参数 f、g 以及 h 对迭代点火频率的影响与它们对数学形态学中的一系列基本运算的影响效果是完全一致的，这也进一步验证了 ICM 与数学形态学在图像处理领域的等效性。

9.4.3 I²CM 及其参数的确定

ICM 是基于多种生物学模型共有机理建立的数学模型。与同样具有生物学背景的经典 PCNN 模型相比，ICM 摈弃了前者庞杂的链接输入分支和内部活动项产生机制，使得整个生物神经元模型的脉冲传播行为更为清晰，并在保留大脑视觉皮层模型有效性的同时大幅降低了计算复杂度。然而，ICM 自身仍有以下不足之处：

(1) 4 个待定参数 W、f、g、h 通常需要进行多次仿真实验才可大致确定取值范围，且一套参数取值往往只适用于某个或某一类场合，当将其用于其他场合时则效果不佳。

(2) 如何恰当选择迭代参数 n 是一个十分重要而又困难的问题，n 值过小容易导致 ICM 无法完成充分的脉冲发放，达不到最佳处理效果；n 值过大不仅会增加计算机资源开销，还易导致图像处理效果发生恶化。

针对上述缺陷，本章对经典 ICM 做了以下改进：

(1) 对连接调制器部分作进一步简化，忽略经典 ICM 中每一个神经元 ij 对上一树突输入状态的记忆功能，仅保留外部输入 S_{ij} 和上一迭代结束时的邻域内神经元二值整合信息。

(2) 对阈值函数 θ 进行改进，将传统阈值衰减系数 g 改进为单调递减的线性函数。

(3) 以往许多文献提出的以迭代次数确定算法均缺乏普遍适用性，为此，本节仍借鉴文献[19]中的思路，引入赋时矩阵 $\boldsymbol{T}$ 用于自适应确定迭代次数。

图 9.9 给出了 I²CM 的神经元结构图。

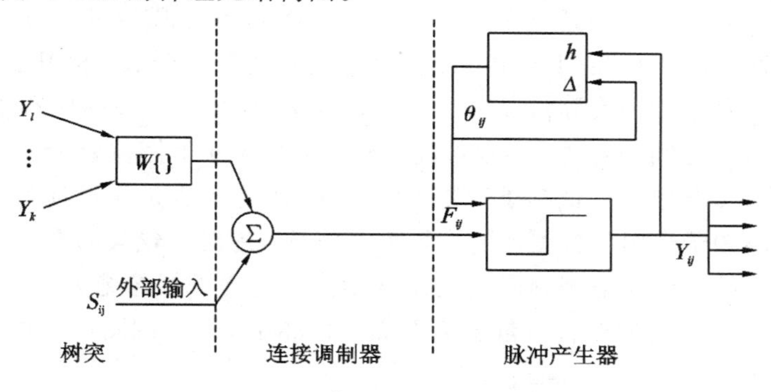

图 9.9 I²CM 神经元结构图

I^2CM 神经元的数学描述如下：

$$F_{ij}[n] = S_{ij} + \boldsymbol{W}_{ij}\{Y[n-1]\} \tag{9.42}$$

$$Y_{ij}[n] = \begin{cases} 1, & F_{ij}[n] \geqslant \theta_{ij}[n-1] \\ 0, & \text{其他} \end{cases} \tag{9.43}$$

$$\theta_{ij}[n] = \theta_{ij}[n-1] - \Delta + hY_{ij}[n] \tag{9.44}$$

$$T_{ij}[n] = \begin{cases} n, & \text{神经元 } ij \text{ 首次点火，且 } Y_{ij} = 1 \\ T_{ij}[n-1], & \text{其他} \end{cases} \tag{9.45}$$

式(9.44)中，调整步长 Δ 确保了各神经元阈值呈线性衰减趋势运行；阈值幅度常数 h 通常设置为一个较大的数值，从而使得每个神经元的点火次数至多不超过一次，为式(9.45)中赋时矩阵的运行提供保证。

式(9.45)中的赋时矩阵 $\boldsymbol{T}$ 与神经元输出矩阵 $\boldsymbol{Y}$ 大小相等，其元素 T_{ij} 与 Y_{ij} 相联系，记录了每个像素点的点火时间，并与 I^2CM 的神经元一一对应。需要说明的是：① 若神经元 ij 始终未发生点火，则其对应的 T_{ij} 值将保持初始值不变。

② 若神经元 ij 发生点火且为首次点火，则应将 T_{ij} 置为该次迭代的序数值 n。

③ 若神经元 ij 发生点火但并非首次点火，则其对应的 $\boldsymbol{T}_{ij}$ 值仍将保持首次点火时的迭代序数不变。由式(9.45)生成的赋时矩阵 $\boldsymbol{T}$ 中，原图像中亮度变化差异较小的像素将具有相同或相近的点火时间，而 I^2CM 连接调制器又对邻域内神经元的二值信息进行了整合处理，因此 $\boldsymbol{T}$ 不仅记录了各神经元的时间信息，而且还保留了包括图像灰度分布在内的空间信息，为后续的图像处理提供了依据；此外，赋时矩阵 $\boldsymbol{T}$ 还会根据整幅图像的输出矩阵 $\boldsymbol{Y}$ 反馈自适应地决定迭代过程是否终止，一旦 $\boldsymbol{Y}$ 中的所有元素为 1，则表明图像内的所有神经元均已发生点火，迭代过程结束，而矩阵 $\boldsymbol{T}$ 中的最大元素值即为 I^2CM 总的迭代次数。

在实际的 I^2CM 参数设定过程中，S 作为图像的外部输入值，通常为像素值，因此无需对其进行人工设定；链接权矩阵 $\boldsymbol{W}_{ij}$ 直接决定了相邻神经元的输出脉冲对神经元 ij 的影响程度，通常取一尺寸为 $n \times n$ 的正方形区域，其中 n 为不小于 3 的奇数，当图像灰度分布和纹理比较单一时，n 可取较大值。参数 Δ 决定了阈值的线性衰减速率，在 I^2CM 中 Δ 可取为 10。阈值幅度常数 h 用来限制每个神经元至多只点火 1 次，为此只需取一个较大的数值即可，本节将 h 设为 500。

9.4.4 基于 NSCT 与 I^2CM 的图像融合方法

本节采用限制图像内神经元至多点火一次的策略对经典 ICM 进行了改进，改进后的模型 I^2CM 不仅拥有比经典 ICM 更少且更为容易设置的参数个数，提升了算法运行效率；而且还可以根据图像处理的实际情况自适应地确定迭代次数 n，在一定程度上解决了迭代次数与图像处理效果之间的矛盾。不仅如此，本节还将 NSCT 图像分析方法引入到图像融合工作中。经 NSCT 分解后的低频子带是图像的近似分量，也是人眼对图像内容进行感知的主要内容；而高频子带则包含图像的大量细节信息，绝对值较大的系数对应着某方向区间上的显著特征，可以很好地刻画图像的结构信息，包含了图像绝大部分的信息。因此，融合规则的选择对于最终的融合质量至关重要。下面将以两幅源图像的情况为例，提出基于 NSCT 域 I^2CM 的图像融合方法。

输入：已经过严格配准的两幅源图像 A 和 B。

输出：经 NSCT 域 I^2CM 处理后的融合图像 F。

步骤如下：

(1) 采用 NSCT 对源图像 A 和 B 分别进行多尺度和多方向分解，并得到各自的低频子带系数$\{A_K^0, B_K^0\}$和高频子带系数$\{A^{l_k}, B^{l_k}\}$。其中，K 为 NSCT 分解尺度数，l_k为k 尺度下的方向分解级数，$1 \leqslant k \leqslant K$。

(2) 利用 I^2CM 对源图像 A 和 B 的高、低频子带系数加以选择。

① 将高、低频子带系数作为相应神经元的树突输入，并将各子图像与清晰度算子$\triangledown=[-1\ -4\ -1;\ -4\ 20\ -4;\ -1\ -4\ -1]$做卷积处理，处理后的矩阵再进行绝对值化运算，得到清晰度矩阵 $\boldsymbol{D}_A^{0, l_k}$ 和 $\boldsymbol{D}_B^{0, l_k}$。

② 对低、高频的相关参数分别进行初始化：

$$\boldsymbol{F}_{ij}^{0, l_k}[0]=\boldsymbol{T}_{ij}^{0, l_k}[0]=\boldsymbol{Y}_{ij}^{0, l_k}[0]=0, \quad \boldsymbol{\theta}_{ij}^{0, l_k}[0]=\max\{|\boldsymbol{C}_{ij}^{0, l_k}|\}$$

式中，$|\boldsymbol{C}_{ij}^{0, l_k}|$为各子带系数的绝对值，且所有神经元均未点火。

③ 根据式(9.42)～式(9.45)分别计算出矩阵 $\boldsymbol{F}_{ij}^{0, l_k}$，$\boldsymbol{T}_{ij}^{0, l_k}$，$\boldsymbol{Y}_{ij}^{0, l_k}$和$\boldsymbol{\theta}_{ij}^{0, l_k}$，在处理高频子带中的负值系数时，对式(9.42)应进行绝对值化处理。

④ 若矩阵 $\boldsymbol{Y}_{ij}^{0, l_k}$中的元素不全为 1，则返回③；否则迭代过程结束，融合图像的低、高频系数 f_{ij}^{0, l_k}由矩阵 $\boldsymbol{T}$ 和清晰度矩阵 $\boldsymbol{D}$ 综合确定，即

$$\boldsymbol{f}_{ij}^{0, l_k}=\begin{cases}\boldsymbol{A}_{ij}^{0, l_k}, & \boldsymbol{T}_{ij, A}^{0, l_k}=\boldsymbol{T}_{ij, B}^{0, l_k} \text{ 且 } \boldsymbol{D}_{ij, A}^{0, l_k} \geqslant \boldsymbol{D}_{ij, B}^{0, l_k} \\ \boldsymbol{A}_{ij}^{0, l_k}, & \boldsymbol{T}_{ij, A}^{0, l_k}<\boldsymbol{T}_{ij, B}^{0, l_k} \\ \boldsymbol{B}_{ij}^{0, l_k}, & \boldsymbol{T}_{ij, A}^{0, l_k}>\boldsymbol{T}_{ij, B}^{0, l_k} \\ \boldsymbol{B}_{ij}^{0, l_k}, & \boldsymbol{T}_{ij, A}^{0, l_k}=\boldsymbol{T}_{ij, B}^{0, l_k} \text{ 且 } \boldsymbol{D}_{ij, A}^{0, l_k}<\boldsymbol{D}_{ij, B}^{0, l_k}\end{cases} \tag{9.46}$$

式中，$\boldsymbol{D}_{ij, A}^{0, l_k}$和 $\boldsymbol{D}_{ij, B}^{0, l_k}$分别为源图像 A、B 对应的低、高频子带的绝对值化清晰度因子，用来表征子图像中各对应像素的清晰度特征。像素的清晰度因子越大，说明该像素点越清晰。

(3) 对(2)中的融合系数进行 NSCT 逆变换以获得最终融合图像 F。

9.4.5　实验结果与分析

为了验证上节所提出算法的有效性，本节仍将采用 Matlab7.1 软件对 9.3.5 节中的两组源图像进行融合仿真实验。实验中采用了以下 3 种融合方法用来进行仿真效果比较：基于经典 ICM 的融合方法(方法 1)、基于经典 NSCT 的融合方法(方法 2)、基于 ICM 和 NSCT 的融合方法(方法 3)。其中，方法 1 和方法 3 中经典 ICM 中用到的各参数分别为：$f=0.01$，$g=0.99$，$h=0.01$，$\boldsymbol{W}=[0.707\ 1\ 0.707;\ 1\ 0\ 1;\ 0.707\ 1\ 0.707]$，迭代次数为 50，融合系数选择均由 ICM 神经元点火次数决定；本章方法的 W 设置同方法 1，$\Delta=5$，阈值幅度常数 $h=500$。NSCT 的多尺度分解级数均定为 3 级，按照由“细”至“粗”的分辨率层，方向分解级数依次为 4、3、2，邻域大小尺寸均取 3×3；方法 2 中采用低频系数取平均、高频子带系数模值取大的融合规则。整个实验过程仍将采用 IE、SD 和 AG 作为图像融合效果的评价标准。图 9.10(a)～(f)、图 9.11(a)～(f)分别给出了两组源图像的融合效果图。两组源图像对应的四种融合方法的客观评价测度值分别如表 9.4、表 9.5 所示。

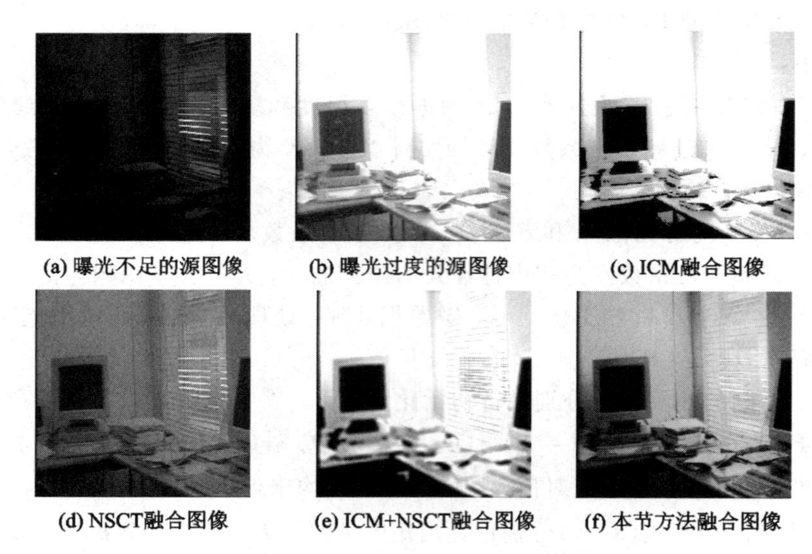
(a) 曝光不足的源图像　(b) 曝光过度的源图像　(c) ICM融合图像
(d) NSCT融合图像　(e) ICM+NSCT融合图像　(f) 本节方法融合图像

图 9.10　曝光灰度源图像及四种方法的融合效果图

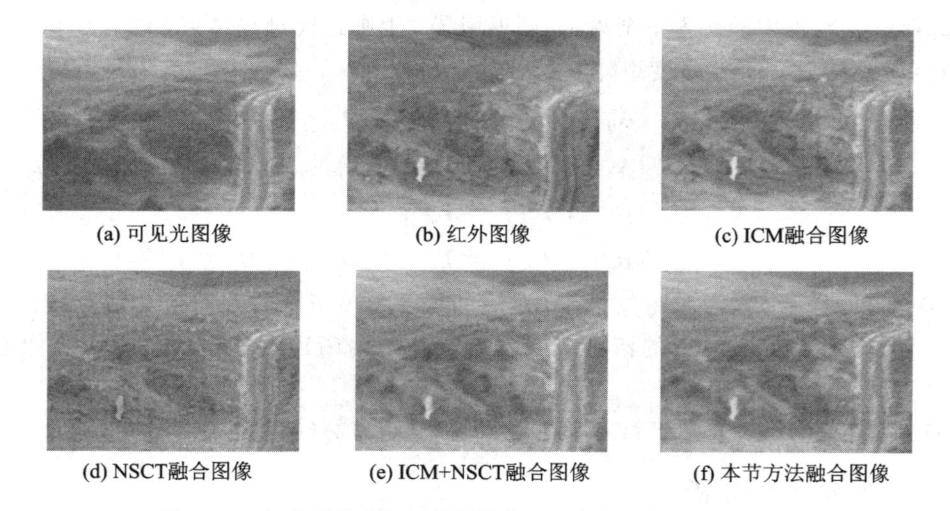
(a) 可见光图像　(b) 红外图像　(c) ICM融合图像
(d) NSCT融合图像　(e) ICM+NSCT融合图像　(f) 本节方法融合图像

图 9.11　灰度可见光与红外源图像及四种方法的融合效果图

表 9.4　四种方法的曝光灰度图像融合性能比较

	IE	SD	AG
方法 1	4.297	88.540	4.867
方法 2	7.020	43.371	6.379
方法 3	7.225	45.177	6.562
本节方法	7.376	45.384	7.724

表 9.5　四种方法的灰度可见光与红外图像融合性能比较

	IE	SD	AG
方法 1	6.044	16.166	4.034
方法 2	5.895	14.523	4.740
方法 3	6.074	11.358	4.181
本节方法	6.409	17.032	5.344

在第一组融合实验中，基于方法 1 的融合图像效果最差，整幅图像曝光亮度过强，且图像内的主要目标轮廓均发生了严重的失真。例如，左侧电脑屏幕的“锯齿”状下边沿，电脑桌下方一片漆黑，完全无法分辨出电线和白色墙壁，整幅图像的融合效果甚至不如源图

像中的任意一幅。基于方法 2 的融合图像效果较好，整幅图像的光线亮度得到了改观，两幅源图像中较清晰的景物目标在融合图像中均得到了体现。基于方法 3 的融合图像虽在一定程度上克服了方法 1 融合图像中的景物目标轮廓失真问题，源图像中的百叶窗等细节信息也得到了一定的体现，但整幅图像的清晰度不佳，桌上的书本以及鼠标等物体的轮廓较为模糊，难以辨认；此外，同方法 1 的融合效果类似，基于方法 3 的融合图像中电脑桌下方的信息同样未能得到很好的描述。同前三种方法相比，基于本章方法的融合图像具有更好的融合效果，不仅对两幅源图像中的主要信息进行了有效融合，还具有适中的亮度水平，目标景物的细节和轮廓信息也更为清晰。

从客观角度分析，本节方法对应的 IE 和 AG 指标值均为最优，表明基于本章方法的融合图像拥有更丰富的图像信息和更理想的清晰度水平；在 SD 指标上，方法 1 的融合图像由于继承了曝光过度源图像中的亮度特征，故造成了 SD 指标值的大幅增加，而基于本章方法的融合图像则在兼顾图像亮度水平的同时侧重于图像轮廓和细节信息的捕获与体现，因此，虽然本章方法的 SD 指标值相比方法 1 较低，但由本章方法得到的融合图像的视觉效果无疑是四种方法中最优的。在第二组融合实验中，基于方法 2 的融合图像不仅图像亮度水平不佳，而且红外目标信息表达能力也最弱；基于方法 3 的融合图像视觉效果较为模糊，整幅图像的亮度水平也较差。相对于方法 2 和方法 3，基于方法 1 和本章方法的融合图像融合效果较好，不仅有效地对源图像中的灰度可见光和红外特征进行了提取和描述，而且整幅图像中的红外目标信息也较为清晰。不难看出，基于本章方法的融合图像清晰度水平更高，背景信息也更为丰富。表 9.5 中的客观评价数据与直观观察效果基本一致，本章方法对应的 IE、SD 及 AG 指标值均优于其他三种方法的对应指标值。

此外，我们从迭代次数的角度对上述几种融合方法作进一步分析比较。以两组源图像的低频子图像处理过程(其中方法 1 不涉及低、高频问题)为例，对三种涉及迭代次数的方法——方法 1、方法 3 以及本节方法进行了迭代次数比较，结果如表 9.6 所示。

表 9.6　三种方法的迭代次数比较

	曝光不足与曝光过度的源图像		灰度可见光与红外源图像	
	曝光不足	曝光过度	灰度可见光	红外
方法 1	50	50	50	50
方法 3	50	50	50	50
本章方法	21	24	11	11

表 9.6 中的数据显示，方法 1、方法 3 在运行前均需人为地确定迭代次数，且整个算法无论处理效果如何都必须强制迭代到设定次数方可终止，这种处理方式既忽视了最终图像的融合效果，又浪费了大量的计算资源，具有一定的盲目性；而本节算法则可以根据源图像像素点的实际特征及空间分布自适应地确定迭代次数，在保证优良融合效果的同时，大幅降低了算法的运算量，提高了算法效率。

本章小结

本章针对 NSCT 与新型神经网络模型的结合问题进行了探索和研究，对经典的 PCNN

和 ICM 模型进行了改进，并结合 NSCT 理论给出了两种改进模型的图像融合方法。

（1）提出了基于 NSCT 与 AUFLPCNN 的图像融合方法。首先针对经典 PCNN 模型的设计缺陷提出了 AUFLPCNN 模型，该模型综合了 Unit-linking PCNN 和 Fast-linking PCNN 两种模型的优势，不仅大幅减少了待定参数的个数，还通过引入赋时矩阵机制自适应地确定迭代次数，避免了迭代次数的盲目选取；其次，给出了 AUFLPCNN 模型相关参数的确定方法并设计了基于 NSCT 与 AUFLPCNN 的图像融合方法；最后，通过仿真实例验证了该方法的有效性。

（2）提出了基于 NSCT 与 I^2CM 的图像融合方法。首先，揭示了 ICM 与数学形态学间的本质联系，得出了 ICM 与一定结构元素下的数学形态学方法等效的结论，验证了 ICM 的脉冲并行传播特性行为完全等价于数学形态学中一定结构元素下的基本运算；其次，针对经典 ICM 提出了一种 I^2CM 并给出了参数确定方法；再次，给出了基于 NSCT 与 I^2CM 的图像融合方法；最后，通过仿真实例验证了该方法的合理性和有效性。

尤其值得一提的是，本章率先将 ICM 及其改进型模型 I^2CM 引入到图像融合领域，尽管仿真实验表明，I^2CM 同 AUFLPCNN 模型相比图像融合性能略差，但这既是 ICM 理论上的创新，又是关于图像融合方法一次非常有益的尝试。不仅如此，本章所提出的两种图像融合方法均取得了比基于以往经典模型更好的视觉效果，这也表明这两种融合方法在图像融合领域有着潜在的应用前景。

本章参考文献

[1] Eckhorn R，Reiboeck H J，Arndt M，et al. A Neural Networks for Feature Linking via Synchronous Activity：Results from Cat Visual Cortex and from Simulations. In：Cotterill R. M. J. Eds. Models of Brain Function[M]. Cambriage University Press，1989

[2] Eckhorn R. Neural Mechanisma of Scene Segmentation：Recording from the Visual Cortex Suggest Basic Circuits or Linking Field Models[J]. IEEE Trans. Neural Network，1999，10(3)：464-479

[3] Lzhikevich E M. Class L Neural Excitability，Conventional Synapses，Weakly Connected Networks，and Mathematical Foundations of Pulse Coupled Models[J]. IEEE Trans. Neural Network，1999，10(3)：499-507

[4] Lzhikevich E M. Weakly Pulse-Coupled Oscillators，FM Interactions，Synchroization，and Oscillatory Associative Memory[J]. IEEE Trans. Neural Network，1999，10(3)：508-526

[5] Schneider J，Eckhorn R，Reitboeck H J. Evaluation of neuronal coupling dynamics[J]. Biological Cybernetics，1983，46(2)：129-134

[6] Stoecker M，Reitboeck H J，Eckhorn R. A neural network for scene segmentation by temporal coding [J]. Neurocomputing，1996，11(2-4)：123-134

[7] Werner G，Reitboeck H J，Eckhorn R. Construction of concepts by the nervous system：From neurons to cognition[J]. Behavioral Science，1993，38(2)：114-123

[8] 张军英，梁军利. 基于脉冲耦合神经网络的图像融合[J]. 计算机仿真，2004，21(4)：102-104

[9] Li W，Zhu X F. A New Image Fusion Algorithm Based on Wavelet Packet Analysis and PCNN[A]. Proc. of the fourth Int. Conf. Machine Learning and Cybernetics[C]，2005，5297-5301

[10] 苗启广，王宝树. 一种自适应 PCNN 多聚焦图像融合新方法[J]. 电子与信息学报，2006，28(3)：466-470

[11] 苗启广，王宝树．基于局部对比度的自适应PCNN图像融合[J]．计算机学报，2008，31(5)：875-880

[12] 肖伟，汪荣峰．基于非下采样contourlet变换与脉冲耦合神经网络的图像融合方法[J]．计算机应用，2008，28(S2)：164-167

[13] Yang S Y，Wang M，Lu Y X，et al．Fusion of Multiparametric SAR Images Based on SW-nonsubsampled Contourlet and PCNN[J]．Signal Processing，2009，89：2596-2608

[14] Ekblad U，Kinser J M．The intersecting cortical model in image processing[J]．Nuclear Instruments & Methods in Physics Research Section A：Accelerators，Spectrometers，Detectors and Associated Equipment，2004，525(1)：392-396

[15] Ekblad U，Kinser J M．Theoretical foundation of the intersecting cortical model and its use for detection of aircrafts，cars and nuclear explosion tests[J]．Signal Processing，2004，84(7)：1131-1146

[16] 高山，毕笃彦，魏娜．基于交叉视觉皮质模型的彩色图像自动分割方法[J]．中国图像图形学报，2009，14(8)：1638-1642

[17] 徐志平．基于交叉视觉皮质模型的图像处理关键技术研究[D]．上海：复旦大学博士学位论文，2007

[18] 才溪．多尺度图像融合理论与方法．北京：电子工业出版社，2014

[19] 马义德，李廉，绽琨，等．脉冲耦合神经网络与数字图像处理．北京：科学出版社，2008

[20] 马义德，李廉，王亚馥，等．脉冲耦合神经网络原理及其应用．北京：科学出版社，2006

[21] Gu X D，Zhang L M，Yu D H．General design approach to Unit-linking PCNN for image processing[A]．Proc. of Int. Conf. Neural Networks[C]，2005：1837-1841

[22] Gu X D．A new approach to image authentication using local image icon of Unit-linking PCNN[A]．Proc. of Int. Conf. Neural Networks[C]，2006：1036-1041

[23] 顾晓东，张立明，余道衡．用无需选取参数的Unit-linking PCNN进行自动图像分割[J]．电路与系统学报，2007，12(6)：54-59

[24] 程丹松，刘晓芳，唐降龙，等．一种基于改进PCNN模型的图像分割方法[J]．高技术通讯，2007，17(12)：1228-1233

[25] 刘勍，马义德．一种基于PCNN赋时矩阵的图像去噪新算法[J]．电子与信息学报，2008，30(8)：1869-1873

[26] 顾晓东，张立明．PCNN与数学形态学在图像处理中的等价关系[J]．计算机辅助设计与图形学学报，2004，16(8)：1029-1032

第 10 章 基于 NSCT 域改进型非负矩阵分解的图像融合方法

本章在对 NSCT 域的改进型非负矩阵分解(Nonnegative Matrix Factorization，NMF)模型进行研究的基础上，针对经典 NMF 模型自身存在的不足，给出了改进型 NMF 模型，设计了基于 NSCT 域改进型 NMF 的图像融合方法，并通过仿真实例分析验证了该算法的合理有效性。

10.1 改进型 NMF 模型的产生背景

非负矩阵分解[1,2]是一种新型矩阵分解算法，可在高维空间揭示模式的低维内在特征结构，并通过非负约束完成对原始样本数据的线性表达，目前已被应用于模式识别[3-6]、入侵检测[7-9]、图像融合[10-13]等领域，并取得了很好的效果。随后又对经典 NMF 理论做了改进，提出了诸如局部 NMF[14-16]、稀疏 NMF[17-22]、加权 NMF[13,23-25]等多种模型。然而，NMF 理论的根本性问题却始终未能得到解决，由于其矩阵变量 $\boldsymbol{W}$、$\boldsymbol{H}$ 采取随机初始化模式，使得同一实验条件下的处理结果和时间开销出现了较大差异，针对这一现状，大多数情况下采取的策略是进行多次 NMF 仿真运算，然后取结果的平均值作为最终结果，大大降低了算法的运行效率和实时性。为此，本章提出一种改进型 NMF 算法用于图像融合，该算法无需对 $\boldsymbol{W}$、$\boldsymbol{H}$ 进行随机生成，而是直接根据源图像信息运算得出，并被用于 NSCT 域的低频信息融合方案，高频信息融合仍将采用 9.3 节中的 AUFLPCNN 模型进行融合处理。仿真结果表明该融合方法能有效地提取源图像中的有用信息并注入到融合图像中，具有优良的视觉效果。

10.2 经典 NMF 模型

经典 NMF 算法可描述为：已知一个大小为 $n\times m$ 的非负原始样本矩阵 $\boldsymbol{V}$，其中 n 为矩阵 $\boldsymbol{V}$ 的维数，m 为 $\boldsymbol{V}$ 中的样本个数，需要求出一个 $n\times r$ 的非负基矩阵 $\boldsymbol{W}$ 和一个 $r\times m$ 的非负系数矩阵 $\boldsymbol{H}$，满足：

$$\boldsymbol{V}_{n\times m}=\boldsymbol{W}_{n\times r}\boldsymbol{H}_{r\times m} \tag{10.1}$$

通常情况下，当 r 值满足 $(n+m)r<nm$ 时，$\boldsymbol{W}$ 和 $\boldsymbol{H}$ 的维数将会小于原始矩阵 $\boldsymbol{V}$，因此，$\boldsymbol{WH}$ 可被看做原始样本矩阵 $\boldsymbol{V}$ 的压缩模型。此外，若假设 $\boldsymbol{v}$、$\boldsymbol{w}$、$\boldsymbol{h}$ 分别为矩阵 $\boldsymbol{V}$、$\boldsymbol{W}$、$\boldsymbol{H}$ 对应的数据列向量，则每一个原始矩阵的列向量 $\boldsymbol{v}$ 可看成是以列向量 $\boldsymbol{h}$ 中各元素为权值的矩阵 $\boldsymbol{W}$ 所有列向量的线性组合，因而，式(10.1)亦可改写为列向量的形式：

$$\boldsymbol{v}_j=(\boldsymbol{w}_1,\cdots,\boldsymbol{w}_r)\boldsymbol{h}_j,\quad 1\leqslant j\leqslant m \tag{10.2}$$

非负基矩阵 $\boldsymbol{W}$ 和非负系数矩阵 $\boldsymbol{H}$ 是由迭代算法确定的。本章采用乘性迭代方式进行估计，迭代有限次后，$\boldsymbol{W}$ 和 $\boldsymbol{H}$ 将会收敛到局部最优状态。确定 $\boldsymbol{W}$、$\boldsymbol{H}$ 常用到的目标函数有以下两种：

(1) 以最小化矩阵 $\boldsymbol{V}$ 与矩阵 $\boldsymbol{WH}$ 欧氏距离的平方和为目标函数：

$$\|\boldsymbol{V}-\boldsymbol{WH}\| = \sum_{ij}[\boldsymbol{V}_{ij}-(\boldsymbol{WH})_{ij}]^2, \quad 1\leqslant i\leqslant n, 1\leqslant j\leqslant m \tag{10.3}$$

当且仅当 $\boldsymbol{V}=\boldsymbol{WH}$ 时，目标函数达到最小值 0，此时矩阵 $\boldsymbol{W}$、$\boldsymbol{H}$ 收敛到局部最优状态，其对应的迭代法则为

$$\begin{cases} \boldsymbol{W}_{ik} \leftarrow \boldsymbol{W}_{ik} \dfrac{(\boldsymbol{VH}^{\mathrm{T}})_{ik}}{(\boldsymbol{WHH}^{\mathrm{T}})_{ik}} \\ \boldsymbol{H}_{kj} \leftarrow \boldsymbol{H}_{kj} \dfrac{(\boldsymbol{W}^{\mathrm{T}}\boldsymbol{V})_{kj}}{(\boldsymbol{WWH})_{kj}} \end{cases} \tag{10.4}$$

(2) 以最小化矩阵 $\boldsymbol{V}$ 与矩阵 $\boldsymbol{WH}$ 的 Kullback-Leibler 离散度为目标函数：

$$D(\boldsymbol{V}\|\boldsymbol{WH}) = \sum_{ij}\left(\boldsymbol{V}_{ij}\log\frac{\boldsymbol{V}_{ij}}{(\boldsymbol{WH})_{ij}} - \boldsymbol{V}_{ij} + (\boldsymbol{WH})_{ij}\right), \quad 1\leqslant i\leqslant n, 1\leqslant j\leqslant m \tag{10.5}$$

当且仅当 $\boldsymbol{V}=\boldsymbol{WH}$ 时，目标函数达到最小值 0，与情况(1)类似，此时矩阵 $\boldsymbol{W}$、$\boldsymbol{H}$ 收敛到局部最优状态，其对应的迭代法则为

$$\begin{cases} \boldsymbol{W}_{ik} \leftarrow \boldsymbol{W}_{ik} \dfrac{\sum_j \boldsymbol{H}_{kj}\boldsymbol{V}_{ij}/(\boldsymbol{WH})_{ij}}{\sum_j \boldsymbol{H}_{kj}} \\ \boldsymbol{W}_{ik} \leftarrow \dfrac{\boldsymbol{W}_{ik}}{\sum_l \boldsymbol{W}_{lk}} \\ \boldsymbol{H}_{kj} \leftarrow \boldsymbol{H}_{kj} \dfrac{\sum_i \boldsymbol{W}_{ik}\boldsymbol{V}_{ij}/(\boldsymbol{WH})_{ij}}{\sum_i \boldsymbol{W}_{ik}} \end{cases} \tag{10.6}$$

定理 10.1　在式(10.4)的迭代规则中，目标函数 $F=\|\boldsymbol{V}-\boldsymbol{WH}\|_F^2$ 单调递增，且 $F=\|\boldsymbol{V}-\boldsymbol{WH}\|_F^2$ 不再变化的充分必要条件是 $\boldsymbol{W}$ 和 $\boldsymbol{H}$ 是其稳定点。

定理 10.2　在式(10.6)的迭代规则中，目标函数 $D(\boldsymbol{V}\|\boldsymbol{WH})$ 单调非增，且 $D(\boldsymbol{V}\|\boldsymbol{WH})$ 不再变化的充分必要条件是 $\boldsymbol{W}$ 和 $\boldsymbol{H}$ 是其稳定点。

定理 10.1 和定理 10.2 不仅给出了 NMF 算法的迭代公式，还说明了算法是收敛的。下面给出定理 10.1 和定理 10.2 的证明[26]。

定义 10.1　如果函数 $G(\boldsymbol{h}, \boldsymbol{h}')$ 同时满足条件

$$G(\boldsymbol{h}, \boldsymbol{h}') \geqslant F(\boldsymbol{h}), G(\boldsymbol{h}, \boldsymbol{h}) = F(\boldsymbol{h}) \tag{10.7}$$

就称 $G(\boldsymbol{h}, \boldsymbol{h}')$ 为函数 $F(\boldsymbol{h})$ 的辅助函数。

推论 10.1　如果函数 $G(\boldsymbol{h}, \boldsymbol{h}')$ 是函数 $F(h)$ 的一个辅助函数，那么 $F(h)$ 在更新规则

$$h^{t+1} = \operatorname*{argmin}_h G(h, h')$$

下是不增的。其中，右上角的 t 表示数值计算中的某一步，$t+1$ 就是 t 的下一步数值计算。

证明　$F(\boldsymbol{h}^{t+1}) \leqslant G(\boldsymbol{h}^{t+1}, \boldsymbol{h}^t) \leqslant G(\boldsymbol{h}^t, \boldsymbol{h}^t) = F(\boldsymbol{h}^t)$。证毕。

这就是说，当辅助函数 $G(\boldsymbol{h}, \boldsymbol{h}')$ 达到极小时，函数 $F(\boldsymbol{h})$ 也应达到极小。

推论 10.2　如果 $K_{ab}(h^t)$是对角矩阵

$$K_{ab}(\boldsymbol{h}^t)=\frac{\boldsymbol{\delta}_{ab}(\boldsymbol{W}^{\mathrm{T}}\boldsymbol{W}\boldsymbol{h}^t)_a}{\boldsymbol{h}_a^t}$$

那么

$$G(\boldsymbol{h},\boldsymbol{h}^t)=F(\boldsymbol{h}^t)+(\boldsymbol{h}-\boldsymbol{h}^t)^{\mathrm{T}}\nabla F(\boldsymbol{h}^t)+\frac{1}{2}(\boldsymbol{h}-\boldsymbol{h}^t)^{\mathrm{T}}K(\boldsymbol{h}^t)(\boldsymbol{h}-\boldsymbol{h}^t) \tag{10.8}$$

是 $F(\boldsymbol{h})=\frac{1}{2}\sum_i\left(\boldsymbol{x}_i-\sum_k\boldsymbol{W}_{ik}\boldsymbol{h}_k\right)^2$ 的辅助函数。其中，$\boldsymbol{h}_a$表示向量 $\boldsymbol{h}$ 的第 a 个元素。

证明　当 $\boldsymbol{h}=\boldsymbol{h}^t$时，显然有 $G(\boldsymbol{h},\boldsymbol{h}^t)=F(\boldsymbol{h})$，即 $G(\boldsymbol{h},\boldsymbol{h})=F(\boldsymbol{h})$。下面证明：当 $\boldsymbol{h}\neq\boldsymbol{h}^t$时，有 $G(\boldsymbol{h},\boldsymbol{h}^t)\geqslant F(\boldsymbol{h})$。

将 $F(\boldsymbol{h})$在 $\boldsymbol{h}^t$处展开：

$$F(\boldsymbol{h})=F(\boldsymbol{h}^t)+(\boldsymbol{h}-\boldsymbol{h}^t)^{\mathrm{T}}\nabla F(\boldsymbol{h}^t)+\frac{1}{2}(\boldsymbol{h}-\boldsymbol{h}^t)^{\mathrm{T}}(\boldsymbol{W}^{\mathrm{T}}\boldsymbol{W})(\boldsymbol{h}-\boldsymbol{h}^t) \tag{10.9}$$

比较式(10.8)和式(10.9)，只需证明不等式

$$(\boldsymbol{h}-\boldsymbol{h}^t)^{\mathrm{T}}(K(\boldsymbol{h}^t)-\boldsymbol{W}^{\mathrm{T}}\boldsymbol{W})(\boldsymbol{h}-\boldsymbol{h}^t)\geqslant 0$$

成立，就可以证明函数 $G(\boldsymbol{h},\boldsymbol{h}^t)$是函数 $F(\boldsymbol{h})$的一个辅助函数。为了证明半正定性，考虑矩阵

$$\boldsymbol{M}_{ab}(\boldsymbol{h}^t)=\boldsymbol{h}_a^t(K(\boldsymbol{h}^t)-\boldsymbol{W}^{\mathrm{T}}\boldsymbol{W})_{ab}\boldsymbol{h}_b^t$$

该矩阵只是对矩阵 $\boldsymbol{K}-\boldsymbol{W}^{\mathrm{T}}\boldsymbol{W}$ 的元素尺度进行了调整，因此 $\boldsymbol{K}-\boldsymbol{W}^{\mathrm{T}}\boldsymbol{W}$ 是半正定当且仅当矩阵 $\boldsymbol{M}$ 是半正定的。对于矩阵 $\boldsymbol{M}$，有

$$\begin{aligned}
\boldsymbol{v}^{\mathrm{T}}\boldsymbol{M}\boldsymbol{v}&=\sum_{ab}\boldsymbol{v}_a\boldsymbol{M}_{ab}\boldsymbol{v}_b=\sum_{ab}\left[\boldsymbol{v}_a\boldsymbol{h}_a^t\left(\boldsymbol{\delta}_{ab}\frac{(\boldsymbol{W}^{\mathrm{T}}\boldsymbol{W}\boldsymbol{h}^t)_a}{\boldsymbol{h}_a^t}\right)\boldsymbol{h}_b^t\boldsymbol{v}_b-\boldsymbol{v}_a\boldsymbol{h}_a^t(\boldsymbol{W}^{\mathrm{T}}\boldsymbol{W})_{ab}\boldsymbol{h}_b^t\boldsymbol{v}_b\right]\\
&=\sum_{ab}\left[\boldsymbol{v}_a\boldsymbol{\delta}_{ab}(\boldsymbol{W}^{\mathrm{T}}\boldsymbol{W}\boldsymbol{h}^t)_a\boldsymbol{h}_b^t\boldsymbol{v}_b-\boldsymbol{v}_a\boldsymbol{h}_a^t(\boldsymbol{W}^{\mathrm{T}}\boldsymbol{W})_{ab}\boldsymbol{h}_b^t\boldsymbol{v}_b\right]\\
&=\sum_{ab}\left[\boldsymbol{v}_a\boldsymbol{\delta}_{ab}\left(\sum_k(\boldsymbol{W}^{\mathrm{T}}\boldsymbol{W})_{ak}\boldsymbol{h}_k^t\right)\boldsymbol{h}_b^t\boldsymbol{v}_b-\boldsymbol{v}_a\boldsymbol{h}_a^t(\boldsymbol{W}^{\mathrm{T}}\boldsymbol{W})_{ab}\boldsymbol{h}_b^t\boldsymbol{v}_b\right]\\
&=\sum_{ab}\left[\boldsymbol{h}_a^t(\boldsymbol{W}^{\mathrm{T}}\boldsymbol{W})_{ab}\boldsymbol{h}_b^t\boldsymbol{v}_a^2-\boldsymbol{v}_a\boldsymbol{h}_a^t(\boldsymbol{W}^{\mathrm{T}}\boldsymbol{W})_{ab}\boldsymbol{h}_b^t\boldsymbol{v}_b\right]\\
&=\sum_{ab}(\boldsymbol{W}^{\mathrm{T}}\boldsymbol{W})_{ab}\boldsymbol{h}_a^t\boldsymbol{h}_b^t\left[\frac{1}{2}\boldsymbol{v}_a^2+\frac{1}{2}\boldsymbol{v}_b^2-\boldsymbol{v}_a\boldsymbol{v}_b\right]\\
&=\frac{1}{2}\sum_{ab}(\boldsymbol{W}^{\mathrm{T}}\boldsymbol{W})_{ab}\boldsymbol{h}_a^t\boldsymbol{h}_b^t(\boldsymbol{v}_a-\boldsymbol{v}_b)^2\geqslant 0
\end{aligned}$$

因此，当 $\boldsymbol{h}\neq\boldsymbol{h}^t$时，有 $G(\boldsymbol{h},\boldsymbol{h}^t)\geqslant\boldsymbol{F}(h)$。函数 $G(\boldsymbol{h},\boldsymbol{h}^t)$是函数 $F(\boldsymbol{h})$的一个辅助函数。证毕。

定理 10.1 的证明：由推论 10.1 可知，只要求出辅助函数 $G(\boldsymbol{h},\boldsymbol{h}^t)$的极小值，就可以获得函数 $F(\boldsymbol{h})$的极小值。为此，对 $G(\boldsymbol{h},\boldsymbol{h}^t)$关于 $\boldsymbol{h}$ 求导，可知

$$G(\boldsymbol{h},\boldsymbol{h}^t)=\nabla F(\boldsymbol{h}^t)+K(\boldsymbol{h}^t)(\boldsymbol{h}-\boldsymbol{h}^t)$$

令 $G'(\boldsymbol{h},\boldsymbol{h}^t)=0$，求得

$$\boldsymbol{h}=\boldsymbol{h}^t-K(\boldsymbol{h}^t)^{-1}\nabla F(\boldsymbol{h}^t)$$

具体考虑 $\boldsymbol{h}$ 的第 a 个元素，即

$$\boldsymbol{h}_a=\boldsymbol{h}_a^t-(K(\boldsymbol{h}^t)^{-1}\nabla F(\boldsymbol{h}^t))_a$$

而

$$K_{ab}(\boldsymbol{h}^t)^{-1}=\frac{\boldsymbol{\delta}_{ab}\boldsymbol{h}_a^t}{(\boldsymbol{W}^{\mathrm{T}}\boldsymbol{W}\boldsymbol{h}^t)_a}$$

和 $F(\boldsymbol{h})$关于 $\boldsymbol{h}$ 的导数为

$$\begin{aligned}\nabla F(\boldsymbol{h})&=\frac{\partial\left(\frac{1}{2}\sum_i(\boldsymbol{x}_i-\sum_k\boldsymbol{W}_{ik}\boldsymbol{h}_k)^2\right)}{\partial h}=\left[\frac{\partial\left(\frac{1}{2}\sum_i(\boldsymbol{x}_i-\sum_k\boldsymbol{W}_{ik}\boldsymbol{h}_k)^2\right)}{\partial\boldsymbol{h}_l}\right]_{r\times l}\\&=\left[-\sum_i(\boldsymbol{x}_i-\sum_k\boldsymbol{W}_{ik}\boldsymbol{h}_k)\frac{\partial\sum_k\boldsymbol{W}_{ik}\boldsymbol{h}_k}{\partial\boldsymbol{h}_l}\right]_{r\times l}\\&=\left(\sum_i(-\boldsymbol{x}_i\boldsymbol{W}_{il}+\sum_k\boldsymbol{W}_{ik}\boldsymbol{h}_k\boldsymbol{W}_{il})\right)_{r\times l}\\&=-\boldsymbol{W}^{\mathrm{T}}\boldsymbol{x}+\boldsymbol{W}^{\mathrm{T}}\boldsymbol{W}\boldsymbol{h}\end{aligned}$$

故$\nabla F(\boldsymbol{h})$在 $\boldsymbol{h}^t$处的导数为

$$\nabla F(\boldsymbol{h}^t)=-\boldsymbol{W}^{\mathrm{T}}x+\boldsymbol{W}^{\mathrm{T}}\boldsymbol{W}\boldsymbol{h}^t$$

所以

$$\begin{aligned}\boldsymbol{h}_a&=\boldsymbol{h}_a^t-(K(\boldsymbol{h}^t)^{-1}\nabla F(\boldsymbol{h}^t))_a=\boldsymbol{h}_a^t-\sum_l K_{al}(\boldsymbol{h}^t)^{-1}(\nabla F(\boldsymbol{h}^t))_l\\&=\boldsymbol{h}_a^t-\frac{\sum_l\boldsymbol{\delta}_{al}\boldsymbol{h}_a^t(-\boldsymbol{W}^{\mathrm{T}}x+\boldsymbol{W}^{\mathrm{T}}\boldsymbol{W}\boldsymbol{h}^t)_l}{(\boldsymbol{W}^{\mathrm{T}}\boldsymbol{W}\boldsymbol{h}^t)_a}\\&=\boldsymbol{h}_a^t-\frac{\boldsymbol{h}_a^t}{(\boldsymbol{W}^{\mathrm{T}}\boldsymbol{W}\boldsymbol{h}^t)_a}(-\boldsymbol{W}^{\mathrm{T}}x+\boldsymbol{W}^{\mathrm{T}}\boldsymbol{W}\boldsymbol{h}^t)_a\\&=\boldsymbol{h}_a^t+\frac{\boldsymbol{h}_a^t(\boldsymbol{W}^{\mathrm{T}}x)_a}{(\boldsymbol{W}^{\mathrm{T}}\boldsymbol{W}\boldsymbol{h}^t)_a}-\left(\frac{\boldsymbol{h}_a^t}{(\boldsymbol{W}^{\mathrm{T}}\boldsymbol{W}\boldsymbol{h}^t)_a}\right)(\boldsymbol{W}^{\mathrm{T}}\boldsymbol{W}\boldsymbol{h}^t)_a\\&=\frac{\boldsymbol{h}_a^t(\boldsymbol{W}^{\mathrm{T}}x)_a}{(\boldsymbol{W}^{\mathrm{T}}\boldsymbol{W}\boldsymbol{h}^t)_a}\\&=\boldsymbol{h}_a^t\frac{(\boldsymbol{W}^{\mathrm{T}}x)_a}{(\boldsymbol{W}^{\mathrm{T}}\boldsymbol{W}\boldsymbol{h}^t)_a}\end{aligned}\tag{10.10}$$

由此可见，对于权重矩阵 $\boldsymbol{H}$ 的列向量 $\boldsymbol{h}$ 的第 a 个元素的迭代公式是式(10.10)，因此，对于 $\boldsymbol{H}$ 的每个元素来说，就可以得到式(10.4)中矩阵 $\boldsymbol{H}$ 的迭代公式。

利用同样的方法，可以得到式(10.4)中矩阵 $\boldsymbol{W}$ 的迭代公式。证毕。

对于 Kullback-Leibler 散度，为了证明定理 10.2，首先进行相关定义。

定义 10.2　定义函数

$$\begin{aligned}G(\boldsymbol{h},\boldsymbol{h}^t)=&\sum_i(\boldsymbol{x}_i\log\boldsymbol{x}_i-\boldsymbol{x}_i)+\sum_{ia}\boldsymbol{W}_{ia}\boldsymbol{h}_a\\&-\sum_{ia}\boldsymbol{x}_i\frac{\boldsymbol{W}_{ia}\boldsymbol{h}_a^t}{\sum_b\boldsymbol{W}_{ib}\boldsymbol{h}_b^t}\left(\log(\boldsymbol{W}_{ia}\boldsymbol{h}_a)-\log\frac{\boldsymbol{W}_{ia}\boldsymbol{h}_a^t}{\sum_b\boldsymbol{W}_{ib}\boldsymbol{h}_b^t}\right)\end{aligned}\tag{10.11}$$

推论 10.3　函数 $G(\boldsymbol{h},\boldsymbol{h}^t)$是函数

$$F(\boldsymbol{h})=\sum_i\left(\boldsymbol{x}_i\log\frac{\boldsymbol{x}_i}{\sum_a\boldsymbol{W}_{ia}\boldsymbol{h}_a}\right)-\boldsymbol{x}_i+\sum_a\boldsymbol{W}_{ia}\boldsymbol{h}_a$$

的一个辅助函数。

证明　当 $\boldsymbol{h}=\boldsymbol{h}^t$ 时，有

$$G(\boldsymbol{h},\boldsymbol{h}^t)=\sum_i(\boldsymbol{x}_i\log\boldsymbol{x}_i-\boldsymbol{x}_i)+\sum_{ia}\boldsymbol{W}_{ia}\boldsymbol{h}_a-\sum_{ia}\boldsymbol{x}_i\frac{\boldsymbol{W}_{ia}\boldsymbol{h}_a^t}{\sum_b\boldsymbol{W}_{ib}\boldsymbol{h}_b^t}\left(\log(\boldsymbol{W}_{ia}\boldsymbol{h}_a)-\log\frac{\boldsymbol{W}_{ia}\boldsymbol{h}_a^t}{\sum_b\boldsymbol{W}_{ib}\boldsymbol{h}_b^t}\right)$$

$$=\sum_i(\boldsymbol{x}_i\log\boldsymbol{x}_i-\boldsymbol{x}_i)+\sum_{ia}\boldsymbol{W}_{ia}\boldsymbol{h}_a-\sum_{ia}\boldsymbol{x}_i\frac{\boldsymbol{W}_{ia}\boldsymbol{h}_a}{\sum_b\boldsymbol{W}_{ib}\boldsymbol{h}_b}\left(\log(\boldsymbol{W}_{ia}\boldsymbol{h}_a)-\log\frac{\boldsymbol{W}_{ia}\boldsymbol{h}_a}{\sum_b\boldsymbol{W}_{ib}\boldsymbol{h}_b}\right)$$

$$=\sum_i(\boldsymbol{x}_i\log\boldsymbol{x}_i-\boldsymbol{x}_i)+\sum_{ia}\boldsymbol{W}_{ia}\boldsymbol{h}_a-\sum_{ia}\boldsymbol{x}_i\frac{\boldsymbol{W}_{ia}\boldsymbol{h}_a}{\sum_b\boldsymbol{W}_{ib}\boldsymbol{h}_b}\log\left(\sum_b\boldsymbol{W}_{ib}\boldsymbol{h}_b\right)$$

$$=\sum_i(\boldsymbol{x}_i\log\boldsymbol{x}_i-\boldsymbol{x}_i)+\sum_{ia}\boldsymbol{W}_{ia}\boldsymbol{h}_a-\sum_{ia}\boldsymbol{x}_i\frac{\boldsymbol{W}_{ia}\boldsymbol{h}_a}{(\boldsymbol{Wh})_i}\log(\boldsymbol{Wh})_i$$

$$=\sum_i(\boldsymbol{x}_i\log\boldsymbol{x}_i-\boldsymbol{x}_i)+\sum_{ia}\boldsymbol{W}_{ia}\boldsymbol{h}_a-\sum_i\sum_a\boldsymbol{x}_i\frac{\boldsymbol{W}_{ia}\boldsymbol{h}_a}{(\boldsymbol{Wh})_i}\log(\boldsymbol{Wh})_i$$

$$=\sum_i(\boldsymbol{x}_i\log\boldsymbol{x}_i-\boldsymbol{x}_i)+\sum_{ia}\boldsymbol{W}_{ia}\boldsymbol{h}_a-\sum_i\boldsymbol{x}_i\log(\boldsymbol{Wh})_i$$

$$=\sum_i\left(\boldsymbol{x}_i\log\frac{\boldsymbol{x}_i}{(\boldsymbol{Wh})_i}\right)-\boldsymbol{x}_i+\sum_a\boldsymbol{W}_{ia}\boldsymbol{h}_a$$

$$=\sum_i\left(\boldsymbol{x}_i\log\frac{\boldsymbol{x}_i}{\sum_a\boldsymbol{W}_{ia}\boldsymbol{h}_a}\right)-\boldsymbol{x}_i+\sum_a\boldsymbol{W}_{ia}\boldsymbol{h}_a$$

$$=F(\boldsymbol{h})$$

当 $\boldsymbol{h}\neq\boldsymbol{h}^t$ 时，运用凸函数 log 函数的性质

$$-\log\sum_a\boldsymbol{W}_{ia}\boldsymbol{h}_a\leqslant-\sum_a\boldsymbol{\alpha}_a\log\frac{\boldsymbol{W}_{ia}\boldsymbol{h}_a}{\boldsymbol{\alpha}_a},\quad\sum_a\boldsymbol{\alpha}_a=1$$

令 $\alpha_a=\dfrac{\boldsymbol{W}_{ia}\boldsymbol{h}_a^t}{\sum_b\boldsymbol{W}_{ib}\boldsymbol{h}_b^t}$,则有

$$-\log\sum_a\boldsymbol{W}_{ia}\boldsymbol{h}_a\leqslant-\sum_a\log\frac{\boldsymbol{W}_{ia}\boldsymbol{h}_a^t}{\boldsymbol{W}_{ib}\boldsymbol{h}_b^t}\log\frac{\boldsymbol{W}_{ia}\boldsymbol{h}_a}{\dfrac{\boldsymbol{W}_{ia}\boldsymbol{h}_a^t}{\sum_b\boldsymbol{W}_{ib}\boldsymbol{h}_b^t}}$$

$$=-\sum_a\frac{\boldsymbol{W}_{ia}\boldsymbol{h}_a^t}{\sum_b\boldsymbol{W}_{ib}\boldsymbol{h}_b^t}\left(\log(\boldsymbol{W}_{ia}\boldsymbol{h}_a)-\log\frac{\boldsymbol{W}_{ia}\boldsymbol{h}_a^t}{\sum_b\boldsymbol{W}_{ib}\boldsymbol{h}_b^t}\right)$$

所以

$$F(\boldsymbol{h})=\sum_i\left(\boldsymbol{x}_i\log\frac{\boldsymbol{x}_i}{\sum_a\boldsymbol{W}_{ia}\boldsymbol{h}_a}\right)-\boldsymbol{x}_i+\sum_a\boldsymbol{W}_{ib}\boldsymbol{h}_a$$

$$=\sum_i\boldsymbol{x}_i\log\boldsymbol{x}_i-\boldsymbol{x}_i\log\left(\sum_a\boldsymbol{W}_{ia}\boldsymbol{h}_a\right)-\boldsymbol{x}_i+\sum_a\boldsymbol{W}_{ia}\boldsymbol{h}_a$$

$$\leqslant\sum_i\boldsymbol{x}_i\log\boldsymbol{x}_i-\boldsymbol{x}_i+\sum_a\boldsymbol{W}_{ia}\boldsymbol{h}_a-\boldsymbol{x}_i\sum_a\frac{\boldsymbol{W}_{ia}\boldsymbol{h}_a^t}{\sum_b\boldsymbol{W}_{ib}\boldsymbol{h}_b^t}\left(\log(\boldsymbol{W}_{ia}\boldsymbol{h}_a)-\log\frac{\boldsymbol{W}_{ia}\boldsymbol{h}_a^t}{\sum_b\boldsymbol{W}_{ib}\boldsymbol{h}_b^t}\right)$$

$$=\sum_i\boldsymbol{x}_i\log\boldsymbol{x}_i-\boldsymbol{x}_i+\sum_{ia}\boldsymbol{W}_{ia}\boldsymbol{h}_a-\sum_{ia}\boldsymbol{x}_i\frac{\boldsymbol{W}_{ia}\boldsymbol{h}_a^t}{\sum_b\boldsymbol{W}_{ib}\boldsymbol{h}_b^t}\left(\log(\boldsymbol{W}_{ia}\boldsymbol{h}_a)-\log\frac{\boldsymbol{W}_{ia}\boldsymbol{h}_a^t}{\sum_b\boldsymbol{W}_{ib}\boldsymbol{h}_b^t}\right)$$

$$=G(\boldsymbol{h},\boldsymbol{h}^t)$$

故函数 $G(\boldsymbol{h},\boldsymbol{h}^t)$是函数 $F(\boldsymbol{h})$的一个辅助函数。证毕。

定理 10.2 的证明：由推论 10.1 可知，只要求出辅助函数 $G(\boldsymbol{h},\boldsymbol{h}^t)$的极小值，就可以获得函数 $F(\boldsymbol{h})$的极小值。为此，对 $G(\boldsymbol{h},\boldsymbol{h}^t)$关于 $\boldsymbol{h}$ 求导，可知

$$
\begin{aligned}
G'(\boldsymbol{h},\boldsymbol{h}^t) &= \frac{\partial G(\boldsymbol{h},\boldsymbol{h}^t)}{\partial \boldsymbol{h}} \\
&= \left[\frac{\partial \sum\limits_i (\boldsymbol{x}_i \log \boldsymbol{x}_i - \boldsymbol{x}_i)}{\partial \boldsymbol{h}_k} + \frac{\partial \sum\limits_{ia} \boldsymbol{W}_{ia}\boldsymbol{h}_a}{\partial \boldsymbol{h}_k} - \frac{\partial \sum\limits_{ia} \boldsymbol{x}_i \dfrac{\boldsymbol{W}_{ia}\boldsymbol{h}_a^t}{\sum\limits_b \boldsymbol{W}_{ib}\boldsymbol{h}_b^t}\left(\log(\boldsymbol{W}_{ia}\boldsymbol{h}_a) - \log \dfrac{\boldsymbol{W}_{ia}\boldsymbol{h}_a^t}{\sum\limits_b \boldsymbol{W}_{ib}\boldsymbol{h}_b^t}\right)}{\partial \boldsymbol{h}_k}\right]_{r\times l} \\
&= \left[0 + \sum_i \boldsymbol{W}_{ik} - \sum_i \sum_a \boldsymbol{x}_i \frac{\boldsymbol{W}_{ia}\boldsymbol{h}_a^t}{\sum\limits_b \boldsymbol{W}_{ib}\boldsymbol{h}_b^t} \frac{1}{\boldsymbol{W}_{ia}\boldsymbol{h}_a} \frac{\partial(\boldsymbol{W}_{ia}\boldsymbol{h}_a)}{\partial \boldsymbol{h}_k} + 0\right]_{r\times l} \\
&= \left[\sum_i \boldsymbol{W}_{ik} - \sum_i \boldsymbol{x}_i \frac{\boldsymbol{W}_{ik}\boldsymbol{h}_k^t}{\sum\limits_b \boldsymbol{W}_{ib}\boldsymbol{h}_b^t} \frac{1}{\boldsymbol{h}_k}\right]_{r\times l}
\end{aligned}
$$

令 $G'(\boldsymbol{h},\boldsymbol{h}^t)=0$，解得

$$
\boldsymbol{h}_k = \frac{\boldsymbol{h}_k^t}{\sum\limits_i \boldsymbol{W}_{ik}} \sum_i \frac{\boldsymbol{x}_i}{\sum\limits_b \boldsymbol{W}_{ib}\boldsymbol{h}_b^t} \boldsymbol{W}_{ik}, \quad k = 1, 2, \cdots, r \tag{10.12}
$$

由此可见，对于权重矩阵 $\boldsymbol{H}$ 的列向量 $\boldsymbol{h}$ 的第 k 个元素的迭代公式是式(10.12)，因此，对于 $\boldsymbol{H}$ 的每个元素来说，就可以得到式(10.6)中矩阵 $\boldsymbol{H}$ 的迭代公式。

利用同样的方法，可以得到式(10.6)中矩阵 $\boldsymbol{W}$ 的迭代公式。证毕。

目前，在许多扩展的 NMF 方法中，其辅助函数的确定大多依照同样的思路进行。特别对于 Kullback-Leibler 散度，更是依靠式(10.11)定义的辅助函数 $G(\boldsymbol{h},\boldsymbol{h}')$，很少创新。

NMF 是一个非常有效的数据处理方法，能够在大规模的矩阵数据中获得其本质信息，找到具有解释功能的内在联系和特征。并且，相对于目前文献中的其他方法，如 PCA、VQ 等来说，它又是比较准确和快速的。NMF 理论蕴涵着巨大的潜能，被广泛应用于以下领域：

(1) 图像处理、分析与识别。图像数据量大，且在计算机中大多以矩阵形式存储，因此利用 NMF 处理此类数据恰到好处。NMF 本身的特点决定了它能够发现图像数据中的本质特征及内在联系，利用这些本质特征，能很好地对图像进行处理、分析和识别。目前，NMF 在人脸检测和识别、图像融合、图像检索、图像分类、图像复原、图像压缩等方面有许多成功的应用。

(2) 文本聚类/数据挖掘。文本数据不仅信息量大，而且一般无固定的结构。但典型的文本数据通常以矩阵形式被计算机处理，数据矩阵具有高维稀疏的特征，因此，对大规模文本信息进行处理分析的另一个障碍便是如何削减原始数据的维数。传统的文本分析方法仅仅是对词进行统计，而不考虑其他的信息。NMF 的特点决定了它能够捕获文本中的语义或相关信息，因而可以认为 NMF 是一种潜在语义模型，能提取潜在的语义。因此，NMF 在文本分析有着许多成功的应用。比如：著名的商业数据库软件 Oracle 第 10 版中专门利用 NMF 算法进行了文本特征的提取和分类。

(3) 语音识别。NMF 成功实现了有效的语音特征提取，有助于音乐的自动分析，也有

助于实现机器的语音自动识别。例如：三菱研究所和麻省理工学院(MIT)合作，利用 NMF 从演奏的复调制音乐中识别出各个曲调，并将它们记录下来。

(4) 机器人控制。机器人通过获得周围环境的图像数据来快速、准确地进行识别。因为这些图像数据是以矩阵的形式存储的，所以利用 NMF 可以控制机器人完成目标识别。

(5) 生物医学工程和化学工程。生物医学工程和化学工程中的数据非常庞大，利用 NMF 可对这些数据进行处理，然后在此基础上进行分析研究，从而提高效率。例如：NMF 可用于选择药物成分、发现新药物。

10.3 改进型 NMF 模型

为了便于介绍改进型 NMF 模型，首先给出奇异值分解(Singular Value Decomposition, SVD)[27, 28]的相关结论。

定理 10.3　设 $A\in C_r^{m\times n}(r>0)$，则存在 m 阶酉矩阵 $\boldsymbol{U}$ 和 n 阶酉矩阵 $\boldsymbol{V}$，使得

$$\boldsymbol{A}=\boldsymbol{U}\begin{bmatrix}\Sigma & 0\\ 0 & 0\end{bmatrix}\boldsymbol{V}^{\mathrm{T}} \tag{10.13}$$

式中，$\Sigma=\operatorname{diag}(\sigma_1, \sigma_2, \cdots, \sigma_r)$。

推论 10.4　σ_i称为矩阵 $\boldsymbol{A}$ 的全部非零正奇异值，且 $i=1, 2, \cdots, r$，$\sigma_1\geqslant\sigma_2\geqslant\cdots\geqslant\sigma_r$。

推论 10.5　$\boldsymbol{A}$ 的奇异值由 $\boldsymbol{A}$ 唯一确定，但酉矩阵 $\boldsymbol{U}$、$\boldsymbol{V}$ 一般不是唯一的，相应地，矩阵 $\boldsymbol{A}$ 的奇异值分解式一般也不唯一。

推论 10.6　矩阵 $\boldsymbol{A}$ 的非零奇异值个数 r 与秩 $\operatorname{rank}(\boldsymbol{A})$相等，$\operatorname{rank}(\boldsymbol{A})\leqslant\min(m, n)$。

根据推论 10.4，可以将原矩阵 $\boldsymbol{A}$ 进行改写：

$$\begin{aligned}\boldsymbol{A}&=\sum_{i=1}^{r}\sigma_i\boldsymbol{u}_i\boldsymbol{v}_i^{\mathrm{T}}\\ &=\sum_{i=1}^{r}\boldsymbol{u}_i\boldsymbol{\sigma}_i\boldsymbol{v}_i^{\mathrm{T}}\\ &=\sum_{i=1}^{r}\sqrt{\sigma_i}\boldsymbol{u}_i(\sqrt{\sigma_i}\boldsymbol{v}_i)^{\mathrm{T}}\\ &=(\sqrt{\sigma_1}\boldsymbol{u}_1)(\sqrt{\sigma_1}\boldsymbol{v}_1)^{\mathrm{T}}+(\sqrt{\sigma_2}\boldsymbol{u}_2)(\sqrt{\sigma_2}\boldsymbol{v}_2)^{\mathrm{T}}+\cdots+(\sqrt{\sigma_r}\boldsymbol{u}_r)(\sqrt{\sigma_r}\boldsymbol{v}_r)^{\mathrm{T}}\\ &=(\sqrt{\sigma_1}\boldsymbol{u}_1, \sqrt{\sigma_2}\boldsymbol{u}_2, \cdots, \sqrt{\sigma_r}\boldsymbol{u}_r)\cdot((\sqrt{\sigma_1}\boldsymbol{v}_1)^{\mathrm{T}}, (\sqrt{\sigma_2}\boldsymbol{v}_2)^{\mathrm{T}}, \cdots, (\sqrt{\sigma_r}\boldsymbol{v}_r)^{\mathrm{T}})^{\mathrm{T}}\end{aligned} \tag{10.14}$$

式中，矩阵 $\boldsymbol{U}$ 中的每一个列向量$\sqrt{\sigma_i}\boldsymbol{u}_i$均为 $m\times1$ 的矩阵，而矩阵 $\boldsymbol{V}$ 中的列向量 $\boldsymbol{v}_i$与对应奇异值平方根$\sqrt{\sigma_i}$乘积转置后行向量$\sqrt{\sigma_i}\boldsymbol{v}_i$均为 $1\times n$ 的矩阵，因此，若令矩阵 $\boldsymbol{B}$、$\boldsymbol{C}$ 分别囊括上述列向量与行向量，则式(10.14)可进一步改写为

$$\boldsymbol{A}_{m\times n}=\boldsymbol{B}_{m\times r}\boldsymbol{C}_{r\times n} \tag{10.15}$$

可以发现，式(10.15)与经典 NMF 算法式(10.1)具有以下相似之处：① 任一矩阵通过这两种算法必能整理成两个较低维矩阵的乘积形式；② 两种算法得到的两个较低维矩阵通常均不唯一。然而，二者也存在根本不同，即 SVD 算法得到的两个较低维矩阵的任意

度较大，而 NMF 则对两个低维矩阵增加了非负性限制。因此，可以从非负性角度入手来寻求两种算法之间的某种内在联系。对式(10.14)做进一步处理：

$$\begin{aligned}\boldsymbol{A} &= \sqrt{\sigma_1}\boldsymbol{u}_1(\sqrt{\sigma_1}\boldsymbol{v}_1)^{\mathrm{T}} + \cdots + \sqrt{\sigma_k}\boldsymbol{u}_k(\sqrt{\sigma_k}\boldsymbol{v}_k)^{\mathrm{T}} + \cdots + \sqrt{\sigma_r}\boldsymbol{u}_r(\sqrt{\sigma_r}\boldsymbol{v}_r)^{\mathrm{T}} \\ &= \boldsymbol{A}_1 + \cdots + \boldsymbol{A}_k + \cdots + \boldsymbol{A}_r\end{aligned} \tag{10.16}$$

式中，$1 \leqslant k \leqslant r$。式(10.16)表明任一矩阵总能整理成若干个等维非零分矩阵之和的形式，每一个分矩阵分别对应原矩阵的一个非零奇异值，分矩阵的个数与非零奇异值的个数相等。受文献[29]的启发，每一个分矩阵又可处理为

$$\begin{aligned}&\boldsymbol{A}_k = \boldsymbol{A}_k^{+} - \boldsymbol{A}_k^{-} \\ &\boldsymbol{A}_k^{+}(i,j) = \begin{cases}\boldsymbol{A}_k(i,j), & \boldsymbol{A}_k(i,j) \geqslant 0 \\ 0, & \text{其他}\end{cases} \\ &\boldsymbol{A}_k^{-}(i,j) = \begin{cases}0, & \boldsymbol{A}_k(i,j) \geqslant 0 \\ -\boldsymbol{A}_k(i,j), & \text{其他}\end{cases}\end{aligned} \tag{10.17}$$

式中，$1 \leqslant i \leqslant m$，$1 \leqslant j \leqslant n$。

式(10.17)将每个非零分矩阵分别转化为一个构造正矩阵与一个构造负矩阵之差，且这两个构造矩阵均为非负矩阵。下面从列向量角度对式(10.17)做进一步改写：

$$\begin{aligned}\boldsymbol{A}_k &= (\sqrt{\sigma_k}\boldsymbol{u}_k)(\sqrt{\sigma_k}\boldsymbol{v}_k)^{\mathrm{T}} \\ &= [(\sqrt{\sigma_k}\boldsymbol{u}_k)^{+} - (\sqrt{\sigma_k}\boldsymbol{u}_k)^{-}][(\sqrt{\sigma_k}\boldsymbol{v}_k)^{+} - (\sqrt{\sigma_k}\boldsymbol{v}_k)^{-}]^{\mathrm{T}} \\ &= [(\sqrt{\sigma_k}\boldsymbol{u}_k)^{+}((\sqrt{\sigma_k}\boldsymbol{v}_k)^{+})^{\mathrm{T}} + (\sqrt{\sigma_k}\boldsymbol{u}_k)^{-}((\sqrt{\sigma_k}\boldsymbol{v}_k)^{-})^{\mathrm{T}}] \\ &\quad - [(\sqrt{\sigma_k}\boldsymbol{u}_k)^{+}((\sqrt{\sigma_k}\boldsymbol{v}_k)^{-})^{\mathrm{T}} + (\sqrt{\sigma_k}\boldsymbol{u}_k)^{-}((\sqrt{\sigma_k}\boldsymbol{v}_k)^{+})^{\mathrm{T}}] \\ &= [(\sqrt{\sigma_k}\boldsymbol{u}_k^{+})(\sqrt{\sigma_k}\boldsymbol{v}_k^{+})^{\mathrm{T}} + (\sqrt{\sigma_k}\boldsymbol{u}_k^{-})(\sqrt{\sigma_k}\boldsymbol{v}_k^{-})^{\mathrm{T}}] \\ &\quad - [(\sqrt{\sigma_k}\boldsymbol{u}_k^{+})(\sqrt{\sigma_k}\boldsymbol{v}_k^{-})^{\mathrm{T}} + (\sqrt{\sigma_k}\boldsymbol{u}_k^{-})(\sqrt{\sigma_k}\boldsymbol{v}_k^{+})^{\mathrm{T}}]\end{aligned} \tag{10.18}$$

式(10.18)将非零分矩阵 $\boldsymbol{A}_k$ 构造成两个非负矩阵之差，为便于后续表示，记作：

$$\boldsymbol{A}_k^{+} = [(\sqrt{\sigma_k}\boldsymbol{u}_k)^{+}((\sqrt{\sigma_k}\boldsymbol{v}_k)^{+})^{\mathrm{T}} + (\sqrt{\sigma_k}\boldsymbol{u}_k)^{-}((\sqrt{\sigma_k}\boldsymbol{v}_k)^{-})^{\mathrm{T}}] \tag{10.19}$$

$$\boldsymbol{A}_k^{-} = [(\sqrt{\sigma_k}\boldsymbol{u}_k)^{+}((\sqrt{\sigma_k}\boldsymbol{v}_k)^{-})^{\mathrm{T}} + (\sqrt{\sigma_k}\boldsymbol{u}_k)^{-}((\sqrt{\sigma_k}\boldsymbol{v}_k)^{+})^{\mathrm{T}}] \tag{10.20}$$

需要说明的是，在图像融合领域内采用 NMF 方法通常只考虑 $r=1$ 的特殊情况，因为此时通过迭代算法可以得到唯一的一个特征基，该特征基包含有原始数据矩阵中的完整特征，文献[23]证明了上述结论。此外，从 SVD 角度分析，作为最大奇异值的 σ_1 及其对应的左右特征列向量 $\boldsymbol{u}_1$、$\boldsymbol{v}_1$ 包含了原始矩阵 $\boldsymbol{A}$ 中的主要特征，因而，在图像融合过程中可近似地只对非零分矩阵 $\boldsymbol{A}_1$ 进行考虑，于是有

$$\begin{aligned}\boldsymbol{A}_1 &= [(\sqrt{\sigma_1}\boldsymbol{u}_1)^{+}((\sqrt{\sigma_1}\boldsymbol{v}_1)^{+})^{\mathrm{T}} + (\sqrt{\sigma_1}\boldsymbol{u}_1)^{-}((\sqrt{\sigma_1}\boldsymbol{v}_1)^{-})^{\mathrm{T}}] \\ &\quad - [(\sqrt{\sigma_1}\boldsymbol{u}_1)^{+}((\sqrt{\sigma_1}\boldsymbol{v}_1)^{-})^{\mathrm{T}} + (\sqrt{\sigma_1}\boldsymbol{u}_1)^{-}((\sqrt{\sigma_1}\boldsymbol{v}_1)^{+})^{\mathrm{T}}] \\ &= [(\sqrt{\sigma_1}\boldsymbol{u}_1^{+})(\sqrt{\sigma_1}\boldsymbol{v}_1^{+})^{\mathrm{T}} + (\sqrt{\sigma_1}\boldsymbol{u}_1^{-})(\sqrt{\sigma_1}\boldsymbol{v}_1^{-})^{\mathrm{T}}] \\ &\quad - [(\sqrt{\sigma_1}\boldsymbol{u}_1^{+})(\sqrt{\sigma_1}\boldsymbol{v}_1^{-})^{\mathrm{T}} + (\sqrt{\sigma_1}\boldsymbol{u}_1^{-})(\sqrt{\sigma_1}\boldsymbol{v}_1^{+})^{\mathrm{T}}] \\ &= \boldsymbol{A}_1^{+} - \boldsymbol{A}_1^{-}\end{aligned} \tag{10.21}$$

$$\boldsymbol{A}_1^{+} = [(\sqrt{\sigma_1}\boldsymbol{u}_1^{+})(\sqrt{\sigma_1}\boldsymbol{v}_1^{+})^{\mathrm{T}} + (\sqrt{\sigma_1}\boldsymbol{u}_1^{-})(\sqrt{\sigma_1}\boldsymbol{v}_1^{-})^{\mathrm{T}}] \tag{10.22}$$

由于图像像素的灰度值总是非负的，这决定了构造正矩阵 $\boldsymbol{A}_r^{+}$ 包含有原非零分矩阵中

的绝大部分能量和全局特征，这一点启发笔者将构造正矩阵 $\boldsymbol{A}_r^+$ 用于近似代替原非零分矩阵$\boldsymbol{A}_r$。

综上所述，在图像融合处理过程中，我们可以借助 SVD 算法对经典 NMF 问题作出改进，将对原始若干幅图像矩阵 $\boldsymbol{A}$ 的研究问题简化为对 $\boldsymbol{A}_1^+$ 的研究，并通过分析列向量 $\boldsymbol{u}_1$、$\boldsymbol{v}_1$ 自适应地确定 NMF 模型中初始矩阵向量 $\boldsymbol{W}$、$\boldsymbol{H}$ 的数值。

10.4　改进型 NMF 模型的参数确定

通过对 SVD 与 NMF 算法的深入研究可以得知，在图像融合领域，这两种算法可以有机地结合起来，将传统的 $\boldsymbol{W}$、$\boldsymbol{H}$ 初始值问题转化为对 SVD 算法中相应列向量 $\boldsymbol{u}_1$、$\boldsymbol{v}_1$ 的分析研究。具体步骤如下：

(1) 分别计算列向量 $\boldsymbol{u}_1^+$、$\boldsymbol{u}_1^-$、$\boldsymbol{v}_1^+$、$\boldsymbol{v}_1^-$ 的 1—范数，并记为 $\|\boldsymbol{u}_1^+\|$、$\|\boldsymbol{u}_1^-\|$、$\|\boldsymbol{v}_1^+\|$、$\|\boldsymbol{v}_1^-\|$。若有范数值为 0，则将其加上一个极小的正数 eps。

(2) 对列向量 $\boldsymbol{u}_1^+$、$\boldsymbol{u}_1^-$、$\boldsymbol{v}_1^+$、$\boldsymbol{v}_1^-$ 分别除以各自的 1—范数 $\|\boldsymbol{u}_1^+\|$、$\|\boldsymbol{u}_1^-\|$、$\|\boldsymbol{v}_1^+\|$、$\|\boldsymbol{v}_1^-\|$，进行归一化处理，以有效避免矩阵分解中的 Scaling 问题，并分别记为$(\boldsymbol{u}_1^+)_{\text{norm}}$、$(\boldsymbol{u}_1^-)_{\text{norm}}$、$(\boldsymbol{v}_1^+)_{\text{norm}}$、$(\boldsymbol{v}_1^-)_{\text{norm}}$。

(3) 分别计算出列向量 $\boldsymbol{u}_1^+$、$\boldsymbol{v}_1^+$ 的范数考量系数 $\text{var}^+=\text{sqrt}(\|\boldsymbol{u}_1^+\|\cdot\|\boldsymbol{v}_1^+\|)$以及 $\boldsymbol{u}_1^-$、$\boldsymbol{v}_1^-$ 的范数考量系数 $\text{var}^-=\text{sqrt}(\|\boldsymbol{u}_1^-\|\cdot\|\boldsymbol{v}_1^-\|)$，使它们以满足式(10.22)。

(4) 比较两个范数考量系数 var^+、var^-，若 $\text{var}^+\geqslant\text{var}^-$，则取 var^+、$\boldsymbol{u}_1^+$、$\boldsymbol{v}_1^+$ 作为最终确定 $\boldsymbol{W}$、$\boldsymbol{H}$ 的向量因子；反之，则取 var^-、$\boldsymbol{u}_1^-$、$\boldsymbol{v}_1^-$ 作为最终确定 $\boldsymbol{W}$、$\boldsymbol{H}$ 的向量因子。

实施该步骤的原因在于较大的范数考量系数 var^* 对应列向量 $\boldsymbol{u}_1^*$、$\boldsymbol{v}_1^*$ 的能量也较大，能较大程度地反映 $\boldsymbol{A}_1^+$ 的总体特征，此时，式(10.22)可改写为

$$\boldsymbol{A}_1^+=(\sqrt{\sigma_1}\,\text{var}^*\,\boldsymbol{u}_1^*)(\sqrt{\sigma_1}\,\text{var}^*\,\boldsymbol{v}_1^*)^{\text{T}} \tag{10.23}$$

(5) 对向量 $\boldsymbol{W}$、$\boldsymbol{H}$ 进行初始赋值，即

$$\begin{cases}\boldsymbol{W}_1=(\sqrt{\sigma_1}\,\text{var}^*\,\boldsymbol{u}_1^*)\\ \boldsymbol{H}_1=(\sqrt{\sigma_1}\,\text{var}^*\,\boldsymbol{v}_1^*)^{\text{T}}\end{cases} \tag{10.24}$$

(6) 计算行向量 $\boldsymbol{H}_1$的 1—范数 $\|\boldsymbol{H}_1\|$。

(7) 对行向量 $\boldsymbol{H}_1$做归一化处理，向量 $\boldsymbol{W}$、$\boldsymbol{H}$ 进行最终赋值，即

$$\begin{cases}\boldsymbol{W}=\boldsymbol{W}_1\cdot\|\boldsymbol{H}_1\|\\ \boldsymbol{H}=\dfrac{\boldsymbol{H}_1}{\|\boldsymbol{H}_1\|}\end{cases} \tag{10.25}$$

文献[29]对 NMF 问题的 $\boldsymbol{W}$、$\boldsymbol{H}$ 初始值问题也进行了深入研究，并给出了相应算法。和本章算法不同的是，文献[29]将(5)得出的 $\boldsymbol{W}_1$、$\boldsymbol{H}_1$ 作为最终的 $\boldsymbol{W}$、$\boldsymbol{H}$ 值。我们知道 NMF 问题的 $\boldsymbol{W}$、$\boldsymbol{H}$ 初始化是极为关键的一步，较理想的初始化值往往可使算法快速迭代至最优状态，而相反情况则可能导致算法进行较多次的迭代，而且极易收敛到一个较差的状态。文献[29]虽然对 $\boldsymbol{W}$、$\boldsymbol{H}$ 值进行了初始化赋值，但由于没有充分考虑图像融合问题的实际特

点，因此给出的 $\boldsymbol{W}$ 初始值通常不仅严重偏离最优解，而且无法迭代到一个较为满意的结果。

10.5　基于 NSCT 域改进型 NMF 的图像融合方法

本章综合线性代数知识中的奇异值矩阵 SVD 思想，对经典 NMF 模型进行了改进，改进后的模型不仅可以自适应地确定参数 $\boldsymbol{W}$ 与 $\boldsymbol{H}$ 的值，而且克服了以往文献中 $\boldsymbol{W}$ 与 $\boldsymbol{H}$ 初始值的随机性，从而为算法收敛指明了方向，大大提升了算法运行效率。本节将 NSCT 与改进型 NMF 模型结合引入到图像融合领域中。经 NSCT 分解后的低频子带图像是人眼对图像内容进行感知的主要内容，它对应一个非负矩阵；而高频子带则包含图像的大量细节信息，绝对值较大的系数对应着某方向区间上的显著特征，可以很好地反映图像的结构信息，通常情况下这些高频子带图像对应的不是非负矩阵。本节以两幅已经过严格配准的源图像的融合过程为例，提出了基于 NSCT 域改进型 NMF 模型的图像融合方法。该算法对低频子带图像采用改进型 NMF 模型进行融合，对高频子带图像则借鉴第 4 章中的 AUFLPCNN模型进行融合处理，具体步骤如下：

输入：已经过严格配准的源图像 A 和 B。

输出：经 NSCT 域改进型 NMF 模型处理后的融合图像 F。

步骤如下：

(1) 采用 NSCT 对源图像 A 和 B 分别进行多尺度和多方向分解，得到各自的低频子带系数$\{A_K^0, B_K^0\}$和高频子带系数$\{A^{l_k}, B^{l_k}\}$。其中，K 为 NSCT 分解尺度数，l_k为 k 尺度下的方向分解级数，$1\leqslant k\leqslant K$。

(2) 利用改进型 NMF 模型对源图像 A 和 B 的低频子带系数加以选择。

① 将两幅源图像的低频子带图像矩阵分别按行优先的形式整理为只有一列列向量的形式，即 A_K^0_reshape 和 B_K^0_reshape。

② 对①中的两个列向量进行整合，记为 C_K^0，整合后的矩阵向量只有两列，且 $\boldsymbol{C}_K^0=(\boldsymbol{A}_K^0$_reshape，$\boldsymbol{B}_K^0$_reshape)。

③ 利用 10.4 节中的步骤确定参数向量 $\boldsymbol{W}$、$\boldsymbol{H}$。

④ 迭代若干次后将欧氏距离平方最小值所对应的 $\boldsymbol{W}$ 进行重置变换作为源图像的低频融合图像 fuse_low。

需要说明的是，由于通常所处理的灰度图像均为 256 级灰度，因此，若 $\boldsymbol{W}$ 中像素灰度值超出区间[0，255]的范围，则必须对其进行对比度调整，确保所有像素点的灰度值均处于区间范围内。

(3) 利用第 9 章提出的 AUFLPCNN 模型对源图像 A 和 B 的高频子带系数加以选择，得到各尺度各方向下的高频融合图像 fuse_high^{l_k}。

(4) 对第(2)项的④和第(3)项中的融合系数进行 NSCT 逆变换，以获得最终融合图像 F。

10.6　实验结果与分析

为了验证文中融合方法的有效性，本节将利用 Matlab7.1 软件分别对三组不同类型的源图像进行图像融合仿真实验，每组图像均为已配准的 256 级灰度图像。

以下 5 种经典融合方法将被用于同本章算法进行融合效果比较：基于 PCNN 的融合方法(方法 1)、基于 NSCT 的融合方法(方法 2)、基于 AUFLPCNN 模型的融合方法(方法 3)、基于经典 NMF 的融合方法(方法 4)、基于加权 NMF 的融合方法(方法 5)[30]。其中，方法 1 中各个参数设定为：$\alpha_F=+\infty$，$\alpha_L=1.0$，$\alpha_\theta=0.2$，$V_F=0.5$，$V_L=0.5$，$V_\theta=20$，$\boldsymbol{W}=\boldsymbol{M}=[0.707\ 1\ 0.707;\ 1\ 0\ 1;\ 0.707\ 1\ 0.707]$，$\beta$ 值均取常数 0.2，迭代次数为 50，融合系数选择均由 PCNN 神经元点火次数决定；方法 2、方法 3 中所有 NSCT 多尺度分解级数均定为 3 级，按照由“细”至“粗”的分辨率层，方向分解级数依次为 4、3、2，邻域大小尺寸均取 3×3，其中，方法 2 中采用简单的低频系数取平均，高频子带系数模值取大的融合规则，方法 3 参数设置同 9.2.5.1 节；方法 4、方法 5 中的迭代次数均设为 50，方法 5 中的权值取(0.5，0.5)。此外，由于参数 $\boldsymbol{W}$、$\boldsymbol{H}$ 的随机取值会对最终融合效果造成较大影响，因此本节将取 3 次仿真中信息熵值最大的融合图像作为方法 4、方法 5 的最终仿真结果。

对于融合图像的融合效果可以采用主观评价的方式进行，但由于主观评价往往容易受到评价者视觉特性、心理状态等因素的影响，因而本节将采用 IE、SD 和 AG 作为图像融合效果的评价标准。

10.6.1　多聚焦图像融合实验

本节选取两幅常用的 Clock 图像作为待融合源图像，图像大小均为 512×512 像素。其中，图 10.1(a)聚焦在右侧的闹钟上，右侧的闹钟轮廓清晰，而左侧的闹钟轮廓则较为模糊；图 10.1(b)聚焦在左侧的闹钟上，左侧的闹钟轮廓清晰，而右侧的闹钟图像较为模糊。显然，这两幅多聚焦图像包含有大量的互补信息，如何尽可能地将二者的清晰区域加以结合就是本实验的重点目标。采用包括本章算法在内的 6 种方法对其进行图像融合，其中，方法 4 对应的随机 $\boldsymbol{H}$ 向量值为[0.6929，0.2343]，方法 5 对应的随机 $\boldsymbol{H}$ 向量值为[0.5183，0.1053]，仿真结果如图 10.1(c)～(h)所示。

(a) 右聚焦源图像

(b) 左聚焦源图像

(c) 方法1融合图像

(d) 方法2融合图像

(e) 方法3融合图像

(f) 方法4融合图像

(g) 方法5融合图像

(h) 本章方法融合图像

图 10.1　多聚焦源图像融合效果图

从直观角度看，上述 6 种方法不仅较好地保持了两幅源图像的重要信息，而且还对原多聚焦图像进行了较好的融合，源图像中的相关离焦区域也在一定程度上变得清晰。然而仔细比较后发现，方法 1、方法 2 和方法 3 得到的融合图像整体亮度较差，其中，方法 1 亮度效果最差，图中两个闹钟的指数均显得非常模糊；而以 NMF 理论为基础的方法 4、方法 5 和本章方法的融合效果图整体效果较好，同方法 4、方法 5 相比，本章方法效果图中虽然右侧闹钟清晰度略差，但在图像整体亮度效果以及左侧闹钟聚焦处理上表现较好。直观效果在客观评价指标数据中也得到了验证，表 10.1 比较了这 6 种融合方法的客观评价测度值。

表 10.1　6 种方法的多聚焦源图像融合性能比较

	方法 1	方法 2	方法 3	方法 4	方法 5	本章方法
IE	6.9672	7.0254	7.0407	7.3307	7.3197	7.6115
SD	26.702	27.622	26.721	34.828	34.843	39.799
AG	2.9601	3.8811	4.0134	3.7981	3.9485	4.2013

表 10.1 中的数据充分显示了本章方法在保护图像细节和融合图像信息两方面的优势，三项指标值均为最优。在 IE 指标上，以 NMF 理论为基础的方法 4、方法 5 以及本章算法均有较大的取值，即使表现最差的方法 5，其 IE 值也高出方法 3 近 4%，本章方法更是比方法 3 超出了 8%以上，表明本章方法融合图像拥有较丰富的图像信息；在 SD 指标上，后三种方法明显优于前三者，本章方法对应指标值近 40，超出方法 5 指标值 14%，表明本章方法融合图像具有较大的图像反差；在 AG 指标上，方法 1 融合图像的对应值最小，这与对图 10.1(c)的直观效果相符，其他 5 种方法的指标值大致相当，其中本章方法指标值最高，表明本章方法可以获得较为清晰的多聚焦融合图像。

10.6.2　医学图像融合实验

图 10.2(a)、(b)分别是医学 CT 图像和 MRI 图像，二者各有其不同特征，图像大小为 256×256 像素。其中，CT 图像亮度与组织密度有关，骨骼在 CT 图像中亮度高，而一些软组织在 CT 图像中却无法得到反映；MRI 图像亮度与组织中的氢原子等数量有关，软组织在该类图像中亮度较高，而骨骼信息则无法显示。将包括本章方法在内的 6 种融合方法应用于图像融合，其中，方法 4 对应的随机 ***H*** 向量值为[0.8395，0.4721]，方法 5 对应的随机 ***H*** 向量值为[0.9995，0.1715]，效果图分别如图 10.2(c)～(h)所示。

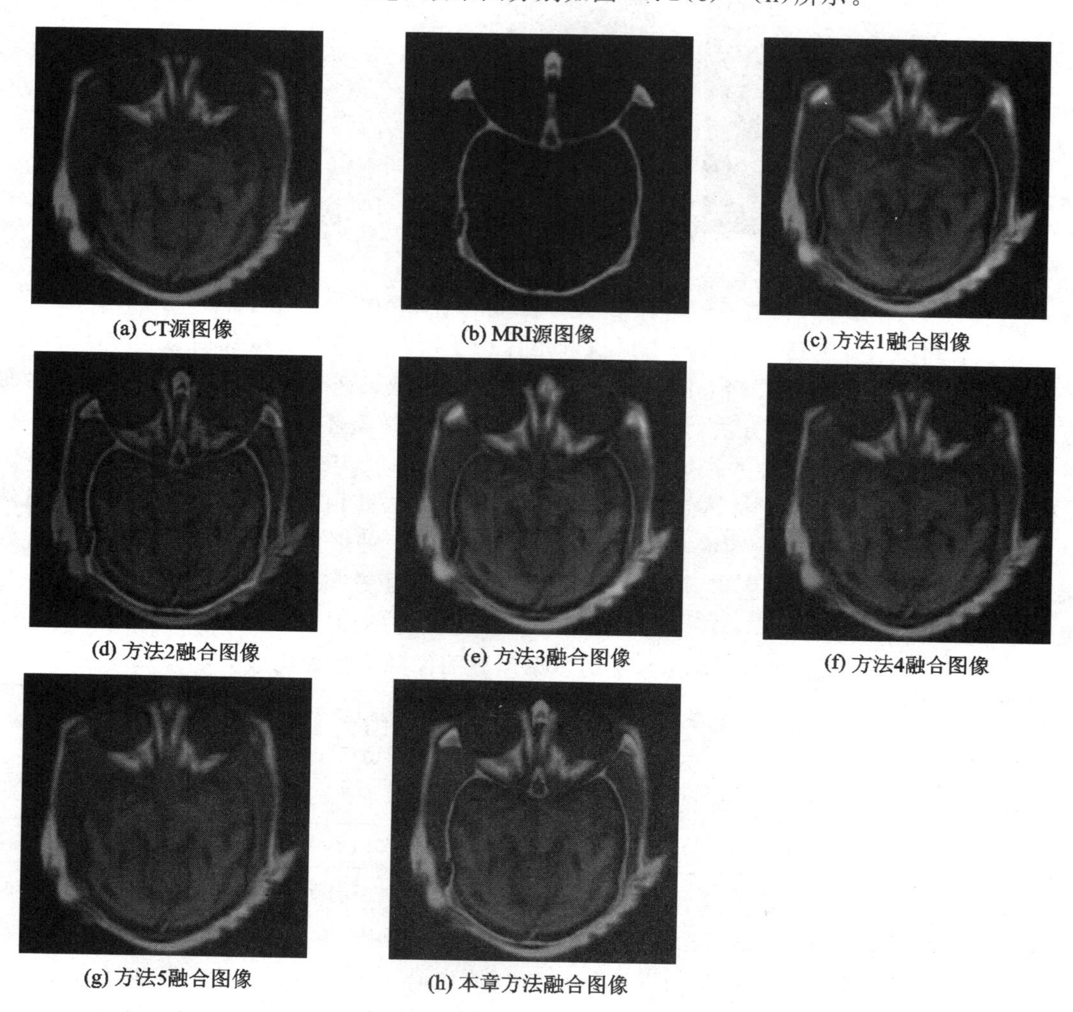

图 10.2　医学源图像融合效果图

直观分析图 10.2 可以看出，方法 4、方法 5 的融合效果较差，MRI 源图像中的信息并未得到充分显著的描述；方法 1、方法 3 的融合图像虽较好地对两幅源图像进行了融合，但图像外部轮廓较为模糊；方法 2 虽具有比较清晰的外围主要轮廓，但图像整体亮度较差，轮廓内的图像中间部分未能得到充分描述，总体效果不佳；而本章方法的融合图像不仅具备清晰的外围轮廓，而且 CT 图像的轮廓内信息也得到较好的保留和增强，图像整体亮度合理。6 种融合方法的客观评价指标如表 10.2 所示。

表 10.2　6 种方法的医学源图像融合性能比较

	方法 1	方法 2	方法 3	方法 4	方法 5	本章方法
IE	5.8012	5.4431	5.9649	5.7698	5.7552	6.2440
SD	28.125	19.235	26.981	25.768	25.884	30.708
AG	4.7947	4.4427	4.3091	3.8059	3.8151	5.0430

在 IE、SD、AG 三项指标上，本章方法的融合效果均为最优，其分别超出对应次优指标值 5%、9%、5%，表明本章方法融合图像具有较丰富的图像信息、较大的图像亮度反差以及较清晰的图像纹理。方法 2、方法 4 的 IE 指标值较低，表明相应的融合图像包含的信息量较少，与直观观察效果相符；方法 2 的 SD 值最低，表明融合图像亮度较暗；方法 4、方法 5 的 AG 值较低，表明对应的融合图像清晰度较差。由此可见，客观评价指标结果与直观观察结果基本一致。

10.6.3　灰度可见光与红外图像融合实验

图 10.3(a)、(b)分别来源于荷兰 TNO Human Factors Research Institute 提供的“UN Camp”灰度可见光源图像和红外源图像，图像大小均为 270×360 像素。其中，灰度可见光图像背景信息清晰，但热辐源射信息无法感知；红外源图像突出了热辐射源信息，但对背景信息的表达能力较弱。显然，上述两类图像包含了大量的互补信息。将 6 种融合方法应用于图像融合，其中，方法 4 对应的随机 $\boldsymbol{H}$ 向量值为[0.7778, 0.2562]，方法 5 对应的随机 $\boldsymbol{H}$ 向量值为[0.3129, 0.7940]，效果图分别如图 10.3(c)～(h)所示。

上述 6 种方法对两幅源图像均进行了有效融合，不仅保留了主要轮廓信息，而且还将源图像中的边缘细节信息做了较好的互补融合。进一步仔细对比发现，方法 2 的融合图像较其余方法整体亮度效果最差；方法 4、方法 5 的融合图像的细节信息比较模糊，譬如左侧的第 1、2 根栏杆以及房屋平台的棱角等边缘信息均不很清楚，近似地，方法 1 的近处树枝

(a) 灰度可见光源图像

(b) 红外源图像

(c) 方法1融合图像

(d) 方法2融合图像

(e) 方法3融合图像

(f) 方法4融合图像

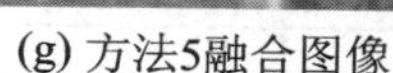

(g) 方法5融合图像

(h) 本章方法融合图像

图 10.3　灰度可见光与红外图像融合效果图

细节信息尤其是图片左下角也很模糊；方法 3 同本章方法有着较为相似的融合效果，但在图片中人的清晰程度以及图像整体亮度效果上，本章方法略优于方法 3。表 10.3 比较了 6 种融合方法的客观评价结果。

表 10.3　6 种方法的灰度可见光与红外源图像融合性能比较

	方法 1	方法 2	方法 3	方法 4	方法 5	本章方法
IE	6.7511	6.4192	6.8631	6.4809	6.5584	6.9086
SD	23.791	20.664	24.515	22.159	20.322	25.128
AG	6.3102	6.2447	6.3484	5.7562	6.4903	6.6901Z

IE 指标中，本章方法的指标值最优，方法 2 的指标值最低，数值越低表明融合图像信息量越为缺乏；SD 指标中，本章方法的 SD 指标值最优，方法 3 指标值与其较为接近，处于次优，这些都与上述直观分析结果接近；AG 指标中，本章方法指标值最优，方法 4 指标值最低，数值越低表明融合图像的清晰度越差，这也与观察结果相符。

10.6.4　实验结果讨论

1. 实验中几种 NMF 方法的比较

通过对三组不同性质图像的融合仿真实验，可以看出本章方法在性能上要优于其他几种方法。然而，需要指出的是，由于方法 4、方法 5 的 $\boldsymbol{W}$、$\boldsymbol{H}$ 初始值采取了随机化设置并对最终指标值有直接影响，因此尽管在上述三组仿真实验中基于 NMF 理论的方法 4、方法 5 融合效果一般，但并不代表采用上述两种方法就无法取得较好的融合效果。本节将从初始值设置及迭代次数的角度出发对方法 4、方法 5 以及本章方法作进一步深入分析。具体实施步骤如下：

(1) 分别以三组实验中方法 4、方法 5 对应的 $\boldsymbol{H}$ 向量值为基点，在区间[0，1]范围内，固定 $\boldsymbol{H}$ 向量第一个元素，以 0.1 为步长分别对第二个元素进行处理，从而产生新的 $\boldsymbol{H}$ 向量。

(2) 将各个新产生的 $\boldsymbol{H}$ 向量用于迭代，并记录迭代次数及对应的 IE 值。

(3) 以 IE 值最大的 $\boldsymbol{H}$ 向量值为基点，固定 $\boldsymbol{H}$ 向量第二个元素，仍以 0.1 为步长对第一个元素进行处理，从而产生新的 $\boldsymbol{H}$ 向量。

(4) 将各个新产生的 $\boldsymbol{H}$ 向量用于迭代，并记录迭代次数及对应的 IE 值。

(5) 记录最大 IE 值。

以第一组仿真实验中的方法 4 为例，其对应的初始 $\boldsymbol{H}$ 向量值为[0.6929，0.2343]，以 0.1 为步长分别对第二个元素进行处理，从而产生一系列新的 $\boldsymbol{H}$ 向量：[0.6929，0.0343]，…，[0.6929，0.9343]，记录各个向量对应的迭代次数和 IE 值，其中，[0.6929，0.5343]对应的最大 IE 值为 7.3469；然后固定 **H** 向量的第二个元素 0.5343，仍以 0.1 为步长对第一个元素进行处理，产生[0.0929，0.5343]，…，[0.9929，0.5343]，记录各个向量对应的迭代次数和 IE 值，得到最终的最大 IE 值 7.3469。

以元素递增顺序比较方法 4、方法 5 及本章方法在三组仿真实验中的迭代次数，如图 10.4～图 10.6 所示。明显地，同方法 4、方法 5 比较，本章方法在迭代次数上占有很大的优势，具备较高的算法效率，且在三组融合仿真实验中本章方法均可在迭代一次的情况下迅速得出较为满意的融合结果；而方法 4、方法 5 却需要迭代数次才有可能收敛，且融合结果在很大程度上取决于 **W**、**H** 初始值的设置。方法 4、方法 5 在三组仿真实验中的最大 IE 值及对应向量 **H** 如表 10.4 所示。

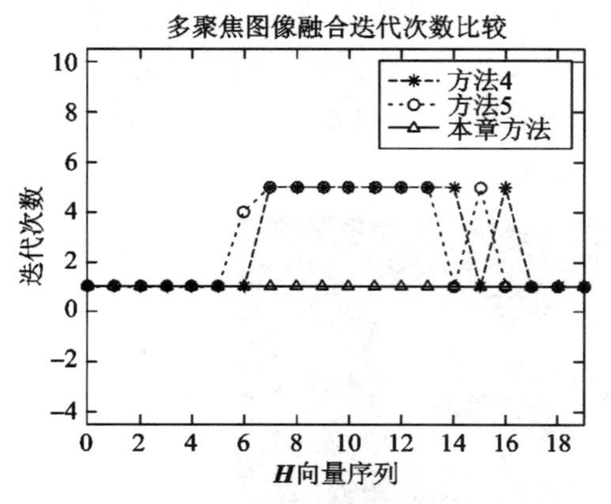

图 10.4　多聚焦图像融合迭代次数比较

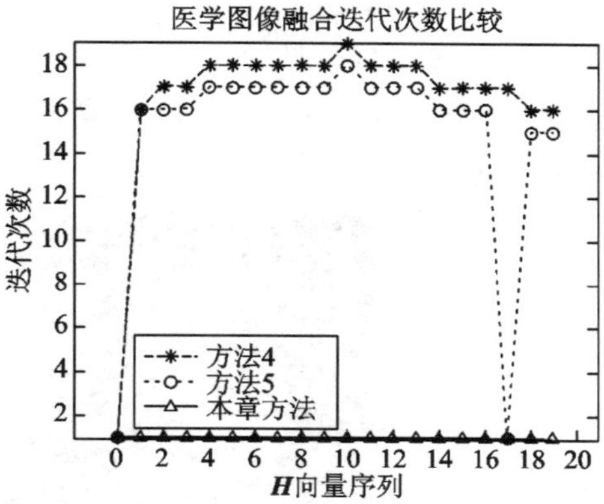

图 10.5　医学图像融合迭代次数比较

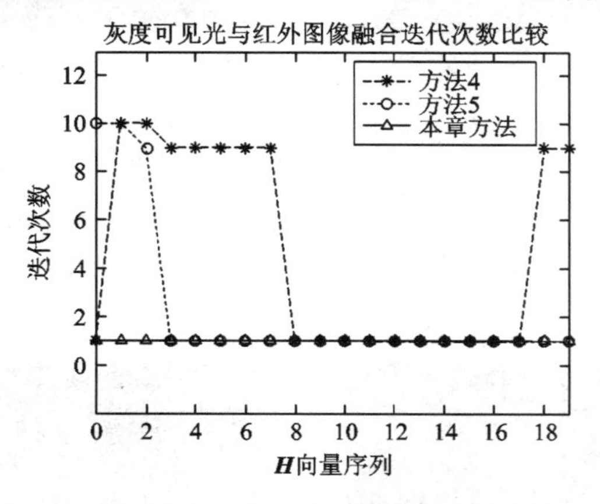

图 10.6　灰度可见光与红外图像融合迭代次数比较

表 10.4　方法 4、方法 5 最大 IE 值及对应向量 *H*

	第一组实验		第二组实验		第三组实验	
	方法 4	方法 5	方法 4	方法 5	方法 4	方法 5
H	0.6929	0.5183	0.5395	0.5325	0.0778	0.0129
	0.5343	0.4053	0.1721	0.1648	0.8562	0.9940
IE	7.3469	7.3476	6.0248	6.0248	6.6700	6.7152

由表 10.4 不难看出，经过反复调整 $\boldsymbol{H}$ 向量及进行若干次迭代后，方法 4、方法 5 的融合效果同表 10.1～表 10.3 中相比有了较大改善，但同本章方法融合效果相比仍存在较大差距，更加显示出本章方法在图像融合应用领域的优越性。

2. 不同输入参数下算法效率的比较

本节将对本章方法做进一步的讨论研究，侧重验证 SVD 机制对输入参数收敛的重要指导意义。

仍以上述 3 组仿真实验为例，对每组源图像分别采用不加入 SVD 机制的 NMF 方法(方法 6)以及本章方法运行 2 次，记录迭代次数以及融合图像的 IE 数值。

(1) 多聚焦图像融合实验中，方法 6 分别迭代了 1 次和 7 次，融合图像如图 10.7(a)、(b)所示，其对应的 IE 值分别为 7.2309 和 7.2900；而本章方法由于 SVD 机制的作用，仍然只迭代了 1 次就达到收敛，融合图像见图 10.1(h)，对应 IE 值为 7.6115。明显地，尽管方法 6 第一次运行时只迭代了一次，但其 $\boldsymbol{W}$、$\boldsymbol{H}$ 值仅收敛到一个局部最优点，而非全局最优；方法 6 第二次运行时迭代了 7 次，融合效果有稍许提升，但却浪费了大量的计算资源，算法效率低下。

(a) 方法6融合效果1

(b) 方法6融合效果2

图 10.7　方法 6 对多聚焦图像融合效果图

(2) 医学图像融合实验中，方法 6 分别迭代了 19 次和 18 次，融合图像如图 10.8(a)、(b)所示，其对应的 IE 值分别为 5.5017 和 6.0248；而本章方法仍然只迭代了 1 次就达到了收敛，融合图像见图 10.2(h)，对应的 IE 值为 6.2440。显然，方法 6 的多次迭代均没有获得较好的融合效果。

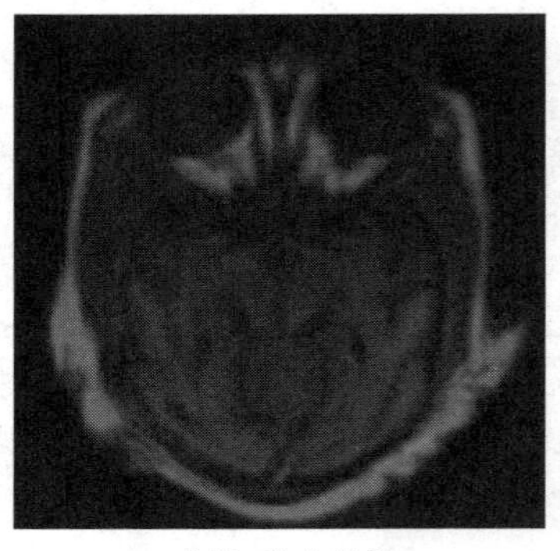

(a) 方法6融合效果1

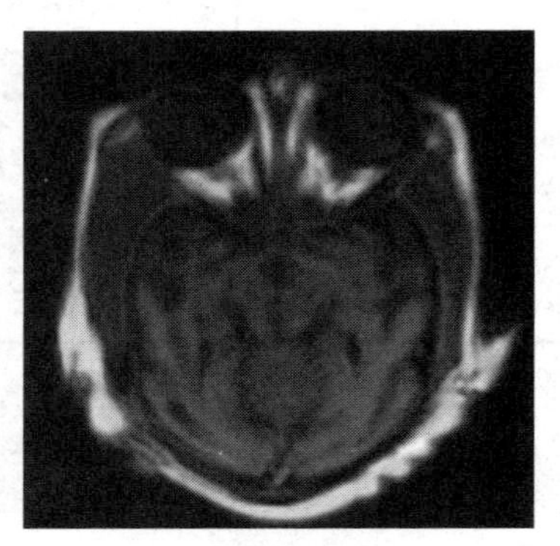

(b) 方法6融合效果2

图 10.8　方法 6 对医学图像融合效果图

(3) 灰度可见光与红外图像融合实验中，本章方法迭代 1 次就达到收敛，融合图像见图 10.3(h)，其 IE 值为 6.9086；而方法 6 则分别迭代了 9 次和 12 次，融合图像如图 10.9(a)、(b)所示，其对应的 IE 值均为 6.4809。一方面，虽然方法 6 进行了较多次迭代，但其 **W**、**H** 值仍只收敛到一个局部最优点，且融合性能欠佳；另一方面，就 IE 值而言，相同的数值却对应着不同的迭代次数，这从另一角度验证了方法 6 迭代效率的低下。

(a) 方法6融合效果1

(b) 方法6融合效果2

图 10.9　方法 6 对灰度可见光与红外图像融合效果图

综上所述，本章提出的包含 SVD 机制的 NMF 方法的确可以有效指导输入参数 **W**、**H** 的收敛方向。

3. 本章方法与方法 3 的比较

本章在 AUFLPCNN 模型的基础上，尝试了用改进型 NMF 方法替代方法 3 中的低频子图像融合处理方法。

虽然方法 3 与本章方法在高频信息融合阶段采取了相同的融合策略，但经过 3 组仿真实验可以发现本章方法的融合效果明显优于方法 3。这表明同方法 3 中的 AUFLPCNN 模型相比，本章的改进型 NMF 模型具有更明显的优势，用来处理低频信息将会获得更好的融合效果。

下面将对这两种方法的低频融合阶段做进一步的对比研究。仍以上述 3 组仿真实验为例，图 10.10～图 10.12 分别给出了方法 3 和本章方法的低频融合效果图。

(a) 本章方法融合结果

(b) 方法3融合结果

图 10.10　多聚焦图像低频融合效果图

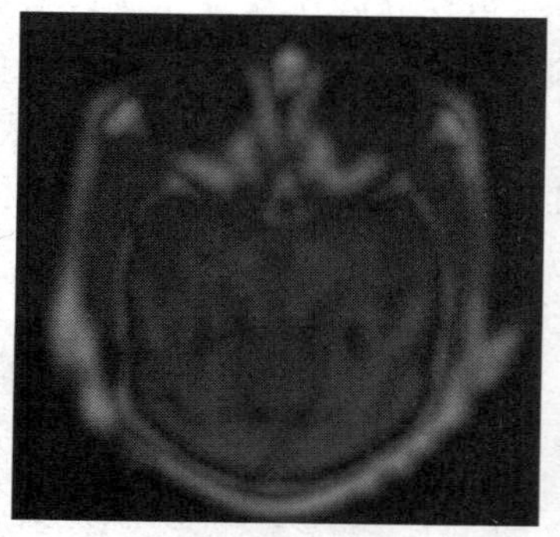

(a) 本章方法融合结果

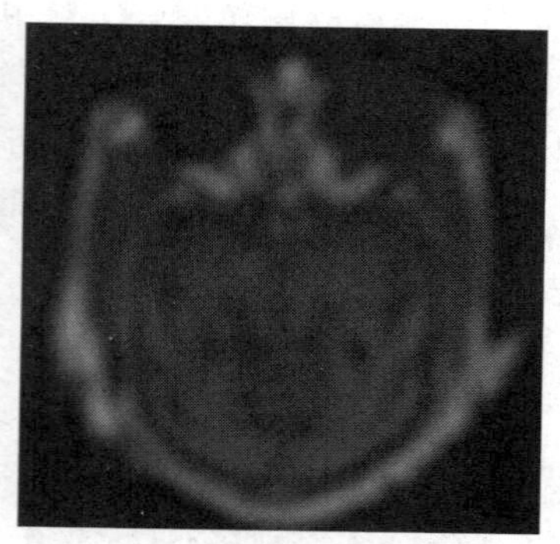

(b) 方法3融合结果

图 10.11　医学图像低频融合效果图

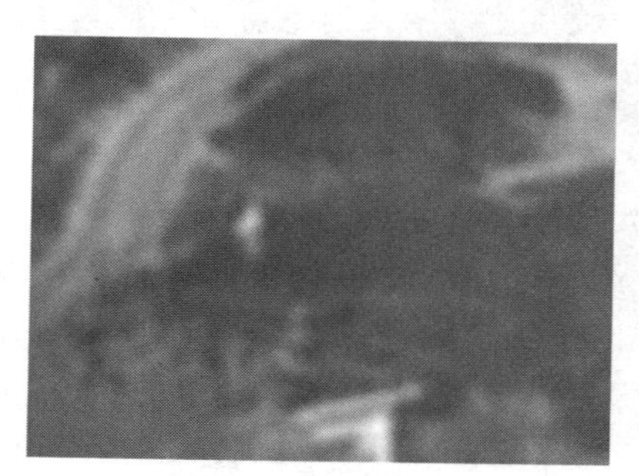

(a) 本章方法融合结果

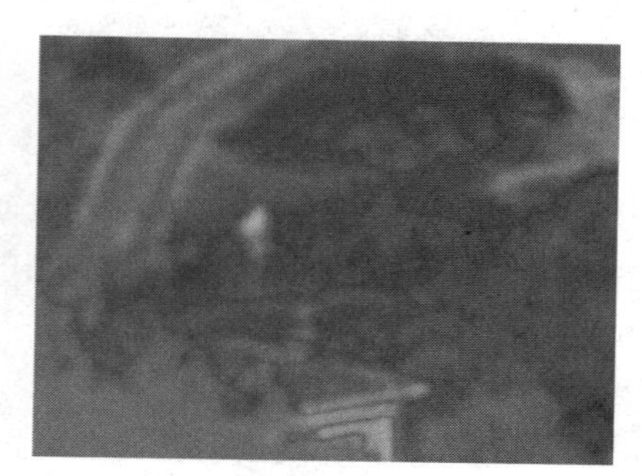

(b) 方法3融合结果

图 10.12　灰度可见光与红外图像低频融合效果图

同方法 3 中的 AUFLPCNN 模型相比，基于改进型 NMF 方法的低频融合图像可以将源图像中更多的框架轮廓信息提取出来并进行有效融合，以保留源图像中的主要信息。图 10.10 中，与方法 3 相比，本章方法融合图像中的两个闹钟不仅具有更为清晰的指针刻度，而且还拥有较为适宜的图像亮度；图 10.11 中，本章方法效果图拥有更为清晰的源图像轮廓信息，而对应的方法 3 融合图像则较为模糊；图 10.12 中，本章方法融合图像较好地反映了两幅源图像的近似信息，图片左下角还可以依稀辨别出树枝信息，而方法 3 融合图像的左下角树枝信息则是一片模糊，更糟糕的是，整幅低频融合图像显现出大量的白色耀斑，严重干扰了视觉效果。

综上所述，尽管本章方法同方法 3 相比，差异仅在于低频融合处理方式的不同，但通过大量的仿真实验发现，将改进型 NMF 算法引入低频信息融合过程更有利于图像整体融合效果的提升，具有较大的意义。

本章小结

本章针对 NSCT 与线性代数领域中非负矩阵分解模型的结合问题进行了探索研究，提出了一种基于 NSCT 域的改进型 NMF 图像融合方法。一方面，改进型 NMF 模型颠覆了以往参数 $\boldsymbol{W}$、$\boldsymbol{H}$ 的随机设置模式，而是借鉴矩阵分解思想直接得到较理想的初始值；另一方面，以往所有 NMF 图像融合方法均需迭代若干次才可收敛，而本章方法只需迭代极少次便可得到较为满意的融合效果，算法计算复杂度大大降低，仿真实验结果表明本章算法可以获得比其他几种方法更好的融合效果。

本章参考文献

[1] Lee D D, Seung H S. Learning the parts of objects with nonnegative matrix factorization[J]. Nature, 1999, 401(3): 788-791

[2] Lee D D, Seung H S. Algorithms for nonnegative matrix factorization[J]. Advances in Neural Information Processing Systems, 2001, 13(2): 556-562

[3] Wang Y, Jia Y, Hu C, et al. Non-negative matrix factorization framework for face recognition[J]. International Journal of Pattern Recognition and Artificial Intelligence, 2005, 19(4): 495-511

[4] Spratling M W. Learning image components for object recognition[J]. Journal of Machine Learning Research, 2006, 7: 793-815

[5] 刘维湘，郑南宁，游屈波. 非负矩阵分解及其在模式识别中的应用[J]. 科学通报，2006，51(3)：241-250

[6] Liu W X, Yuan K H, Ye D T. Reducing microarray data via nonnegative matrix factorization for visualization and clustering analysis[J]. Journal of Biomedical Information, 2008, 41(4): 602-606

[7] Wang W, Guan X H, Zhang X L. Profiling program and user behaviors for anomaly intrusion detection based on non-negative matrix factorization[A]. Proc. of 43rd IEEE Conf. Decision and Control[C], Atlantics, Paradise Island, Bahamas, December 2004: 657-662

[8] Guan X H, Wang W, Zhang X L. Fast intrusion detection based on a non-negative matrix factorization model[J]. Journal of Network and Computer Applications, 2009, 32(1): 31-44

[9] 张凤斌，杨辉. 非负矩阵分解在入侵检测中的应用[J]. 哈尔滨理工大学学报，2008，13(2)：19-22

[10] 苗启广，王宝树. 图像融合的非负矩阵分解算法[J]. 计算机辅助设计与图形学学报，2005，17(9)：2029-2032

[11] 苗启广，王宝树. 基于非负矩阵分解的多聚焦图像融合研究[J]. 光学学报，2005，25(6)：755-759

[12] 王仲妮，余先川，张立保. 基于受限的非负矩阵分解的多光谱和全色遥感影像融合[J]. 北京师范大学学报(自然科学版)，2008，44(4)：387-390

[13] 陈娟. 基于小波变换和WNMF的图像融合方法研究[D]. 武汉：武汉理工大学硕士学位论文，2009

[14] Li S Z, Hou X W, Zhang H J. Learning spatially localized, parts-based representation[A]. Proc. Computer Vision Pattern Recognition[C], Kauai, USA, December 2001: 207-212

[15] Buciu I, Pitas I NMF, LNMF, and DNMF modeling of neural receptive fields involved in human facial expression perception[J]. Journal of Visual Communication and Image Representation, 2006, 17(5): 958-969

[16] Oh H J, Lee K M, Lee U S, et al. Occlusion Invariant Face Recognition Using Selective LNMF Basis Images[J]. Lecture Notes in Computer Science, 2006, 3852: 120-129

[17] Hoyer P. Non-negative matrix factorization with sparseness constraints[J]. Journal of Machine Learning Research, 2004, 5: 1457-1469

[18] Gao Y, Church G. Improving molecular cancer class discovery through sparse non-negative matrix factorization[J]. Bioinformatics, 2005, 21(21): 3970-3975

[19] O'Grady P D, Pearlmutter B A. Convolutive non-negative matrix factorization with sparseness constraint[A]. Conf. Machine Learning for Signal Processing[C], Mayo, Ireland, September 2006:

427-432

[20] Bajla I，Soukup D. Non-negative matrix factorization—A study on influence of matrix sparseness and subspace distance metrics on image object recognition[A]. Conf. Quality Control by Artificial Vision [C]，2007，6536：653614

[21] Samko O，Rosin P L，Marshall A D. Robust Automatic Data Decomposition Using a Modified Sparse NMF [J]. Lecture Notes in Computer Science，2007，4418(1)：225-234

[22] O'Grady P D，Pearlmutter B A. Discovering speech phones using convolutive non-negative matrix factorization with a sparseness constraint[J]. Neurpcomputing，2008，72(1-3)：88-101

[23] Guillamet D，Bressan M，Vitria J. A weighted non-negative matrix factorization for local representation[A]. Proc. Computer Vision Pattern Recognition[C]，2001，1：942-947

[24] Guillamet D，Vitria J. Evaluation of distance metrics for recognition based on non-negative matrix factorization[J]. Pattern Recognition Letters，2003，24(9-10)：1599-1605

[25] Guillamet D，Vitria J，Scheile B. Introducing a weighted non-negative matrix factorization for image classification[J]. Pattern Recognition Letters，2003，24(14)：2447-2454

[26] 胡俐蕊. 非负矩阵分解方法及其在选票识别中的应用[D]. 合肥：安徽大学博士学位论文，2013

[27] Klema V C. The singular value decomposition：its computation and some application[J]. IEEE Trans. Automatic Control，1980，25(2)：164-176

[28] Konsstantinides K，Yao K. Statistical analysis of effective singular values in matrix rank determination [J]. IEEE Trans. Acoustics，Speech，and Signal Process，1988，36(5)：757-763

[29] Boutsidis C，Gallopoulos E. SVD based initialization：A head start for nonnegative matrix factorization [J]. Pattern Recognition，2008，41(4)：1350-1362

[30] 陈娟. 基于小波变换和 WNMF 的图像融合方法研究[D]. 武汉：武汉理工大学硕士学位论文，2009

第 11 章　基于 NSCT 与 IHS 变换域的图像彩色化融合方法

本章主要研究灰度融合图像的彩色化问题。首先，利用 IHS 变换域建立灰度源图像的彩色传递模型；其次，提出一种基于 NSCT 与 IHS 变换域的自适应图像融合方法；最后，以灰度可见光与红外图像的融合问题为例，验证了该方法的有效性。仿真结果表明，通过彩色传递的融合图像能够向观察者表达更丰富的信息，有助于人眼对目标场景的理解和判断。

11.1　经典的伪彩色图像融合方法

图像融合按输出结果的色彩可分为灰度图像融合和彩色图像融合两类，当前的多数融合方法主要针对灰度图像融合。同灰度图像相比，彩色图像可以为人们提供更丰富的信息，而将源多波段图像合成一幅彩色融合图像可以扩大多传感器系统表达信息的动态范围，更有利于对场景的理解，因此，彩色图像融合技术受到了各国学者的广泛关注。输出图像颜色的自然性是目前彩色图像融合领域中的热点议题，人们力图使融合图像在各种情况下都具有日光彩色图像的自然色彩效果，从而能够更准确、快捷地进行场景理解和目标判别，减轻观察者的疲劳感。

人的视觉系统对彩色更加敏感，人眼能区分的色彩数要远远大于灰度级别数。研究表明采用伪彩色的形式对图像进行编码，可以使人眼对目标识别的速度提高 30%，识别错误率减少 60%。因此根据不同的融合规则将灰度源图像融合成伪彩色的形式，可以将灰度源图像中的细节信息以彩色的方式体现，使得目标更加明确，还使人类视觉系统对图像的细节有更准确的认识。另外伪彩色图像融合方法一般算法简单，容易用硬件实现。为了使融合图像色彩更自然，更适合人眼观察和计算机处理，最新的伪彩色图像融合方法开始结合生物视觉特性来进行设计。

图像处理中最基础的色彩空间是 RGB 空间，图像采集、显示都必须转换到 RGB 空间，其处理方法是将原始图像经过某种处理后，提取不同图像间的灰度差异，以某种组合方式送至 RGB 三通道直接进行显示。目前，国际上较为著名的基于 RGB 空间的伪彩色图像融合方法有：美国海军研究所(National Research Laboratory，NRL)提出的 NRL 法，美国 Waxman 等人在 Massachusetts Institute of Technology、Alphatech 公司和 BAE 公司陆续开发的 MIT 法，以及荷兰 TNO Human Factors 的 Toet 和 Walraven 提出的 TNO 法。其中，NRL 法通过查 LUT 表给不同的灰度赋予不同的彩色值，计算简单，容易实时实现，其融合操作在对应像素上进行，不会减弱图像的分辨率，因而在实际中取得了广泛应用。20 世纪 90 年代，美国麻省理工学院林肯实验室的 Waxman 等开发了基于中心—周边分离神经网络的可见光与红外图像伪彩色融合方法[1-3]。该方法模拟响尾蛇视顶盖双模式细胞的生理作用，即能同时接收来自可见光和红外图像信息，并在配准的基础上对其进行融合，其融合结果的色彩比较自然，红外图像中的目标比较清楚，便于辨识。MIT 法利用较为准确的人眼彩色视觉模型中的对抗受域和侧抑制特性进行图像融合，取得了良好的视觉效果，然而，其核心技术从未公开，方法中的参数对结果影响较大，且实现复杂。荷兰人力因素研究所的 Toet 博士开发了基于仿生颜色对抗的伪彩色融合方法，利用色差增强来表征融合图像细节的处理技术[4]。该方法简单，易于实现，融合后的图像色彩自然。TNO 法可看做是 MIT 法的简单形式，其基本思想是利用色差来增强图像的细节信息。

在 RGB 空间中，R、G、B 三个坐标可用来表示光谱信息的色度和亮度，存在较强的相关性，R、G、B 中任一分量的改变都会改变光谱信息，因而对三个分量分别处理无疑会造成颜色信息的丢失和错乱。在此情况下，提出了一种基于 NSCT 和 IHS 变换域的图像彩色化融合方法。该方法以灰度可见光与红外图像融合实验为例，利用 IHS 分量的相对独立性和 NSCT 对图像细节信息优异的“捕捉”能力，对灰度可见光和红外图像进行了融合并实现了彩色传递。此外，通过仿真实验也可证明该方法能很好地将源图像中的有用信息提取并注入到融合图像中，具有优良的视觉效果。因此该方法在目标检测和导弹精确制导领域中具有很好的应用前景。

11.2 RGB 空间与 IHS 空间的互换实现

一幅 RGB 图像就是彩色像素点的一个 $M \times N \times 3$ 数组，其中每一个彩色像素点都对应特定空间位置的彩色图像的红、绿、蓝分量，如图 11.1 所示。

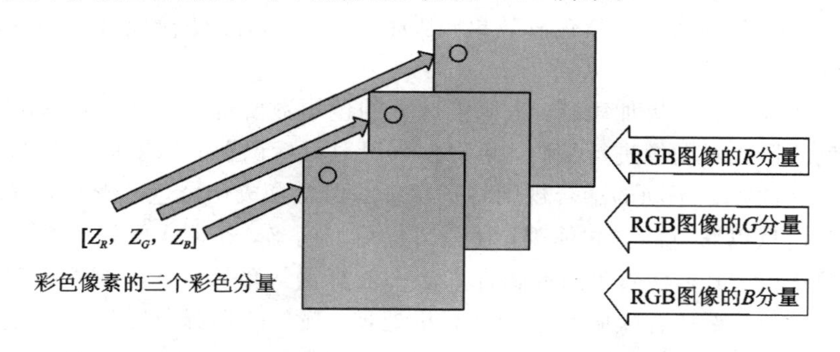

图 11.1 由三个分量图像的相应像素形成的 RGB 图像像素示意图

RGB 图像[5]也可以看成是一个由三幅灰度图像形成的“堆”，只要将其送到彩色监视器的红、绿、蓝输入端，便可在屏幕上产生一幅彩色图像。按照惯例，形成一幅 RGB 彩色图像的三个图像常称为红、绿或蓝分量图像。分量图像的数据类决定了它的取值范围。若一幅 RGB 图像的数据类是 double，则它的取值范围是[0，1]。类似地，uint8 类或 uint16 类 RGB 图像的取值范围分别是[0，255]或[0，65535]。用来代表这些分量图像像素值的比特数决定了一幅 RGB 图像的比特深度。例如，若每个分量图像都是 8 比特的图像，则对应的 RGB 图像的深度就是 24 比特。一般来讲，所有分量图像的比特数都是相同的。在这种情况下，一幅 RGB 图像的色彩数就是$(2^b)^3$，其中 b 是每个分量图像的比特数。对于 8 比特的例子，色彩数即为 16777216。

当人们观察一个彩色物体时，往往倾向于用它的亮度(Intensity)、色调(Hue)以及饱和度(Saturation)来进行描述。亮度(灰度级)是指人眼对光源或物体明亮程度的感觉，通常与物体的反射率成正比，是单色图像中最有用的描述符之一。色调也称色别，是物体在日光照射下所反射的各光谱成分作用于人眼的综合效果，即彩色的类别，可用来描述纯色的属性(如纯黄色、橙色或红色)。饱和度是指彩色的纯度，即彩色的纯洁性，一般颜色越鲜艳饱和度越大。色调和饱和度统称为色度。IHS 空间[6, 7]同 RGB 空间相比具有以下优势：① 可以对图像的颜色特性和光谱特性进行定量的表征和描述；② 各参量具有独立性，其物理意义清晰且易于解释。

本节将引入 IHS 彩色空间模型，该模型可将亮度分量与一幅彩色图像中携带的彩色信息分开。因此，IHS 模型对于开发基于彩色描述的图像处理算法是一个理想的工具，并且对于人类视觉更加自然和直观。下面将给出 RGB 空间与 IHS 空间的互换实现模式[8, 9]。

RGB 空间与 IHS 空间的互换模式分为线性(柱状)变换和非线性(球体)变换两种。本章采用的是非线性(球体)变换模式。

1. 线性变换模式

从 RGB 坐标到 IHS 坐标的变换模式称为 IHS 变换，可表示为

$$\begin{bmatrix} I \\ v_1 \\ v_2 \end{bmatrix} = \begin{bmatrix} 1/3 & 1/3 & 1/3 \\ -2/\sqrt{6} & -2/\sqrt{6} & 2/\sqrt{6} \\ 1/\sqrt{2} & 1/\sqrt{2} & 0 \end{bmatrix} \begin{bmatrix} R \\ G \\ B \end{bmatrix} \tag{11.1}$$

式中，v_1、v_2为中间变量，I 表示亮度分量，相应地，色调分量 H 和饱和度分量 S 可由 v_1、v_2得到：

$$H = \arctan \frac{v_2}{v_1} \tag{11.2}$$

$$S = \sqrt{v_1^2 + v_2^2} \tag{11.3}$$

从 IHS 坐标到 RGB 坐标的变换模式称为 IHS 逆变换，可表示为

$$\begin{bmatrix} R \\ G \\ B \end{bmatrix} = \begin{bmatrix} 1 & -1/\sqrt{2} & -1/\sqrt{2} \\ 1 & -1/\sqrt{2} & -1/\sqrt{2} \\ 1 & \sqrt{2} & 0 \end{bmatrix} \begin{bmatrix} I \\ v_1 \\ v_2 \end{bmatrix} \tag{11.4}$$

2. 非线性变换模式

1) IHS 变换

若给出一幅 RGB 彩色格式的图像，则每一个 RGB 像素的 H 分量可用下面的方程得出：

$$H = \begin{cases} \theta, & B \leqslant G \\ 2\pi - \theta, & B > G \end{cases} \tag{11.5}$$

$$\theta = \arccos \left\{ \frac{1/2[(R-G)+(R-B)]}{\sqrt{[(R-G)^2 + (R-B)(G-B)]}} \right\} \tag{11.6}$$

饱和度分量由下式给出：

$$S = 1 - \frac{3}{R+G+B}[\min(R, G, B)] \tag{11.7}$$

亮度由下式给出：

$$I = \frac{R+G+B}{3} \tag{11.8}$$

假定 R、G、B 值已归一化到范围[0，1]，将由 H 的公式中得到的所有结果值除以 2π，色度可归一化到范围[0，1]。若给出的 R、G、B 值在[0，1]之间，则 IHS 剩下的两个分量自然会处于[0，1]之间。

2）IHS 逆变换

给出区间[0，1]内的 I、H、S 值后，即可找出同一区间内对应的 R、G、B 值。有三个感兴趣的区域，分别对应于原色之间相隔 $2\pi/3$ 的区间，令 H 乘以 2π 即可将色调的值还原到其原来的范围[0，2π]内。

（1）若 H 值在 RG 区 $\left(0\leqslant H<\dfrac{2\pi}{3}\right)$ 内，则

$$B = I(1-S) \tag{11.9}$$

$$R = I\left[1+\frac{S\cos H}{\cos(\pi/3-H)}\right] \tag{11.10}$$

$$G = 3I-(R+B) \tag{11.11}$$

（2）若 H 值在 GB 区 $\left(\dfrac{2\pi}{3}\leqslant H<\dfrac{4\pi}{3}\right)$ 内，则 $H=H-\dfrac{2\pi}{3}$，R、G、B 分量表达式为

$$R = I(1-S) \tag{11.12}$$

$$G = I\left[1+\frac{S\cos H}{\cos(\pi/3-H)}\right] \tag{11.13}$$

$$B = 3I-(R+G) \tag{11.14}$$

（3）若 H 值在 BR 区 $\left(\dfrac{4\pi}{3}\leqslant \mathrm{H}\leqslant 2\pi\right)$ 内，则 $H=H-\dfrac{4\pi}{3}$，R、G、B 分量表达式为

$$G = I(1-S) \tag{11.15}$$

$$B = I\left[1+\frac{S\cos H}{\cos(\pi/3-H)}\right] \tag{11.16}$$

$$R = 3I-(G+B) \tag{11.17}$$

图 11.2～11.5 分别给出了两幅彩色图像的 RGB 显示与 R、G、B 三个分量图像，以及 IHS 变换后得到的 IHS 空间的 I、H、S 三个分量图像。

(a) RGB图像

(b) R分量图像

(c) G分量图像

(d) B分量图像

图 11.2　彩色图像 1 的 RGB 空间及各分量图

(a) RGB图像

(b) I分量图像

(c) H分量图像

(d) S分量图像

图 11.3　彩色图像 1 的 IHS 空间及各分量图

(a) RGB图像

(b) R分量图像

(c) G分量图像

(d) B分量图像

图 11.4　彩色图像 2 的 RGB 空间及各分量图

(a) RGB图像

(b) I分量图像

(d) S分量图像

图 11.5　彩色图像 2 的 IHS 空间及各分量图

11.3　基于 NSCT 与 IHS 变换的图像融合方法

IHS 空间[9]可将一幅彩色图像中的亮度信息与彩色信息相分离。其中，亮度代表图像的亮度信息，而色调和饱和度则反映图像的光谱信息，该空间符合人的视觉特性，故基于多分辨率分析的融合更适合在 IHS 彩色空间中进行，但该思路不适用于灰度可见光图像和灰度红外图像的融合。因而，在灰度可见光图像进行 NSCT 变换前，可对其进行彩色传递，传递完毕后再提取其 I 分量参与 NSCT 变换，从而提高人眼对图像的分辨能力。

NSCT 变换的目的在于将源图像进行一系列的尺度分解和方向分解，随后对不同尺度和不同方向频带分别进行融合处理。其中，分解所得到的低通图像代表了源图像的主要信息，可看做源图像的近似分量；而一系列带通图像则分别从不同方向、不同角度描述了源图像的边缘信息，是源图像的细节分量。可见光图像和红外图像的成像机理又是不同的，可见光图像可以提供丰富的背景信息，但对热辐射源信息不敏感，而背景信息又主要分布在低频区域；红外图像能提供热辐射源信息，但热辐射源信息主要集中在高频区域，因此，对这两种图像进行 NSCT 分解可将二者的低通分量和带通分量分离，有利于将可见光图像中丰富的背景信息和红外图像中的热辐射源信息相融合，增强图像的信息表达能力。

11.3.1　图像融合总体框架

下面介绍基于 NSCT 和 IHS 变换的图像融合具体步骤。

输入：灰度可见光图像 V、红外图像 IR 和与灰度可见光图像场景类似的彩色参考图片 Can 各一张。

输出：经过 NSCT 和 IHS 变换处理后的可见光和红外图片的彩色融合图片。

步骤如下：

(1) 利用彩色参考图片 Can 对灰度可见光图片 V 进行彩色传递，并提取出它的 I 分量 V_I。

(2) 采用 NSCT 对 V_I 和 IR 分别进行多尺度和多方向分解，并得到各自的低通子带系数$\{V_I_j^0, \mathrm{IR}_j^0\}$和带通子带系数$\{V_I_j^{l_j}, \mathrm{IR}_j^{l_j}\}$，其中，$J$ 为 NSP 分解尺度数，l_j为 j 尺度下的方向分解级数，$1\leqslant j\leqslant J$。

(3) 采用一定的低通分量和带通分量融合规则对步骤(2)中的系数进行融合，得到融合后的低通子带系数 f_j和带通子带系数 $f_j^{l_j}$。

（4）对步骤（3）中的融合系数进行 NSCT 逆变换得到融合图像 F'。

（5）将 F' 作为新的 I 分量，联合彩色传递后可见光图像的 H 分量和 S 分量作 IHS 逆变换，得到最终的 RGB 彩色融合图像 F。

11.3.2　灰度可见光的彩色传递

在将参考图像的颜色信息传递给灰度可见光图像之前，首先必须对参考图像进行从 RGB 空间到 IHS 空间的转换，这是因为 IHS 空间的三个分量相互独立，改变单个分量的值将不会影响到另外两个分量。RGB 空间到 IHS 空间的转换将沿用文献[5]中的方法进行。转换完毕后，首先根据灰度可见光图像的亮度分量对参考图像的亮度分量加以修改，然后再将参考图像中与灰度可见光图像像素统计特征值最为匹配的像素点的 H 分量和 S 分量传递给灰度可见光图像，使其获得参考图像的颜色信息，具体传递过程如下。

（1）修改彩色参考图像中的亮度分量，即

$$I'_{\mathrm{can}}(i) = \frac{\sigma_V}{\sigma_{\mathrm{can}}}(I_{\mathrm{can}}(i) - \mu_{\mathrm{can}}) + \mu_V \tag{11.18}$$

式中，$I_{\mathrm{can}}(i)$ 和 $I'_{\mathrm{can}}(i)$ 分别为参考图像修改前后的亮度分量值，μ_V、σ_V 和 μ_{can}、σ_{can} 分别为灰度可见光和参考图像的亮度均值及标准差。

（2）将灰度可见光和修改后的参考图像进行窗口邻域划分，再计算两幅图像对应邻域中对应像素之间的差异度，即

$$\mathrm{diff} = (\mu_V - \mu'_{\mathrm{can}})^2 + (\sigma_V - \sigma'_{\mathrm{can}})^2 \tag{11.19}$$

式中，μ_V、σ_V 和 μ'_{can}、σ'_{can} 分别为灰度可见光和修改后参考图像的亮度均值和标准差。

（3）将灰度可见光图像中的所有像素点均与修改后参考图像的对应像素求差异度 diff，并找到 diff 取最小值时所对应修改后参考图像的像素点，然后将该像素点的 H 分量和 S 分量传递给对应的灰度可见光图像像素。

11.3.3　低通图像融合方法

针对遥感图像的低通分量融合，目前主要有以下几种策略：“偏袒”法，就是将两幅或者多幅源图像中光谱特性较好的一幅提取出低频分量直接作为融合图像的低频分量；绝对平均法，就是将若干幅源图像的低频分量分别赋予同等权值加以融合；自适应加权平均法，就是以图像中某些可以量化的特征值来衡量各幅源图像低频分量的权值。可见光图像背景信息丰富，红外图像热辐射源信息突出，如果单一取可见光图像的低频分量作为融合图像的低频分量，必将损失红外图像中的一部分热辐射源信息；而如果采取绝对平均法，不但会损失可见光图像的部分光谱信息，还会造成融合图像的整体对比度下降，影响视觉效果。因此，本章提出了一种基于区域平均能量的融合方法，其步骤如下：

（1）针对图像的复杂程度可以选择不同的区域窗口大小加以处理，通常取一个 $n \times n$ 的正方形邻域，n 为不小于 3 的奇数，如果图像灰度分布和纹理比较复杂，那么 n 可取较大一些的值。像素点 (x, y) 在低通区域内的平均能量 $E'_X(x, y)$ 可定义为

$$E'_X(x, y) = \frac{1}{n \times n} \sum_{m=-\frac{n-1}{2}}^{m=\frac{n-1}{2}} \sum_{r=-\frac{n-1}{2}}^{r=\frac{n-1}{2}} c^2(x+m, y+r) \tag{11.20}$$

式中，X 代表彩色传递后可见光图像的 I 分量图像或红外图像，c 代表低通分量系数。

(2) 计算两幅图像对应区域平均能量的匹配度 $M(x, y)$：

$$M(x, y) = \frac{2}{E'_{V\_I} + E'_{IR}} \times \sum_{m=-\frac{n-1}{2}}^{m=\frac{n-1}{2}} \sum_{r=-\frac{n-1}{2}}^{r=\frac{n-1}{2}} c_{V\_I}(x+m, y+r) \cdot c_{IR}(x+m, y+r) \tag{11.21}$$

(3) 根据算术平方数的性质可知：

$$0 \leqslant M(x, y) \leqslant n^2 \tag{11.22}$$

为了方便对比两幅图像的区域平均能量匹配度，特将 $M(x, y)$ 进行归一化处理，得到归一化后的区域平均能量匹配系数 $M'(x, y)$：

$$M'(x, y) = \frac{2}{n^2(E'_{V\_I} + E'_{IR})} \times \sum_{m=-\frac{n-1}{2}}^{m=\frac{n-1}{2}} \sum_{r=-\frac{n-1}{2}}^{r=\frac{n-1}{2}} c_{V\_I}(x+m, y+r) \cdot c_{IR}(x+m, y+r) \tag{11.23}$$

对区域平均能量匹配系数进行归一化的意义在于描述了两幅图像对应像素点的特征相似程度，$M'(x, y)$ 的值越大代表两幅图像的像素点特征越接近，反之表明两图像像素点特征差异越明显。

(4) 根据归一化区域平均能量匹配系数的值决定两幅图像对应低频分量的加权系数，在这里取阈值 $\lambda=0.85$，若 $M'(x, y) \leqslant \lambda$ 且 $E'_{V\_I}(x, y) \geqslant E'_{IR}(x, y)$，则说明图像 V_I 中的像素点 (x, y) 所在区域内的平均能量大于源图像 IR 中的像素点 (x, y) 所在区域内的平均能量，因而可选择前者的低频子带系数作为最终融合图像 F 的低频子带系数；反之，若 $M'(x, y) \leqslant \lambda$ 且 $E'_{V\_I}(x, y) \geqslant E'_{IR}(x, y)$，则选择后者的低频子带系数作为最终融合图像 F 的低频子带系数；若 $M'(x, y) > \lambda$，则说明两幅源图像 V_I、IR 中的像素点 (x, y) 所在区域内的平均能量大致相当，此时可将二者在像素点 (x, y) 处的低频子带系数进行加权平均作为最终融合图像 F 的低频子带系数。具体的融合图像 F 的低频子带系数选取规则如下：

$$C_F(x, y) = \begin{cases} C_{V\_I}(x, y), & M'(x, y) \leqslant \lambda \text{ 且 } E'_{V\_I}(x, y) \geqslant E'_{IR}(x, y) \\ C_{IR}(x, y), & M'(x, y) \leqslant \lambda \text{ 且 } E'_{V\_I}(x, y) < E'_{IR}(x, y) \\ 0.5 \times (C_{V\_I}(x, y) + C_{IR}(x, y)), & M'(x, y) > \lambda \end{cases} \tag{11.24}$$

式中，F、V_I、IR 分别代表最终融合图像、彩色传递后可见光图像的 I 分量图像和红外图像。

11.3.4 带通图像融合方法

图像的带通信息通常对应其中的细节和边缘信息，而在红外图像中，带通分量包含的信息往往就是其中具备一定信噪比的热辐射源信息或目标信息，因此，针对带通分量的融合思想十分重要。本节将采用邻域系数差和信息熵双重指标进行融合图像带通分量系数的选取。

(1) 带通子带向量范数“邻域系数差”作为带通分量系数融合指标之一，可以用来刻画任一像素点所在区域的能量与该区域平均能量的偏离水平，偏离程度越大，说明该区域内像素点反映的图像特征越丰富，在融合过程中应予以保留。

$$\| e_X(x, y) \|_{n\times n} = \sum_{m=-\frac{n-1}{2}}^{m=\frac{n-1}{2}} \sum_{r=-\frac{n-1}{2}}^{r=\frac{n-1}{2}} \| e_X(x+m, y+r) | - e'(x, y)_{n\times n} | \tag{11.25}$$

式中，$e'(x, y)_{n\times n}$为 $n\times n$ 邻域内的带通分量系数绝对值的平均值，表达式如下：

$$e'(x, y)_{n\times n} = \frac{1}{n^2} \sum_{m=-\frac{n-1}{2}}^{m=\frac{n-1}{2}} \sum_{r=-\frac{n-1}{2}}^{r=\frac{n-1}{2}} | e_X(x+m, y+r) | \tag{11.26}$$

下标 X 代表彩色传递后可见光图像的 I 分量图像或红外图像，e 代表带通分量系数。

（2）信息熵可以用来有效地描述图像中的信息量及其分布情况，因而也可以作为指导带通分量系数融合的一项指标，表达式如下：

$$\| \mathrm{En}_X(x, y) \|_{n\times n} = -\sum_{m=-\frac{n-1}{2}}^{m=\frac{n-1}{2}} \sum_{r=-\frac{n-1}{2}}^{r=\frac{n-1}{2}} f_X(x+m, y+r) \cdot \ln f_X(x+m, y+r) \tag{11.27}$$

式中，f 代表像素点的灰度值。

（3）制定融合图像带通分量系数的选取原则如下：

$$e_F(x, y) = \begin{cases} e_{V\_I}(x, y), & \| e_{V\_I}(x, y) \|_{n\times n} > \| e_{\mathrm{IR}}(x, y) \|_{n\times n} \\ e_{\mathrm{IR}}(x, y), & \| e_{V\_I}(x, y) \|_{n\times n} < \| e_{\mathrm{IR}}(x, y) \|_{n\times n} \\ e_{V\_I}(x, y), & \| e_{V\_I}(x, y) \|_{n\times n} = \| e_{\mathrm{IR}}(x, y) \|_{n\times n} \text{ 且} \\ & \| \mathrm{En}_{V\_I}(x, y) \| \geqslant \| \mathrm{En}_{\mathrm{IR}}(x, y) \| \\ e_{\mathrm{IR}}(x, y), & \| e_{V\_I}(x, y) \|_{n\times n} = \| e_{\mathrm{IR}}(x, y) \|_{n\times n} \text{ 且} \\ & \| \mathrm{En}_{V\_I}(x, y) \| < \| \mathrm{En}_{\mathrm{IR}}(x, y) \| \end{cases} \tag{11.28}$$

11.4　实验结果与分析

为了对上述理论分析和算法作进一步的验证，并对灰度可见光和红外图像的融合结果进行量化测量，本节选取一组灰度可见光和红外图像进行仿真融合实验，这一组图像均来源于荷兰 TNO Human Factors Research Institute 提供的“UN Camp”可见光和红外序列图，大小均为 256×256，如图 11.6(a)、(b)所示，图 11.6(c)为一幅场景与灰度可见光图像相似的彩色参考图像。针对图像的融合方法，本章将分别采用二维离散小波变换方法(DWT)、Contourlet 变换方法(CT)和文中提出的 NSCT 变换方法(NSCT)。为了进行有效对比，这三种变换方法的分解级数均定为 3 级，并令所有方法的邻域大小尺寸均为 3×3，对应的融合图像如图 11.6(d)～(f)所示。图 11.6(g)为以图 11.6(c)作为参照对 NSCT 法灰度融合图像进行 IHS 逆变换后的彩色融合图像。

为使各种融合方法之间具有可比性，将包括本章融合方法在内的三种变换方法的多尺度分解级数均定为 3 级，邻域大小尺寸均取 3×3；在基于 DWT 的融合方法中，均采用“db1”小波滤波器对图像进行分解和重构；而在基于 CT 以及 NSCT 的融合方法中，按照由“细”至“粗”的分辨率层，方向分解级数依次为 4、3、2，金字塔尺度分解滤波器为“maxflat”，方向分解滤波器为“dmaxflat7”。前两种经典融合方法均采用最简单的融合规则：低通子带系数取加权平均值，带通子带系数取模值最大。

此外，由于可见光和红外图像无法得到标准的融合参考图像，传统的均方根误差 RMSE 指标将无法用于衡量图像的融合质量，因而本节仍将采用 IE、SD、AG 三个评价参数对这三种方法的灰度图像融合性能做出了定量比较，比较结果如表 11.1 所示。

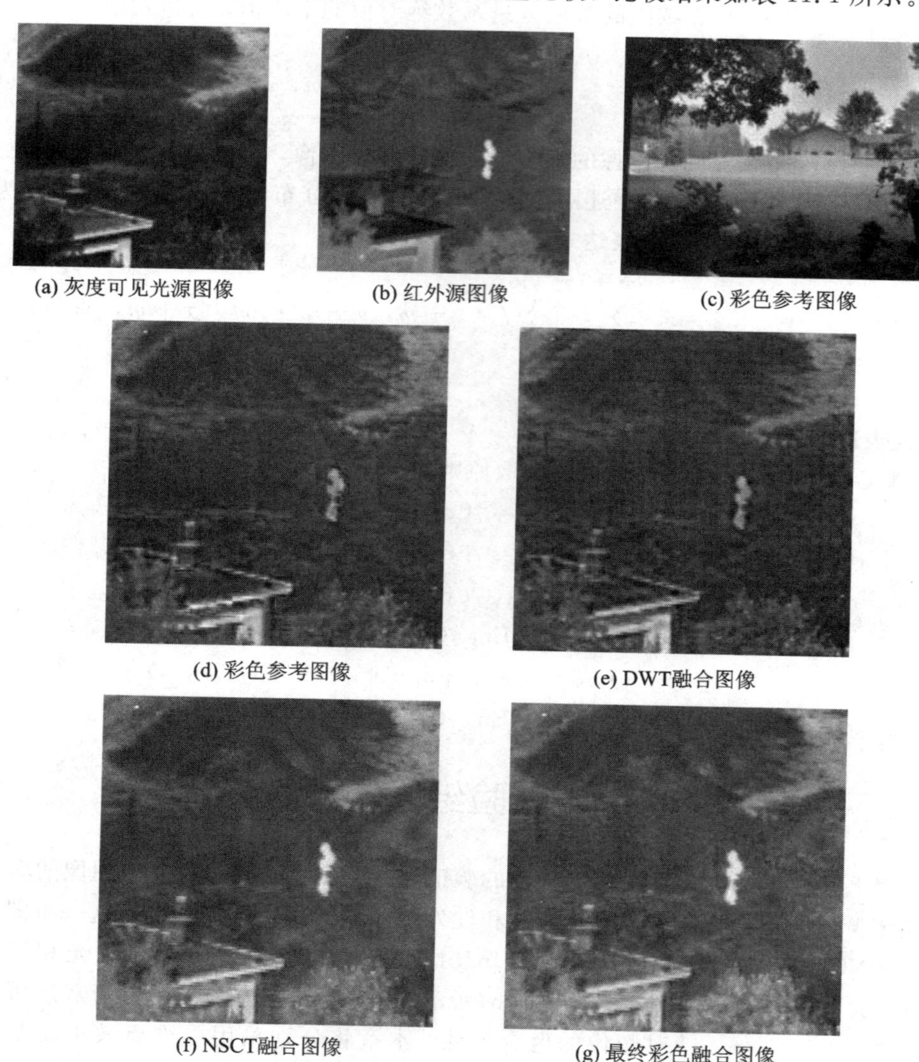

(a) 灰度可见光源图像　(b) 红外源图像　(c) 彩色参考图像

(d) 彩色参考图像　(e) DWT融合图像

(f) NSCT融合图像　(g) 最终彩色融合图像

图 11.6　源图像及三种方法的融合效果图

表 11.1　三种方法的融合性能比较

	IE	SD	AG
DWT	6.355	26.331	7.716
CT	6.310	25.600	7.400
NSCT	6.556	29.234	8.293

针对三种方法的灰度融合图像，从表 11.1 的客观评价结果来看，本章提出的 NSCT 方法的三项指标均优于其他两种方法。这表明基于 NSCT 模型的最终融合图像不仅包含了

丰富的信息量，而且还很好地保持了源图像中的重要边缘和细节特征信息。对于标准差指标，DWT 法略高于 CT 法，但两者均大幅低于 NSCT 法，差距接近于 4；对于反映图像清晰度的平均梯度指标，DWT 法和 CT 法均不理想，而 NSCT 法的指标值则超过了 8，体现出本章方法较为理想的视觉效果。

从直观角度加以分析，这三种方法都较好地保持了两幅源图像中的重要信息，并将二者的特征信息作了较好地融合，三幅灰度融合图像不仅保留了可见光图像中丰富的背景信息，而且突出了红外源图像中的目标信息。但不难看出，DWT 法融合图像的整体对比度最差，NSCT 法最佳。其中 DWT 法的目标信息和背景信息反差较小，相对另外两种方法，目标信息尤其是图像中人的信息不明显；从图像清晰度角度来看，CT 法和 NSCT 法均优于 DWT 法，但 CT 法由于自身无法避免的 Gibbs 效应使其在图像某些边缘和细节部分易出现模糊现象，如图 11.6(e)中间偏左栅栏位置就出现了一定程度的模糊；而 NSCT 法由于具备平移不变性质，因而有效地克服了 CT 法易出现的块状模糊现象。综合多方面因素，NSCT 法融合图像不仅具备较高的整体对比度，有效地突出了目标信息，而且很好地保持了源图像中的细节信息和边缘信息，充分结合了可见光图像和红外图像各自的优势，具备优良的视觉效果；而以参考图像为参照的 NSCT 彩色融合图像在 NSCT 灰度融合图像优良视觉效果的基础上，提取了参考图像中对应场景的色彩信息，并将其较为精确地传递到了灰度融合图像中的对应景物上。从图 11.3(g)中可以看到，图像左下方区域的树丛、栅栏周围的树木以及道路两旁的植物均被描绘成了绿色，并且树木的枝干和树叶也比较清晰，符合自然景物的色彩特点。总体上看，彩色传递后的融合图像场景信息清晰，目标信息明确，景物上色自然丰富，为原始灰度融合图像融入了更多的信息，有利于人眼对目标和环境的判断识别。

本章小结

本章充分利用了 NSCT 变换和 IHS 彩色空间各自的优势，提出了基于 NSCT 与 IHS 变换域的图像彩色化融合方法。首先，对 RGB 彩色空间与 IHS 彩色空间的转换模式进行了详细介绍，分析了 IHS 彩色空间相对于 RGB 彩色空间的诸多优势；其次，提出了基于 NSCT 与 IHS 变换域的图像融合方法，着重讨论了图像融合总体框架、灰度可见光的彩色传递算法，并分别给出了低通子带图像和带通子带图像的融合规则。

通过理论分析和仿真实验表明，本章所提出的图像彩色化融合方法不仅可以保留两幅源图像的特征信息和突出各自的细节信息，而且还使最终融合图像中具备了自然彩色信息，产生了良好的视觉效果。将 NSCT 变换和 IHS 彩色空间结合起来进行可见光和红外图像的融合研究是一种新的思路，具有很好的应用前景。

本章参考文献

[1] Waxman A M, Fay D A, Gore A N, et al. Color night vision: fusion of intensified visible and thermal IR imagery[C]. In: Proc of SPIE, 1995, 2463: 58-68

[2] Waxman A M, Gove A N, Seihert M C, et al. Progress on color night vision: Visible/IR fusion,

perception & search, and low-light CCD imaging[C]. In: Proc of SPIE, 1996, 2763: 96-107
[3] Fay D A, Waxman A M, Aguilar M, et al. Fusion of 2-/3-/4 sensor imagery for visualization, target learning and search[C]. In: Proc of SPIE, 2000, 4023: 105-115
[4] Toet A, Walraven J. New false color mapping for image fusion[J]. Optical Engineering, 1996, 35(3): 650-658
[5] Gonzalez R C, Woods R E, Eddins S L. 冈萨雷斯——数字图像处理(MATLAB 版)[M]. 阮秋琦，等译. 北京：电子工业出版社，2005
[6] Kuffler S W. Discharge Patterns and Functional Organization of Mammalian Retina[J]. Journal of Neurophys, 1953, 16(1): 37-68
[7] School of Optometry, Indiana University. V648 Neurophysiology of vision[EB/OL]. http:// www. Opt. Indiana. Edu/v648/
[8] Tu T M, Su S C. A new look at IHS-like image fusion methods[J]. Information Fusion, 2001, 2: 177-186
[9] 章毓晋. 图像工程(上册)——图像处理和分析. 北京：清华大学出版社，1999

第四篇　基于多分辨率非下采样理论 NSST 的图像融合

第 12 章 基于 NSST 域人眼视觉特性的图像融合方法

本章针对基于 NSST 域的人眼视觉特性(Human Visual Characteristic, HVC)模型展开研究。通过对经典 HVC 模型的研究与分析，建立了人眼视觉特性融合模型，设计了基于 NSST 域人眼视觉特性的图像融合方法，并通过仿真实例分析验证了该算法的合理有效性。

12.1 经典 NSST 模型基本理论

图像融合[1]就是将多个传感器获取的关于同一场景或目标的多幅已配准图像，或同一传感器以不同工作模式获取的多幅已配准图像加以融合形成一幅图像，以求充分利用待融合图像所包含的冗余和互补信息，获得更可靠、更准确的有用信息。

根据融合思想的不同，现行占主流地位的图像融合方法主要分为两类：第一类是基于空间域的融合方法，该类方法又可进一步划分为线性加权和人工神经网络两类，前者通常将源图像对应像素点的灰度值进行加权处理作为融合结果，实现简单，但融合效果不佳；人工神经网络中目前应用最为广泛且融合效果较好的是脉冲耦合神经网络(Pulse Coupled Neural Networks, PCNN)融合法[2-4]，相比经典人工神经网络模型，PCNN 的普遍适用性更强，但如何恰当设置其中存在大量的待确定参数仍是我们难以回避的问题。第二类是基于变换域的融合方法，代表性算法有小波变换融合法、脊波变换[5]融合法、曲波变换[6]融合法、轮廓波变换[7,8]融合法、非下采样轮廓波变换(Non-Subsampled Contourlet Transform, NSCT)[9-11]融合法，其中以 NSCT 融合法[12,13]的性能最为优越。然而，尽管 NSCT 具有平移不变性，能够克服之前各类变换的 Gibbs 效应，但其运算数据量过大，计算复杂度较高，难以有效满足实时性要求较高的应用场合。相比 NSCT，近几年兴起的剪切波变换(Shearlet Transform, ST)[14-17]融合法虽然具有更灵活的结构、更高的计算效率和更理想的图像融合效果，但不具备平移不变性。非下采样剪切波变换(Non-Subsampled Shearlet Transform, NSST)[18]作为 ST 的改进型模型，克服了 ST 的 Gibbs 效应，具有优越的图像处理性能，但其在图像融合领域的应用仍处于初步探索阶段。在此背景下，本章结合 NSST 理论优越的多尺度、多方向分析特性，设计出一种视觉敏感度系数作为各子带图像融合的考量依据，继而探索出一种基于 NSST 与人眼视觉特性的新型图像融合方法，并将其与近年出现的性能较为优越且具代表性的融合方法进行比较。最终经过仿真表明本章提出的融合方法无论在融合效果还是运行效率上均具有明显的优势。

剪切波可以通过仿射系统将几何和多尺度结合起来构造得到。当维数 $n=2$ 时，具有合成膨胀的仿射系统表达式为

$$M_{AB}(\psi)=\{\psi_{i,j,k}(x)=|\det \boldsymbol{A}|^{i/2}\psi(B^{j}A^{i}x-k):x,y\in Z,k\in Z^{2}\} \quad (12.1)$$

式中，$\psi\in L^2(R^2)$，L 表示可积空间，det 表示矩阵的行列式；$\boldsymbol{A}$ 和 $\boldsymbol{B}$ 均为 2×2 的可逆矩阵，且 $|\det\boldsymbol{B}|=1$。若 $M_{AB}(\psi)$ 具有紧框架，则 $M_{AB}(\psi)$ 的元素称为合成小波。$\boldsymbol{A}$ 称为各向异性膨胀矩阵，$\boldsymbol{A}^i$ 与尺度变换相关联；$\boldsymbol{B}$ 为剪切矩阵，B^j 与保持面积不变的几何变换相关联。$\boldsymbol{A}$ 和 $\boldsymbol{B}$ 的表达式分别为 $\boldsymbol{A}=[a\ 0,\ 0\ a^{1/2}]$，$\boldsymbol{B}=[1\ s,\ 0\ 1]$。此时的合成小波即为剪切波，通常取 $a=4$，$s=1$，即 $\boldsymbol{A}=[4\ 0,\ 0\ 2]$，$\boldsymbol{B}=[1\ 1,\ 0\ 1]$。

NSST 的离散化过程主要分为两步：多尺度分解和方向局部化。多尺度分解是通过非下采样的金字塔滤波器组[18]（Non-Subsampled Pyramid，NSP）来实现的，每一级需要对上级中所采用的滤波器按照矩阵 $\boldsymbol{D}=[2\ 0,\ 0\ 2]$进行上采样，源图像每经一级 NSP 分解可产生 1 个低频子带图像和 1 个高频子带图像，以后每一级 NSP 分解都在低频分量上迭代进行以获取图像中的奇异点。因而，二维图像经 k 级 NSP 分解后，可得到 $k+1$ 个与源图像具有相同尺寸大小的子带图像，其中包括 1 个低频图像和 k 个大小相同但尺度不同的高频图像。NSST 的多尺度多方向分解过程如图 12.1 所示，其中 NSP 分解级数为 3。

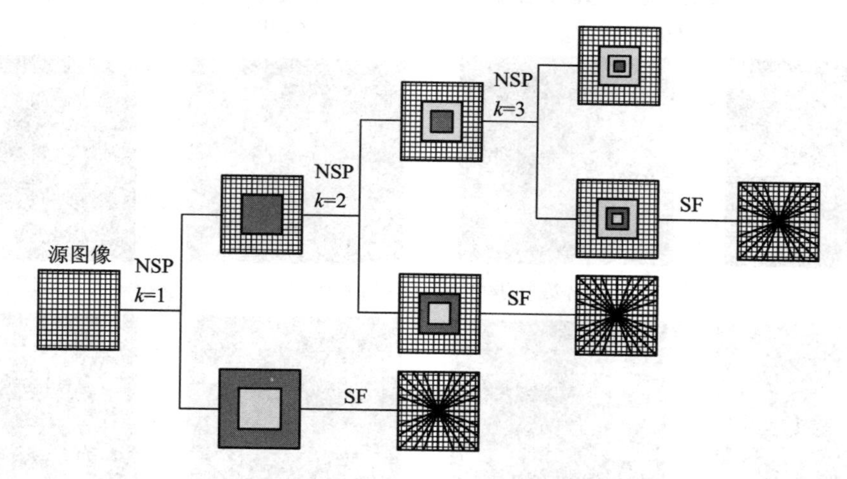

图 12.1　NSST 多尺度多方向分解过程

方向局部化是通过剪切滤波器（Shearlet Filter，SF）完成的。标准的剪切波变换中使用的剪切滤波器是在伪极化网格中通过窗函数的平移操作实现的，其过程需要下采样，因而不具有平移不变性。平移不变的剪切变换把标准的剪切滤波器从伪极化网格系统映射回笛卡尔坐标系统。通过傅里叶逆变换，证明其操作可以直接通过二维卷积完成，避免了下采样操作，因而具有平移不变性。其具体过程又称为 Meyer 窗口的构建。

令 j 表示图像分解的尺度，$j=1, 2, \cdots, M$，平移不变剪切波变换的具体过程如下：

(1) 利用非下采样金字塔策略将图像 $\boldsymbol{f}^j$ 分解成为低通图像 $\boldsymbol{f}^{j+1}$ 和细节图像 $\boldsymbol{g}^{j+1}$。

(2) 针对细节图像 $\boldsymbol{g}^{j+1}$，构建 Meyer 窗口进行多尺度分解。

① 在伪极化网格生成剪切滤波器窗口 W。

② 将 $\boldsymbol{W}$ 从伪极化网格系统映射回笛卡尔坐标系统，生成新的剪切滤波器 $\boldsymbol{W}_{\text{new}}$。

③ 计算细节图像的离散傅里叶变换，产生矩阵 $F\boldsymbol{g}^{j+1}$。

④ 将 $\boldsymbol{W}_{\text{new}}$ 作用到 $F\boldsymbol{g}^{j+1}$，获得方向子带。

(3) 对各个方向子带进行傅里叶逆变换，得到平移不变剪切波系数 c^{j+1}。

剪切波满足抛物线尺度，对某尺度子带图像进行 k 级平移不变剪切波方向分解，可得到 2^k+1 个与原始输入图像尺寸大小相同的子带图像。因此，对图像 j 级分解后，可得到 $\sum_{j=1}^{J}(2^{l_j}+1)$ 个子带图像，从而实现了频域中更为精确的方向分解。其中，J 表示图像分解层数，l_j 是在尺度 j 下的方向分解级数。图 12.2 给出了图像 Zoneplate 分解成 2 层的实例。

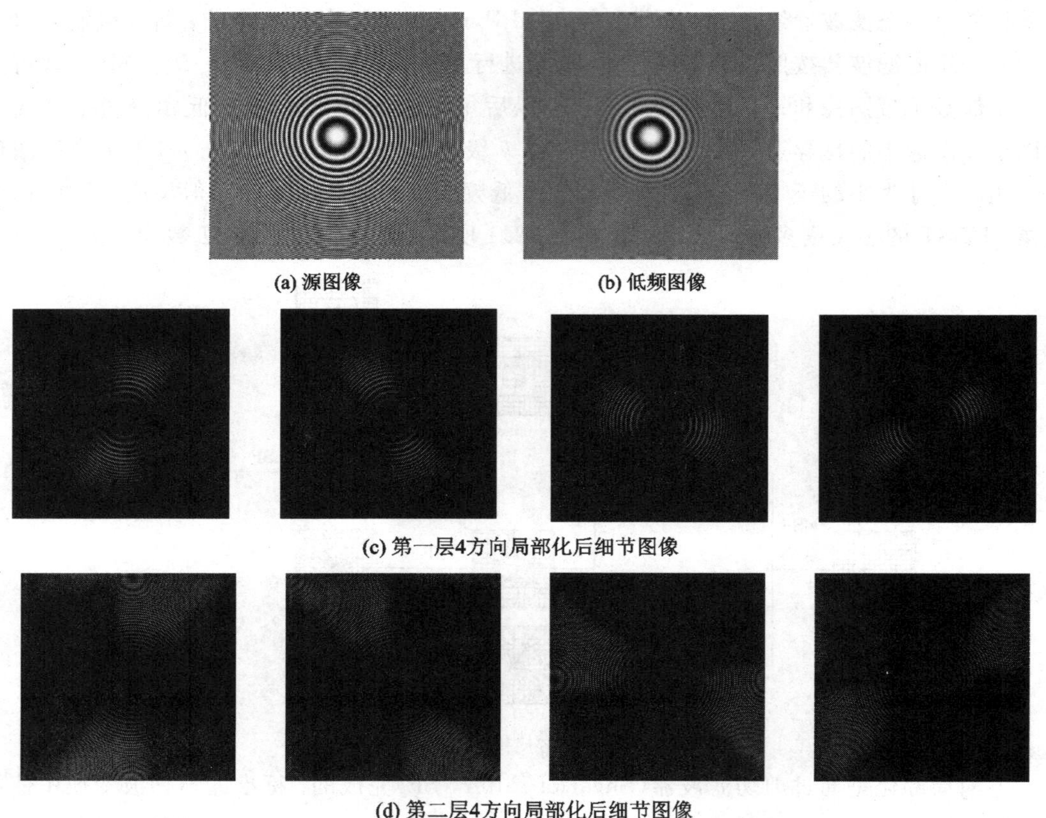

图 12.2 图像 Zoneplate 的两层离散的 NSST 分解示例

经过 NSST 分解后，每一个剪切波位于近似大小为 $2^{2j}\times 2^{j}$、线方向斜率为 $2^{-j}l$ 的梯形对上，如图 12.3 所示。根据小波理论，由一维小波张成的二维小波基具有正方形的支撑区间，在尺度 j 下，其近似边长为 2^j，如图 12.4 所示。当尺度 j 变大时，小波支撑基的面积随之变大，但是由于其无方向性，非零的小波系数以指数形式增长，导致大量不可忽略的系数出现。小波逼近奇异曲线最终表现为“点”逼近过程，而非原曲线最优的稀疏表示。剪切波以近似长条形即梯形对去逼近曲线，当尺度 j 变大时，其支撑基的线方向斜率 $2^{-j}l$ 也随之变化，使得这种近似长条形的支撑基具有各向异性，能够有效捕获方向信息，它是图像中边缘等特征的真正的稀疏表示。

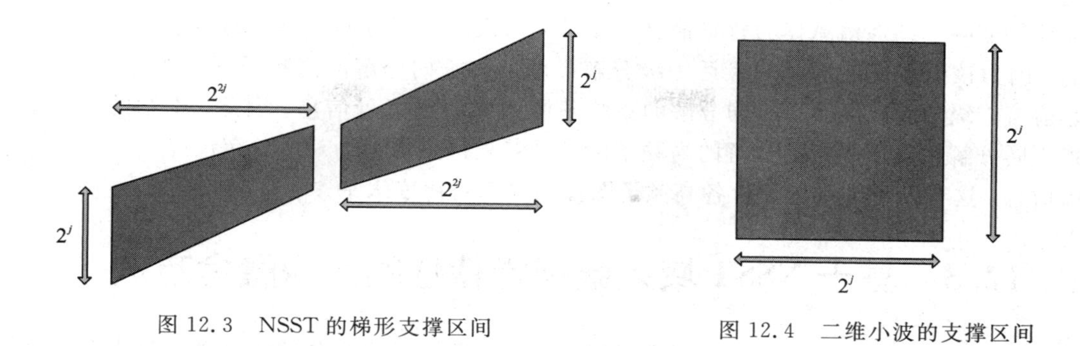

图 12.3　NSST 的梯形支撑区间　　　　图 12.4　二维小波的支撑区间

12.2　视觉敏感度系数

近年来，人眼视觉特性已受到广大学者的广泛关注并逐渐被应用于图像处理领域，然而，传统的人眼视觉指标通常只涉及图像的亮度信息，在确定融合子图像系数时往往仅片面考虑源图像的单个子图像系数，实际上根据生理学的相关研究成果，以灰度图像为例，相对于单幅图像的亮度信息，人眼视觉系统对图像的局部对比度信息更为敏感。局部对比度的变化不仅反映了图像内各像素点的差异水平，也从侧面刻画了图像目标信息相对于背景信息的显著性程度。为此，本节提出一种新的局部对比度定义——视觉敏感度系数(Visual Sensitivity Coefficient，VSC)，其表达式为

$$\mathrm{vsc}(Z^{K,L}(x, y)) = \frac{|Z^{K,L}(x, y)|}{\overline{Z_K^0}(x, y)} \tag{12.2}$$

式中，vsc 为视觉敏感度系数算子，Z 表示源图像；(x, y)为像素点坐标；K 为源图像的多尺度分解级数，且 $0 \leqslant K \leqslant k$；$Z^{K,L}(x, y)$表示经过 K 级多尺度分解后的高频图像的第 L 级方向分解的子图像系数。当 L 满足 $0 \leqslant L \leqslant 2^l + 1$，$\overline{Z_K^0}(x, y)$为$Z^{K,L}(x, y)$对应分解尺度下的低频子图像系数的区域平均值，其表达式为

$$\overline{Z_K^0}(x, y) = \frac{1}{M \times N} \sum_{r=-(M-1)/2}^{(M-1)/2} \sum_{c=-(N-1)/2}^{(N-1)/2} Z_K^0(x + r, y + c) \tag{12.3}$$

式中，$M \times N$ 为邻域尺寸，通常将 $M \times N$ 设定为正方形区域，且 M、N 为相同的不小于 3 的奇数值。显然，vsc 的值越大，对应图像的细节和边缘信息就越丰富。

同以往的局部对比度模型相比，本章的 VSC 模型做了以下三处改进：

(1) 传统模型在描述高频子图像系数时，通常仅考虑其原始数值，然而，在经过多分辨率分解后，相当部分的高频子图像系数为负值，而子图像的负值系数信息同样包含了源图像的重要边缘和细节信息，因此，如果仅从纯数学的角度来比较正负系数值的优劣是不客观的，也是不科学的。本章的 vsc 算子将所有高频子图像系数进行绝对值化处理，从系数所反映的实质边缘信息出发对不同源图像对应的高频子图像进行比较。

(2) 以往的对比度模型通常仅将高频子图像系数与多分辨率分解后的低频子带系数进行点对点比较，然而，由人类视觉特性可知，单个的背景像素值并不能如实反映对应像素点所在区域的背景信息，因此，本节采取用背景像素点所在区域的灰度平均值代替以往的单个灰度值，以求对背景信息进行更客观的表达。

(3) 尽管许多多分辨率分解模型(比如 NSCT、NSST)最终仅生成一幅低频子图像，但

单纯地将低频子图像信息作为背景信息来衡量不同尺度不同方向分解下的高频信息是不客观的，因为该低频子图像仅为最后一级分解尺度下多方向分解的高频子图像的背景信息，而非前若干级分解尺度下多方向分解的高频子图像对应的背景信息。因此，本章的 vsc 算子将不同分解尺度下多方向分解的高频子图像的背景信息修正为对应分解尺度下的低频子图像信息，这有助于客观地评价各高频子图像的局部对比度水平。

12.3 基于 NSST 域人眼视觉特性的图像融合方法

相比以往文献中较繁琐的高频子图像融合标准和融合规则，本章采用视觉敏感度系数作为确定高频子图像融合的考量标准，VSC 的形式更简洁，融合效果也更为优越。针对低频子图像的融合标准和融合规则，传统的平均融合法不仅会造成图像整体亮度的显著下降，还会导致图像边缘和细节信息的模糊；邻域能量取大法尽可能保留了源图像的重要边缘，但在一定程度上弱化了较低亮度的边缘信息；区域方差取大法可优先选择边缘细节丰富的区域信息，但在遇到噪声时却显得无能无力。为此，本章采取邻域平均能量和邻域方差两种指标的合成值作为低频子图像的融合标准，其表达式为

$$H_Z^{K,0}(x, y) = E_Z^{K,0}(1 + V_Z^{K,0}) \tag{12.4}$$

$$E_Z^{K,0}(x, y) = \frac{1}{M \times N} \sum_{r=-(M-1)/2}^{(M-1)/2} \sum_{c=-(N-1)/2}^{(N-1)/2} (C_Z^{K,0}(x+r, y+c))^2 \tag{12.5}$$

$$V_Z^{K,0}(x, y) = \frac{1}{(M-1) \times (N-1)} \cdot \sum_{r=-(M-1)/2}^{(M-1)/2} \sum_{c=-(N-1)/2}^{(N-1)/2} (C_Z^{K,0}(x+r, y+c) - \overline{C_Z^{K,0}(x, y)})^2 \tag{12.6}$$

$$\overline{C_Z^{K,0}(x, y)} = \frac{1}{M \times N} \sum_{r=-\frac{M-1}{2}}^{\frac{M-1}{2}} \sum_{c=-\frac{N-1}{2}}^{\frac{N-1}{2}} C_Z^{K,0}(x+r, y+c) \tag{12.7}$$

式中，$H_Z^{K,0}$为源图像低频子图像中邻域平均能量和邻域方差两种指标的合成值，$H_Z^{K,0}$的值越大，对应图像包含的边缘和细节信息就越丰富；Z 表示源图像，$E^{K,0}$为邻域平均能量，$V^{K,0}$为邻域方差；式(12.4)中的 1 用于防止 $V^{K,0}$为 0 时融合标准失效；式(12.5)、式(12.6)分别为邻域平均能量、邻域方差的表达式；$C^{K,0}$为低频子图像系数，$\overline{C^{K,0}}$为一定邻域内的低频子图像系数均值。

本章还将 NSST 图像分析方法引入到图像融合工作中。经 NSST 分解后的低频子带是图像的近似分量，也是人眼对图像内容进行感知的主要内容；而高频子带则包含图像大量的细节信息，绝对值较大的系数对应着某方向区间上的显著特征，可以很好地表示图像的结构信息，包含了图像绝大部分的信息，因此，融合规则的选择对于最终融合质量至关重要。本节以两幅源图像的情形为例，提出了基于 NSST 域人眼视觉特性的图像融合方法。

输入：已经过严格配准的两幅源图像 A 和 B。

输出：经 NSST 域人眼视觉特性机理处理后的融合图像 F。

步骤如下：

(1) 采用 NSST 对源图像 A 和 B 分别进行多尺度和多方向分解，并得到各自的低频子带系数$\{A^{K,0}, B^{K,0}\}$和高频子带系数$\{A^{l_k}, B^{l_k}\}$，其中，K 为 NSST 多尺度分解级数，l_k为

k 尺度下的方向分解级数，$1 \leqslant k \leqslant K$。

(2) 利用邻域平均能量和邻域方差两种指标的合成值 $H_Z^{K,0}$ 对源图像 A 和 B 的低频子带系数加以选择，即

$$F^{K,0} = \begin{cases} A^{K,0}, & H_A^{K,0} \geqslant H_B^{K,0} \\ B^{K,0}, & H_A^{K,0} < H_B^{K,0} \end{cases} \tag{12.8}$$

(3) 利用 vsc 对源图像 A 和 B 的高频子带系数加以选择，即

$$F^{l_k} = \begin{cases} A^{l_k}, & \mathrm{vsc}_A^{l_k} \geqslant \mathrm{vsc}_B^{l_k} \\ B^{l_k}, & \mathrm{vsc}_A^{l_k} < \mathrm{vsc}_B^{l_k} \end{cases} \tag{12.9}$$

(4) 对(2)、(3)中的融合系数进行 NSST 逆变换，以获得最终融合图像 F。

12.4　实验结果与分析

本章的实验平台是一台配置为 2.3 GHz 主频、2 G 内存的 PC，并采用 Matlab 2010a 的编译环境。为了验证本章提出的融合方法的有效性，本节分别对多聚焦图像、灰度可见光与红外图像两组不同类型的源图像进行融合仿真实验，每组图像均为已配准的 256 级灰度图像。

12.5.1　融合方法与量化评价指标

本章将采用近年提出的性能较为优越的下列 4 种融合方法与文中方法(记为方法 5)进行融合效果比较：基于 NSST 的图像融合方法[19](方法 1)、基于局部对比度的自适应 PCNN图像融合方法[2](方法 2)、基于 NSCT 与自适应 Unit-Fast-Linking PCNN 的图像融合方法[4](方法 3)、基于 shearlet 的图像融合方法[15](方法 4)。其中，方法 1～方法 4 中的参数均按照原对应文献中的给定数据设定。本章方法的多尺度分解级数定为 3 级，按照由“粗”至“细”的分辨率层，方向分解级数依次为 6、10、18，对应的剪切波窗口尺寸分别为 3、5、9，邻域大小为 3×3。采用的客观评价标准为信息熵(IE)、标准差(SD)、平均梯度(AG)、互信息量(Mutual Information，MI)以及加权融合质量指数(Weighted Fusion Quality Index，WFQ)。IE 是衡量图像信息丰富程度的重要指标，熵值的大小表示图像所包含平均信息量的多少，融合图像的 IE 值越大，表明融合图像的信息量增加的越多，包含的信息越丰富，融合质量越好。SD 描述了像素点与图像平均值的离散程度，SD 值越大，图像反差越大，融合效果越好。AG 用来衡量融合图像的清晰程度，AG 值越大，对应的图像越清晰。MI 用来衡量融合图像与源图像间的交互信息，MI 值越大，表示融合图像从源图像中获取的信息越丰富，融合效果越好，本章使用的是归一化 MI。WFQ 用来表示融合图像相对于源图像的信息保留量，WFQ 值越大，表明源图像中的信息在融合图像中保留得越好，融合性能越高。以上各指标的表达式参见文献[20]。

12.5.2　多聚焦灰度图像融合仿真实验

由于光学镜头的景深有限，使得人们在摄影时很难获取一幅所有景物均聚焦清晰的图像。解决该问题的有效方法之一是对同一场景拍摄多幅聚焦点不同的图像，然后将其融合为一幅场景内所有景物均聚焦的图像。由于聚焦点的不同，多聚焦图像中具有不同的清晰区域(聚焦区域)和模糊区域(离焦区域)，多聚焦图像融合就是针对不同聚焦点的图像将各

幅图像中的清晰区域组合成一幅图像，同时避免虚假信息的进入。本节选取两幅常用的 Clock 图像作为待融合源图像，图像大小均为 512×512 像素。其中，图 12.5(a)聚焦在右侧的闹钟上，右侧的闹钟轮廓清晰，而左侧的闹钟轮廓则较为模糊；图 12.5(b)聚焦在左侧的闹钟上，左侧的闹钟轮廓清晰，而右侧的闹钟图像较为模糊。显然，这两幅多聚焦图像包含有大量的互补信息，如何尽可能地将二者的清晰区域加以结合成为本节实验的重要目的。方法 1～方法 5 的图像融合仿真效果如图 12.5(c)～(g)所示。

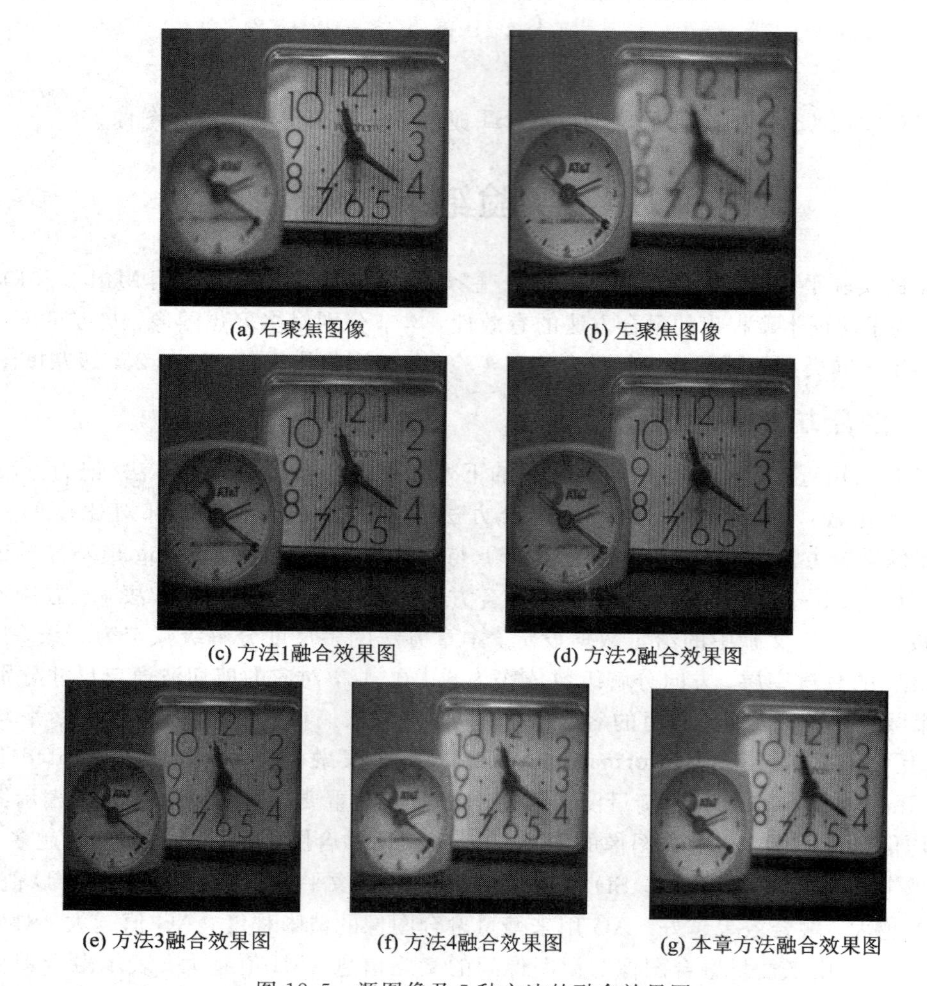

(a) 右聚焦图像　(b) 左聚焦图像

(c) 方法1融合效果图　(d) 方法2融合效果图

(e) 方法3融合效果图　(f) 方法4融合效果图　(g) 本章方法融合效果图

图 12.5　源图像及 5 种方法的融合效果图

从直观角度看，上述 5 种方法均较好地保持了两幅源图像的重要信息，并对原多聚焦图像进行了较好的融合。但仔细比较后发现，方法 3 的融合图像清晰度较差，闹钟指数较为模糊；方法 4 的融合图像出现了虚影，这是因为经典的 shearlet 会导致 Gibbs 现象的产生；方法 1、方法 2 的融合图像视觉效果较为接近，尽管获得了较为清晰的融合效果，但图像整体亮度较差；本章方法得到的融合图像不仅拥有清晰的刻度指数，而且图像整体亮度程度适中，视觉效果良好，直观效果在客观评价指标数据中也得到了验证，表 12.1 给出了这 5 种融合方法的客观评价测度值。

表 12.1 中的数据充分显示了本章方法在保护图像细节和融合图像信息两方面的优势，

5 项指标均为最优。在 IE 指标上，本章方法远远超出其余 4 种方法，即使与指标值次优的方法 1 相比，本章方法也超出前者近 5%，表明本章方法融合图像拥有较丰富的图像信息；在 SD 指标上，本章方法对应指标值超过 40，超出仅次于其的方法 1 逾 11%，表明本章方法融合图像具有较大的图像反差；在 AG 指标上，本章方法亦占有显著优势；在 MI 与 WFQ 指标值上，本章方法的融合图像从源图像中获取了更为丰富的信息，拥有较好的融合效果。

表 12.1　多聚焦图像融合效果性能比较

	方法 1	方法 2	方法 3	方法 4	本章方法
IE	7.1983	7.0254	6.9812	7.1329	7.5696
SD	35.656	27.622	26.721	34.516	40.289
AG	3.8477	3.8811	3.1391	3.9690	4.3929
MI	0.8644	0.8165	0.7015	0.8710	0.9247
WFQ	0.7080	0.7322	0.5896	0.8151	0.8881

12.5.3　灰度可见光与红外图像融合实验

图 12.6(a)、(b)分别来源于荷兰 TNO Human Factors Research Institute 提供的“UN Camp”可见光序列图和红外序列图，图像大小为 270×360 像素。其中，可见光图像背景信息清晰，但红外热辐射源信息无法感知；红外图像突出了热辐射源信息，但对背景信息的表达能力较弱。将这 5 种融合方法应用于图像融合，效果图分别如图 12.6(c)～(g)所示。

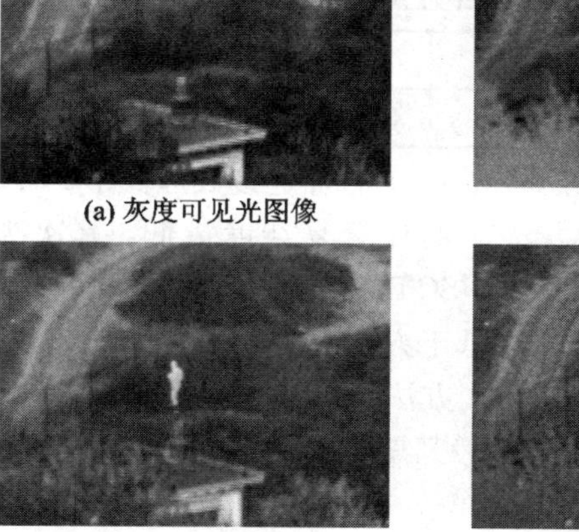

(a) 灰度可见光图像　(b) 红外图像

(c) 方法1融合效果图

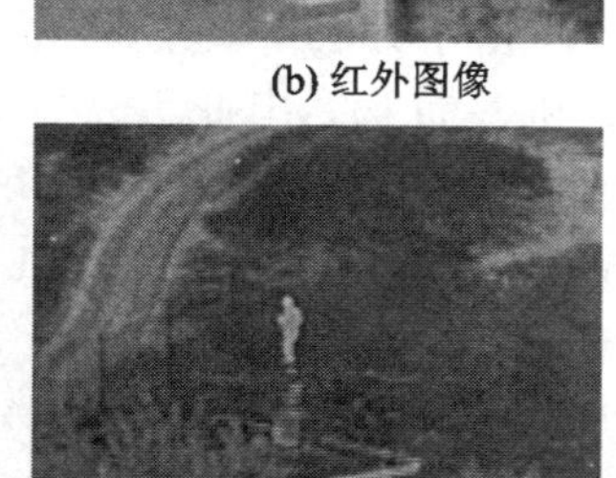

(d) 方法2融合效果图

(e) 方法3融合效果图

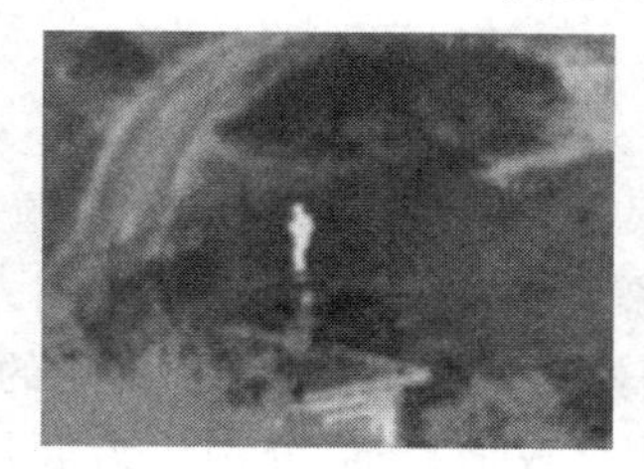

(f) 方法4融合效果图

(g) 本章方法融合效果图

图 12.6　源图像及 5 种方法的融合效果图

仔细比较上述 5 种方法的融合图像可以发现，方法 2 的融合图像较其余方法整体亮度效果最差；方法 3、方法 4 的融合图像的细节信息比较模糊，譬如房屋平台的棱角等边缘信息以及近处左下角树枝细节信息比较模糊；方法 1、方法 2 以及本章方法有较为接近的融合效果，但就图片中热辐射源目标信息的清晰程度及图像整体亮度效果来说，本章方法明显优于另外两种方法。表 12.2 给出了这 5 种融合方法的客观评价结果。

表 12.2　灰度可见光与红外图像融合效果性能比较

	方法 1	方法 2	方法 3	方法 4	本章方法
IE	6.8177	6.4841	6.7383	6.7326	6.9048
SD	24.932	20.567	25.159	23.984	29.102
AG	7.6671	9.2786	7.8296	7.5781	9.5966
MI	0.4738	0.4287	0.5151	0.5219	0.5507
WFQ	0.6618	0.6341	0.6480	0.6251	0.7098

在 IE、SD、AG、MI、WFQ 五项指标上，本章方法均为最优，表明本章方法融合图像同基于其他几种方法的融合图像相比，拥有更为丰富的信息量、更为明显的图像亮度反差、更为清晰的图像纹理以及更为强大的信息融合能力，与直观观察结果完全相符。

12.5.4　实验结果讨论

通过对两组不同类型源图像的融合仿真实验，可以看出本章方法在性能上要优于其他几种方法。本节我们将从算法运行时间的角度对上述几种融合方法做进一步比较。表 12.3 以多聚焦图像仿真实验为例，给出了各种方法的平均运行时间。

表 12.3　5 种融合方法的平均运行时间

方法	方法 1	方法 2	方法 3	方法 4	本章方法
平均运行时间	5.39	4.21	95.43	3.36	6.45

如表 12.3 所示，由于方法 4 中经典 shearlet 的待定参数远少于 PCNN 模型，且不涉及多尺度、多方向分析与重构，因此方法 4 的计算复杂度最低，其次为基于局部对比度 PCNN模型的方法 2；方法 3 由于涉及到 NSCT 的多尺度、多方向稀疏分解及重构而耗费了较多的计算时间，因而算法运行效率远低于方法 2、方法 4、方法 5；本章方法采用了更为高效的 NSST 模型，运行效率较方法 1、方法 3 具有较大优势，但与仅采用单一方式的方法 1、方法 2、方法 4 相比，稍显劣势，但其融合图像的视觉效果更令人满意，因此其在计算复杂度上的不足仍可以接受。

本章小结

本章针对 NSST 理论与人眼视觉特性模型的结合问题进行了探索研究，提出了一种基于 NSST 域人眼视觉特性的图像融合方法。一方面，依据人眼视觉特性的基本原理构建视觉敏感度系数 vsc，用以描述图像目标信息相对背景信息的显著性程度；另一方面，将邻域平均能量和邻域方差两种指标的合成值、vsc 分别作为低频、高频子带图像的融合准则并得出最终的融合图像。仿真实验结果表明本章提出的图像融合方法可以获得比其他几种方法更好的融合效果。

本章参考文献

[1] 敬忠良，肖刚，李振华. 图像融合——理论与应用. 北京：高等教育出版社，2007

[2] 苗启广，王宝树. 基于局部对比度的自适应 PCNN 图像融合[J]. 计算机学报，2008，31(5)：875-880

[3] 马义德，林冬梅，王兆滨，等. PCNN 与粗集理论用于多聚焦图像融合[J]. 电子科技大学学报，2009，38(4)：485-488

[4] Kong W W，Lei Y J，Lei Y，et al. Image Fusion Technique Based on NSCT and Adaptive Unit-Fast-Linking PCNN[J]. IET Image Processing，2011，5(2)：113-121

[5] Do M N，Vetterli M. The Finite Ridgelet Transform for Image Representation[J]. IEEE Trans on Image Processing，2003，12(1)：16-28

[6] Candes E J，Donoho D L. Curvelets：a surprisingly effective non-adaptive representation for objects with edges[C]//USA：Department of Statistics，Stanford University，2002

[7] Do M N，Vetterli M. The Contourlet Transform：An Efficient Directional Multi-resolution Image Representation[J]. IEEE Trans on Image Processing，2002，11(1)：16-28

[8] Do M N，Vetterli M. Contourlets In：Beyond Wavelets[M]. J. Stoeckler，G. V. Wellland，Eds. New York：Academic Press，2003

[9] Cunha A L，Zhou J P，Do M N. Nonsubsampled contourlet transform：filter design and applications in denoising[C]. Proceedings of IEEE conference on Image Processing，Genova，Italy，2005：749-752

[10] Zhou J P，Cunha A L，Do M N. Nonsubsampled contourlet transform：construction and application in enhancement[C]//Proceedings of IEEE conference on Image Processing，Genova，Italy，2005：469-472

[11] Cunha A L，Zhou J P，Do M N. The nonsubsampled contourlet transform：Theory，design and applications[J]. IEEE Trans on Image Processing，2006，15(10)：3089-3101

[12] Kong W W，Lei Y J，Lei Y，et al. Technique for Image Fusion Based on Non-Subsampled Contourlet Transform Domain Improved NMF[J]. Science in China (Series F-Information Sciences)，2010，53(12)：2429-2440(中国科学 F 辑：信息科学(英文版))

[13] 孔韦韦，雷阳. 基于 NSCT 域 I^2CM 的图像融合方法[J]. 系统工程理论与实践，2012，32(11)：2557-2563

[14] Guo K，Labate D，Lim W. Edge analysis and identification using the continuous shearlet transform[J]. Applied and Computational Harmonic Analysis，2009，27(1)：24-46

[15] Miao Q G，Shi C，Xu P F，et al. A novel algorithm of image fusion using shearlets[J]. Optics Communications，2011，284(6)：1540-1547

[16] Miao Q G，Shi C，Xu P F，et al. Multi-focus image fusion algorithm based on shearlets[J]. Chinese Optics Letters，2011，9(4)：041001-1-041001-5

[17] Geng P，Zheng X，Zhang Z G，et al. Multi-focus image fusion with PCNN in shearlet domain[J]. Research Journal of Applied Sciences，Engineering and Technology，2012，4(15)：2283-2290

[18] Easley G，Labate D，Lim W. Sparse directional image representations using the discrete shearlet transform[J]. Applied and Computational Harmonic Analysis，2008，25(1)：25-46

[19] Cao Y，Li S T，Hu J W. Multi-focus image fusion by nonsubsampled shearlet transform[C] 2011 sixth international conference on Image and Graphics. 2011：17-21

[20] 苗启广. 多传感器图像融合方法研究[D]. 西安：西安电子科技大学博士学位论文，2005

第 13 章 基于 NSST 域改进型神经网络模型的图像融合方法

本章对 NSST 与新型神经网络模型的结合进行了探索研究，提出了两种新的图像融合方法。首先，分析经典脉冲耦合神经网络(Pulse Coupled Neural Networks，PCNN)模型并加以改进，提出一种改进型 PCNN(Improved PCNN，IPCNN)模型，设计基于 NSST 域 IPCNN 的图像融合方法并给出仿真实例；其次，将 NSST 与 I^2CM 模型相结合，提出基于 NSST 域 I^2CM 的图像融合方法并给出仿真实例。

13.1 IPCNN 模型及其赋时矩阵

本节仍将采用 9.3 节中的改进型 PCNN 模型，同经典 PCNN 模型中的 9 个待定参数相比较。IPCNN 模型中需要确定的待定参数仅有 3 个，分别为调整步长 Δ、阈值幅度常数 V_θ以及链接强度 β。其中，Δ 决定了动态阈值 θ 的线性衰减速率，在像素灰度值归一化的情况下，IPCNN 模型中 Δ 可取 0.01；V_θ用来限制每个神经元至多只点火 1 次，故只需将其赋予一个较大的数值即可满足要求。因而，链接强度 β 成为 IPCNN 模型中参数确定工作的重点，同时也是难点。

以往大多数文献通常是将所有神经元的链接强度 β 设定为同一个正常数，或是根据若干次仿真实验或主观经验设定一个合适的数值，然而这种设置仅仅是从简化问题的角度出发，既不具有普遍适用性，也不符合实际情况，因为一幅图像内的所有像素点不可能具有完全相同的链接强度。在图像融合领域，我们希望将若干幅源图像中最清晰的细节和特征融合到最终的融合图像中，而清晰细节和模糊细节的像素清晰度水平总存在较大的差异，因而本节我们将选取局部方向对比度(Local Direction Contrast，LDC)作为对应每个神经元的链接强度。对应地，像素点的 LDC 数值越大，对应神经元的链接强度 β 也就越大，该神经元被提前捕获点火的时间也就越早。IPCNN 模型中参数 β 的数学表达式如下：

$$\beta_X^{K,r}(i,j)=\frac{|X^{K,r}(i,j)|}{\overline{X_K^0(i,j)}} \tag{13.1}$$

式中，X 为待融合源图像；$\overline{X_K^0}(x,y)$表示源图像 X 中第 K 级尺度分解后的低频子带图像的像素平均值，$X^{K,L}(i,j)$表示经过 K 级多尺度分解后的高频图像的第 L 级方向分解的子图像像素灰度值，L 满足 $0\leqslant L\leqslant 2^l+1$，$\overline{X_K^0}(x,y)$的表达式为

$$\overline{X_K^0(i,j)}=\frac{1}{M\times N}\sum_{r=-(M-1)/2}^{(M-1)/2}\sum_{c=-(N-1)/2}^{(N-1)/2}X_K^0(i+r,j+c) \tag{13.2}$$

式中，$M\times N$ 通常为一个以像素点(i,j)为中心的正方形区域即 $M=N$。需要指出的是，式(13.1)主要用来进行高频子带图像中像素点链接强度 β 的求值，而低频子带图像中各像素点链接强度 β 的求值公式如下：

$$\beta_X^{\text{low}}(i, j) = \frac{|X^{\text{low}}(i, j)|}{\overline{X^{\text{low}}(i, j)}} \tag{13.3}$$

由于在进行完多尺度、多方向几何分析变换后只有一幅低频子带图像，因此式(13.3)中$\overline{X^{\text{low}}(i, j)}$表示来源于源图像 X 中的低频子带图像的局部区域像素平均值，其表达式如下：

$$\overline{X^{\text{low}}(i, j)} = \frac{1}{M \times N} \sum_{r=-(M-1)/2}^{(M-1)/2} \sum_{c=-(N-1)/2}^{(N-1)/2} X^{\text{low}}(i + r, j + c) \tag{13.4}$$

显然，各像素点的链接强度 β 值越大，来源于源图像 X 中的特征就越明显，进而对应的神经元 N_{ij} 就越容易被提前激活。

13.2　基于 NSST 域 IPCNN 的图像融合方法

本节综合经典的 Unit-linking PCNN 模型的优势，对传统的 PCNN 模型进行了改进，得到的 IPCNN 模型不仅具有较少的待定参数，还可以结合人类视觉系统特性提取图像像素点特征自适应地确定参数。不仅如此，本节还将 NSST 引入到图像融合中，经 NSST 分解后的低频子带是图像的近似分量，是人眼对图像内容进行感知的主要内容；而高频子带则包含图像大量的细节信息，绝对值较大的系数对应着某方向区间上的显著特征，可以很好地表示图像的结构信息，包含了图像绝大部分的信息，因此，融合规则的选择对于最终的图像融合质量至关重要。本节以两幅源图像的融合过程为例，给出了基于 NSST 域 IPCNN 模型的图像融合方法。

输入：已经过严格配准的相同尺寸源图像 A 和 B。

输出：经 NSST 与 IPCNN 模型处理后的融合图像 F。

步骤如下：

(1) 采用 NSST 对源图像 A 和 B 分别进行多尺度和多方向分解，并得到各自的低频子带系数$\{A_K^0, B_K^0\}$和高频子带系数$\{A^{l_k}, B^{l_k}\}$，其中，K 为 NSST 分解尺度数，l_k为 k 尺度下的方向分解级数，$1 \leqslant k \leqslant K$。

(2) 通过 IPCNN 模型对源图像 A 和 B 的高频子带系数加以选择。

① 将低频子带系数$\{A^{l_k}, B^{l_k}\}$归整到 0 与 1 之间，并将其作为相应神经元的反馈输入。

② 对高频的相关参数分别进行初始化，即

$$\boldsymbol{L}_{ij}^{0, l_k}[0] = \boldsymbol{U}_{ij}^{0, l_k}[0] = \boldsymbol{T}_{ij}^{0, l_k}[0] = \boldsymbol{Y}_{ij}^{0, l_k}[0] = 0, \ \boldsymbol{\theta}_{ij}^{0, l_k}[0] = 1$$

其中所有神经元均未点火，且将 $\boldsymbol{\theta}_{ij}^{0, l_k}[0]$设置为 1 的目的是为了使对应的神经元能够尽可能早地发生点火，从而有效避免“空迭代”情况的出现。

③ 对于高频子带系数 A^{l_k} 和 B^{l_k}，将其归一化后的系数作为反馈输入，并根据式(13.1)获得其对应的 LDC 数值，作为像素点对应的链接强度 β 的值。

④ 根据第 9 章改进型 PCNN 模型表达式计算出矩阵：$\boldsymbol{L}_{ij}^{0, l_k}$，$\boldsymbol{U}_{ij}^{0, l_k}$，$\boldsymbol{Y}_{ij}^{0, l_k}$，$\boldsymbol{T}_{ij}^{0, l_k}$，$\boldsymbol{\theta}_{ij}^{0, l_k}$。

⑤ 若矩阵 $\boldsymbol{Y}_{ij}^{0, l_k}$ 中的元素不全为 1，返回④；否则迭代过程结束，融合图像的高频系数 $f_{ij}^{l_k}$ 由矩阵 $\boldsymbol{T}$ 确定，即

$$f_{ij}^{l_k} = \begin{cases} A_{ij}^{l_k}, & \boldsymbol{T}_{ij, A}^{l_k} \leqslant \boldsymbol{T}_{ij, B}^{l_k} \\ B_{ij}^{l_k}, & \boldsymbol{T}_{ij, A}^{l_k} > \boldsymbol{T}_{ij, B}^{l_k} \end{cases} \tag{13.5}$$

式中，$f_{ij}^{l_k}$ 为高频子带图像的融合系数，若 $\boldsymbol{T}_{ij, A}^{l_k} \leqslant \boldsymbol{T}_{ij, B}^{l_k}$，则表示源图像 A 的子图像中位于

(i, j)的像素点拥有比对应 B 的子图像中的(i, j)像素点更显著的特征信息，因此将选取 $A_{ij}^{l_k}$ 作为融合后的高频子带系数；反之，将选取 $B_{ij}^{l_k}$ 作为融合后的高频子带系数。

(3) 根据式(13.3)，利用 IPCNN 模型对源图像 A 和 B 的低频子带系数 f_{ij}^0 加以选择。

(4) 为了保证最终融合图像具有良好的视觉效果，对各融合子图像进行区域一致性检验。构建一个与源图像相同尺寸的"一致性决策"(Consistency Decision，CD)矩阵，矩阵中的元素值通过下式加以获得：

$$\mathrm{CD}_{ij}^{0,l_k}=\begin{cases}1, & \boldsymbol{T}_{ij,A}^{0,l_k}\leqslant \boldsymbol{T}_{ij,B}^{0,l_k}\\ 0, & \boldsymbol{T}_{ij,A}^{0,l_k}>\boldsymbol{T}_{ij,B}^{0,l_k}\end{cases}\tag{13.6}$$

根据式(13.6)可知，若某一个系数来源于源图像 A，而其周围多数系数来源于源图像 B，则根据一致性决策原则，该系数值将被来源于源图像 B 的对应系数所取代。

(5) 对融合系数进行 NSST 逆变换获得最终融合图像 F。

同以往相关文献相比，本章提出的图像融合方法有以下优势：

(1) 链接强度 β 有效调整了神经元的点火过程，而且还是融合系数选择中的重要因子，可以最大限度地将神经元的点火信息融入到图像融合工作中。

(2) 无需对迭代次数进行设定，所有子带的迭代次数均由 $\boldsymbol{T}$ 自适应决定，从而大大降低了融合过程的复杂度。

13.3　实验结果与分析

13.3.1　实验描述

为了验证本节提出融合方法的有效性，本节利用 Matlab7.1 软件，分别对一组多聚焦源图像和一组 SAR 遥感图像进行仿真实验。上述图像可从 http://www.imagefusion.org/ 网址进行下载，且均为已配准的 256 级灰度图像，尺寸大小为 512×512 像素。实验中采用了以下 7 种融合方法进行仿真效果比较：基于经典 Shearlet 变换的融合方法(方法 1)[1]、基于经典 NSST 的融合方法(方法 2)[2]、基于 PCNN 和局部对比度的融合方法(方法 3)[3]、基于经典 PCNN 的融合方法(方法 4)[4]、基于 SW-NSCT-PCNN 的融合方法(方法 5)[5]、基于 Wavelet 变换的融合方法(方法 6)[6]、基于 Contourlet 变换的融合方法(方法 7)[7]。为了使对比结果更加可信，方法 1～方法 7 中的参数设置均参照文献[1－7]中的内容。本章方法采用的参数为：$V_\theta=10$，$\Delta=0.01$，多尺度分解级数定为 4 级，按照由"粗"至"细"的分辨率层，方向分解级数依次为 4、4、4、4，邻域大小为 3×3。

对于融合图像的融合效果可以采用主观评价的方式进行，但由于主观评价往往容易受到评价者视觉特性、心理状态等因素的影响，因而，本节将采用 IE、SD、AG、RMSE、PSNR、MI 和 SSIM 等 7 个指标作为 8 种仿真方法的客观评价标准，各指标的表达式参见文献[8]。

13.3.2　融合实验结果

图 13.1(a)、(b)是两幅多聚焦源图像，二者各有其不同特征。在图 13.1(a)中，左侧区域处于聚焦区域，具有比右侧区域更理想的清晰度水平；而在图 13.1(b)中，左侧区域处于离焦状态，右侧聚焦区域具有比左侧更好的清晰度视觉效果。显然，两幅图像中存在大

量互补的信息，如何尽可能地将二者的清晰区域加以结合并汇入一幅图像即成为仿真实验的重点目标。图 13.2(a)、(b)为两幅多波段 SAR 遥感图像，由于不同的图像传感器具有不同的成像特征，在一幅源图像中较显著的特征可能在另一幅源图像中不可见或并不显著。显然，这两幅源图像中的任意一幅均无法对地标特征进行充分的表达和描述，我们有必要对其进行提取和融合。本节将包括本章方法在内的 8 种融合方法用于上述两组源图像的图像融合，融合效果图分别如图 13.1(c)～(j)、图 13.2(c)～(j)所示。两组源图像对应的8 种融合方法的客观评价测度值分别如表 13.1、表 13.2 所示。

(a) 左聚焦源图像

(b) 右聚焦源图像

(c) 方法1融合图像

(d) 方法2融合图像

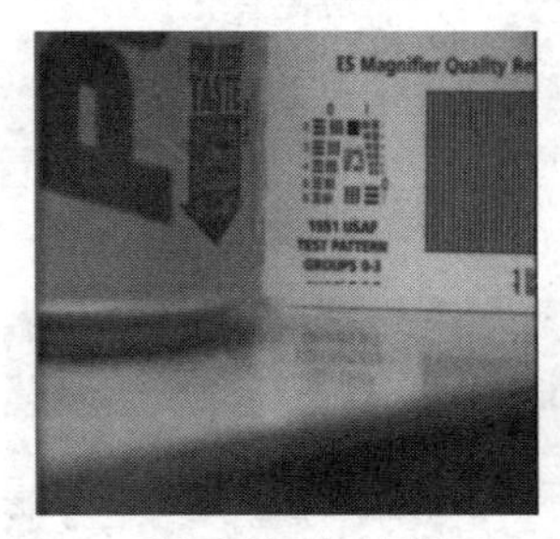

(e) 方法3融合图像

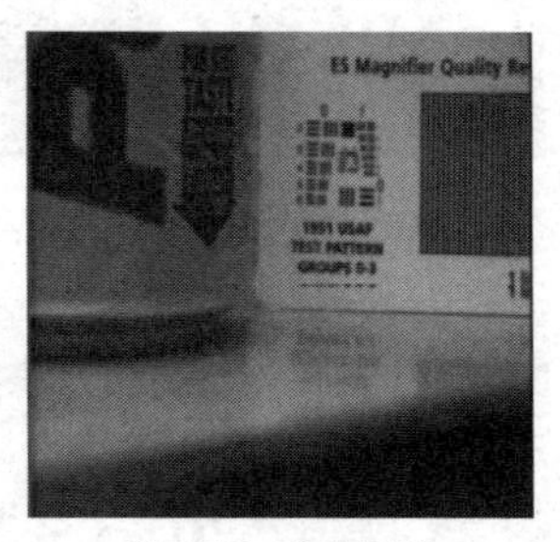

(f) 方法4融合图像

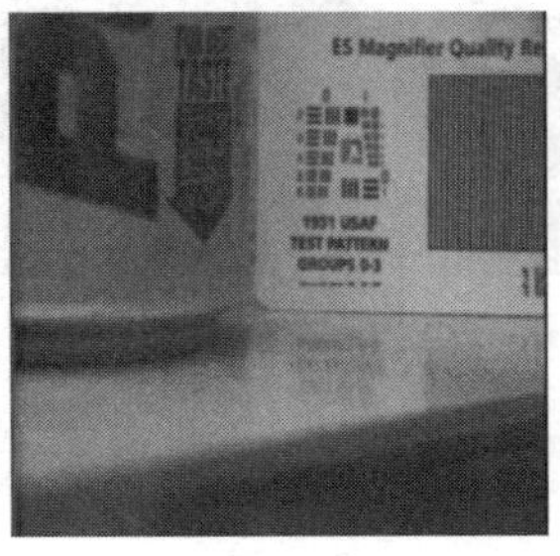

(g) 方法5融合图像

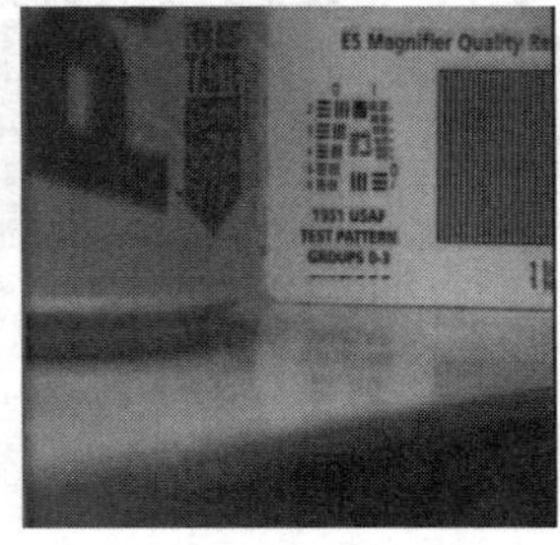

(h) 方法6融合图像

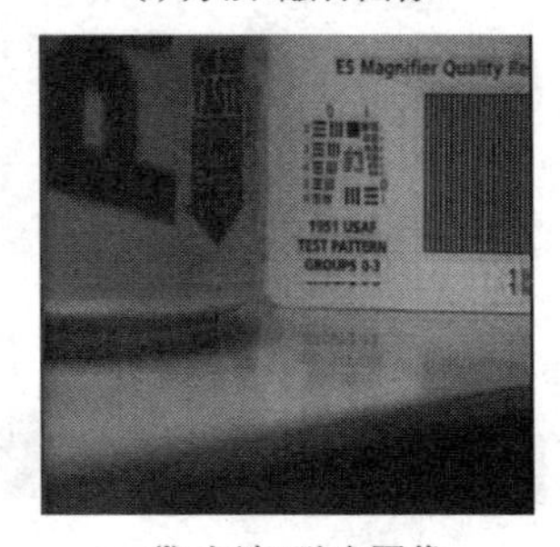

(i) 方法7融合图像

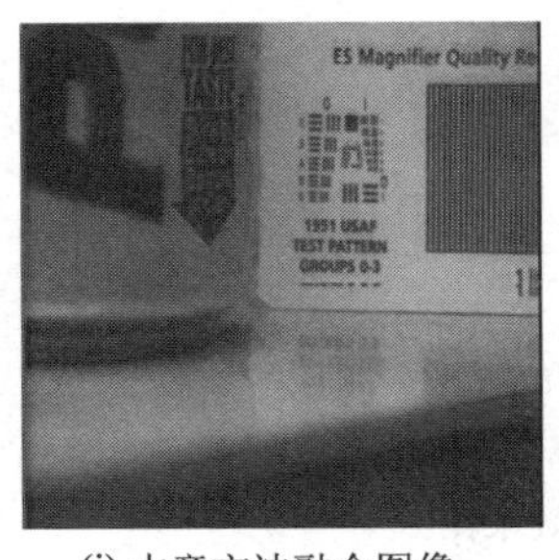

(j) 本章方法融合图像

图 13.1　多聚焦源图像及 8 种方法的融合效果图

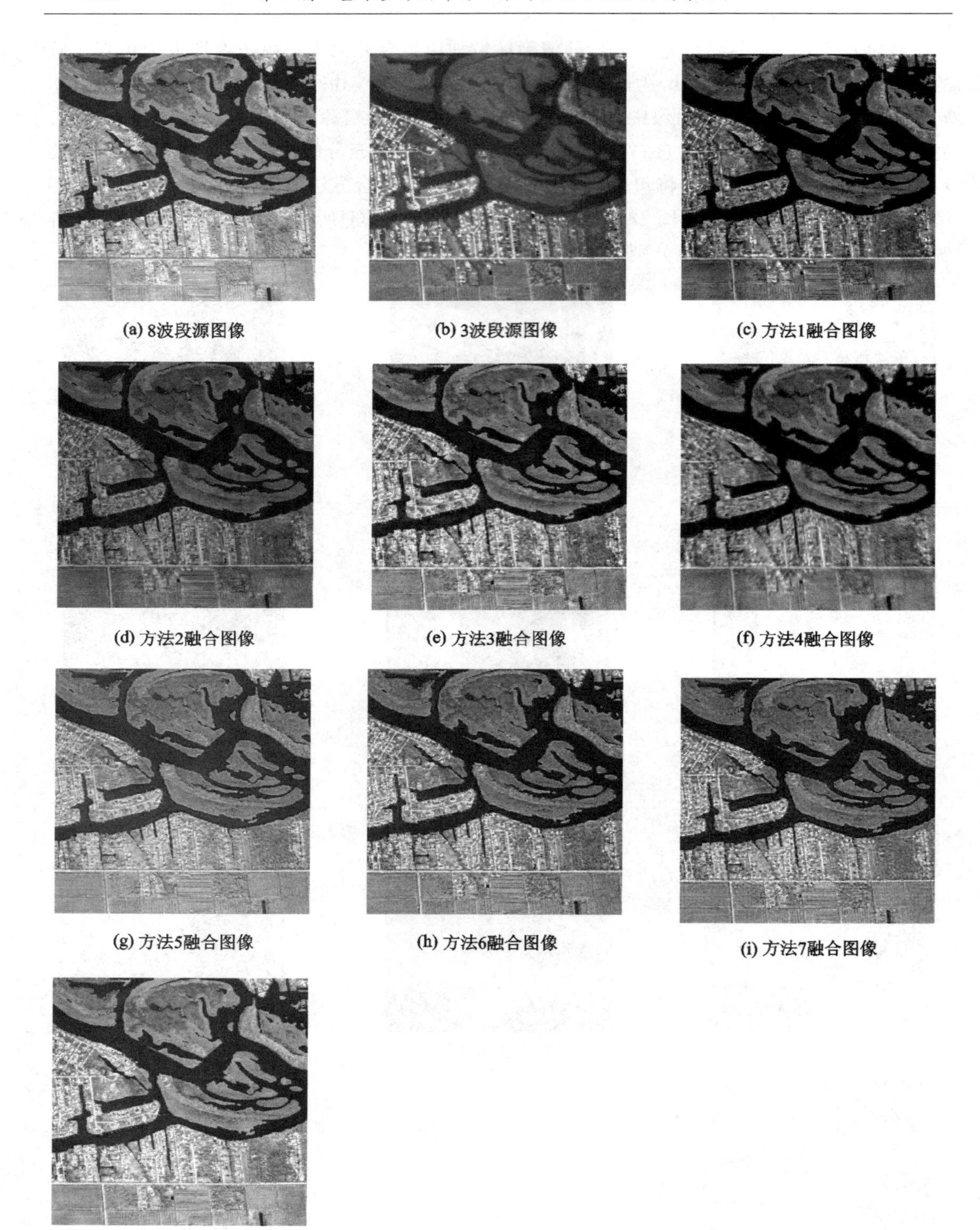
(a) 8波段源图像　(b) 3波段源图像　(c) 方法1融合图像

(d) 方法2融合图像　(e) 方法3融合图像　(f) 方法4融合图像

(g) 方法5融合图像　(h) 方法6融合图像　(i) 方法7融合图像

(j) 本章方法融合图像

图 13.2　多波段 SAR 遥感源图像及 8 种方法的融合效果图

表 13.1　8 种方法的多聚焦图像融合性能比较

	IE	SD	AG	RMSE	PSNR	MI	SSIM
方法 1	6.9649	43.3340	19.1551	2.3242	40.8052	0.7822	0.9041
方法 2	7.0172	42.8655	20.1918	2.2744	40.9933	0.8013	0.9196
方法 3	7.1544	48.7633	19.5401	2.1625	41.4317	0.8752	0.9709
方法 4	7.0057	45.5636	19.6717	2.1569	41.4542	0.8891	0.9763
方法 5	7.1309	47.2311	19.3970	2.2639	41.0337	0.8267	0.9455
方法 6	7.1278	32.2800	7.1388	4.4674	35.1297	0.6321	0.7596
方法 7	7.1177	32.1248	6.8711	4.9588	34.2233	0.6059	0.7257
本章方法	7.2651	47.5662	25.6778	1.6391	43.8387	0.9069	0.9898

表 13.2　8 种方法的多波段 SAR 遥感图像融合性能比较

	IE	SD	AG	MI	SSIM
方法 1	7.2254	52.8757	40.1461	0.6857	0.7625
方法 2	7.0833	50.6549	38.0565	0.6414	0.7231
方法 3	7.4107	57.3982	36.5745	0.7278	0.7975
方法 4	7.2518	55.4637	34.8979	0.7037	0.7747
方法 5	7.1196	54.1896	35.8866	0.6669	0.7455
方法 6	7.3477	36.0278	20.4031	0.3867	0.4559
方法 7	7.3785	34.8425	19.7824	0.3655	0.4709
本章方法	7.6520	59.9881	42.6758	0.7591	0.8344

观察第一组源图像的融合效果不难发现，包括本章方法在内的 8 种融合方法均对两幅源图像中的主要信息和主体特征进行了描述，8 幅融合图像均具有较好的视觉效果。然而，仔细比较不难发现，同其他方法相比，基于方法 1 和方法 2 的融合图像具有较低的图像整体对比度；此外，基于方法 1、方法 6 和方法 7 的融合图像均不同程度地出现了 Gibbs 现象。此外，尽管基于方法 3、方法 4、方法 5 的融合图像具有比方法 1、方法 2、方法 6、方法 7 更好的对比度水平，但其并未将合理的图像整体对比度和良好的清晰度水平同时结合于最终融合图像中。与之不同的是，基于本章方法的融合图像不仅具有较高的清晰度和合理的图像整体对比度水平，而且还具有明显的细节和边缘特征。在表 13.1 中，本章方法的客观评价指标有 6 项为最优，关于 SD 指标，本章方法为次优，仅次于方法 3。这表明本章方法总体上要优于其他 7 种方法，这与主观视觉评价的结论也是相吻合的。

针对第二组源图像，从直观视觉效果的层次比较，基于本章方法的最终融合图像具有更为丰富的细节信息和令人满意的亮度水平，对地面的特征信息也进行了很好地捕捉和表达。表 13.2 中的客观评价结果与主观视觉效果是相一致的。

13.3.3　实验结果讨论

为了更加深入地比较上述 8 种融合方法的融合性能，本节将对融合图像的仿真结果做进一步的讨论研究，侧重验证基于本章方法的融合图像在直观视觉效果方面的优势。

以第 1 组多聚焦图像融合仿真实验为例，图 13.3 给出了基于 8 种融合方法的单个融合区域的局部放大图。

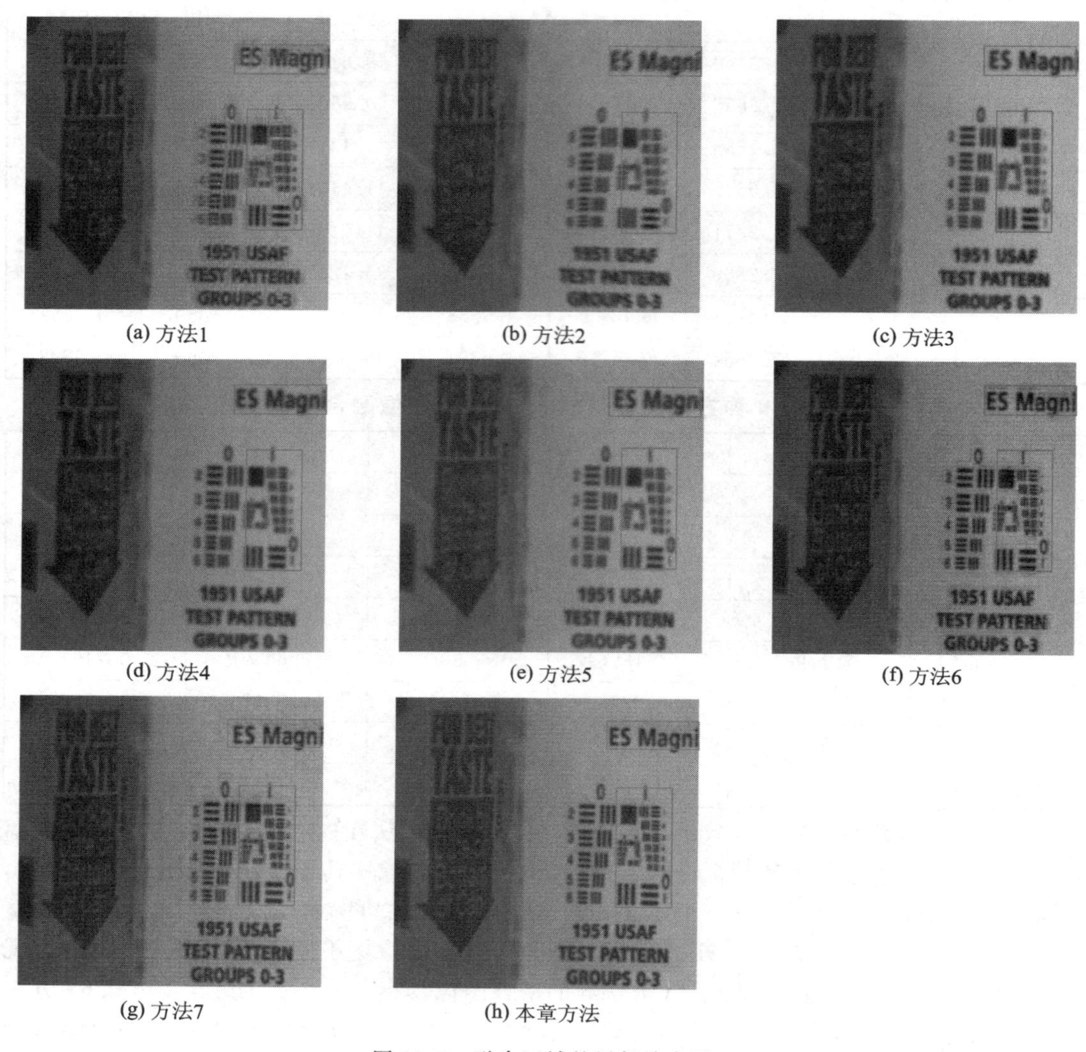

(a) 方法1　(b) 方法2　(c) 方法3

(d) 方法4　(e) 方法5　(f) 方法6

(g) 方法7　(h) 本章方法

图 13.3　融合区域的局部放大图

从图 13.3 中可以看出，基于方法 1、方法 6 和方法 7 的融合图像中的“ES Magn”区域均出现了“振铃”现象，即 Gibbs 虚假信息；而基于方法 2～方法 5 的融合图像在该区域较为清晰，但在别的区域的某些细节信息仍然较为模糊；相比之下，基于本章方法的融合图像无论是主要轮廓信息还是叶状细节信息均得到了很好的表达。

除了融合性能以外，融合方法的平均运行时间也是值得关注的重要问题，本节将从算法平均运行时间的角度对上述 8 种融合方法做进一步比较。表 13.3 以多聚焦图像仿真实验为例，给出了 8 种方法的平均运行时间比较结果。

表 13.3　8 种方法的平均运行时间比较　　单位：s

	方法 1	方法 2	方法 3	方法 4	方法 5	方法 6	方法 7	本章方法
时间	4.465	5.508	5.723	5.131	257.649	0.317	2.742	6.279

显然，方法 6 和方法 7 不涉及多尺度几何分析变换，因此它们的计算复杂度较低，平均运行时间较短，分别只有 0.317 s 和 2.742 s；方法 3 和方法 4 均属于空间域方法的范畴，因此这两种方法的平均运行时间较为接近；方法 5 由于涉及 NSCT 机制，因而其平均运行时间最长，为 257.649 s；方法 1 采用了剪切波变换理论，但由于其并未涉及 NSST 中的非下采样机制，因此方法 1 的平均运行时间低于方法 2 和本章方法的平均运行时间。同方法 2 相比，本章方法综合了 NSST 与 IPCNN 模型的优势，将变换域方法和空间域方法的各自优势结合起来用于解决图像融合领域内的问题，取得了优良的图像融合效果，但在平均运行时间方面，本章方法要略高于方法 2。然而，考虑到本章方法在主、客观评价方面的优良表现，其在平均运行时间上的不足仍是可以接受的。

13.4　基于 NSST 域 I²CM 的图像融合方法

本节仍将运用 9.4 节中的 I²CM 模型，采用限制图像内神经元至多点火一次的策略对经典 ICM 进行改进，改进后的模型 I²CM 不仅拥有比经典 ICM 更少且更为容易设置的参数个数，提升了算法运行效率，而且还可以根据图像处理的实际情况自适应地确定迭代次数 n，在一定程度上解决了迭代次数与图像处理效果之间的矛盾。不仅如此，本节还将 NSST 图像分析方法引入到图像融合工作中。经 NSST 分解后的低频子带是图像的近似分量，也是人眼对图像内容进行感知的主要内容；而高频子带则包含图像大量的细节信息，绝对值较大的系数对应着某方向区间上的显著特征，可以很好地反映图像的结构信息，包含了图像绝大部分的信息，因此，融合规则的选择对于最终融合质量至关重要。本章以两幅源图像的情况为例，提出了基于 NSST 域 I²CM 的图像融合方法。

输入：已经过严格配准的两幅源图像 A 和 B。

输出：经 NSST 域 I²CM 处理后的融合图像 F。

步骤如下：

(1) 采用 NSST 对源图像 A 和 B 分别进行多尺度和多方向分解，并得到各自的低频子带系数$\{A_K^0, B_K^0\}$和高频子带系数$\{A^{l_k}, B^{l_k}\}$，其中，K 为 NSST 分解尺度数，l_k为k 尺度下的方向分解级数，$1 \leqslant k \leqslant K$。

(2) 利用 I²CM 对源图像 A 和 B 的高、低频子带系数加以选择。

① 将高、低频子带系数作为相应神经元的树突输入 $\boldsymbol{S}_{ij}^{0,l_k}$。

② 对低、高频的相关参数分别进行初始化，即

$$\boldsymbol{F}_{ij}^{0,l_k}[0]=\boldsymbol{T}_{ij}^{0,l_k}[0]=\boldsymbol{Y}_{ij}^{0,l_k}[0]=0,\ \boldsymbol{\theta}_{ij}^{0,l_k}[0]=\max\{|C_{ij}^{0,l_k}|\}$$

式中$|C_{ij}^{0,l_k}|$为各子带系数的绝对值，且所有神经元均未点火。

③ 根据 I²CM 模型分别计算 $\boldsymbol{F}_{ij}^{0,l_k}$，$\boldsymbol{T}_{ij}^{0,l_k}$，$\boldsymbol{Y}_{ij}^{0,l_k}$，$\boldsymbol{\theta}_{ij}^{0,l_k}$。

④ 若 $\boldsymbol{Y}_{ij}^{0,l_k}$ 中的元素不全为 1，则返回③；否则迭代过程结束，融合图像的低、高频系数 f_{ij}^{0,l_k} 由赋时矩阵 $\boldsymbol{T}$ 确定，即

$$f_{ij}^{0,l_k}=\begin{cases}A_{ij}^{0,l_k}, & \boldsymbol{T}_{ij,A}^{0,l_k}\leqslant \boldsymbol{T}_{ij,B}^{0,l_k}\\ B_{ij}^{0,l_k}, & \boldsymbol{T}_{ij,A}^{0,l_k}>\boldsymbol{T}_{ij,B}^{0,l_k}\end{cases}\tag{13.7}$$

(3) 对(2)中的融合系数进行 NSST 逆变换，获得最终融合图像 F。

13.5　实验结果与分析

为了验证上节所提出算法的有效性并比较 I^2CM 与 IPCNN 模型的性能优劣，本节仍将采用 Matlab7.1 软件并针对多聚焦源图像进行融合仿真实验。实验将采用 13.2 节中提出的融合方法作为对比方法(方法 1)与本节方法进行仿真效果比较，方法 1 中参数的设置方式仍沿用 9.3 节中的相关内容；本节方法用到的各参数分别为：$\boldsymbol{W}=[0.707\ 1\ 0.707;\ 1\ 1\ 1;\ 0.707\ 1\ 0.707]$，$\Delta=15$，阈值幅度常数 $h=500$。整个实验过程仍采用 IE、SD、AG、RMSE、PSNR、MI 和 SSIM 等 7 个指标作为两种仿真方法的客观评价标准，图 13.4(a)～(d)给出了相关的仿真效果图，对应的两种融合方法的客观评价测度值如表 13.4 所示。

(a) 左聚焦源图像

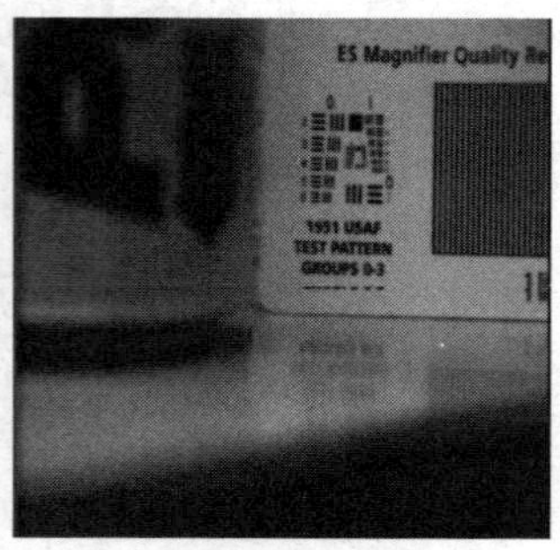

(b) 右聚焦源图像

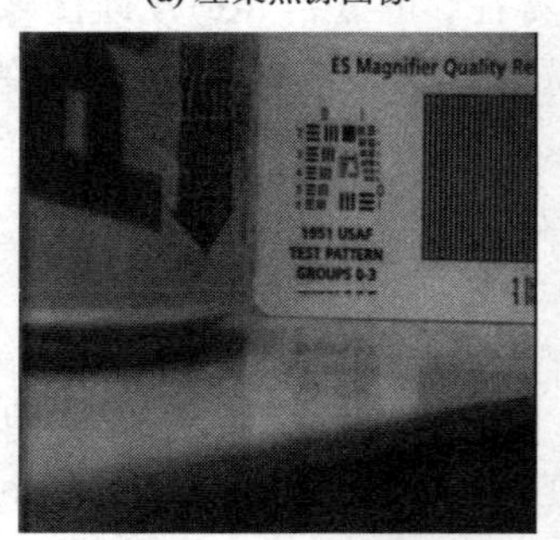

(c) 方法1融合图像

(d) 本节方法融合图像

图 13.4　多聚焦源图像及两种方法的融合效果图

表 13.4　两种方法的曝光灰度图像融合性能比较

	IE	SD	AG	RMSE	PSNR	MI	SSIM
方法 1	7.2651	47.5662	25.6778	1.6391	43.8387	0.9069	0.9898
本章方法	7.3107	47.3989	27.5634	0.9967	44.3421	0.9108	0.9789

观察图 13.4 不难发现，两种融合方法均对两幅源图像中的主要信息和主体特征进行了描述，并具有良好的视觉效果。通过仔细比较可以发现，基于本节方法的融合图像中，各物体和主要字符的清晰度效果相比基于方法 1 的融合图像更具优势，如字符“ES Magnifier Quality Re”等。在表 13.4 中，本节方法的客观评价指标有 5 项为最优，至于 SD 指标和 SSIM 指标数值，本节方法仅与方法 1 有极为微小的差距，这表明本节方法总体上要优于方法 1，这与主观视觉评价的结论相吻合。

除了融合性能以外，还会从算法平均运行时间的角度对上述两种融合方法进行比较。表 13.5 给出了两种方法的平均运行时间比较结果。

表 13.5　两种方法的平均运行时间比较

	方法 1	本章方法
平均运行时间	6.279 s	5.562 s

两种融合方法均涉及将空间域和变换域两类分析思想相结合，方法 1 将 NSST 理论与 IPCNN 理论相结合，本节方法则将 NSST 理论与 I^2CM 理论相结合。不仅如此，IPCNN 与 I^2CM 同属第三类神经网络的范畴，因此这两种方法的平均运行时间较为接近，分别为 6.279 s 和 5.562 s。同方法 1 相比，I^2CM 理论可以看做是 IPCNN 理论的简化模型，不仅具有更少的参数，还具有更为直接和简洁的运行机制，因此，本节方法的平均运行时间相对方法 1 更具优势。

本 章 小 结

本章针对 NSST 与新型神经网络模型的结合问题进行了探索和研究，对经典的 PCNN 和 ICM 模型进行了改进，并结合 NSST 理论给出了两种改进模型的图像融合方法。具体成果包括：

（1）提出了基于 NSST 域 IPCNN 的图像融合方法。首先，设计了基于 NSST 域 IPCNN 的图像融合方法；其次，通过仿真实例验证了该方法的有效性。

（2）提出了基于 NSST 域 I^2CM 的图像融合方法。首先，设计了基于 NSST 域 I^2CM 的图像融合方法；其次，通过仿真实例验证了该方法的合理性和有效性。

尤其值得一提的是，针对经典 ICM 模型进行改进并将其引入到图像融合领域，这既是 ICM 理论上的创新，又是关于图像融合方法一次非常有益的尝试。不仅如此，本章所提出的两种图像融合方法均取得了比以往经典模型更好的视觉效果，这也表明这两种融合方法在图像融合领域有着潜在的应用前景。

本章参考文献

[1] Miao Q G, Shi C, Xu P F, et al. A novel algorithm of image fusion using shearlets[J]. Optics Communications, 2011, 284(6): 1540-1547

[2] Cao Y, Li S T, Hu J W. Multi-focus image fusion by nonsubsampled shearlet transform[C] 2011 sixth international conference on Image and Graphics. 2011: 17-21

[3] 苗启广，王宝树. 基于局部对比度的自适应 PCNN 图像融合[J]. 计算机学报，2008，31(5)：875-880

[4] Wang Z B, Ma Y D, Gu J S. Multi-focus image fusion using PCNN[J], Pattern Recognition, 2010, 43(6): 2003-2016

[5] Yang S Y, Wang M, Lu Y X, et al. Fusion of Multiparametric SAR Images Based on SW-nonsubsampled Contourlet and PCNN[J]. Signal Processing, 2009, 89: 2596-2608

[6] Chiorean L, Vaida M F. Medical image fusion based on discrete wavelet transform using Java technology[C]. Proceedings of the ITI 2009 31st International Conference on Information Technology Inter-

faces，2009，1：55-60

[7] Cai W，Li M，Li X Y. Infrared and visible image fusion scheme based on contourlet transform[C]. Proceedings of the ICIG 2009 5th International Conference on Image and Graphics，2009，1：516-520

[8] Kong W W，Liu J P. Technique for image fusion based on nonsubsampled shearlet transform and improved pulse-coupled neural network[J]. Optical Engineering，2013，52(1)：017001-1-017001-12

第 14 章　基于 NSST 域改进型非负矩阵分解的图像融合方法

本章对 NSST 域的改进型非负矩阵分解(Nonnegative Matrix Factorization, NMF)模型进行研究。针对经典 NMF 模型以及目前多种改进型模型存在的不足，提出了一种二维改进型 NMF 模型，设计了基于 NSST 域改进型 NMF 的图像融合方法，并通过仿真实例分析验证了该算法的合理有效性。

14.1　二维改进型 NMF 模型

文献[1]提出的改进型 NMF 模型在一定程度上克服了经典 NMF 模型中参数 $\boldsymbol{W}$、$\boldsymbol{H}$ 由计算机任意初始化的问题，但仍需事先将每一幅子带图像整理成列向量的形式，这无疑会带来两方面的问题：① 原始的二维图像数据必须被转化为高维数据的形式，这将会造成计算开销的指数级增长；② 维数的改变将不可避免地破坏原始二维图像数据的内在结构信息。为了解决这些问题，经典 NMF 模型将进一步降低计算复杂度和保存原始图像中的数据结构信息将当作改进工作中的重要环节。

本章提出了一种二维改进型 NMF(Improved NMF, INMF)模型用于图像融合，整个模型的构建主要包括行方向构建和列方向构建两部分，并且两个方向的构建可以同时进行；设计了基于 NSST 域改进型 NMF 的图像融合方法，该算法不仅保持了源图像中各像素点的二维结构特征，而且无需对 $\boldsymbol{W}$、$\boldsymbol{H}$ 进行随机生成，而是直接根据源图像信息运算得出，并被用于 NSST 域的低频子带图像融合方案，高频子带信息将采用局部对比度系数加以融合处理。通过仿真证明了该融合方法能有效地提取源图像中的有用信息并注入到融合图像中，实现优良的视觉效果。

14.1.1　INMF 模型的行方向构建

INMF 模型的行方向构建流程如下：

(1) 假定待融合源图像的尺寸均为 $m\times n$，且均已经过严格的配准，则这些源图像的二维复合矩阵可以表达为

$$\boldsymbol{I}_{M\times(N\times n)}=[I_1, I_2, \cdots, I_n]^{\mathrm{T}} \tag{14.1}$$

式中，n 代表源图像的数目，I_n 表示第 n 幅源图像，$\boldsymbol{I}_{M\times(N\times n)}$ 表示该复合矩阵共有 M 行和 $(N\times n)$ 列。

(2) 采用文献[2]中的迭代更新机制得出两个非负矩阵，分别为 $\boldsymbol{R}$ 和 $\boldsymbol{H}_R$。其中，矩阵 $\boldsymbol{R}$ 为行方向构建中的基矩阵，作用等同于式(10.1)中的矩阵 $\boldsymbol{W}$，其尺寸为 $M\times r$；矩阵 $\boldsymbol{H}_R$ 为行方向构建中的系数矩阵，作用等同于式(10.1)中的矩阵 $\boldsymbol{H}$，其尺寸为 $r\times Nn$。r 是一个整数，其取值范围位于区间[1, min(M, Nn)]中。对应的表达式为

$$\boldsymbol{I}_{M\times(N\times n)} = \boldsymbol{R}_{M\times r}\boldsymbol{H}_{R(r\times Nn)} \tag{14.2}$$

14.1.2　INMF 模型的列方向构建

INMF 模型的列方向构建可以与行方向构建过程同时进行，这一点也是 INMF 模型的特征之一。INMF 模型的列方向构建流程如下：

(1) 将每一幅待融合源图像进行转置处理，这些转置后的源图像将构成一个二维复合矩阵，其表达式为

$$\boldsymbol{I}_{N\times(M\times n)} = [I_1', I_2', \cdots, I_n']^{\mathrm{T}} \tag{14.3}$$

式中，n 代表源图像的数目，I_n'表示第 n 幅待融合源图像的转置矩阵，其尺寸为 $N\times M$。$\boldsymbol{I}_{N\times(M\times n)}$表示该复合矩阵共有 N 行和 $M\times n$ 列。

(2) 采用文献[2]中的迭代更新机制得出两个非负矩阵，分别为 $\boldsymbol{C}$ 和 $\boldsymbol{H}_C$。其中，矩阵 $\boldsymbol{C}$ 为列方向构建中的基矩阵，作用等同于式(10.1)中的矩阵 $\boldsymbol{W}$，其尺寸为 $N\times r$；矩阵 $\boldsymbol{H}_C$ 为列方向构建中的系数矩阵，作用等同于式(10.1)中的矩阵 $\boldsymbol{H}$，其尺寸为 $r\times Mn$。r 是一个整数，其取值范围位于区间[1, min(N, Mn)]中。对应的表达式为

$$\boldsymbol{I}_{N\times(M\times n)} = \boldsymbol{C}_{N\times r}\boldsymbol{H}_{C(r\times Mn)} \tag{14.4}$$

根据文献[2]中关于经典 NMF 理论数学意义的阐述，一方面，式(10.9)中的基矩阵 $\boldsymbol{R}_{M\times r}$记录了源图像中各像素点行方向的有关信息；另一方面，式(10.10)中的基矩阵 $\boldsymbol{C}_{N\times r}$ 捕捉并存储了源图像中各像素点列方向的有关信息。因此，为了保存并获取源图像中各像素点的二维结构信息，有必要将这两个方向的信息加以结合，进而构建所有待融合源图像在二维结构层次上的基矩阵 $\boldsymbol{W}_{M\times N}$：

$$\boldsymbol{W}_{M\times N} = \boldsymbol{R}_{M\times r}\boldsymbol{C}_{N\times r}^{\mathrm{T}} \tag{14.5}$$

式中，$\boldsymbol{W}$ 为所有待融合源图像的最终基矩阵，其尺寸为 $M\times N$。显然，非负矩阵 $\boldsymbol{W}$ 涵盖了源图像中的二维结构信息。

与经典 NMF 模型和现有的改进型 NMF 模型相比，本节提出的 INMF 模型具有以下优势：

(1) 由于整个非负矩阵分解过程均在图像的二维框架下进行，因此 INMF 能很好地保留待融合源图像中各像素点的原始结构信息。

(2) INMF 模型不必对源图像的维数进行调整，而且，INMF 模型的行方向构建和列方向构建流程可以同时进行，因而同其他具有代表性的 NMF 模型相比，INMF 模型的计算复杂度得以显著降低。

14.2　基于 NSST 域 INMF 的图像融合方法

本节将 NSST 与改进型 NMF 模型结合并引入到图像融合领域中，经 NSST 分解后的低频子带图像是人眼对图像内容进行感知的主要内容，它对应一个非负矩阵；而高频子带则包含图像的大量细节信息，绝对值较大的系数对应着某方向区间上的显著特征，可以很好地刻画图像的结构信息，通常情况下这些高频子带图像对应的不是非负矩阵。本节以两幅已经过严格配准的源图像的融合过程为例，提出了基于 NSST 域改进型 NMF 模型的图像融合方法，该算法对低频子带图像采用改进型 NMF 模型进行融合，对高频子带图像则

采用局部方向对比度系数进行融合处理，具体步骤如下：

输入：已经过严格配准的源图像 A 和 B。

输出：经 NSST 域改进型 NMF 模型处理后的融合图像 F。

步骤如下：

(1) 采用 NSST 对源图像 A 和 B 分别进行多尺度和多方向分解，并得到各自的低频子带系数$\{A_K^0, B_K^0\}$和高频子带系数$\{A^{l_k}, B^{l_k}\}$，其中，K 为 NSST 分解尺度数，l_k为k 尺度下的方向分解级数，$1\leqslant k\leqslant K$。

(2) 利用改进型 NMF 模型对源图像 A 和 B 的低频子带系数加以选择。

① 利用 14.2.1 节针对两幅源图像的低频子带图像矩阵求解行方向基矩阵 $\boldsymbol{R}$。

② 利用 14.2.2 节针对两幅源图像的低频子带图像矩阵求解列方向基矩阵 $\boldsymbol{C}$。

③ 求解二维结构层次上的基矩阵 $\boldsymbol{W}_{M\times N}$。

需要说明的是，由于通常所处理的灰度图像均为 256 级灰度，因此，若 $\boldsymbol{W}$ 中像素灰度值超出区间[0, 255]的范围，则必须对其进行对比度调整，确保所有像素点的灰度值均处于区间范围内。

(3) 采用局部方向对比度(Local Direction Contrast，LDC)对源图像 A 和 B 的高频子带系数加以选择，得到各尺度各方向下的高频融合图像 $F^{K,r}$。

$$\mathrm{Con}(Z^{K,r}(x, y)) = \frac{|Z^{K,r}(x, y)|}{\overline{Z_K^0}(x, y)} \tag{14.6}$$

式中，Con 为 LDC 算子；Z 代表源图像 A 或 B；$\overline{Z_K^0}(x, y)$表示源图像 Z 中第 K 级尺度分解后的低频子带图像的像素平均值，其表达式为

$$\overline{Z_K^0}(x, y) = \frac{1}{M\times N}\sum_{r=-(M-1)/2}^{(M-1)/2}\sum_{c=-(N-1)/2}^{(N-1)/2} Z_K^0(x+r, y+c) \tag{14.7}$$

其中局部区域的尺寸 M、N 通常被设定为两个相等的奇数，如 3×3 或 5×5。

算子 Con 反映了人眼视觉对局部区域的敏感程度。Con 的数值越大，像素(x, y)的局部区域的特征就越明显。因此，算子 Con 可被用来进行源图像 A 和 B 的高频子带系数的选择。

最终融合图像 F 的高频成分可表示为

$$F^{K,r}(x, y) = \begin{cases} A^{K,r}(x, y), & \mathrm{Con}(A^{K,r}(x, y)) > \mathrm{Con}(B^{K,r}(x, y)) \\ B^{K,r}(x, y), & \mathrm{Con}(A^{K,r}(x, y)) \leqslant \mathrm{Con}(B^{K,r}(x, y)) \end{cases} \tag{14.8}$$

(4) 对第(2)项的③和第(3)项中的融合系数进行 NSST 逆变换，从而获得最终融合图像 F。

14.3　实验结果与分析

为了验证本章融合方法的有效性，本节将对两组不同类型的源图像(多聚焦待融合源图像和医学待融合源图像)分别进行图像融合仿真实验，每组图像均为已配准的 256 级灰度图像。

这两组图像均来源于网站 http://www. imagefusion. org/. 仿真实验在一台微机上进行，其配置为 Intel Core i5/2.3 GHz/2 G，仿真软件采用 MATLAB 2010a。本节内容主要分为三个部分：首先对参与仿真的几种方法及其参数设定进行介绍；其次，从主观观察

和客观数据分析两个方面对多种方法的仿真效果进行比较和分析；最后，针对实验结果展开必要的讨论。

14.3.1　实验方法及参数设定

下面将 3 种经典的基于 NMF 模型融合方法与本章算法进行融合效果比较。这三种融合方法包括：基于经典 NMF 的融合方法(方法 1)、基于加权 NMF 的融合方法(方法 2)[3]、基于 NSCT-NMF 模型的融合方法(方法 3)[1]。其中，方法 1、方法 2 中的迭代次数均设为 50，方法 2 中的权值取(0.5，0.5)，方法 3 的相关参数设定按照文献[1]进行。此外，由于参数 $\boldsymbol{W}$、$\boldsymbol{H}$ 的随机取值会对最终融合效果造成较大影响，因此文中将取 3 次仿真中信息熵值最大的融合图像作为方法 4、方法 5 的最终仿真结果。本章方法的多尺度分解级数定为 4 级，按照由“粗”至“细”的分辨率层，方向分解级数依次为 4、4、4、4，邻域大小为 3×3。

对于融合图像的融合效果可以采用主观评价的方式进行，但由于主观评价往往容易受到评价者视觉特性、心理状态等因素的影响，因而，本章将采用 IE、SD、AG、MI 和 SSIM 作为 4 种仿真方法的客观评价标准，各指标的表达式参见文献[4]。

14.3.2　多聚焦图像融合实验

本节选取两幅常用的 Clock 图像作为待融合源图像，图像大小均为 512×512 像素。其中，图 14.1(a)聚焦在右侧的闹钟上，右侧的闹钟轮廓清晰，而左侧的闹钟轮廓则较为模糊；图 14.1(b)聚焦在左侧的闹钟上，左侧的闹钟轮廓清晰，而右侧的闹钟图像较为模糊。显然，这两幅多聚焦图像包含有大量的互补信息，如何尽可能地将二者的清晰区域加以结合成为实验的重点目标。采用包括本章算法在内的四种方法对其进行图像融合，其中，方法 1 对应的随机向量 $\boldsymbol{H}$ 值为[0.6929，0.2343]，方法 2 对应的随机向量 $\boldsymbol{H}$ 值为[0.5183，0.1053]，仿真结果如图 14.1(c)～(f)所示。

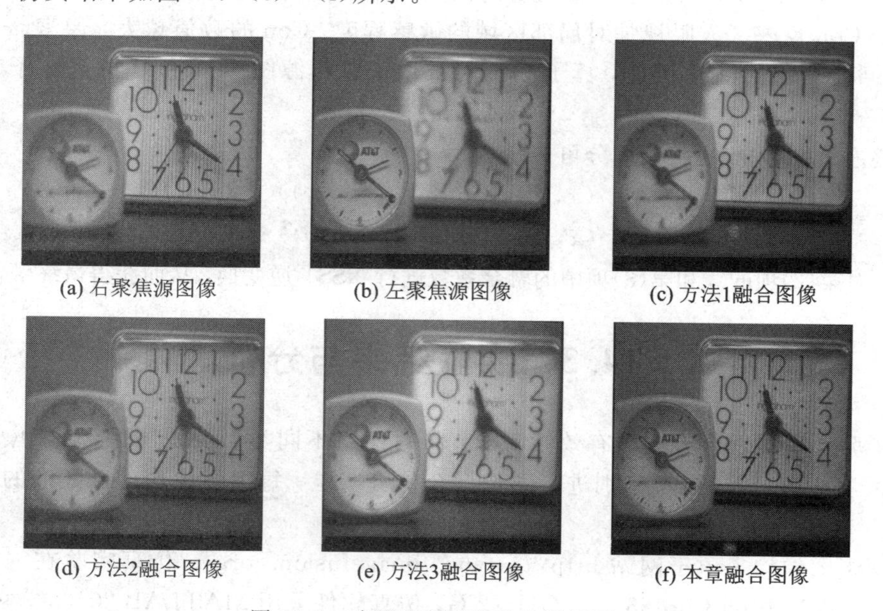

图 14.1　多聚焦源图像融合效果图

从直观角度看，上述 4 种方法不仅较好地保持了两幅源图像的重要信息，而且还对原多聚焦图像进行了较好的融合，源图像中的相关离焦区域也在一定程度上变得清晰。但仔细比较后发现，方法 1、方法 2 虽然对源图像中右侧闹钟的聚焦信息进行了较好的提取和表达，但左侧闹钟的细节信息较为模糊，比如闹钟中的“AT&T”字样及刻度等；基于方法 3 的融合图像对左侧闹钟进行了较好的描述，且具有较好的图像整体亮度效果，但与方法 1、方法 2 及本章方法相比，右侧闹钟图像并不清晰。不难发现，基于本章方法的融合图像无论对左侧闹钟还是右侧闹钟均进行了较好的描述，两个闹钟区域的图像清晰度均比其余 3 种方法的对应区域具备较高的清晰度。此外，本章方法对应的融合图像还具有更为合理的对比度水平，直观效果在客观评价指标数据中也得到了验证，表 14.1 比较了 4 种融合方法的客观评价测度值。

表 14.1　4 种方法的多聚焦源图像融合性能比较

	IE	SD	AG	MI	SSIM
方法 1	7.3307	34.828	3.7981	0.7845	0.9687
方法 2	7.3197	34.843	3.9485	0.8179	0.9792
方法 3	7.6115	39.799	4.2013	0.8641	0.9889
本章方法	7.8829	38.187	4.5637	0.8994	0.9996

表 14.1 中的数据充分显示了本章方法在保护图像细节和融合图像信息两方面的优势，5 项指标中有 4 项指标值为最优。在 SD 指标上，方法 3 为最优，本章方法为次优，表明同本章方法相比，基于方法 3 的融合图像具有更大的图像反差，但通过分析图 14.1(e)、(f)可以看出，本章方法的图像整体对比度水平更为合理。

14.3.3　医学图像融合实验

图 14.2(a)、(b)分别是医学 CT 图像和 MRI 图像，二者各有其不同特征，图像大小为 256×256 像素。其中，CT 图像的亮度与组织密度有关，所以骨骼的亮度高，而一些软组织却无法得到反映；MRI 图像的亮度与组织中的氢原子等数量有关，所以软组织亮度较高，而骨骼信息则无法显示。将包括本章方法在内的四种融合方法应用于图像融合，其中，方法 1 对应的随机 $\boldsymbol{H}$ 向量值为[0.8395, 0.4721]，方法 2 对应的随机 $\boldsymbol{H}$ 向量值为[0.9995, 0.1715]，效果图分别如图 14.2(c)～(h)所示。

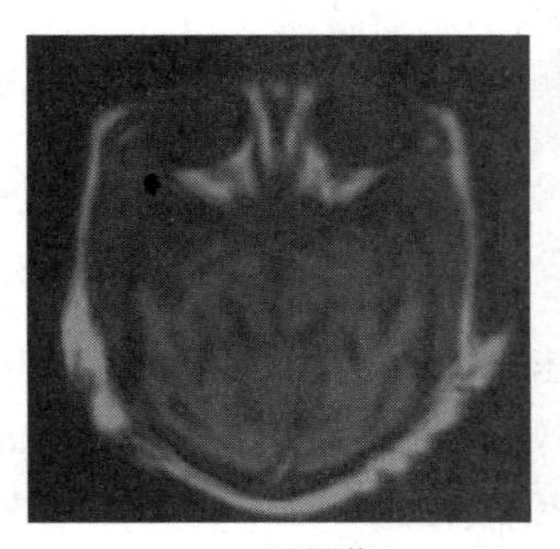
(a) CT源图像

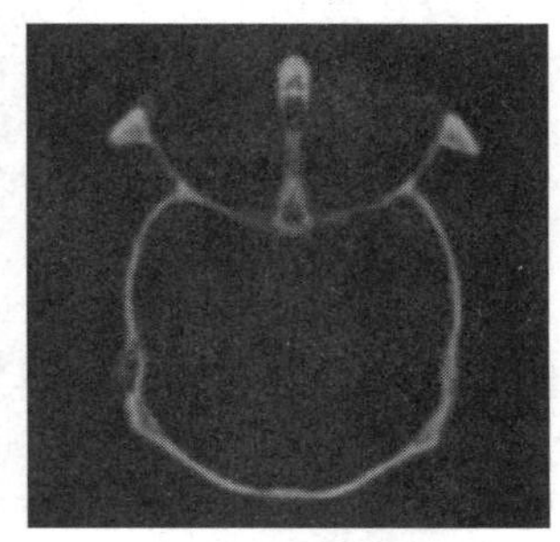
(b) MRI源图像

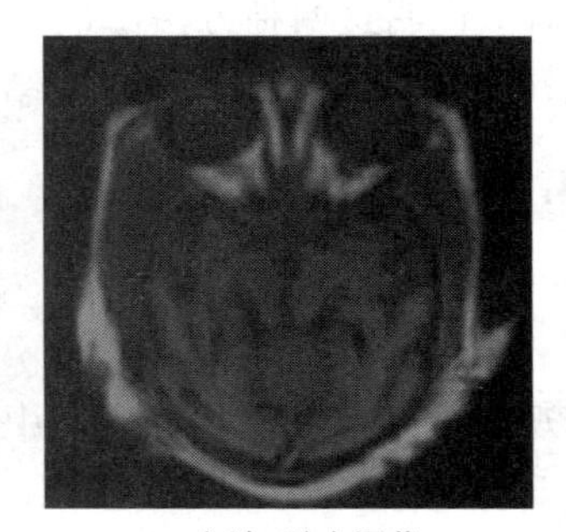
(c) 方法1融合图像

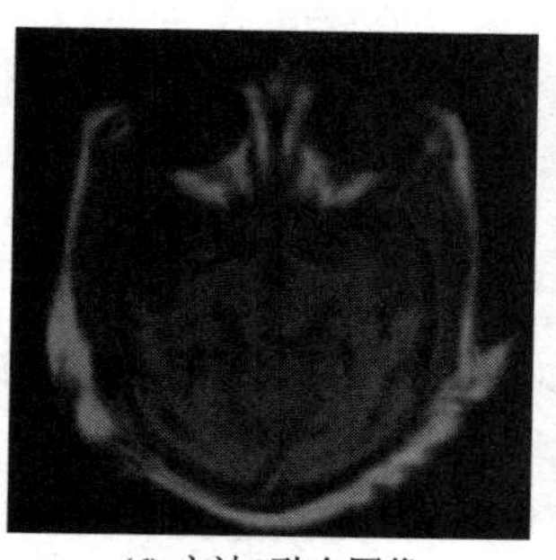
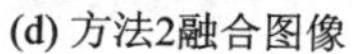
(d) 方法2融合图像

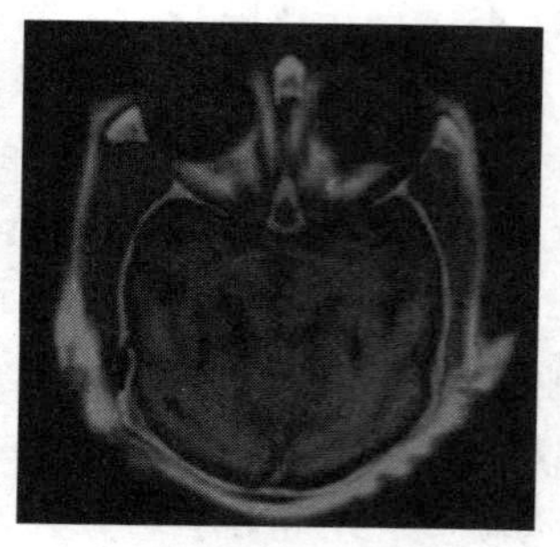
(e) 方法3融合图像

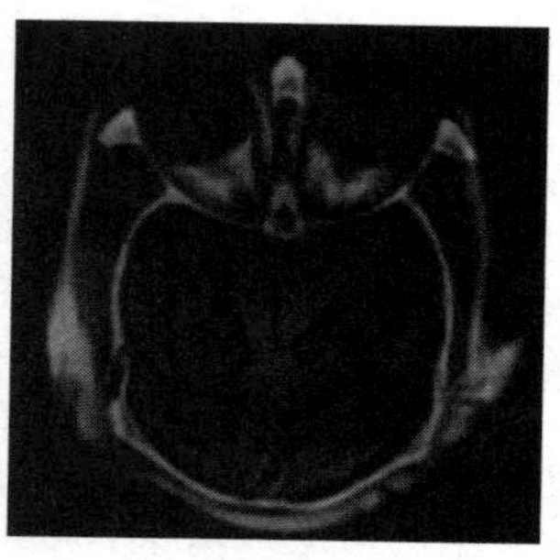
(f) 本章方法融合图像

图 14.2　医学源图像融合效果图

直观分析图 14.2 容易看出，方法 1 与方法 2 具有较为清晰的外围主要轮廓，对 CT 源图像的提取融合效果较好，但在对 MRI 源图像主要特征和细节信息的描述上表现较差，MRI 源图像信息在最终融合结果中未能得到充分的表示；同前两种方法相比，方法 3 和本章方法综合考虑了 CT 和 MRI 源图像的主体轮廓和细节边缘信息，不仅具备清晰的外围轮廓，而且 CT 图像的轮廓内信息也得到较好的保留和增强，图像整体亮度合理。仔细比较后可以发现，基于方法 3 的融合图像的轮廓边缘在某些位置出现了“断裂”，因此，基于本章方法的融合图像具有更佳的直观视觉效果。4 种方法的医学源图像融合性能比较如表 14.2 所示。

表 14.2　4 种方法的医学源图像融合性能比较

	IE	SD	AG	MI	SSIM
方法 1	5.7698	25.768	3.8059	0.5248	0.8345
方法 2	5.7552	25.884	3.8151	0.5415	0.8512
方法 3	6.2440	30.708	5.0430	0.8169	0.8811
本章方法	6.4987	33.402	5.3167	0.8422	0.9109

在 IE、SD、AG、MI、SSIM5 项指标上，基于本章方法的融合图像均为最优，其分别超出对应次优指标值 4%、9%、5%、3%、3%，表明本章方法融合图像包含较丰富的图像信息、较大的图像亮度反差、较清晰的图像纹理以及较理想的信息捕捉能力。方法 1、方法 2 的 IE 值较低，表明相应的融合图像包含的信息量较少，与直观观察效果相符；方法 1、方法 2 的 SD 值最低，表明融合图像亮度较暗；在 AG 指标上，方法 1、方法 2 的 AG 值较低，表明对应的融合图像清晰度较差。此外，方法 1 与方法 2 在 MI 和 SSIM 指标上均表现欠佳，说明这两种方法的最终融合图像在结构信息表达方面也不具有优势。由此可见，客观评价指标结果与直观观察结果基本一致。

14.3.4　实验结果讨论

1. 迭代次数比较

通过对两组不同性质图像的融合进行仿真实验，可以看出本章方法在直观视觉效果和客观评价结果方面均优于文中用于比较的其他几种方法。需要说明的是，由于方法 4、方法 5 的 $\boldsymbol{W}$、$\boldsymbol{H}$ 初始值采取了随机化设置并对最终指标值有直接影响，因此尽管在上述两组仿真实验中的方法 1、方法 2 融合效果一般，但并不代表采用上述两种方法就无法取得较好的融合效果，本节将从初始值设置及迭代次数的角度出发对方法 1、方法 2 作进一步深入分析。具体实施步骤如下：

（1）分别以两组实验中方法 1、方法 2 对应的 $\boldsymbol{H}$ 向量值为基点，在区间[0，1]范围内，先固定 $\boldsymbol{H}$ 向量第一个元素，以 0.1 为步长分别对第二个元素进行处理产生出新的 $\boldsymbol{H}$ 向量。

（2）将各个新产生的 $\boldsymbol{H}$ 向量用于迭代，并记录下迭代次数及对应的 IE 值。

（3）以 IE 值最大的 $\boldsymbol{H}$ 向量值为基点，固定 $\boldsymbol{H}$ 向量第二个元素，仍以 0.1 为步长对第一个元素进行处理产生出新的 $\boldsymbol{H}$ 向量。

（4）将各个新产生的 $\boldsymbol{H}$ 向量用于迭代，并记录下迭代次数及对应的 IE 值。

（5）记录最大 IE 值。

以第一组仿真实验中方法 1 为例，其对应的初始 $\boldsymbol{H}$ 向量值为[0.6929，0.2343]，以 0.1为步长分别对第二个元素进行处理产生出一系列新的 $\boldsymbol{H}$ 向量：[0.6929，0.0343]，…，[0.6929，0.9343]，记录下各个向量对应的迭代次数和 IE 值，其中，[0.6929，0.5343]对应的 IE 值最大为 7.3469；然后固定 $\boldsymbol{H}$ 向量第二个元素 0.5343，仍以 0.1 为步长对第一个元素进行处理产生[0.0929，0.5343]，…，[0.9929，0.5343]，记录下各个向量对应的迭代次数和 IE 值，得到最终最大 IE 值 7.3469。

以元素递增顺序比较两组仿真实验方法 1、方法 2、方法 3 及本章方法的迭代次数，如图 14.3、图 14.4 所示。明显地，同方法 1、方法 2 比较，方法 3 及本章方法在迭代次数上占有很大的优势，具备较高的算法效率；在两组融合仿真实验中方法 3 及本章方法均可在迭代一次的情况下迅速得出较为满意的融合结果，而方法 1、方法 2 却往往需要迭代数次才有可能收敛，且融合结果很大程度上取决于 $\boldsymbol{W}$、$\boldsymbol{H}$ 初始值的设置。方法 1、方法 2 在两组仿真实验中的最大 IE 值及对应向量 $\boldsymbol{H}$ 如表 14.3 所示。

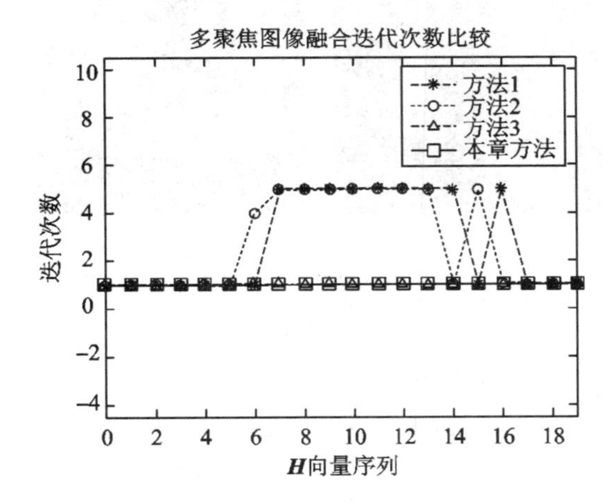

图 14.3　多聚焦图像融合迭代次数比较

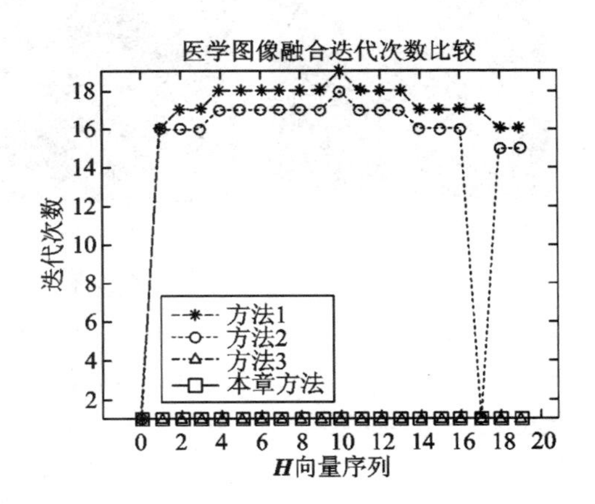

图 14.4　医学图像融合迭代次数比较

表 14.3　方法 1、方法 2 最大 IE 值及对应向量 $\boldsymbol{H}$

	第一组实验		第二组实验	
	方法 1	方法 2	方法 1	方法 2
$\boldsymbol{H}$	0.6929 0.5343	0.5183 0.4053	0.5395 0.1721	0.5325 0.1648
IE	7.3469	7.3476	6.0248	6.0248

由表 14.3 不难看出，经过反复调整 $\boldsymbol{H}$ 向量及若干次迭代后，方法 1、方法 2 的融合效果同表 15.1、表 15.2 比较有了较大改善，但与方法 3 和本章方法融合效果相比，仍存在较大差距；另一方面，虽然方法 3 和本章方法拥有同样理想的迭代效率，均只需迭代 1 次即可得出仿真融合结果，但无论在主观视觉效果还是客观评价指标值方面，本章方法都具有更为明显的显著优势。

2. 融合图像的仿真结果比较

为了更加深入地比较 4 种融合方法的融合性能，本节将对融合图像的仿真结果作进一步的讨论研究，侧重验证本章方法的融合图像在直观视觉效果方面的优势。

以第 2 组医学图像融合仿真实验为例，图 14.5、图 14.6 分别给出了两个融合区域的局部放大图。

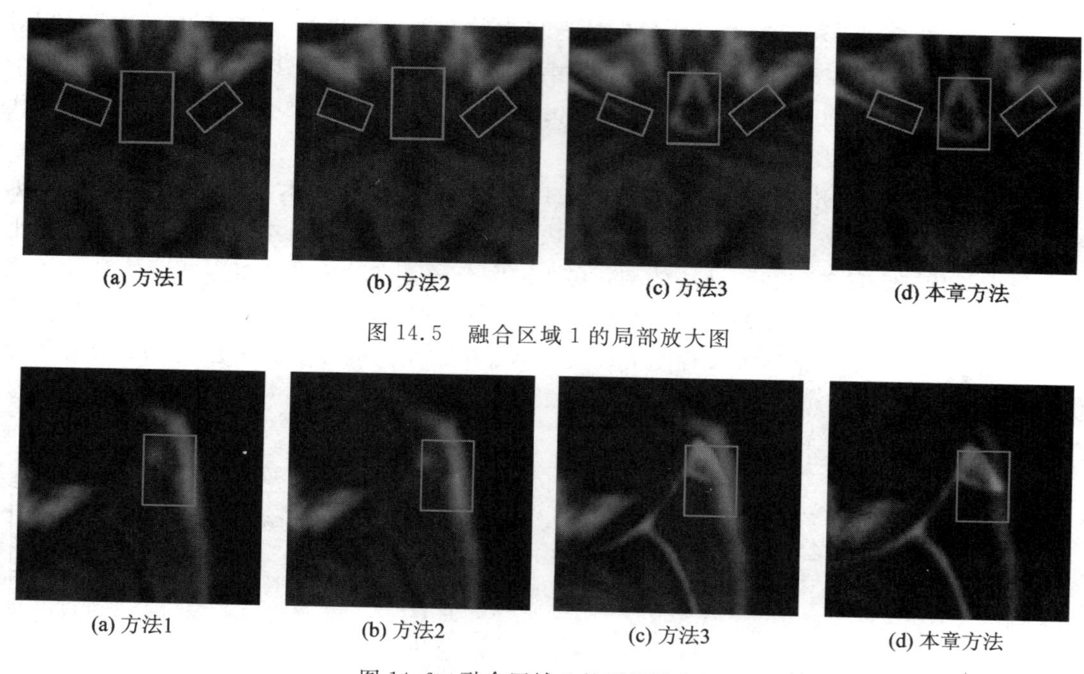

图 14.5　融合区域 1 的局部放大图

图 14.6　融合区域 2 的局部放大图

从图 14.5 可以看出，方法 1 和方法 2 的融合图像中 MRI 源图像的边缘信息不够清晰；方法 3 的融合图像在 MRI 边界出现了断裂，而本章方法的融合图像边界连续，内部信息也较为饱满。类似地，在图 14.6 中，方法 1 和方法 2 的融合图像中 MRI 源图像的右侧叶状信息模糊不清，相比之下，方法 3 和本章方法的融合图像中无论是主要轮廓信息还是叶状细节信息均得到了很好的表现。通过仔细比较不难发现，同方法 3 相比，本章方法的最终融合图像中，细节信息的表现更为丰富。

3. 运行时间比较

除了对上述几方面的性能进行比较外，本节将从算法平均运行时间的角度对上述几种融合方法做进一步比较。表 14.4 以医学图像仿真实验为例，给出了各种方法的平均运行时间比较结果。

表 14.4　4 种方法的平均运行时间比较　　单位：s

	方法 1	方法 2	方法 3	本章方法
运行时间	2.405	2.316	188.230	5.625

显然，与后两种方法不同，方法 1 和方法 2 不涉及多尺度几何分析变换，因此它们的平均运行时间较短，分别只有 2.405 s 和 2.316 s。相比之下，方法 3 和本章方法均属于变换域方法的范畴，因而它们势必比前两种方法更耗时。仔细分析后发现，由于方法 3 涉及 NSCT 机制，因而其平均运行时间最长，为 188.230 s。同方法 3 相比，一方面，本章方法用 NSST 机制替代了方法 3 中的 NSCT 机制，而 NSST 机制较 NSCT 更为省时有效，因此，无论在源图像多尺度、多方向分解还是最终融合图像的重构过程中，本章方法都节约了大量的运行时间；另一方面，本章方法提出的 INMF 模型使图像的分析过程总是保持在二维状态下进行，这不仅避免了对源图像中图像结构信息的破坏，也避免了维数的剧增导致的算法复杂度的提高，因而，本章方法的平均运行时间要比方法 3 少得多，但仍然略多于方法 1 和方法 2。然而，考虑到本章方法在主、客观两方面评价方面的优良表现，本章方法在平均运行时间上的不足仍是可以接受的。

本章小结

本章针对 NSST 与线性代数领域中非负矩阵分解模型的结合问题进行了探索研究，提出了一种基于 NSST 域的改进型 NMF 图像融合方法。一方面，改进型 NMF 模型颠覆了以往参数 $\boldsymbol{W}$、$\boldsymbol{H}$ 的随机设置模式，而是借鉴矩阵分解思想直接得到较理想的初始值；另一方面，以往所有 NMF 图像融合方法均需迭代若干次才可收敛，而本章方法只需迭代极少次便可得到较为满意的融合效果。不仅如此，本章提出的改进型 NMF 模型使图像分析过程始终保持在二维状态下进行，摒弃了以往诸多 NMF 模型均需将二维数据转化为高维数据的模式，算法的计算复杂度大大降低，而且仿真实验结果表明本章算法可以获得比其他几种方法更好的融合效果。

本章参考文献

[1] Kong W W, Lei Y J, Lei Y, et al. Technique for Image Fusion Based on Non-Subsampled Contourlet Transform Domain Improved NMF[J]. Science in China (Series F-Information Sciences), 2010, 53(12): 2429-2440(中国科学 F 辑：信息科学(英文版))

[2] Lee D D, Seung H S. Learning the parts of objects with nonnegative matrix factorization[J]. Nature, 1999, 401(3): 788-791

[3] 陈娟. 基于小波变换和 WNMF 的图像融合方法研究[D]. 武汉：武汉理工大学硕士学位论文，2009

[4] Kotsia I. Novel discriminant non-negative matrix factorization algorithm with applications to facial image characterization problems[J]. IEEE Trans on Information Forensics and Security, 2007, 2(3): 588-595

第 15 章　基于 NSST 域改进型感受野模型的图像融合方法

本章针对 NSST 与感受野模型的结合问题进行了探索研究。针对经典感受野模型应用于图像融合时存在的不足，提出了改进型感受野模型，设计了基于 NSST 域改进型感受野模型的图像融合方法，并通过实例验证了该算法的合理有效性。

15.1　经典感受野模型的生物视觉机理

目前，较为常见的图像融合方法主要分为空间域和变换域两大类。基于空间域的融合方法直接在图像的像素灰度空间上进行融合，代表性算法有线性加权融合法；而基于变换域的图像融合是先对待融合的多源图像进行图像变换，然后再对变换得到的系数进行组合，得到融合图像的变换系数，最后进行逆变换得到融合图像。目前在基于变换域的图像融合研究中，大部分是基于多尺度分解的图像融合方法，常见的算法有：金字塔变换法、小波变换法，以及近几年兴起的 NSCT 和 NSST 融合方法等。基于空间域的融合方法与基于变换域的融合方法相比，前者的计算复杂度远小于后者，且融合思路简单，较为容易实现，但融合效果一般；后者的分解融合过程与人眼视觉系统中由“粗”到“细”认识事物的过程十分类似，通常可以获得比空间域融合方法更为理想的融合效果，但计算复杂度往往较大，难以满足实时性要求。因此，若能将两类融合方法的优势加以互补，势必可以在降低计算复杂度的同时，大幅提高多传感器图像的融合效果。

赵巍[1]等人以人类视觉的生物机理和数学模型为基础，提出一种基于经典感受野(Receptive Field，RF)模型[2]的图像融合方法，并指出其非常适合两幅灰度差异较大的异质传感器图像。本章对上述模型进行了改进，并将改进后的 RF 模型用于 NSST 域低频信息融合方案，高频信息融合则仍采用 LDC 模型进行融合处理。本章算法很好地综合了空间域融合与变换域融合两者的优势，且仿真结果表明该融合方法不仅比现有几种常见算法具有更为优良的视觉效果，而且计算复杂度相对较低。不仅如此，该方法在用于医学图像以及灰度差异较小的多传感器源图像融合时仍具有较好的融合性能。

生物视觉领域的研究是打开神秘的人类大脑机理的窗口。人类的感知信息 70%以上来自于视觉系统，大脑皮层 50%以上的区域与视觉系统有关。因此，许多世纪以来，视觉问题一直吸引着众多科学家的好奇心。20 世纪 30 年代，电生理学研究方法的出现使得人们可以在视觉神经、生物电发放的层面对视觉系统进行研究，从此将视觉科学的研究与大脑机制的揭示紧密连接起来。1952 年 Kuffler 第一次记录了哺乳动物视网膜节细胞的刺激—发放特性，并提出了“感受野”的概念；1953 年，Kuffler[2]首次阐明：猫的视网膜节细胞感受野在反应敏感性的空间分布时是一个同心圆。敏感区域分为兴奋区和抑制区，按兴奋区与抑制区的位置差异，节细胞可划分为 On 型感受野节细胞和 Off 型感受野节细胞两类，且 On 型和 Off 型是一种均匀镶嵌式排列，其总数基本相等。两种节细胞对应的发放特性如图 15.1 所示[3]。

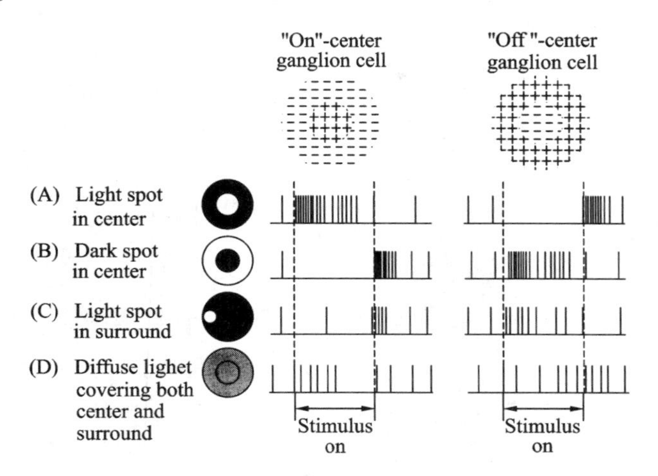

图 15.1　On 型、Off 型节细胞对应的发放特性

以 On 型感受野为例，如果光照充满感受野中心，则光照引起的激活反应最强烈，如图 15.1(a)所示；如果光照充满感受野周围的全部环形，则对细胞的发放活动将产生最大的抑制，如图 15.1(b)所示；如果对感受野周边局部进行照射，则对细胞的发放将产生相应程度的抑制，如图 15.1(c)所示；如果这种感受野中的 On 区和 Off 区被同时照亮，即弥散照明，则它们之间存在趋于彼此抵消的作用，如图 15.1(d)所示。类似地，Off 型感受野具有与 On 型感受野完全相反的特征。

15.2　改进型感受野模型

为了便于介绍改进型感受野模型，首先给出经典感受野模型的数学模型，其动力学方程为[4]

$$\frac{\mathrm{d}V_i}{\mathrm{d}t}=-AV_i+(B-V_i)C_i-(D+V_i)E_i \tag{15.1}$$

式中，V_i表示第 i 个细胞的电压；C_i为输入到第 i 个细胞的兴奋贡献；E_i为其他细胞对第 i 个细胞的抑制贡献；A 为向静止电压(假设为 0)钝化的速率，B、D 分别为兴奋和抑制反应的饱和点。令总输入 $I=E_i$，由于 $A\ll I$，因此在兴奋输入 C_i的作用下，V_i趋向于B，在抑制输入 E_i的作用下，V_i趋向于$-D$，故$-D\leqslant V_i\leqslant B$。

经典感受野模型应用于图像处理领域时，在像素点(i, j)处，设一个 On 中心的细胞活性为 F_{ij}，则式(15.1)可改写为

$$\frac{\mathrm{d}F_{ij}}{\mathrm{d}t}=-AF_{ij}+(B-F_{ij})C_{ij}-(D+F_{ij})E_{ij} \tag{15.2}$$

式中，C_{ij}和E_{ij}分别为输入到F_{ij}的总的兴奋输入和抑制性输入，A 为衰减率，B、D 分别为最大和最小激活等级，C_{ij}和E_{ij}均为细胞活性F_{ij}与高斯核的离散卷积，即

$$C_{ij}=\sum_{p,q}I_{pq}C_{pqij} \tag{15.3}$$

$$E_{ij}=\sum_{p,q}I_{pq}E_{pqij} \tag{15.4}$$

式中，高斯核 C_{pqij} 和 E_{pqij} 分别为

$$C_{pqij}=\frac{C}{2\pi\sigma_1^2}\exp\left(-\frac{(p-i)^2+(q-j)^2}{2\sigma_1^2}\right) \tag{15.5}$$

$$E_{pqij}=\frac{E}{2\pi\sigma_2^2}\exp\left(-\frac{(p-i)^2+(q-j)^2}{2\sigma_2^2}\right) \tag{15.6}$$

式中，p、q 代表 (i, j) 邻域内的点；C、E 分别为兴奋核和抑制核的系数；σ_1、σ_2 分别为兴奋传播半径和抑制传播半径。为了实现 On 型感受野结构，需满足 $C>E$ 且 $\sigma_1<\sigma_2$。当式(15.2)达到平衡状态时，即 $\frac{dF_{ij}}{dt}=0$ 时，得到用于图像处理的组合公式：

$$F_{ij}=\frac{BC_{ij}-DE_{ij}}{A+C_{ij}+E_{ij}}=\frac{\sum_{p,q}(BC_{pqij}-DE_{pqij})I_{pq}}{A+\sum_{p,q}(C_{pqij}+E_{pqij})I_{pq}} \tag{15.7}$$

由于输入图像和高斯函数进行卷积会导致输出图像的模糊，另外，为了保证图像灰度值在适当的灰度级范围内，我们有必要对式(15.7)进行改进，设定 $B=D=1$，并使输出图像与输入图像保持相同的分辨率，可得

$$F_{ij}=\frac{CI_{ij}-\sum_{p,q}E_{pqij}I_{pq}}{A+CI_{ij}+\sum_{p,q}E_{pqij}I_{pq}} \tag{15.8}$$

文献[1]将式(15.8)引入图像融合领域，将中心兴奋区图像和周围抑制区图像视为两幅图像，输出图像作为两幅图像的最终融合图像。此外，为了克服式(15.8)易将第二幅图像信息丢失的缺点，文献[1]还对第二幅图像进行了阈值分割处理，修正后公式如下：

$$F_{ij}^{\text{fusion}}=\begin{cases}\dfrac{[CI_1-E\cdot G_s*I_2]_{ij}}{A+[CI_1+E\cdot G_s*I_2]_{ij}}, & I_2(i,j)<a\\[2ex] \dfrac{[CI_1-E\cdot G_s*(255-I_2)]_{ij}}{A+[CI_1+E\cdot G_s*(255-I_2)]_{ij}}, & I_2(i,j)\geqslant a\end{cases} \tag{15.9}$$

文献[1]对经典 On 中心感受野做了有益的改进并将其应用到图像融合处理中，获得了较好的效果，但仍有一些不足之处。本章在此基础上对其作了以下改进：

$$F_{ij}^{\text{fusion}}=\frac{[I_1-G_s*(255-I_2)]_{ij}}{I_{1\text{ave}}+[I_1+G_s*(255-I_2)]_{ij}} \tag{15.10}$$

同式(15.9)相比，本章的改进型感受野模型主要有以下几点变化：

(1) 经本章改进后的感受野模型不仅适用于灰度差异较大的异质传感器图像，如可见光图像与红外图像，还可用于大量医学图像，如经典的 CT 图像和 MRI 图像，以及灰度差异较小的同质传感器图像，如同一传感器获取的多聚焦图像。

(2) 在实际图像融合过程中，本章提出的感受野模型将式(15.9)中兴奋核和抑制核系数 C、E 均取为 1；此外，由于感受野中心图像为 I_1，因此可将 A 值取为 I_1 的灰度均值，这既大大减少了参数个数，又有助于融合图像与源图像保持近似的整体对比度。

(3) 式(15.9)虽然在一定程度上解决了感受野外围图像 I_2 信息易被淹没的缺点，但阈值 a 的设置成为一个新的难题，不恰当的取值不仅无法保留图像 I_2 的信息，而且还会导致融合图像出现白色耀斑，这一点在后文仿真实验中得到了验证。本章将感受野外围图像 I_2 强制全部取反，在保持了感受野中心图像 I_1 基本面貌的同时，最大限度地融入了外围图像 I_2 的灰度信息。

15.3　基于 NSST 域改进型感受野模型的图像融合方法

本章对经典感受野模型进行了改进，改进后的模型可以从生物视觉角度出发，最大限度地对源图像进行自适应融合。尤其值得一提的是，感受野模型不仅有较好的融合效果，而且可以直接在空间域进行，其计算量非常小。不仅如此，本章还将 NSST 与 LDC 思想引入到图像融合中，一方面，对经 NSCT 分解后的低频子带图像采用改进型感受野模型进行融合处理；另一方面，对高频子带图像则利用第 12 章中的 LDC 模型进行融合。本节将以两幅已经过严格配准的源图像为例，给出基于 NSST 域改进型感受野模型的图像融合方法：

输入：已经过严格配准的源图像 A 和 B。

输出：经 NSST 域改进型感受野模型处理后的融合图像 F。

步骤如下：

(1) 采用 NSCT 对源图像 A 和 B 分别进行多尺度和多方向分解，并得到各自的低频子带系数$\{A_K^0, B_K^0\}$和高频子带系数$\{A^{l_k}, B^{l_k}\}$，其中，K 为 NSCT 分解尺度数，l_k 为 k 尺度下的方向分解级数，$1 \leqslant k \leqslant K$。

(2) 利用 15.3 节提出的改进型感受野模型对源图像 A 和 B 的低频子带系数$\{A_K^0, B_K^0\}$加以选择。

① 将两幅低频子带图像中整体信息较丰富的一幅作为感受野中心图像 I_1，另一幅作为感受野外围图像 I_2。

② 将高斯核函数 G_s 进行归一化处理，使其满足

$$\sum_{p,q} G_s(p,q) = 1 \tag{15.11}$$

③ 将经改进型感受野模型融合后的图像作为低频融合图像 fuse_low。

需要说明的是，由于我们通常所处理的灰度图像均为 256 级灰度，因此，若 fuse_low 中像素灰度值超出区间[0, 255]的范围，则必须对其对比度进行调整，确保所有像素点的灰度值均处于区间范围内。

(3) 利用第 12 章的 LDC 模型对源图像 A 和 B 的高频子带系数加以选择，得到各尺度各方向下的高频融合图像 fuse_high^{l_k}。

(4) 对③、(3)中的融合系数进行 NSST 逆变换获得最终融合图像 F。

图像融合方法流程如图 15.2 所示。

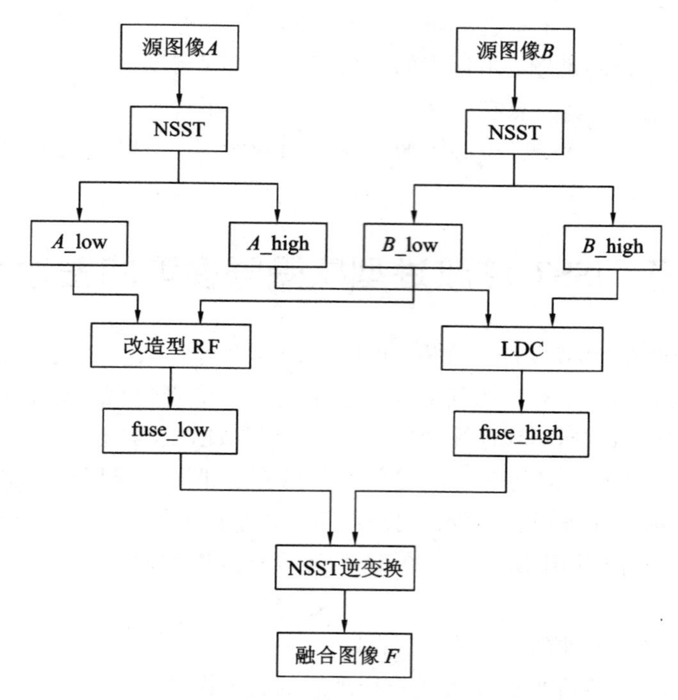

图 15.2　图像融合方法流程

15.4　实验结果与分析

为了方便与以往几种经典的图像融合方法进行对比，本节仍将采用 Matlab7.1 软件对两组不同类型的源图像进行图像融合仿真实验，每组图像均为已配准的 256 级灰度图像。下列 5 种经典融合方法用来与本章算法进行融合效果比较：基于经典 Shearlet 变换的融合方法(方法 1)[5]、基于经典 NSST 的融合方法(方法 2)[6]、基于 PCNN 和局部对比度的融合方法(方法 3)[7]、基于经典 RF 的融合方法(方法 4)[8]、基于 NSCT-RF 的融合方法(方法 5)[9]。为了使对比结果更加可信，方法 1～方法 5 中的参数设置均参照文献[5－9]中的内容。本章方法的多尺度分解级数定为 3 级，按照由“粗”至“细”的分辨率层，方向分解级数依次为 6、10、18，邻域大小为 3×3。

针对这 6 种融合方法的融合效果，本节除了从直观视觉效果进行评价以外，还采用了 IE、SD、AG、MI 和 SSIM 等 5 个指标作为 6 种仿真方法的客观评价标准，各指标的表达式参见文献[10]。

15.5.1　多聚焦图像融合实验

图 15.3(a)、(b)是两幅多聚焦源图像，图像大小为 512×512 像素，二者各有其不同特征。其中在图 15.3(a)中，左侧区域处于聚焦区域，具有比右侧区域更理想的清晰度水平；而在图 15.3(b)中，左侧区域处于离焦状态，右侧聚焦区域具有比左侧更好的清晰度视觉效果。显然，两幅图像中存在大量互补的信息，如何尽可能地将二者的清晰区域加以结合并汇入一幅图像成为仿真实验的重点目标。6 种融合方法的融合效果图如图 15.3(c)～(h)

所示，对应的 6 种融合方法的客观评价测度值如表 15.1 所示。

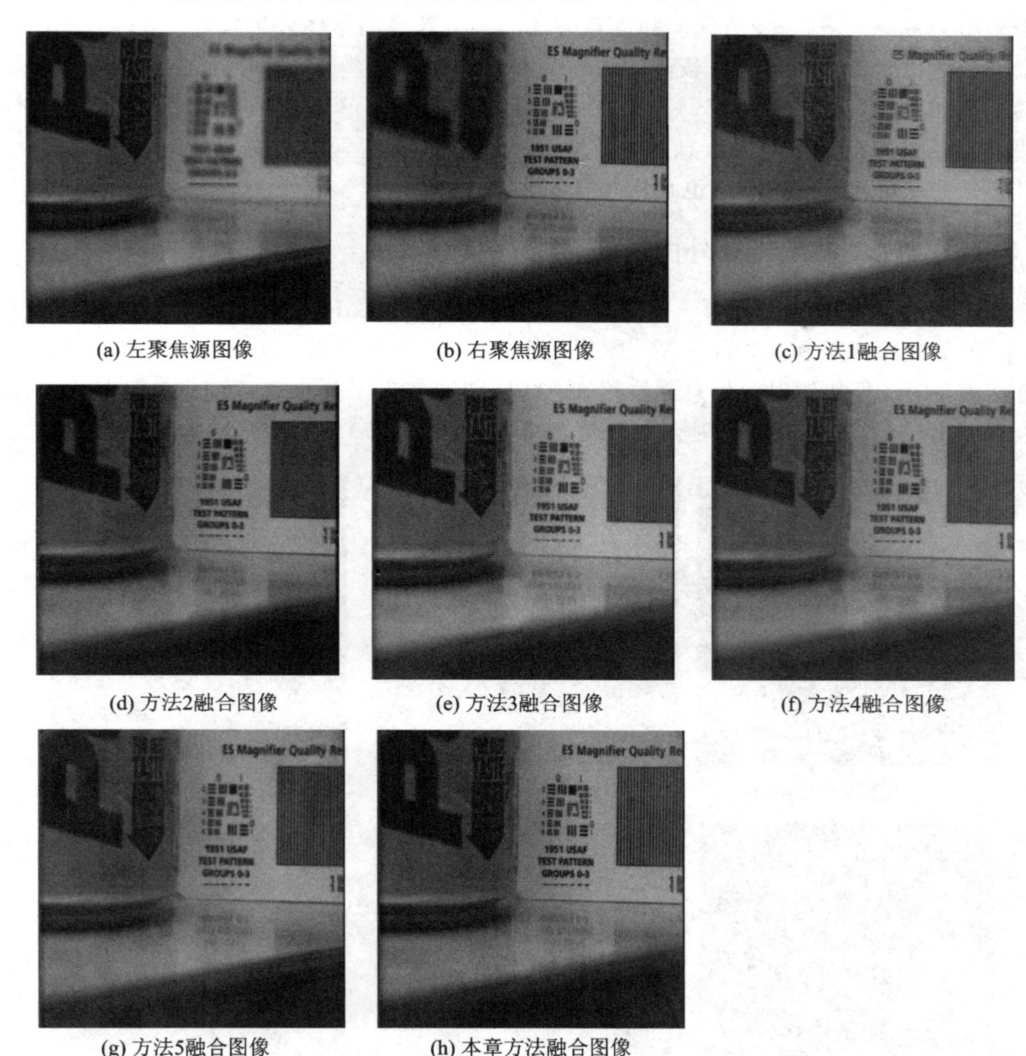

(a) 左聚焦源图像　(b) 右聚焦源图像　(c) 方法1融合图像

(d) 方法2融合图像　(e) 方法3融合图像　(f) 方法4融合图像

(g) 方法5融合图像　(h) 本章方法融合图像

图 15.3　多聚焦源图像及 6 种方法的融合效果图

表 15.1　6 种方法的多聚焦图像融合性能比较

	IE	SD	AG	MI	SSIM
方法 1	6.9649	43.3340	19.1551	0.7822	0.9041
方法 2	7.0172	42.8655	20.1918	0.8013	0.9196
方法 3	7.1544	48.7633	19.5401	0.8752	0.9709
方法 4	7.0526	39.1529	20.8571	0.8544	0.9368
方法 5	6.9245	49.1458	19.3346	0.7916	0.9111
本章方法	7.2978	50.2254	21.7823	0.9017	0.9851

从直观角度看，上述 6 种方法不仅较好地保持了两幅源图像的重要信息，而且还对原多聚焦图像进行了较好的融合，源图像中的相关离焦区域也在一定程度上变得清晰。但仔细比较后发现，基于方法 1、方法 2 和方法 4 的融合图像具有较低的图像整体对比度；方法

3 和方法 5 具有较合理的图像亮度水平，但在某些区域清晰度表现欠佳。总体看来，以感受野模型为基础的方法 4、方法 5 和本章方法的融合效果图整体效果较好。可以发现，基于本章方法的融合图像不仅具有较高的清晰度和合理的图像整体对比度水平，而且还具有明显的细节和边缘特征。在表 15.1 中，本章方法的 5 项客观评价指标为最优，表明基于本章方法的融合图像无论在图像信息量、亮度水平还是清晰度程度等方面均具有较明显的优势，这与主观视觉评价的结论也是相吻合的。

15.5.2　灰度可见光与红外图像融合实验

图 15.4(a)、(b)分别来源于荷兰 TNO Human Factors Research Institute 提供的“UN Camp”可见光序列图和红外序列图，图像大小为 256×256 像素，其中，可见光图像的背景信息清晰，但红外热辐射源信息无法感知；红外图像突出了热辐射源信息，但对背景信息的表现能力较弱。6 种方法的融合效果图如图 15.4(c)～(h)所示。

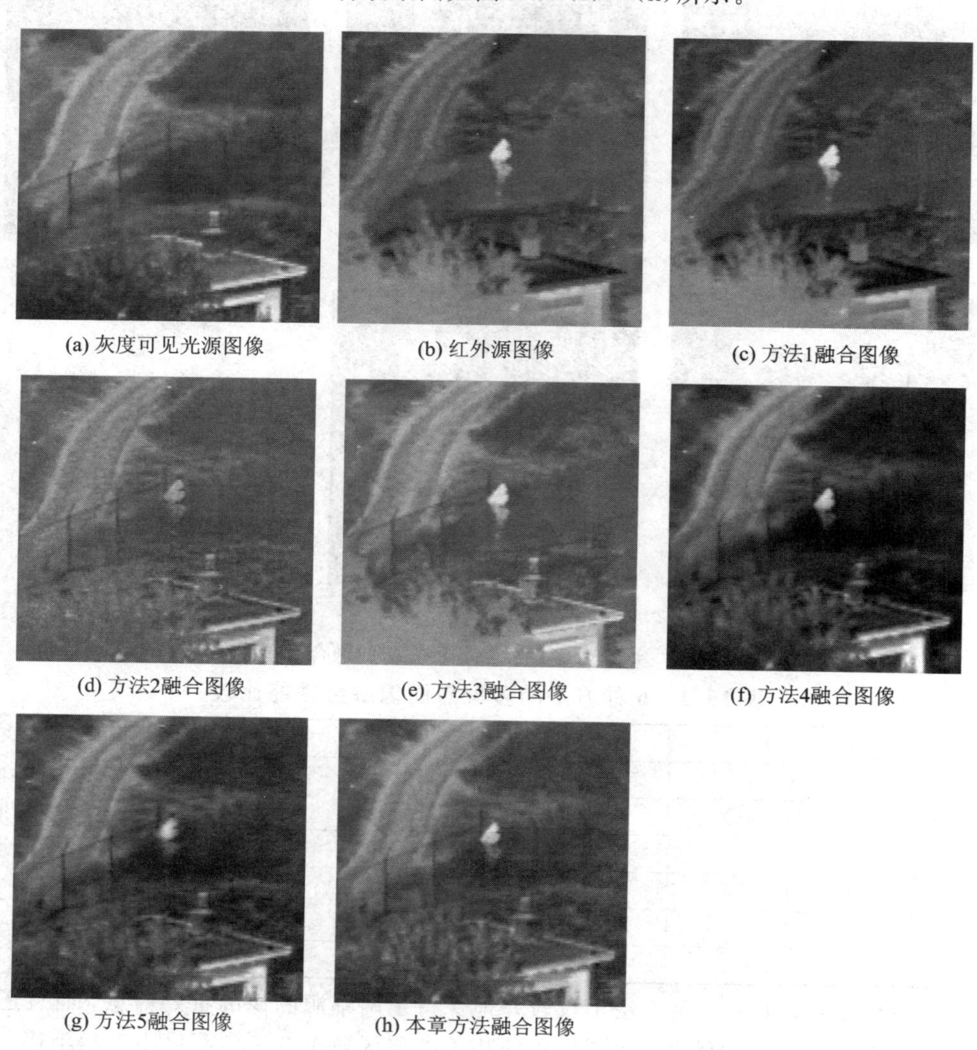

(a) 灰度可见光源图像　(b) 红外源图像　(c) 方法1融合图像
(d) 方法2融合图像　(e) 方法3融合图像　(f) 方法4融合图像
(g) 方法5融合图像　(h) 本章方法融合图像

图 15.4　灰度可见光与红外图像融合效果图

仔细对比上述 6 种方法的融合效果图可以发现，基于方法 1、方法 2 和方法 4 的融合图像比其他三种方法的整体亮度效果要差；方法 3 和方法 5 具有较合理的图像亮度水平，但在某些区域清晰度表现欠佳。虽然基于感受野模型的方法 4、方法 5 和本章方法的融合效果图具有较好的直观视觉效果，但在图像整体对比度以及图片中人的清晰程度方面，本章方法要明显优于方法 4 和方法 5。表 15.2 比较了 6 种融合方法的客观评价结果。

表 15.2　6 种方法的灰度可见光与红外图像融合性能比较

	IE	SD	AG	MI	SSIM
方法 1	6.8747	23.7065	6.5436	0.6030	0.7078
方法 2	6.4536	20.8806	8.6355	0.6890	0.7262
方法 3	6.7771	24.3926	6.7538	0.6439	0.7351
方法 4	7.0704	32.2335	7.5893	0.7212	0.8309
方法 5	7.0686	30.2324	7.1000	0.7003	0.8014
本章方法	7.1611	34.6121	8.6040	0.7549	0.8498

在表 15.2 中，本章方法的 4 项客观评价指标为最优，AG 指标值为次优，这充分表明，与其他 5 种融合方法相比，基于本章方法的融合图像拥有更为丰富的平均信息量、图像反差以及清晰程度，这与前文的观察结果相符。

15.5.3　实验结果讨论

通过对两组不同类型的图像进行融合仿真实验，可以看出基于本章方法的最终融合图像无论在主观视觉效果还是客观评价指标上均优于文中其他几种方法。本节将从另外 3 个不同的角度——直观视觉总体评价、算法平均运行时间、方法的鲁棒性针对仿真实验结果作进一步的分析和讨论。

首先，以第一组待融合源图像为例，对其进行直观视觉总体评价，评价的指标包括对第一幅源图像的描述情况(Description of Image 1，DI1)、第二幅源图像的描述情况(Description of Image 2，DI2)、轮廓清晰度水平(Clear Contour，CC)以及合理的图像对比度水平(Reasonable Contrast Level，RCL)。其中，DI1 和 DI2 分别表征最终融合图像对源图像 1 和源图像 2 原始信息的描述程度；CC 取决于最终融合图像中主要轮廓边缘信息的清晰度水平；RCL 表示融合图像的总体对比度水平。四项评价指标的实施对象是本实验室的其他工作人员，最终评价结果的比较如表 15.3 所示。按照从差到好的顺序，“Terrible”表示融合图像性能差，“Some”表示融合图像性能较差，“Acceptable”表示融合图像性能较好，“Good”表示融合图像性能好。

表 15.3　6 种方法的直观视觉总体评价结果比较

	IE	SD	AG	MI
方法 1	Acceptable	Terrible	Terrible	Acceptable
方法 2	Acceptable	Some	Acceptable	Acceptable
方法 3	Acceptable	Good	Acceptable	Acceptable
方法 4	Acceptable	Good	Acceptable	Some
方法 5	Terrible	Acceptable	Some	Acceptable
本章方法	Good	Good	Good	Good

表 15.3 显示，同其他 5 种方法相比，本章方法能够有效地提取出源图像中的主体和细节信息，并将其融入到最终的融合图像中。此外，该结果也反映出本章方法具有合理的整体对比度水平和优良的轮廓边缘信息表达能力。

除了直观视觉总体评价外，6 种融合方法的平均运行时间也非常重要。表 15.4 以灰度可见光与红外图像融合仿真实验为例，给出了各种方法的平均运行时间比较结果。

表 15.4　6 种方法的平均运行时间比较　　单位：s

	方法 1	方法 2	方法 3	方法 4	方法 5	本章方法
时间	2.368	4.304	3.535	1.570	187.778	4.712

显然，不同于其他 4 种方法，方法 3 和方法 4 均属于空间域方法的范畴，因此这两种方法平均运行时间较短，分别为 3.535 s 和 1.570 s；方法 5 由于涉及到 NSCT 机制，因而平均运行时间最长，为 187.778 s；方法 1 采用了剪切波变换理论，但由于其并未涉及 NSST 中的非下采样机制，因此方法 1 的平均运行时间低于方法 2 和本章方法的平均运行时间。同方法 2 相比，本章方法综合了 NSST 与 IRF 模型二者的优势，将变换域方法和空间域方法的各自优势结合起来用于解决图像融合领域内的问题，取得了优良的图像融合效果，但在平均运行时间方面，本章方法要略高于方法 2。然而，考虑到本章方法在主、客观评价方面的优良表现，本章方法在平均运行时间计上的不足仍是可以接受的。

此外，尽管基于经典感受野模型的方法 4 也可获得较为理想的融合效果，但阈值 α 的确定成为一个新的难题，不恰当的取值不仅无法保留感受野外围图像 I_2 的信息，而且还会导致融合图像出现白色耀斑。以灰度可见光和红外图像融合实验为例，当阈值 α 的取值分别为 50、75、100、125 等不恰当的取值时，融合图像中会出现较大面积的白色耀斑，严重影响图像的融合视觉效果，如图 15.5 所示。

(a) α=50　(b) α=75　(c) α=100　(d) α=125

图 15.5　不同阈值下的灰度可见光与红外图像融合效果图

同基于经典感受野模型的图像融合方法相比，本章方法采取一种简捷的方式舍弃了对阈值 α 的选取，从而实现了在保留感受野中心图像主要信息的同时，最大限度地添加了感受野外围图像的灰度信息。此外，上文两种不同类型源图像的融合仿真实验还证明，本章所提出的融合方法不仅在异质传感器图像融合实验中(譬如灰度可见光与红外源图像融合实验)发挥出色，而且在多聚焦源图像融合等领域内同样具有良好的实验效果，具有经典感受野模型所无法比拟的优势。

本章小结

针对 NSST 理论与生物视觉邻域内感受野模型的结合问题，本章提出了一种基于 NSST 域改进型感受野模型的图像融合方法。

首先，通过分析经典感受野模型，对经典 On 中心感受野作了有益的改进，建立了一种改进型感受野的数学模型；其次，将 NSST 模型与改进型感受野模型的优势相结合，设计了基于 NSST 域改进型感受野模型的图像融合方法，该算法同现有的基于感受野模型的融合方法相比，由于直接在空间域内进行运算，使得计算复杂度大大降低；最后，通过两种不同类型源图像的融合仿真实验，验证了本章所提出的方法可以获得比其他几种方法更为出色的融合效果。

本章参考文献

[1] 赵巍，黄晶晶，田斌. 基于感受野模型的图像融合方法研究[J]. 电子学报，2008，36(9)：1665-1669

[2] Kuffler S W. Discharge Patterns and Functional Organization of Mammalian Retina[J]. Journal of Neurophys，1953，16(1)：37-68

[3] School of Optometry，Indiana University. V648 Neurophysiology of vision[EB/OL]. http:// www. Opt. Indiana. Edu/v648/

[4] Carpenter G A，Grossberg S. Neural network for vision and image processing[M]. MIT Press，Lexington，1992

[5] Miao Q G，Shi C，Xu P F，et al. A novel algorithm of image fusion using shearlets[J]. Optics Communications，2011，284(6)：1540-1547

[6] Cao Y，Li S T，Hu J W. Multi-focus image fusion by nonsubsampled shearlet transform[C] 2011 sixth international conference on Image and Graphics. 2011：17-21

[7] 苗启广，王宝树. 基于局部对比度的自适应 PCNN 图像融合[J]. 计算机学报，2008，31(5)：875-880

[8] 顾晓东，张立明. PCNN 与数学形态学在图像处理中的等价关系[J]. 计算机辅助设计与图形学学报，2004，16(8)：1029-1032

[9] 孔韦韦，雷英杰，雷阳，等. 基于 NSCT 域感受野模型的图像融合方法[J]. 控制与决策，2011，26(10)：1493-1498

[10] Kong W W，Liu J P. Technique for image fusion based on nonsubsampled shearlet transform and improved pulse-coupled neural network[J]. Optical Engineering，2013，52(1)：017001-1-017001-12

图书在版编目(CIP)数据

图像融合技术：基于多分辨率非下采样理论与方法/孔韦韦等著.
—西安：西安电子科技大学出版社，2015.7
ISBN 978-7-5606-3719-8

Ⅰ.①图…　Ⅱ.①孔…　Ⅲ.①图像处理　Ⅳ.①TP391.41

中国版本图书馆 CIP 数据核字(2015)第 134688 号

策划编辑　李惠萍
责任编辑　张　玮
出版发行　西安电子科技大学出版社(西安市太白南路 2 号)
电　　话　(029)88242885　88201467　　邮　　编　710071
网　　址　www.xduph.com　　电子邮箱　xdupfxb001@163.com
经　　销　新华书店
印刷单位　陕西天意印务有限责任公司
版　　次　2015 年 7 月第 1 版　2015 年 7 月第 1 次印刷
开　　本　787 毫米×1092 毫米　1/16　印张　18
字　　数　421 千字
印　　数　1～2000 册
定　　价　34.00 元
ISBN 978-7-5606-3719-8/TP

XDUP　4011001-1